U0283668

卓越工程师教育培养计划配套教材

工程基础系列

现代工程设计图学

唐觉明 徐滕岗 朱希玲 编著

清华大学出版社

北京

内 容 简 介

本书依据教育部高等学校工程图学教学指导委员会于 2010 年制订的《普通高等学校本科工程图学课程教学基本要求》以及最新的有关国家标准修订而成的。

本书着重读图能力培养,理论与实践并重,侧重培养学生的基础机械制造工艺意识及工业设计的基本能力。本书的主要内容有制图基本知识、正投影基础、立体的投影、组合体视图、轴测图、机件表达方法、标准件及常用件、零件图、装配图、焊接、工业设计基本知识、产品构形设计方法、产品设计规划等。

本书与《现代工程设计图学习题集》教材配套使用。内容的编排次序与习题集内容一致,适用于高等工业学校各机械类、近机械类专业的教学,也可供自学考试、函授、夜大等成人教育使用。

图书在版编目(CIP)数据

现代工程设计图学/唐觉明,徐滕岗,朱希玲编著.--北京:清华大学出版社,2013 (2022.8重印)
卓越工程师教育培养计划配套教材. 工程基础系列
ISBN 978-7-302-34276-2

Ⅰ.①现… Ⅱ.①唐… ②徐… ③朱… Ⅲ.①工程制图-高等学校-教材 Ⅳ.①TB23

中国版本图书馆 CIP 数据核字(2013)第 249415 号

责任编辑:庄红权
封面设计:常雪影
责任校对:赵丽敏
责任印制:杨 艳

出版发行:清华大学出版社
  网 址:http://www.tup.com.cn,http://www.wqbook.com
  地 址:北京清华大学学研大厦 A 座   邮 编:100084
  社 总 机:010-83470000   邮 购:010-62786544
  投稿与读者服务:010-62776969,c-service@tup.tsinghua.edu.cn
  质 量 反 馈:010-62772015,zhiliang@tup.tsinghua.edu.cn
印 装 者:三河市铭诚印务有限公司
经 销:全国新华书店
开 本:185mm×260mm 印 张:27.25   字 数:661 千字
版 次:2013 年 12 月第 1 版   印 次:2022 年 8 月第 8 次印刷
定 价:78.00 元

产品编号:050610-03

卓越工程师教育培养计划配套教材

总编委会名单

卓越工程师教育培养计划配套教材

——工程基础系列编委会名单

《国家中长期教育改革和发展规划纲要(2010—2020)》明确指出"提高人才培养质量,牢固确立人才培养在高校工作中的中心地位,着力培养信念执著、品德优良、知识丰富、本领过硬的高素质专门人才和拔尖创新人才。……支持学生参与科学研究,强化实践教学环节。……创立高校与科研院所、行业、企业联合培养人才的新机制。全面实施'高等学校本科教学质量与教学改革工程'。"教育部"卓越工程师教育培养计划"(简称"卓越计划")是为贯彻落实党的"十七大"提出的走中国特色新型工业化道路、建设创新型国家、建设人力资源强国等战略部署,贯彻落实《国家中长期教育改革和发展规划纲要(2010—2020)》实施的高等教育重大计划。"卓越计划"对高等教育面向社会需求培养人才,调整人才培养结构,提高人才培养质量,推动教育教学改革,增强毕业生就业能力具有十分重要的示范和引导作用。

上海工程技术大学是一所具有鲜明办学特色的地方工科大学。长期以来,学校始终坚持培养应用型创新人才的办学定位,以现代产业发展对人才需求为导向,努力打造培养优秀工程师的摇篮。学校构建了以产学研战略联盟为平台,学科链、专业链对接产业链的办学模式,实施产学合作教育人才培养模式,造就了"产学合作、工学交替"的真实育人环境,培养有较强分析问题和解决问题能力,具有国际视野、创新意识和奉献精神的高素质应用型人才。

上海工程技术大学与上海汽车集团公司、上海航空公司、东方航空公司、上海地铁运营有限公司等大型企业集团联合创建了"汽车工程学院"、"航空运输学院"、"城市轨道交通学院"、"飞行学院",校企联合成立了校务委员会和院务委员会,企业全过程参与学校相关专业的人才培养方案、课程体系和实践教学体系的建设,学校与企业实现了零距离的对接。产学合作教育使学生每年都能够到企业"顶岗工作",学生对企业生产第一线有了深刻的了解,学生的实践能力和社会适应能力不断增强。这一系列举措都为"卓越工程师教育培养计划"的实施打下了扎实基础。

自2010年教育部"卓越工程师教育培养计划"实施以来,上海工程技术大学先后获批了第一批和第二批5个专业8个方向的试点专业。为此,学校组成了由企业领导、业务主管与学院主要领导组成的试点专业指导委员会,根据各专业工程实践能力形成的不同阶段的特点,围绕课内、课外培养和学校、企业培养两条互相交叉、互为支撑的培养主线,校企双方共同优化了试点专业的人才培养方案。试点专业指导委员会聘请了部分企业高级工程师、技术骨干和高层管理人员担任试点专业的教学工作,参与课程建设、教材建设、实验教学建设等教学改革工作。

"卓越工程师教育培养计划配套教材——工程基础系列"是根据培养卓越工程师"具备扎实的工程基础理论、比较系统的专业知识、较强的工程实践能力、良好的工程素质和团队合作能力"的目标进行编写的。本系列教材由公共基础类、计算机应用基础类、机械工程专业基础类和工程能力训练类组成,共 22 册,涵盖了"卓越计划"各试点专业公共基础及专业基础课程。

该系列教材以理论和实践相结合作为编写的理念和原则,具有基础性、系统性、应用性等特点。在借鉴国内外相关文献资料的基础上,加强基础理论,对基本概念、基础知识和基本技能进行清晰阐述,同时对实践训练和能力培养方面作了积极的探索,以满足卓越工程师各试点专业的教学目标和要求。如《高等数学》适当融入"卓越工程师教育培养计划"相关专业(车辆工程、飞行技术)的背景知识并进行应用案例的介绍。《大学物理学》注意处理物理理论的学习和技术应用介绍之间的关系,根据交通(车辆和飞行)专业特点,增加了流体力学简介等,设置了物理工程的实际应用案例。《C 语言程序设计》以编程应用为驱动,重点训练学生的编程思想,提高学生的编程能力,鼓励学生利用所学知识解决工程和专业问题。《现代工程图学》等 7 本机械工程专业基础类教材在介绍基础理论和知识的同时紧密结合各专业内容,开拓学生视野,提高学生实际应用能力。《现代制造技术实训习题集》是针对现代化制造加工技术——数控车床、数控铣床、数控雕刻、电火花线切割、现代测量等技术进行编写。该系列教材强调理论联系实际,体现"面向工业界、面向世界、面向未来"的工程教育理念,努力实践上海工程技术大学建设现代化特色大学的办学思想和特色。

这种把传统理论教学与行业实践相结合的教学理念和模式对培养学生的创新思维,增强学生的实践能力和就业能力会产生积极的影响。以实施卓越计划为突破口,一定能促进工程教育改革和创新,全面提高工程教育人才培养质量,对我国从工程教育大国走向工程教育强国起到积极的作用。

陈关龙

上海交通大学机械与动力工程学院教授、博士生导师、副院长

教育部高等学校机械设计制造及自动化教学指导委员会副主任

中国机械工业教育协会机械工程及自动化教学委员会副主任

FOREWORD ◉ 前言

　　本书是在我校参加主编的全国轻工院校编写的《画法几何及机械制图》教材的基础上，认真总结了我校多年的教学实践与教学改革，按照国家工程制图最新发布的各项有关技术标准，全面加以修订，正式编写作为卓越工程师教育培养计划配套教材之一。

　　考虑到计算机图形学的发展和广泛应用，我校已作为独立一门学科开设。因此，本书不将此部分内容列入，特在此说明。

　　近年来，随着计算机等高新技术的飞跃发展，高等学校的教学改革步伐不断加大，作为传统工程图学的授课学时已多次缩减。上海工程技术大学的办学有重视产学结合、加强实践的特点，因此，本书在编排上采用教学挂图、教学课件与图例示教一致，以及由易到难、循序渐进，力求学生在学习过程中，在教师精讲的同时，有利于多练和自学，便于阅读。具体体现在以下几个方面：进一步保持画法几何部分的系统性，加强题解分析，便于学生自我提高，扩展知识面，有利于学生空间想象和图示方法能力的提高；组合体部分加强读图分析与方法的培养，示教、图例则由易到难、由简到繁并增加空间构思的内容，以培养学生创造性构型设计能力；在零件图与装配图中，编写时从实用出发，尽量扩大典型零部件的示教，注重对学生机械制造工艺意识的培养；引入工业设计及产品设计方法等内容，以培养学生创新设计能力。

　　尺寸标注历来是薄弱环节，木书仍采取分段讲解、各有侧重、难点分散、细水长流的原则，以便于学生掌握和应用。

　　本书由唐觉明、徐滕岗、朱希玲编著，由潘裕煊、钱杨等担任主审。

　　鉴于水平和能力有限，书中若有差错，衷心希望读者提出批评、建议。

上海工程技术大学工程图学教学部

2013 年 9 月

CONTENTS
目录

第0章　绪论 ……………………………………………………………………………… 1

0.1　本课程的性质、要求和学习方法 …………………………………………………… 1

0.2　投影法及其分类 ……………………………………………………………………… 2

第1章　点、直线的投影 ………………………………………………………………… 5

1.1　点的投影 ……………………………………………………………………………… 5

1.2　直线的投影 …………………………………………………………………………… 9

第2章　平面的投影、直线与平面、平面与平面的相对位置 ………………………… 18

2.1　平面的投影 …………………………………………………………………………… 18

2.1.1　平面的投影表示法 …………………………………………………………… 18

2.1.2　平面与投影面的相对位置及其投影特性 ………………………………… 19

2.1.3　平面内的点和直线 …………………………………………………………… 22

2.2　直线与平面、平面与平面的相对位置 ……………………………………………… 25

2.2.1　直线与平面平行 ……………………………………………………………… 25

2.2.2　两平面相互平行 ……………………………………………………………… 26

2.2.3　直线与平面相交、平面与平面相交 ……………………………………… 27

2.2.4　直线与平面垂直、两平面相互垂直 ……………………………………… 32

2.3　综合举例 ……………………………………………………………………………… 36

第3章　投影变换 ………………………………………………………………………… 37

3.1　换面法 ………………………………………………………………………………… 38

3.1.1　点的换面投影 ………………………………………………………………… 38

3.1.2　直线和平面的换面投影 ……………………………………………………… 39

3.1.3　换面法解题举例 ……………………………………………………………… 42

3.2　旋转法——绕投影面垂直轴旋转 ………………………………………………… 46

3.2.1　点旋转时的投影变换 ………………………………………………………… 46

3.2.2　直线和平面的旋转 …………………………………………………… 46

　　　　　　3.2.3　绕垂直轴旋转法解题举例 …………………………………………… 49

第4章　曲线与曲面 ……………………………………………………………………… 51

　　4.1　曲线概述 ……………………………………………………………………………… 51

　　4.2　曲面概述 ……………………………………………………………………………… 53

　　4.3　螺旋线和螺旋面 ……………………………………………………………………… 56

第5章　立体 ……………………………………………………………………………… 61

　　5.1　基本几何体的投影 …………………………………………………………………… 61

　　　　　5.1.1　平面立体 …………………………………………………………………… 61

　　　　　5.1.2　曲面立体 …………………………………………………………………… 64

　　5.2　平面与立体相交的交线——截交线 ………………………………………………… 71

　　　　　5.2.1　平面与平面立体相交 ……………………………………………………… 72

　　　　　5.2.2　平面与曲面立体相交 ……………………………………………………… 73

　　5.3　两曲面立体相交线——相贯线 ……………………………………………………… 82

　　　　　5.3.1　平面立体与曲面立体相交 ………………………………………………… 82

　　　　　5.3.2　两曲面立体相交 …………………………………………………………… 83

　　　　　5.3.3　相贯线的简化画法 ………………………………………………………… 91

　　　　　5.3.4　组合体上的相贯线 ………………………………………………………… 92

第6章　立体表面的展开 ………………………………………………………………… 94

　　6.1　可展面的表面展开 …………………………………………………………………… 94

　　　　　6.1.1　平面立体的表面展开 ……………………………………………………… 94

　　　　　6.1.2　曲面立体的表面展开 ……………………………………………………… 97

　　6.2　不可展曲面的近似展开 ……………………………………………………………… 101

　　　　　6.2.1　球面的近似展开 …………………………………………………………… 101

　　　　　6.2.2　正圆柱螺旋面的近似展开 ………………………………………………… 103

第7章　制图的基本知识 ………………………………………………………………… 105

　　7.1　国家标准《机械制图》的基本规定 …………………………………………………… 105

　　7.2　绘图工具和仪器的使用方法 ………………………………………………………… 113

　　7.3　几何作图 ……………………………………………………………………………… 115

　　7.4　平面图形的尺寸注法及线段分析 …………………………………………………… 120

　　7.5　绘图的方法与步骤 …………………………………………………………………… 122

第8章　组合体 …………………………………………………………………………… 125

　　8.1　三视图的形成及其投影特性 ………………………………………………………… 125

　　8.2　组合体的组合形式 …………………………………………………………………… 126

8.3 画组合体视图 ‥‥‥‥‥‥‥‥‥‥‥‥‥‥‥‥‥‥‥‥‥‥‥ 128

8.4 组合体的尺寸注法 ‥‥‥‥‥‥‥‥‥‥‥‥‥‥‥‥‥‥‥‥ 130

8.5 读组合体视图 ‥‥‥‥‥‥‥‥‥‥‥‥‥‥‥‥‥‥‥‥‥‥ 136

8.5.1 读图方法之一——形体分析法 ‥‥‥‥‥‥‥‥‥‥ 136

8.5.2 读图方法之二——线面分析法 ‥‥‥‥‥‥‥‥‥‥ 138

8.5.3 组合体读图举例 ‥‥‥‥‥‥‥‥‥‥‥‥‥‥‥‥ 140

8.6 组合体的构形 ‥‥‥‥‥‥‥‥‥‥‥‥‥‥‥‥‥‥‥‥‥‥ 143

第9章 轴测投影图 ‥‥‥‥‥‥‥‥‥‥‥‥‥‥‥‥‥‥‥‥‥‥‥‥ 146

9.1 轴测投影的基本知识 ‥‥‥‥‥‥‥‥‥‥‥‥‥‥‥‥‥‥ 146

9.2 正等轴测图 ‥‥‥‥‥‥‥‥‥‥‥‥‥‥‥‥‥‥‥‥‥‥‥ 149

9.3 斜二等轴测图 ‥‥‥‥‥‥‥‥‥‥‥‥‥‥‥‥‥‥‥‥‥‥ 157

9.4 画轴测图的几个问题 ‥‥‥‥‥‥‥‥‥‥‥‥‥‥‥‥‥‥ 159

第10章 机件常用的表达方法 ‥‥‥‥‥‥‥‥‥‥‥‥‥‥‥‥‥‥ 163

10.1 视图 ‥‥‥‥‥‥‥‥‥‥‥‥‥‥‥‥‥‥‥‥‥‥‥‥‥‥‥ 163

10.2 剖视图 ‥‥‥‥‥‥‥‥‥‥‥‥‥‥‥‥‥‥‥‥‥‥‥‥‥ 166

10.2.1 剖视的基本概念 ‥‥‥‥‥‥‥‥‥‥‥‥‥‥‥‥ 166

10.2.2 剖视图的画法 ‥‥‥‥‥‥‥‥‥‥‥‥‥‥‥‥‥ 166

10.2.3 剖视图的标注及配置 ‥‥‥‥‥‥‥‥‥‥‥‥‥ 168

10.2.4 剖视图的分类 ‥‥‥‥‥‥‥‥‥‥‥‥‥‥‥‥‥ 168

10.2.5 剖切平面的种类及剖切方法 ‥‥‥‥‥‥‥‥‥ 172

10.3 断面 ‥‥‥‥‥‥‥‥‥‥‥‥‥‥‥‥‥‥‥‥‥‥‥‥‥‥‥ 177

10.4 局部放大图和简化画法 ‥‥‥‥‥‥‥‥‥‥‥‥‥‥‥‥ 178

10.5 表达方法小结及综合应用 ‥‥‥‥‥‥‥‥‥‥‥‥‥‥ 183

10.6 第三角投影法简介 ‥‥‥‥‥‥‥‥‥‥‥‥‥‥‥‥‥‥ 187

第11章 零件图 ‥‥‥‥‥‥‥‥‥‥‥‥‥‥‥‥‥‥‥‥‥‥‥‥‥‥ 189

11.1 零件图的作用和内容 ‥‥‥‥‥‥‥‥‥‥‥‥‥‥‥‥‥ 189

11.2 零件的视图表达 ‥‥‥‥‥‥‥‥‥‥‥‥‥‥‥‥‥‥‥‥ 190

11.2.1 各类零件的表达分析 ‥‥‥‥‥‥‥‥‥‥‥‥‥ 191

11.2.2 选择零件表达方案的方法和步骤 ‥‥‥‥‥‥ 194

11.2.3 表达方案的讨论 ‥‥‥‥‥‥‥‥‥‥‥‥‥‥‥ 195

11.3 零件的常见工艺结构 ‥‥‥‥‥‥‥‥‥‥‥‥‥‥‥‥‥ 196

11.4 零件图的尺寸标注 ‥‥‥‥‥‥‥‥‥‥‥‥‥‥‥‥‥‥ 201

11.4.1 标注零件尺寸的基本要求 ‥‥‥‥‥‥‥‥‥‥ 201

11.4.2 尺寸基准及其选择 ‥‥‥‥‥‥‥‥‥‥‥‥‥‥ 202

11.4.3 零件尺寸标注举例 ‥‥‥‥‥‥‥‥‥‥‥‥‥‥ 204

11.4.4 零件常见结构要素的尺寸注法 ‥‥‥‥‥‥‥ 207

11.5　表面粗糙度、镀涂和热处理代(符)号及其标注 ……………………………… 212

11.6　极限与配合 ……………………………………………………………… 219

　　11.6.1　互换性 …………………………………………………………… 219

　　11.6.2　有关的术语和定义 ……………………………………………… 219

　　11.6.3　配合的有关术语 ………………………………………………… 221

　　11.6.4　公差与配合的选用 ……………………………………………… 223

　　11.6.5　标注与查表 ……………………………………………………… 227

　　11.6.6　一般公差的概念和作用(GB/T 1804—1992) ………………… 229

11.7　形状和位置公差 ………………………………………………………… 230

　　11.7.1　形状和位置公差的概念 ………………………………………… 230

　　11.7.2　形位公差的项目、符号和标注 ………………………………… 231

11.8　零件草图与测绘 ………………………………………………………… 243

11.9　读零件图 ………………………………………………………………… 247

第 12 章　零件的连接与连接件 ………………………………………………… 250

12.1　螺纹 ……………………………………………………………………… 250

　　12.1.1　螺纹的形成 ……………………………………………………… 250

　　12.1.2　螺纹的要素 ……………………………………………………… 251

　　12.1.3　螺纹的规定画法 ………………………………………………… 252

　　12.1.4　螺纹的种类和标注方法 ………………………………………… 254

12.2　螺纹紧固件及连接画法 ………………………………………………… 260

　　12.2.1　螺纹紧固件的规定标记 ………………………………………… 260

　　12.2.2　螺纹连接画法 …………………………………………………… 262

12.3　键连接和销连接 ………………………………………………………… 266

　　12.3.1　键连接 …………………………………………………………… 266

　　12.3.2　花键连接 ………………………………………………………… 268

　　12.3.3　销连接 …………………………………………………………… 270

第 13 章　齿轮、滚动轴承和弹簧 ……………………………………………… 273

13.1　齿轮 ……………………………………………………………………… 273

　　13.1.1　直齿圆柱齿轮 …………………………………………………… 273

　　13.1.2　斜齿圆柱齿轮 …………………………………………………… 277

　　13.1.3　直齿圆锥齿轮 …………………………………………………… 280

　　13.1.4　蜗轮、蜗杆 ……………………………………………………… 283

13.2　滚动轴承 ………………………………………………………………… 289

13.3　弹簧 ……………………………………………………………………… 292

第 14 章　装配图 ………………………………………………………………… 296

14.1　概述 ……………………………………………………………………… 296

14.2 装配图的表达方法 ································· 298

14.3 装配图中的尺寸标注和技术要求 ················· 302

14.4 装配图的零、部件序号及明细表和标题栏 ········· 303

14.5 装配图的常见工艺结构 ························· 304

14.6 部件测绘和装配图的画法 ······················· 310

14.7 读装配图和拆画零件图 ························· 312

第 15 章　焊接 ··· 322

15.1 焊缝符号 ····································· 322

15.2 焊缝标注的有关规定 ··························· 325

15.3 焊缝标注的示例 ······························· 326

第 16 章　工业设计概述 ··································· 329

16.1 工业设计基本知识 ····························· 329

16.2 工业设计分类 ································· 330

16.3 工业设计的内容 ······························· 331

16.4 工业设计的企业价值 ··························· 332

第 17 章　产品构型设计的方法 ····························· 334

17.1 基本形体变形的构型设计 ······················· 334

17.2 仿生构型设计 ································· 335

17.3 变异构型设计 ································· 342

17.4 组合构型设计 ································· 342

17.5 反转构型设计 ································· 343

第 18 掌　产品设计创意表达方法——设计速写 ··············· 344

18.1 设计草图的作用 ······························· 344

18.2 设计速写的含义及基本学习方法 ················· 345

18.3 设计速写基础知识 ····························· 346

18.4 设计速写的基本技法 ··························· 353

18.5 设计速写的基本原则 ··························· 355

18.6 几种常用的设计速写方法 ······················· 355

18.7 设计草图与效果图 ····························· 358

第 19 章　产品设计创意表达——模型 ····················· 360

19.1 产品设计模型的概念 ··························· 360

19.2 模型在产品设计中所起的作用 ··················· 360

19.3　模型的分类与制作 …………………………………………………… 362

第 20 章　产品设计规划 …………………………………………………… 364

20.1　产品设计概述 ………………………………………………………… 364
20.2　产品设计的过程 ……………………………………………………… 365
20.3　产品设计规划 ………………………………………………………… 368
20.4　产品设计案例 ………………………………………………………… 370

附录 A　螺纹 ……………………………………………………………… 376

附录 B　螺纹紧固件 ……………………………………………………… 380

附录 C　键与销 …………………………………………………………… 392

附录 D　滚动轴承 ………………………………………………………… 396

附录 E　极限与配合 ……………………………………………………… 399

附录 F　紧固件通孔及沉孔尺寸 ………………………………………… 411

附录 G　常用材料及热处理名词解释 …………………………………… 412

参考文献 …………………………………………………………………… 418

绪　论

0.1　本课程的性质、要求和学习方法

1. 本课程的地位、性质和任务

《画法几何及机械制图》是一门研究绘制和阅读机械图样,解决空间几何问题的理论与方法的课程。

在现代化生产中,无论设计和制造机床、轻工机械、化工设备还是仪表工具都离不开机械图样,在使用、维修、安装和检验中也要以图样为依据。因此,图样就成为工业生产中一种重要的技术资料和进行技术交流不可缺少的工具,被喻为"工程界的语言"。由于机械图样与生产实践密切相关,所以本课程是一门既有系统理论、又有较强实践性的技术基础课,是机械类和工程技术类专业的一门主干课程。

学习本课程的主要目的是培养学生的绘图、读图和空间想象能力。

本课程的主要任务是:

(1) 掌握正投影法的基本理论及其应用;培养空间想象和空间分析能力。

(2) 培养绘制和阅读机械图样的能力和空间几何问题的图解能力。

(3) 培养计算机绘图应用软件的使用和计算机绘图能力。

(4) 培养认真负责的工作态度和严谨细致的工作作风。

此外,在教学过程中还必须有意识地培养学生自学、分析问题和解决问题的能力、创新和审美能力。

2. 本课程的基本要求

学完本课程后,应达到如下要求:

(1) 熟练掌握用正投影法表达空间几何形体和图解几何问题的基本理论和方法。了解轴测投影的基本概念并掌握正等和斜二等轴测图的画法。

(2) 能正确使用绘图工具和仪器,并初步掌握徒手画草图的技能。

(3) 能正确绘制和阅读中等复杂程度的零件图和装配图。所绘图样应做到:投影正确,视图选择与配置恰当,尺寸完整清晰,字体工整,作图准确,图面整洁,符合《机械制图》国家标准的规定。

（4）熟悉并掌握计算机绘图，能绘制平面图形、注尺寸及中等难度的零件图。

3. 本课程的学习方法

（1）"画法几何"部分的理论性、系统性比较强，在学习这部分内容时必须和初等几何（特别是立体几何）的知识密切联系起来，同时更要注意空间几何关系的分析和空间问题与平面图样间的对应关系。这样"从空间到平面，再由平面回到空间"的反复思维的过程才是最有效的学习方法。课后应及时复习，搞清每个基本概念和作图方法，然后完成一定数量的作业。画法几何的整个内容都不需要死记和背诵，它的理论主要通过解题实践才能深入理解和掌握，以达到灵活运用的目的。

（2）"机械制图"部分的内容是以画法几何理论为依据的，同时与生产实际密切联系。因此在学习时既要善于应用画法几何理论指导绘图和读图，又要紧密联系实际。绘图和读图能力的培养主要通过完成一系列的作业才能达到。要多画多想，注意画、读结合，图、物结合，以不断培养空间想象能力和空间构形能力。

图样是用来指导生产的技术文件，在绘图和读图中切忌粗心大意、草率从事，必须做到严肃认真、一丝不苟。必须严格遵守《机械制图》国家标准的规定。

不断改进学习方法，准确地使用有关资料和图表，提高独立工作能力和自学能力。

本课程只能为学生的绘图和读图打下一定的基础，在后继课程、生产实习、课程设计和毕业设计中还要继续培养和提高。

0.2　投影法及其分类

物体在光线照射下，在墙壁或地面上会出现物体的影子，这种现象被称为投影现象。画法几何学中应用的投影方法即是人们对投影现象进行科学的抽象而得到的。用这种方法确定空间几何形体在平面上的图像，称为投影法。

投影法分为两大类：中心投影法和平行投影法。

1. 中心投影法

图 0-1 所示是光源抽象为一点 S，S 称为投影中心；ABC 为三角形平面物体；平面 P 称为投影面；S 与物体上任一点之间的连线（如 SAa、SBb、SCc）称为投射（影）线。投射线与投影面的交点 a、b、c 为物体上 A、B、C 点的投影。所有的投射线都从一点 S 开始，称为中心投影法。

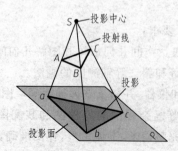

图 0-1　中心投影法

用投影法在投影面上所得到的物体的图形称为物体的投影。

由图 0-1 中可以看出,应用中心投影法,线段的投影(如 ab)与其实际长度(AB)不相等。所以用中心投影法画出的图形不能反映物体的真实形状和大小,为此机械图样的绘制不采用中心投影法。

2．平行投影法

当中心投影法的投影中心移到距投影面无限远时,则各投射线互相平行,这就称为平行投影法,如图 0-2 所示;平行投影法又分为两种类型。

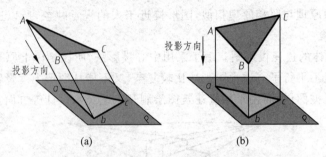

图 0-2　平行投影法

(a) 斜投影法；(b) 正投影法

(1) 当互相平行的投射线与投影面倾斜时,称为斜投影法,见图 0-2(a)。

(2) 当互相平行的投射线与投影面垂直时,称为正投影法,见图 0-2(b)。

机械图样的绘制,主要用正投影法,但有一些图样也要用到斜投影法或中心投影法。为此读者应在本课程开始时就要弄清楚这几种投影方法的异同,并特别重视正投影法的投影特性和逐渐掌握正投影法的绘图规律,正确、熟练地表达形体。

3．工程中常用的几种投影图

工程中常用的投影图有 4 种:轴测投影图、透视投影图、正投影图和标高投影图。轴测投影图和正投影图在以后各章中广泛应用和介绍。现仅对标高投影图和透视投影图作简单介绍。

1) 标高投影图

标高投影是正投影画法的一种,采用水平面作为投影面,主要用于地形图的绘制。因为大地幅员广阔,起伏多变,而高度方向与幅员相比显得很小,其他绘图方法都难适应地形图的绘制。为此采用地面等高线的水平正投影,并用数字标明各等高线的高度,就得到标高投影图。

图 0-3 是用标高投影法绘制的地形图。另外标高投影法还用于不规则曲面的表达,如船舶、飞机、汽车曲面等的绘制。如图 0-4 所示。

2) 透视投影图

透视投影图采用中心投影法,在投影面上得到形体

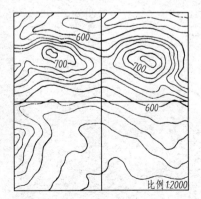

图 0-3　标高投影法画的地形图

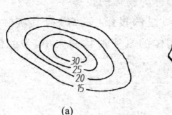

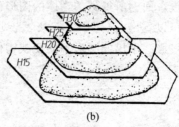

图 0-4　标高投影法画的不规则曲面

的投影。它的成像原理与照相原理相似,图形接近于人的视觉映象,所以透视图形象逼真,立体感强。

图 0-5 是几何体的透视投影图。由于采用中心投影法,所以物体上原是互相平行的边,在透视投影图上就不平行了。透视图画法比较复杂,又不能从图形上度量物体的尺寸,所以一般不用于绘制机械图样,而用于某些建筑图绘制和工艺美术设计等方面。

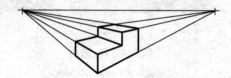

图 0-5　几何体的透视投影图

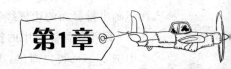

第1章

点、直线的投影

一般物体,都可以看作是由基本形体(柱、锥、球、环等)构成的,而基本形体是由表面、棱线和顶点所限定。画物体的图形,实际上就是画限定物体的点、线、面的投影。为此,要正确地画出物体的正投影,须先研究点、线、面正投影的画法及其基本特性。

1.1　点的投影

1. 点在两投影面体系中的投影

1)两投影面体系

为了根据点的投影确定点在空间的位置,设想有互相垂直的投影面 V 和 H(图 1-1),V 面称为正投影面,H 面称为水平投影面。两投影面的交线为投影轴 OX。可以设想整个空间被 V 面和 H 面划分成 4 部分,并被称为 4 个分角。

国家标准《机械制图》规定,机件的图形按正投影法绘制,并采用第一分角画法,故本书主要讨论第一分角投影画法。

2)点的两面投影图

设在第一分角中有一点 A,如图 1-2(a)所示。经过点 A 分别向 V 面和 H 面作垂线,得交点 a' 和 a,则 a' 称为点 A 的正面投影,a 称为点 A 的水平投影。

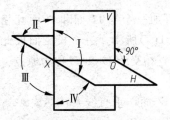

图 1-1　空间分为 4 个分角

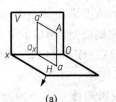
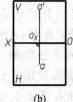
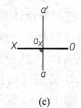

(a)　　　　(b)　　　　(c)

图 1-2　点的两面投影

规定空间点用大写字母 A、B、C 等表示;水平投影用小写字母 a、b、c 等表示;正面投影用带撇的小写字母 a'、b'、c' 等表示。

为了把空间两投影面的投影画在同一平面上,规定 V 面不动,将 H 面以 OX 为轴向下旋转 $90°$,与 V 面重合,即得点 A 的正投影图,见图 1-2(b)。为了作图简便、图形清晰,实际作图不画出投影面的边框线,如图 1-2(c)所示。

(1) 两投影面体系中的投影规律

由图 1-2(a)可以看出,$Aa \perp H$ 面,$Aa' \perp V$ 面,所以 Aa 和 Aa' 所决定的平面不仅垂直于 V 面和 H 面,而且也垂直于它们的交线 OX 轴。因此,该平面与 H 面的交线 aa_X 和与 V 面的交线 $a'a_X$ 都分别垂直于 OX 轴。又因为 $a'a_X$ 和 aa_X 相交于 a_X 点,所以在投影图上,a、a_X、a' 三点在同一条直线上,即 $aa' \perp OX$ 轴。

因为 Aa_Xa' 是矩形,所以 $aa_X = Aa'$,$a'a_X = Aa$。为此可以得出两投影面体系中的投影规律为:

① 点的正面投影和水平投影的连线垂直于 OX 轴,即 $aa' \perp OX$ 轴。

② 点的正面投影到 OX 轴的距离,反映该点到 H 面的距离,点的水平投影到 OX 轴的距离反映该点到 V 面的距离。即 $a'a_X = Aa$,$aa_X = Aa'$。

(2) 点在投影面内的投影特点

图 1-3 是点在投影面内和投影轴上的情况(仍属于第一分角),其投影特点是:

① 点在投影面内,则点的一个投影与空间点重合,另一个投影在投影轴上。图 1-3(b) 中,点 B 在 V 面内,则其正面投影 b' 在 V 面内,水平投影 b 与 OX 轴重合。

② 点在投影轴上,则点的两个投影均与空间点重合,即位于投影轴上。

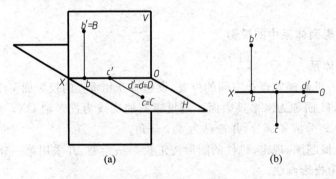

图 1-3 点在投影面或投影轴上的投影

2. 点在三投影面体系中的投影

1) 三投影面体系

三投影面体系是在上述 V/H 两投影面体系的基础上再加一个与 H 面和 V 面互相垂直的投影面——侧投影面 W(简称侧面)而构成的。如图 1-4(a)所示。三个投影面彼此相交,它们的交线分别称为投影轴 OX、OY 和 OZ,三投影轴垂直相交于 O 点,O 称为原点。

2) 点的三面投影图及其投影规律

图 1-4(a)是空间点 A 在三投影面体系中分别向 V、H、W 面作垂直线 Aa'、Aa、Aa'',垂足分别为 a'、a、a'',即为点 A 在三个投影面上的投影。

为了使三个投影面摊平在一个平面上,规定 V 面不动,使 H 面绕 OX 轴向下旋转 $90°$ 与 V 面重合,W 面绕 OZ 轴向右旋转 $90°$ 与 V 面重合,这样就得到点 A 的三面投影图。实际作图时,表示投影面大小的边框不画,故点 A 的三面投影图如图 1-4(b)所示。

要注意的是投影图按上述方法展开在一个平面上时,Y 轴将分别用 Y_H 和 Y_W 在两个位置表示。

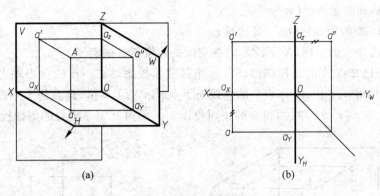

(a) (b)

图 1-4 点的三面投影

由图 1-4 可以得到点在三投影面体系中的投影规律：

(1) 点的正面投影与水平投影的连线垂直 OX 轴，即 $a'a \perp OX$；

(2) 点的正面投影与侧面投影的连线垂直 OZ 轴，即 $a'a'' \perp OZ$；

(3) 点的水平投影到 OX 轴的距离等于侧面投影到 OZ 轴的距离，即 $aa_x = a''a_z$。

3) 根据点的两个投影求第三个投影

在三投影面体系中，若已知点的两个投影，则该点在空间的位置就唯一被确定了。因此，给出点的两个投影，就可以画出点的第三个投影。

【例 1-1】 已知点的正面投影 a' 和水平投影 a，求其侧面投影 a''，见图 1-5(a)。

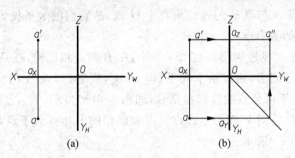

(a) (b)

图 1-5 根据点的两个投影求第三投影

解 作图步骤见图 1-5(b)具体如下：

(1) 过原点 O 作直角 $Y_H O Y_W$ 的分角线；

(2) 过 a 作水平线平行 OX 轴与分角线相交，再过交点作垂直线；

(3) 过 a' 点作水平线平行 OX 轴与上述垂直线相交于 a''，a'' 即为所求。

3．点的坐标与投影

点的空间位置也可以用数字表示，方法是设置坐标系，把点放在坐标系里。简而言之，是把原来的三个投影面(V、H、W 面)作为坐标面，三条投影轴(OX、OY、OZ)作为坐标轴，交点 O 为坐标原点，见图 1-6。并在三条坐标轴上表明长度单位。

由图 1-6 可以看出点的投影与坐标的关系：

点 A 到 W 面的距离 $= Oa_x = X$ 坐标；

点 A 到 V 面的距离 $=Oa_Y=Y$ 坐标；

点 A 到 H 面的距离 $=Oa_Z=Z$ 坐标。

因此,若已知点的坐标 $(X、Y、Z)$,它在空间的位置就被确定了。

图 1-7 是已知点 A 的坐标 $(6,4,5)$,求作其三面投影。在画出的投影轴上沿 OX 向左截取 $x=6$ 单位得 a_X;由 a_X 作 OX 的垂线向下取 $a_X a=4$ 单位,得点的水平投影 a;由 a_X 在垂线上向上取 $a_X a'=5$ 单位,得点的正面投影 a'。再由 a、a' 求出点的侧面投影 a''。

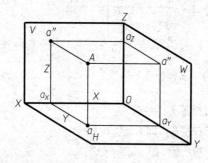
图 1-6　点的坐标

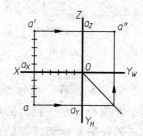
图 1-7　根据点的坐标画投影图

4. 重影点

当空间两点位于某个投影面的同一垂直线上时,则两点在该投影面上的投影重合为一点。这两点被称为该投影面的重影点。

如图 1-8 所示,点 A 与点 B 的连线垂直于 H 面,故它们的水平投影 a 和 b 重合。所以点 A 和点 B 是 H 面的重影点。

两点重影,就存在可见性问题。在图 1-8 中,A、B 两点相比较,点 A 的 Z 坐标大于点 B 的 Z 坐标,即点 A 高于点 B,所以从上向下(向 H 面)投射时,点 A 挡住点 B。因此投影 a 可见,b 不可见。规定不可见点的投影加括号,如图 1-8(b)所示。

同理,点 C 与点 D 为对 V 面的重影点。因为点 C 的 Y 坐标大于点 D 的 Y 坐标,所以 c' 看得见,d' 看不见,以 (d') 表示。

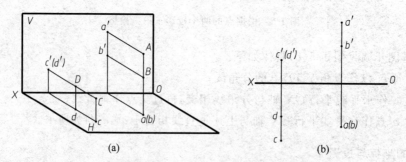
图 1-8　重影点的投影

5. 点的相对位置

由前面第三节点的坐标与投影可知:

(1) a 反映空间点的 X,Y 坐标;

（2）a' 反映空间点的 X,Z 坐标；

（3）a'' 反映空间点的 Y,Z 坐标。

如已知两点的投影，便可根据点的投影对应关系和坐标，判别它们在空间的相对位置，例如图 1-9 中，已知 a,a',a'' 和 b,b',b''，则由于 b 在 a 的右边，即 $X_B < X_A$，表示点 B 在点 A 的右方；b 在 a 的前边即 $Y_B > Y_A$，表示点 B 在点 A 的前面；b' 在 a' 的上边，即 $Z_B > Z_A$，表示点 B 在点 A 的上方，总起来说就是点 B 在点 A 的右、前、上方。

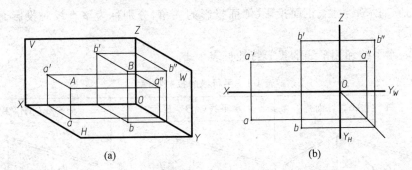

图 1-9　点的相对位置

由于点的正面投影及水平投影同时反映点的 X 坐标，水平投影及侧面投影同时反映点的 Y 坐标，正面投影及侧面投影同时反映点的 Z 坐标，故可利用两点的正面投影（a',b'）或水平投影（a,b）来比较左右位置，利用水平投影（a,b）及侧面投影（a'',b''）比较前后位置，同理利用正面投影（a,b）及侧面投影（a'',b''）比较上下位置关系。

1.2　直线的投影

1. 直线的投影

根据几何定理，两点可以确定一条直线，所以空间一直线的投影可由直线上两点的同面投影来确定（通常取直线段的两个端点）。如图 1-10 所示，直线 AB 与三个投影面都不垂直，分别作出 AB 两端点的投影（a,a',a''）、（b,b',b''），然后将其同面投影连接起来即得直线的三面投影（$ab,a'b',a''b''$）。可见，不垂直投影面的直线的投影仍为直线。

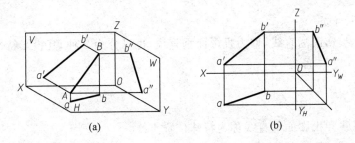

图 1-10　直线的投影

2. 直线对投影面的相对位置及其投影特性

在三投影面体系中根据直线对投影面的相对位置，可把直线分为三类。

1）投影面平行线

平行于一个投影面而与另外两个投影面倾斜的直线，称为投影面平行线，可分为以下3 种。

（1）水平线：//H 面，对 V、W 面倾斜的直线。

（2）正平线：//V 面，对 H、W 面倾斜的直线。

（3）侧平线：//W 面，对 H、V 面倾斜的直线。

直线与它的水平投影、正面投影、侧面投影的夹角，分别称为该直线对投影面 H、V、W 的倾角 α、β、γ。

正平线、水平线和侧平线的投影特性见表 1-1。

表 1-1　平行线的投影特性

名称	正平线（$AB//V$ 面）	水平线（$AB//H$ 面）	侧平线（$AB//W$ 面）
轴测图	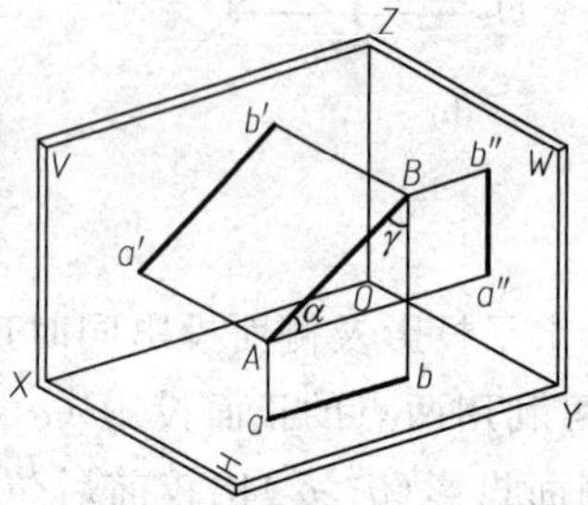	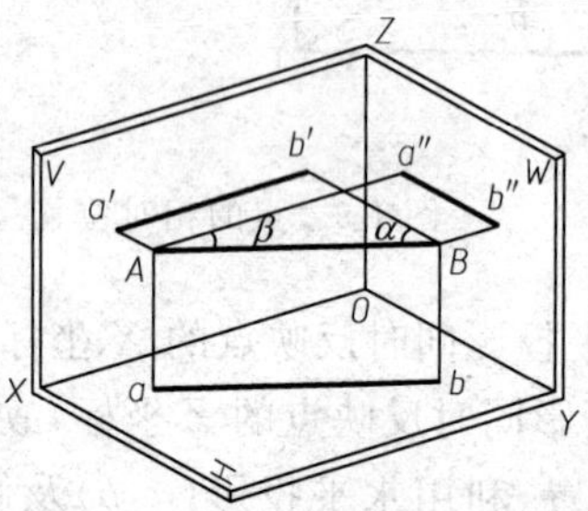	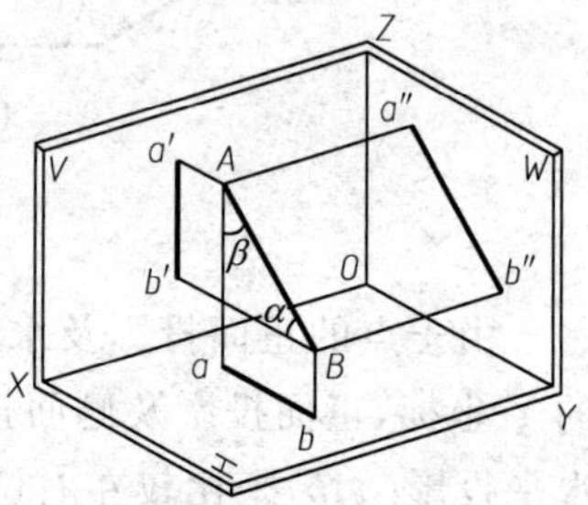
投影图	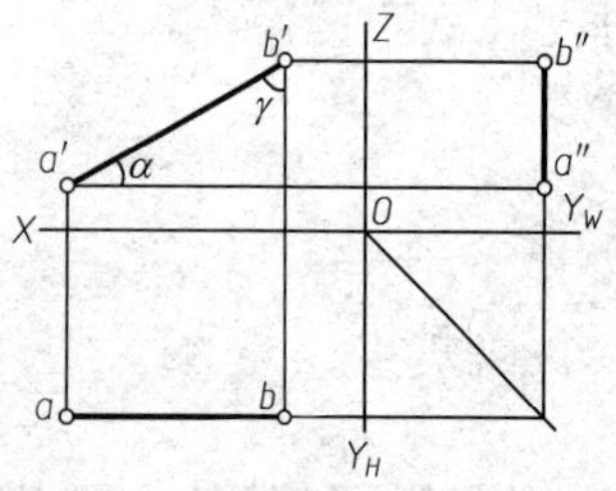	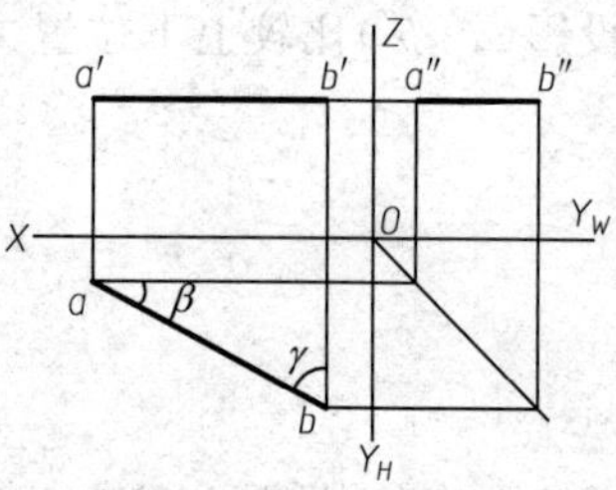	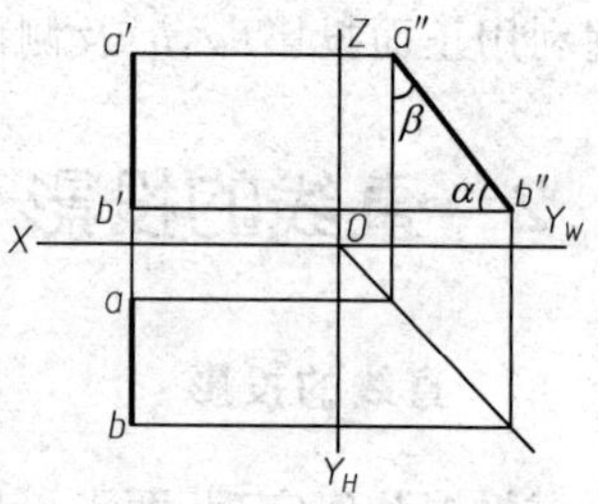
投影特性	（1）$a'b'=AB$； （2）$a'b'$ 与投影轴夹角反映 α、γ； （3）$ab//OX$，$a''b''//OZ$	（1）$ab=AB$； （2）ab 与投影轴夹角反映 β、γ； （3）$a'b'//OX$，$a''b''//OY_W$	（1）$a''b''=AB$； （2）$a''b''$ 与投影轴夹角反映 α、β； （3）$ab//OY_H$，$a'b'//OZ$

2）投影面垂直线

垂直于一个投影面的直线，称为投影面垂直线，也可分为 3 种，其投影特性见表 1-2。

（1）正垂线：$\perp V$ 面；

（2）铅垂线：$\perp H$ 面；

（3）侧垂线：$\perp W$ 面。

投影面平行线和投影面垂直线称为特殊位置直线。

3）投影面倾斜线

与三个投影面都倾斜的直线，称为投影面倾斜线。

如图 1-11 所示，由于投影面倾斜线 AB 与三个投影面都不平行，所以其三面投影都不反映直线的实长。其投影长、实长和倾角之间的关系为 $ab=AB\cos\alpha$；$a'b'=AB\cos\beta$；$a''b''=$

$AB\cos\gamma$。由于 α、β、γ 都不等于零,所以三个投影长度都小于实长,而且投影与投影轴的夹角也不反映空间直线对投影面的真实倾角。

表 1-2　垂直线的投影特性

名称	正垂线($AB\perp V$ 面)	铅垂线($AB\perp H$ 面)	侧垂线($AB\perp W$ 面)
轴测图			
投影图			
投影特性	(1) $a'b'$ 积聚成一点; (2) $ab\perp OX$,$a''b''\perp OZ$; (3) $ab=a''b''=AB$	(1) ab 积聚成一点; (2) $a'b'\perp OX$,$a''b''\perp OY_W$; (3) $a'b'=a''b'' /\!/ AB$	(1) $a''b''$ 积聚成一点; (2) $a'b'\perp OZ$,$ab\perp OY_H$; (3) $a'b'=ab=AB$

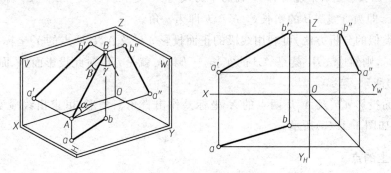

图 1-11　投影面倾斜线

由于直线两端点分别沿 X、Y、Z 方向的坐标差不等于零,所以其三面投影都倾斜于投影轴。

投影面倾斜线又称为一般位置直线。

3. 线段的实长及对投影面的倾角

由上可知,一般位置直线段的投影不反映线段的实长以及对投影面的倾角,但可在投影图上用作图方法来解决这一问题。下面介绍用直角三角形法求一般位置直线段的实长及对投影面的倾角。

如图 1-12 所示，AB 为一般位置直线，在 $ABba$ 平面内过 A 作 $AB_0 /\!/ ab$，交 Bb 于 B_0，其中直角边 $AB_0 = ab$ 即 AB 的水平投影，$BB_0 = Bb - Aa = Z_B - Z_A$，即 B、A 两点的 Z 坐标之差；斜边 AB 即为实长，$\angle BAB_0$ 即为 AB 对 H 面的倾角 α。所以只要能作出这个直角三角形，就能确定 AB 实长及对投影面的倾角，而 AB 的水平投影 ab 和 A、B 两点的 Z 坐标之差在投影图上都能找到。

具体作图方式有两种，如图 1-12(b) 所示。

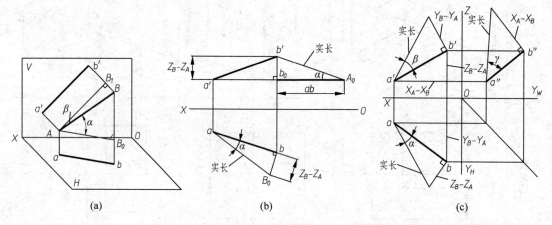

图 1-12　直角三角形法求实长及倾角

（1）在水平投影上作：过 a 或 b 作 ab 的垂线（图 1-12 中为过 b）bB_0，使 $bB_0 = Z_B - Z_A$，连接 aB_0，即为直线 AB 的实长，$\angle B_0 ab$ 即为 α 角。

（2）在正面投影上作：过 a' 作 X 轴的平行线与 bb' 交于 b_0（$b'b_0 = Z_B - Z_A$），量取 $b_0 A_0 = ab$，连接 $b'A_0$，即为直线 AB 的实长，$\angle b_0 A_0 b'$ 即为 α 角。

按上述类似的分析方法，可利用线段的正面投影 $a'b'$ 及 A、B 两点的 Y 坐标差作出直角三角形 $a'b'B_0$，则斜边 $a'B_0$ 就是 AB 的实长，$\angle B_0 a'b'$ 就是 AB 对此投影面（V 面）的倾角 β，如图 1-12(c) 所示。

利用侧面投影 $a''b''$ 及 A、B 两点的 X 坐标差作出直角三角形，可求出线段实长及对 W 面的倾角 γ，如图 1-12(c) 所示。

4. 直线上的点

1）直线上点的投影

根据投影的基本特性可知，点在直线上，则点的各个投影必在该直线的同面投影上，且符合点的投影规律。反之，点的各个投影在直线的同面投影上，则该点一定在此直线上。图 1-13 所示直线 AB 上有一点 C，则 C 点的三面投影 c、c'、c'' 一定在直线 AB 的同面投影上。

2）点分割线段成定比

若点 C 在直线段 AB 上，则把 AB 分成 AC 和 CB 两段，其空间长度之比等于其各同面投影长度之比。如图 1-13 所示，$\triangle ABB_0 \backsim \triangle ACC_0$，则 $AC : CB = ac : cb = a'c' : c'b' = a''c'' : c''b''$。

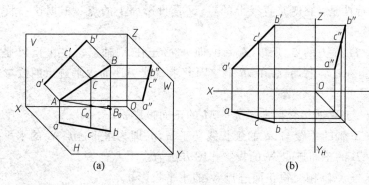

图 1-13 直线上的点

【例 1-2】 已知侧平线 AB 的两面投影和此直线上点 C 的正面投影 c'，求水平投影 c，见图 1-14。

方法一 见图 1-14(a)。

分析：由于 AB 是侧平线，所以不能由 c' 直接求出 c，根据点 C 在 AB 上，c'' 必定在 $a''b''$ 上，可先作出 $a''b''$，然后作 c''，再根据 c'' 求出 c。

作图：

(1) 作 AB 的侧面投影 $a''b''$。

(2) 作 $c'c'' \perp OZ$ 轴，交 $a''b''$ 于 c''。

(3) 根据点的投影规律由 c'、c'' 求出 c。

方法二 见图 1-14(b)。

分析：因为点 C 在直线 AB 上，必定符合定比分割关系，即 $AC : CB = a'c' : c'b' = ac : cb$。

作图：

(1) 自 a(或 b)作任意辅助线 ab_0，在 ab_0 上取 $ac_0 = a'c'$ (或 $bc_0 = b'c'$)；$c_0b_0 = c'b'$。

(2) 连接 bb_0，作 $c_0c // b_0b$ 交 ab 于 c，c 即为所求。

3) 直线的迹点

直线与投影面的交点称为迹点。直线与 H 面的交点称为水平迹点，用 M 表示；与 V 面的交点称为正面迹点，用 N 表示，如图 1-15 所示。

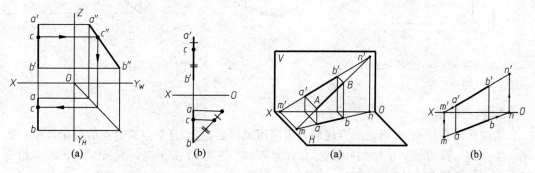

图 1-14 已知 c' 求水平投影 c 图 1-15 直线的正面迹点和水平迹点

迹点的基本特性是：它既是直线上的点，又是投影面上的点。根据这一特性就可以作出直线上迹点的投影。

由于点 M 是 H 面上的点，所以 $Z_M=0$，即 m' 必定在 X 轴上；又由于 M 是直线 AB 上的点，所以 m' 必定在 $a'b'$ 上，m 必在 ab 上。因此求直线 AB 的水平迹点的投影作图方法如图 1-15(b)所示。

(1) 延长 $a'b'$ 与 X 轴相交得水平迹点 M 的正面投影 m'。

(2) 自 m' 作 X 轴的垂线与 ab 的延长线交于 m，m 即为水平迹点 M 的水平投影。

同理，直线 AB 的正面迹点 N 的投影作图方法为：

(1) 延长 ab 与 X 轴相交得正面迹点 N 的水平投影 n。

(2) 自 n 作 X 轴的垂线与 $a'b'$ 的延长线交于 n'，n' 即为正面迹点 N 的正面投影。

5. 两直线的相对位置

空间两直线的相对位置有三种情况：两直线平行、两直线相交、两直线交叉。前两种为同面直线，后一种为异面直线。

1) 两直线平行

若空间两直线相互平行，则此两直线的各组同面投影一定相互平行。如图 1-16 所示，由于 $AB/\!/CD$，则 $ab/\!/cd$，$a'b'/\!/c'd'$，$a''b''/\!/c''d''$。反之，如果两直线的各组同面投影都相互平行，则该两直线在空间一定相互平行。

对于一般位置直线，根据两直线的任意两组同面投影相互平行即可确定空间两直线平行。但当两直线平行于同一投影面时，则必须看在该投影面上的投影是否平行，才能确定其空间是否平行。如图 1-17 所示，两侧平线 AB 和 CD，虽然 $a'b'/\!/c'd'$，$ab/\!/cd$，但通过检查侧面投影，由于 $a''b''$ 与 $c''d''$ 不平行，可知 AB 和 CD 两直线不平行。

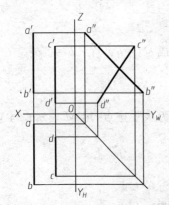

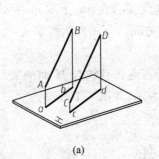

(a)

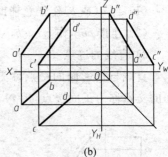

(b)

图 1-16　判别 AB、CD 两直线的
　　　　　相对位置

图 1-17　平行两直线的投影

2) 两直线相交

若空间两直线相交，则此两直线的各组同面投影必相交，且交点符合点的投影规律。如图 1-18 所示，两直线 AB 与 CD 相交，交点为 K，则 ab 与 cd、$a'b'$ 与 $c'd'$、$a''b''$ 与 $c''d''$ 必相交于 k、k'、k''，且符合点的投影规律。

反之，若空间两直线的各组同面投影都相交，且各组投影的交点符合空间一点的投影规

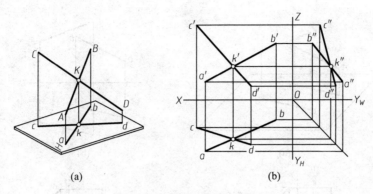

图 1-18 相交两直线的投影

律,则此两直线在空间必定相交。

3) 两直线交叉

若空间两直线既不平行又不相交,则称为两直线交叉,见图 1-19。

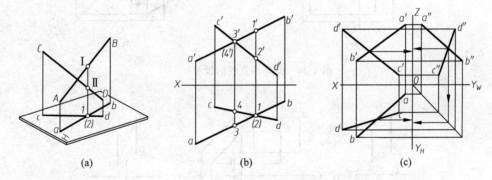

图 1-19 交叉两直线的投影(一)

两直线交叉,它们的投影可能有一组、两组或三组同面投影相交,但投影的交点一定不符合同一点的投影规律,如图 1-19 所示。

从图 1-19(a)可知,ab 和 cd 的交点实际上是两直线上不同点(AB 上的 Ⅰ 点和 CD 上的 Ⅱ 点)的重合投影,即对 H 面的一对重影点。由于 $Z_Ⅰ > Z_Ⅱ$,所以从上往下看时,点 Ⅰ 可见,点 Ⅱ 不可见。同理,在图 1-19(b)中,$3'(4')$ 为 AB 上的点 Ⅲ 与 CD 上的点 Ⅳ 的正面投影重合,即对 V 面的一对重影点。由于 $Y_Ⅲ > Y_Ⅳ$,所以,从前往后看点 Ⅲ 可见,点 Ⅳ 不可见。

两直线交叉,它们的投影也可能有一组或两组是相互平行的,但绝不会三组同面投影都相互平行,如图 1-20 所示。

对于一般位置直线,通常只需两组同面投影就可判别是否为交叉直线。如其中有一直线为投影面平行线时,则一定要检查直线在三个投影面上的投影交点是否符合点的投影规律,如图 1-20(d)所示。

【例 1-3】 判别图 1-21(a)中所示 AB 和 CD 两直线是何种相对位置。

方法一 见图 1-21(b)。

分析:可作出第三投影,如图 1-21(b)所示,因为 $a''b'' \parallel c''d''$,则空间二直线 $AB \parallel CD$。

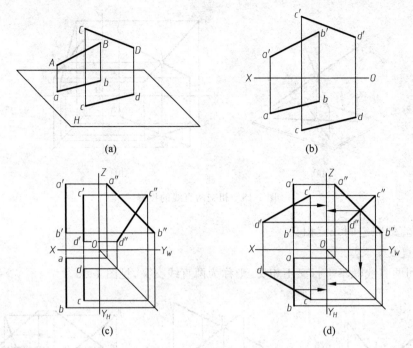

图 1-20　交叉两直线的投影（二）

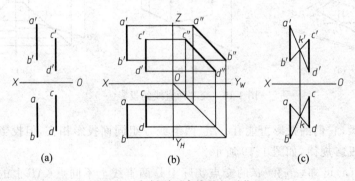

图 1-21　交判别两直线的相对位置

方法二　见图 1-21(c)。

分析：如 AB 和 CD 为平行两直线，则可确定一平面，平面内两相交直线的交点一定符合点的投影规律。否则，为交叉两直线。

作图：连接 ad、bc 和 $a'd'$、$b'c'$，分别交于 k 和 k'，k 和 k' 的连线垂直于 OX 轴，说明符合点的投影规律，所以 $AB/\!/CD$。

6. 一边平行于投影面的直角投影

若两直线垂直相交，且其中一条直线平行于某一投影面，则此两直线在该投影面上的投影必定相互垂直，此投影特性称为直角投影定理。

如图 1-22 所示，$AB \perp BC$，且 $AB/\!/H$ 面。因为 $AB \perp Bb$，$AB \perp BC$，所以 $AB \perp BbcC$ 平面，又因 $ab/\!/AB$，所以 $ab \perp BbcC$ 平面，因此 $ab \perp bc$。

17

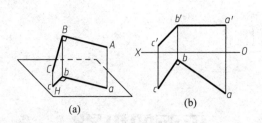

图 1-22 直角的投影特性

反之,如相交两直线在某一投影面上的投影相互垂直,且其中一条直线为该投影面的平行线,则此两直线在空间也必定相互垂直。

【例 1-4】 求点 A 到直线 BC 的距离,见图 1-23。

分析:所求距离为点 A 向 BC 所作垂线的长度。因为 $bc \parallel X$ 轴,所以 BC 是正平线。根据直角投影定理可知,所作垂线的正面投影与 BC 的正面投影 $b'c'$ 垂直。

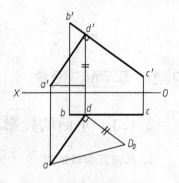

图 1-23 求点 A 到正平线 BC 的距离

作图:

(1) 作 $a'd' \perp b'c'$ 交 $b'c'$ 于 d'。

(2) 在 bc 上找出 d。

(3) 连接 ad,并用直角三角形法求 AD 实长,dD_0 即为所求。

【例 1-5】 已知菱形 $ABCD$ 的对角线 BD 的投影和另一对角线端点的水平投影 a,试完成菱形的投影,见图 1-24(a)。

分析:根据菱形对角线垂直且平分的性质,可先确定 BD 的中点;因为 BD 是正平线,按直角投影定理的投影特点容易定出 a',则另一条对角线 AC 即可定,菱形可作。

作图:如图 1-24(b)所示。

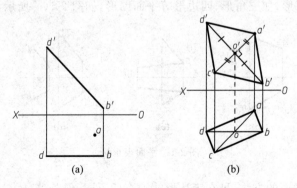

图 1-24 求菱形 $ABCD$ 的投影

(1) 取 BD 中点 $O(o,o')$。

(2) 过 o' 作 $b'd'$ 的垂线,与过 a 点垂直于 OX 轴的直线相交于 a'。

(3) 画 $o'c' = o'a'$。

(4) 由 c' 求出 c,顺次连接菱形各顶点的同面投影,即得菱形的投影 $abcd$ 和 $a'b'c'd'$。

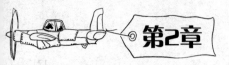

第2章

平面的投影、
直线与平面、平面与平面的相对位置

2.1 平面的投影

2.1.1 平面的投影表示法

1. 几何元素表示法

根据初等几何可知,平面可由几何元素决定,通常用下列几种方式表示:

(1) 不在同一直线上的三个点,如图 2-1(a)所示;

(2) 一直线和直线外的一点,如图 2-1(b)所示;

(3) 相交两直线,如图 2-1(c)所示;

(4) 平行两直线,如图 2-1(d)所示;

(5) 任意平面图形,如三角形、四边形等平面图形,如图 2-1(e)所示。

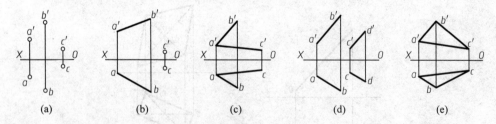

图 2-1　平面表示法

以上 5 种表示平面的方法,虽在表达形式上有所不同,但若 A、B、C 三点空间位置不变,则所表示的平面是同一平面,因此它们在表达形式上可以相互转换。

通常以平面图形表示居多,如三棱锥体就是由 4 个三角形平面所围成。

2. 迹线表示法

在投影面体系中,如把平面扩大,则该平面就与投影面相交而产生交线,称为平面的迹线。在图 2-2 中,平面 P 与 H 面的交线称为平面的水平迹线,用 P_H 表示;平面 P 与 V 面的交线称为平面的正面迹线,用 P_V 表示;平面 P 与 W 面的交线称为平面的侧面迹线,用 P_W 表示。P_H、P_V、P_W 两两相交于 X、Y、Z 轴得交点,P_X、P_Y、P_Z 称为迹线的集合点。

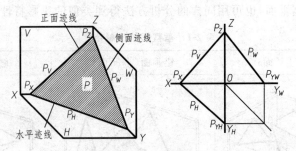

图 2-2 平面迹线表示法

由于迹线既在平面上,又在投影面上,所以迹线的一个投影与其迹线本身重合,规定用迹线符号标记,而迹线的另两个投影在相应的投影轴上,一般省略标记。即在投影图上直接用 P_V 表示正面迹线的正面投影,P_H 表示水平迹线的水平投影,P_W 表示侧面迹线的侧面投影。

既然 P_V 和 P_H 是属于平面 P 的相交两直线,当然可以用迹线来表示该平面。这种用迹线表示的平面,称为迹线平面。

2.1.2 平面与投影面的相对位置及其投影特性

1. 投影面垂直面

垂直于一个投影面,与另两投影面倾斜的平面,称为投影面垂直面,可分为以下 3 种。

(1) 垂直于 H 面的平面——铅垂面;

(2) 垂直于 V 面的平面——正垂面;

(3) 垂直于 W 面的平面——侧垂面。

现以正垂面 $\triangle ABC$ 为例,讨论其投影特性,如图 2-3 所示。

(1) 正面投影 $a'b'c'$ 积聚成一直线(与 P_V 重合)。

(2) 水平投影 $\triangle abc$ 和侧面投影 $\triangle a''b''c''$ 都是面积缩小了的类似形。(P_H 垂直 X 轴,P_W 垂直 Z 轴)。

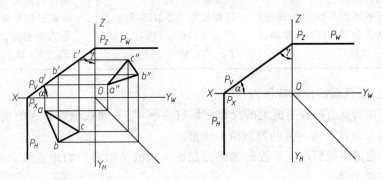

图 2-3 正垂面

（3）正面投影与 X 轴的夹角等于该平面对 H 面的倾角 α；与 Z 轴的夹角等于该平面与 W 面的倾角 γ；与 V 面的倾角 $\beta=90°$。

对于铅垂面和侧垂面，也可用同样的分析方法得到类似的投影特性，详见表 2-1。

表 2-1　垂直面的投影特性

名称	正垂面（⊥V 面）	铅垂面（⊥H 面）	侧垂面（⊥W 面）
轴测图	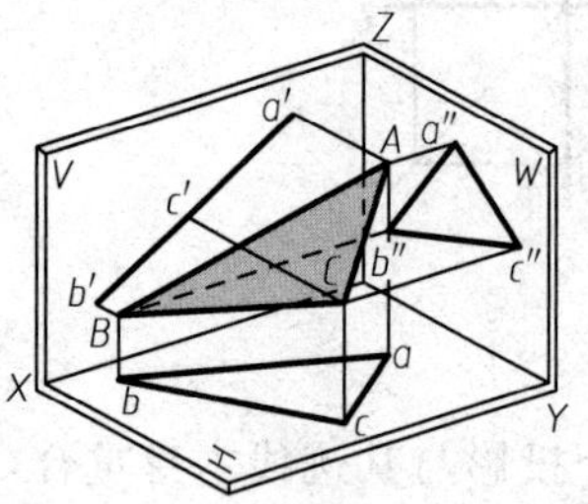	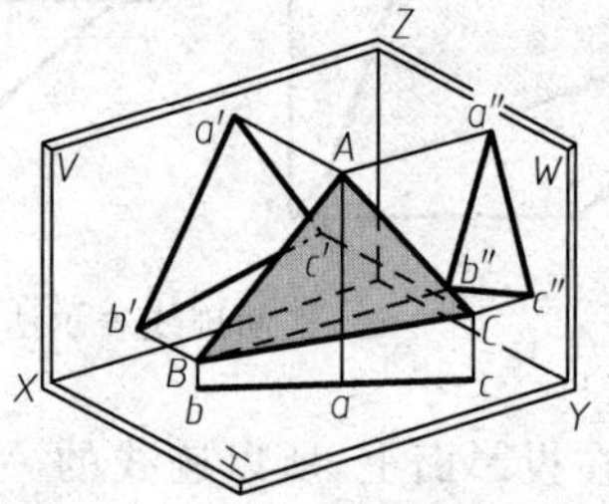	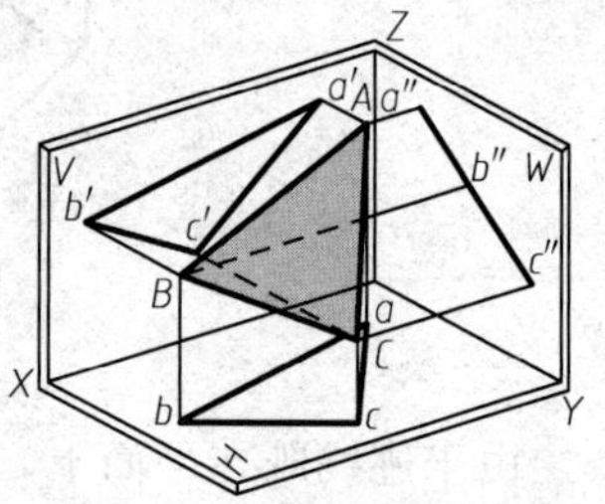
几何元素	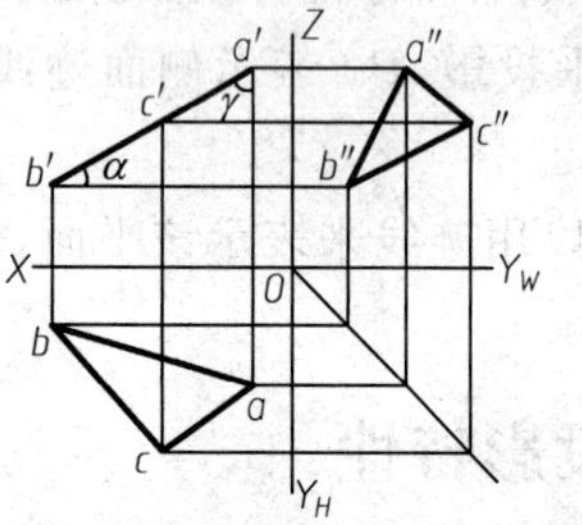	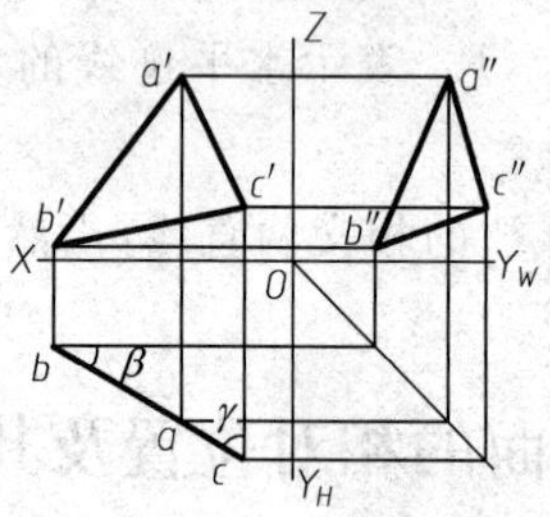	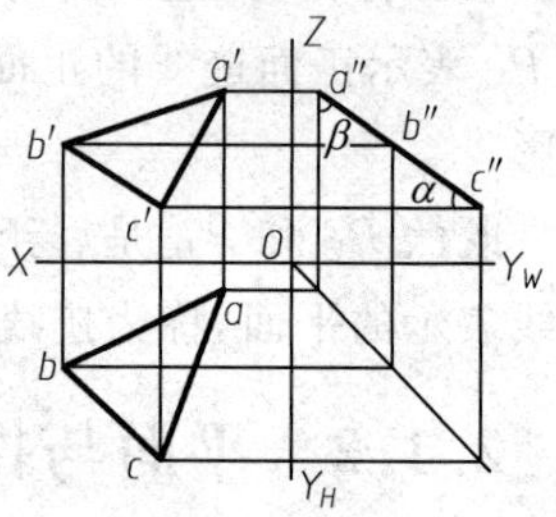
投影图 迹线表示法	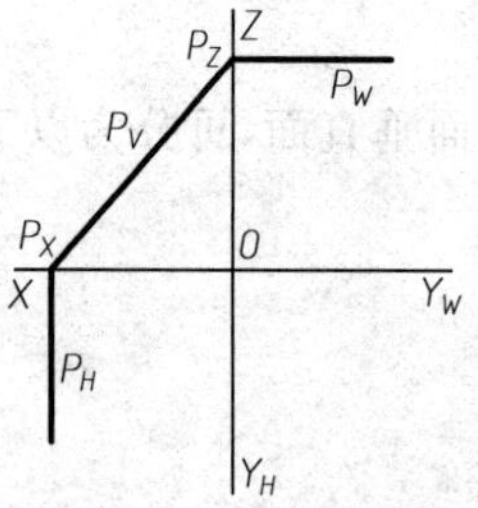	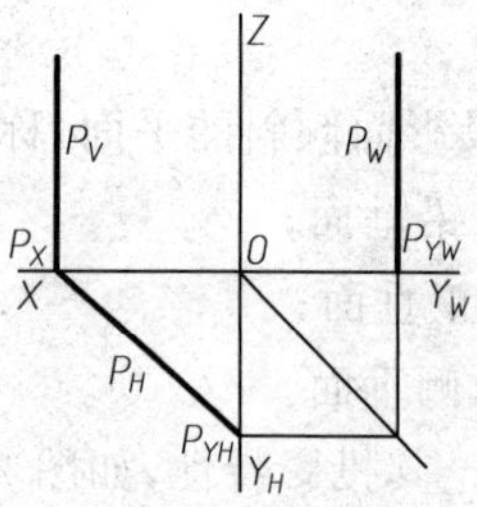	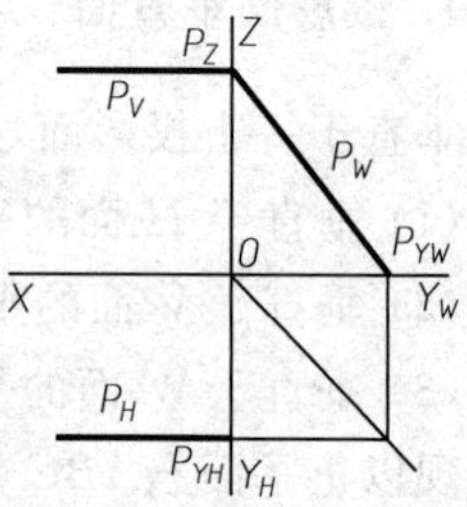
投影特性	（1）正面投影有积聚性（与 P_V 重合），且与 X 轴、Z 轴的夹角反映 α、γ。 （2）水平投影为类似形，侧面投影为类似形。（$P_H\perp X$ 轴、$P_W\perp Z$ 轴）	（1）水平投影有积聚性（与 P_H 重合），且与 X 轴、Y 轴的夹角反映 β、γ。 （2）正面投影为类似形，侧面投影为类似形。（$P_V\perp X$ 轴、$P_W\perp Y_W$ 轴）	（1）侧面投影有积聚性（与 P_W 重合），且与 Y 轴、Z 轴的夹角反映 α、β。 （2）正面投影为类似形，水平投影为类似形。（$P_V\perp Z$ 轴、$P_H\perp Y_H$ 轴）

综上所述，垂直面的投影特性为：

（1）平面在所垂直的投影面上的投影积聚成直线（与平面在该投影面的迹线重合），与投影轴的夹角反映该平面与另两投影面的倾角。

（2）平面在另两投影面上的投影都是面积缩小了的类似形。如用迹线表示，则其迹线垂直于相应的投影轴。

2．投影面平行面

平行于一个投影面的平面称为投影面平行面，可分为以下 3 种。

（1）平行于 H 的平面——水平面；

（2）平行于 V 的平面——正平面；

（3）平行于 W 的平面——侧平面。

现以水平面 $\triangle ABC$ 为例，讨论其投影特性，如图 2-4 所示。

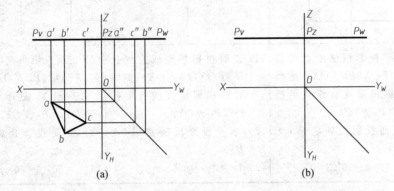

图 2-4　水平面

（1）正面投影 $a'b'c'$ 和侧面投影 $a''b''c''$ 积聚为一直线（与 P_V、P_W 重合），且分别平行 X 轴和 Y_W 轴。

（2）水平投影 $\triangle abc$ 反映 $\triangle ABC$ 的实形（无 P_H）。

（3）与 H 面的倾角 $\alpha = 0$，与 V 面的倾角 $\beta = 90°$，与 W 面的倾角 $\gamma = 90°$。

对于正平面和侧平面，也可用同样的分析方法得到类似的投影特性，详见表 2-2。

表 2-2　平行面的投影特性

名称		正平面（∥ V 面）	水平面（∥ H 面）	侧平面（∥ W 面）
轴测图				
投影图	几何元素			

名称	正平面(∥V面)	水平面(∥H面)	侧平面(∥W面)
投影图 迹线表示法			
投影特性	(1) 水平投影积聚成直线且平行 $OX(P_H \parallel OX)$，侧面投影积聚成直线且平行 $OZ(P_W \parallel OZ)$。 (2) 正面投影反映实形(无 P_V)。 (3) $\alpha=90°$、$\gamma=90°$、$\beta=0°$	(1) 正面投影积聚成直线且平行 $OX(P_V \parallel OX)$，侧面投影积聚成直线且平行 $OY(P_W \parallel OY)$。 (2) 水平投影反映实形(无 P_H)。 (3) $\beta=90°$、$\gamma=90°$、$\alpha=0°$	(1) 正面投影积聚成直线且平行 $OZ(P_V \parallel OZ)$，水平投影积聚成直线且平行 $OY_H(P_H \parallel OY_H)$。 (2) 侧面投影反映实形(无 P_W)。 (3) $\alpha=90°$、$\beta=90°$、$\gamma=0°$

综上所述,平行面的投影特性为:

(1) 平面在所平行的投影面上的投影反映实形(无该平面的迹线)。

(2) 平面在另两投影面上的投影都积聚成直线,且平行于相应的投影轴(与该平面的相应迹线重合)。

(3) 与平行的投影面的倾角为 0°,与另两投影面的倾角为 90°。

3. 一般位置平面

因为一般位置平面与三个投影面都倾斜,所以在三个投影面上的投影既不反映实形,也不反映此平面与投影面的倾角 α、β、γ。如图 2-5 所示,$\triangle ABC$ 为一般位置平面,所以 $\triangle abc$、$\triangle a'b'c'$、$\triangle a''b''c''$ 都是 $\triangle ABC$ 的类似形。

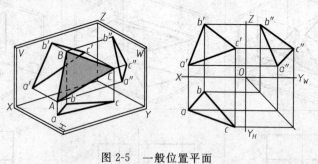

图 2-5　一般位置平面

2.1.3　平面内的点和直线

1. 平面内取直线

平面内取直线是以初等几何中的两个定理为依据的,即:

（1）若一直线通过平面内的两点，则此直线必定在该平面内。如图 2-6（a）所示，M、N 两点在 P 平面内，则过 M、N 两点所作的直线 MN 一定在 P 平面内。

（2）若一直线通过平面内的一点，且平行于平面内另一直线，则此直线必定在该平面内。如图 2-6（b）所示，直线 EF 和点 M 在 Q 平面内，过点 M 作直线 MN 平行 EF，则 MN 一定在 Q 平面内。

2. 平面内取点

如点在平面内的任一直线上，则此点一定在该平面内，因此在平面内取点，首先要在平面内取线。

图 2-7 所示，已知 $\triangle ABC$ 平面内一点 K 的水平投影 k，求出它的正面投影 k'。可先通过点 K 在平面内任取一直线 EF，交 AC 于 E，交 AB 于 F。求出正面投影 $e'f'$，则 k' 一定在 $e'f'$ 上。

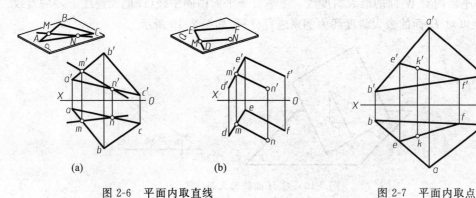

图 2-6　平面内取直线

图 2-7　平面内取点

3. 平面内的特殊位置直线

1）平面内的投影面平行线

在平面内可以作许多直线，而这些直线对投影面的倾角各不相同，为了作图方便，常采用一种对投影面倾角最小（等丁零）的直线，即投影面平行线。平面内的投影面平行线可分为平面内的水平线、平面内的正平线、平面内的侧平线三种，如图 2-8 所示。

平面内投影面平行线的投影特性，既要符合线在平面内的条件，又要符合投影面平行线的投影特性。

如图 2-9 所示，在 $\triangle ABC$ 平面内作正平线和水平线。设过点 A 在平面内作一水平线 AD，可先过 a' 作 $a'd'$ // OX 轴，交 $b'c'$ 于 d'，然后在 bc 上求出 d，连 ad，则 $a'd'$ 和 ad 为水平线 AD 的两面投影。

设过点 C 在平面内作一正平线 CE，可先过 c 作 ec // OX 轴，交 ab 于 e，然后求出 e'，连 $c'e'$，则 ce 和 $c'e'$ 为正平线 CE 的两面投影。

2）平面内的最大斜度线

平面内对投影面倾角最大的直线，即垂直于该平面内投影面平行线的直线，称为最大斜度线。最大斜度线可分为 3 种，如图 2-8 所示。

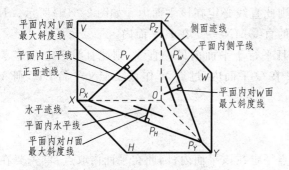

图 2-8　平面内的特殊位置直线

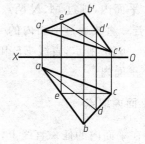

图 2-9　平面内的水平线、正平线

（1）平面内对 H 面的最大斜度线——垂直于平面内水平线（或水平迹线 P_H）的直线。

（2）平面内对 V 面的最大斜度线——垂直于平面内正平线（或正面迹线 P_V）的直线。

（3）平面内对 W 面的最大斜度线——垂直于平面内侧平线（或侧面迹线 P_W）的直线。

现在以对 H 面的最大斜度线为例来进行分析，如图 2-10 所示。

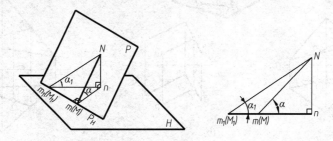

图 2-10　对 H 面的最大斜度线

设 P 为一般位置平面，P 平面与 H 面的交线为 P_H。在平面 P 内取一点 N，并作直线 NM 垂直于 P_H，再作任意直线 NM_1，则 $\triangle NnM$ 和 $\triangle NnM_1$ 都是直角三角形。由于它们的一直角边 Nn 为公共边，因此斜边的长度不同，其倾角 α、α_1 也不相同，显然斜边最短的，倾角为最大。由于 $NM \perp P_H$ 即为最短斜边，它的倾角 α 为最大。由此可知，平面内垂直于平面内水平线（或水平迹线 P_H）的直线即为平面内对 H 面的最大斜度线。同法可证，平面内垂直于平面内正平线（或正面迹线 P_V）的直线，即为平面内对 V 面的最大斜度线；平面内垂直于平面内侧平线（或侧面迹线 P_W）的直线，即为平面内对 W 面的最大斜度线。

根据初等几何中两面角的定义，从图 2-10 可看出，平面内对 H 面的最大斜度线 NM 及其在 H 面上的投影 nm 所构成的平面角 α，就是 P 平面对 H 面的倾角，而此倾角也就是最大斜度线 NM 对 H 面的倾角。为此可利用平面内对 H 面的最大斜度线，求得平面对 H 面的倾角 α。同理，利用对 V 面的最大斜度线，求得平面对 V 面的倾角 β。利用对 W 面的最大斜度线，求得平面对 W 面的倾角 γ。

【例 2-1】　求平面 $\triangle ABC$ 对 H 面的倾角 α。如图 2-11 所示。

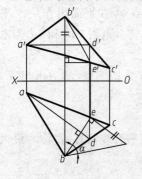

图 2-11　平面对 H 面的倾角

分析：利用平面内对 H 面的最大斜度线即可求得平面

对 H 面的倾角 α。

作图：

（1）过点 A 在平面内作水平线 AD（$a'd'\ /\!/\ X$ 轴，并求得 ad）。

（2）过 b 作 $be\perp ad$，求出 e、e'。BE 即为面内对 H 面的最大斜度线。

（3）用直角三角形法求出 BE 对 H 面的倾角 α，即为 $\triangle ABC$ 平面对 H 面的倾角。

2.2　直线与平面、平面与平面的相对位置

在空间，直线与平面、平面与平面的相对位置有平行、相交及垂直三种情况。本节将讨论直线、平面在这三种情况下的投影性质及作图方法。

2.2.1　直线与平面平行

由初等几何定理知：如果平面外一直线与平面上的某一直线平行，则此直线与该平面平行。反之，若一直线平行于一平面，则过该平面上的任一点必能作出属于该平面的一条直线平行于已知直线。

在图 2-12 中，直线 AB 平行于平面 $CDEF$ 上的直线 GH，则 AB 必与平面 $CDEF$ 平行。

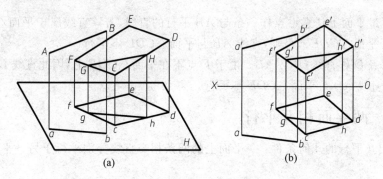

图 2-12　直线与平面平行

运用这一定理，可在投影图上解决直线与平面平行的作图问题和判断直线与平面是否平行的问题。

【**例 2-2**】　过点 K 作一正平线 KE 与已知平面 $\triangle ABC$ 平行（见图 2-13(a)）。

分析：过点 K 可作无数条直线与平面 $\triangle ABC$ 平行，但本题要求所作的直线为正平线，

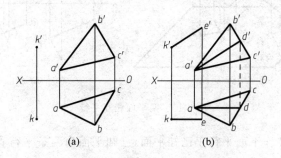

图 2-13　作已知平面的平行线

所以解是唯一的。由于直线 KE 应与平面$\triangle ABC$ 的正平线平行,因此需要先在平面上取一正平线。

作图:如图 2-13(b)所示。

(1) 在$\triangle ABC$ 上作正平线 $AD(ad/\!/OX)$。

(2) 过点 K 作直线 $KE/\!/AD(k'e'/\!/a'd',ke/\!/ad)$,则直线 KE 为所求直线。

【例 2-3】 判别直线 AB 与平面$\triangle CDE$ 是否平行(见图 2-14(a))。

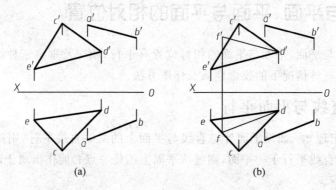

图 2-14 判别直线与平面是否平行

分析:可过平面上任意一点作一条与 AB 平行的直线,若该直线属于平面$\triangle CDE$,则直线 AB 平行于平面$\triangle CDE$。否则,直线 AB 与平面$\triangle CDE$ 不平行。

作图:过点 D 作直线 $DF/\!/AB$。由于 F 点不在平面$\triangle CDE$ 上,因此直线 DF 不属于平面$\triangle CDE$,故直线 AB 与平面$\triangle CDE$ 不平行。

2.2.2 两平面相互平行

两平面相互平行的几何条件:一平面上的两条相交直线分别平行于另一平面上的两条相交直线。

如图 2-15(a)所示,由于 $AB/\!/DE$;$AC/\!/FG$,则平面 P 与平面 Q 必平行。图 2-15(b)为投影图,图中 $ab/\!/de,a'b'/\!/d'e'$;$ac/\!/fg,a'c'/\!/f'g'$。

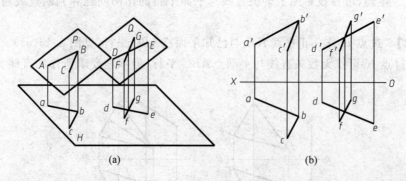

图 2-15 两平面相互平行

【例 2-4】 过点 K 作平面平行于已知平面,已知平面由两条平行直线 AB 和 CD 确定,如图 2-16(a)所示。

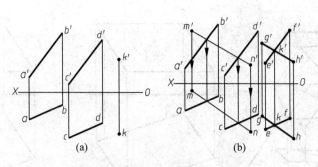

图 2-16　过点 K 作平面的平行面

分析：过定点作平面平行于已知平面，只要过定点作出一对相交直线分别平行于已知平面上的一对相交直线即可。为此须先在已知平面上找出一对相交直线。

作图：

（1）在已知平面上任作一条与 AB 相交的直线 MN。

（2）过点 K 作直线 EF 平行于 AB，GH 平行于 MN。由 EF 和 GH 所确定的平面即为所求。

【例 2-5】　已知△ABC 和△DEF 的投影，且 AB∥DE，试判别两平面是否平行，如图 2-17 所示。

分析：可先在其中一个平面上任作两条相交直线，如在另一平面上能找到与其分别平行的两条直线，则此两平面相互平行。否则，两平面不平行。

作图：为作图方便，在△ABC 中取 AB 和 AC 两条相交直线。由于 AB∥DE，所以只要再检查能否在平面△DEF 上找到 AC 的平行线即可。为此，作 $d'g'∥a'c'$，$dg∥ac$。因点 G 不在平面△DEF 上，所以上述两平面不平行。

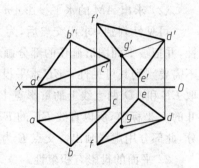

图 2-17　判别两平面是否平行

2.2.3　直线与平面相交、平面与平面相交

直线与平面、平面与平面如果不平行，则一定相交。直线与平面相交产生交点，该点为直线与平面的共有点。两平面相交产生交线，此交线为两平面的共有线，并且是直线。下面介绍求交点、交线的作图方法。

1. 当投影有积聚性时

在求交点、交线的投影时，若相交的两个几何元素中，有一个元素的投影有积聚性，则可以利用其积聚性直接得到交点或交线的一个投影，然后运用点、直线及平面之间的从属关系，就能求得交点或交线的其他投影。

1）直线的投影有积聚性

【例 2-6】　求正垂线 EF 与平面 ABCD 的交点 K（见图 2-18（b））。

分析：由于 EF 的正面投影积聚成一点 $e'(f')$，因此交点 K 的正面投影 k' 必与 e' 重合。由交点的共有性可知，交点 K 也属于平面 ABCD，所以利用面上取点的方法就可以求得交

28

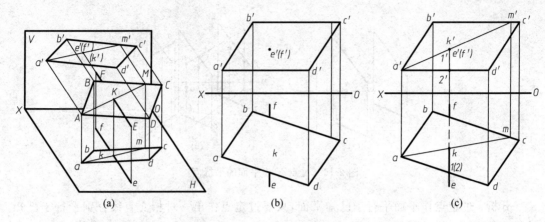

(a)　　　　　　　　(b)　　　　　　　　(c)

图 2-18　正垂线与一般位置平面相交

点 K 的水平投影 k。

作图：

(1) 连 $a'k'$，延长后交 $b'c'$ 于 m'。

(2) 求出 AM 的水平投影 am，则 am 与 ef 相交于 k 即为所求交点 K 的水平投影。

可见性判别：求出交点后，为了使图形清晰，还需在线、面投影的重叠部分判别其可见性，并把被平面图形遮住的部分画成虚线。在本题中，由于 EF 的正面投影积聚成一点，故不需要判别其可见性。EF 水平投影的可见性，可利用交叉两直线上的重影点来进行判别。取 EF 和 AD 两直线上的重影点 I、II，求出其正面投影 $1'$ 和 $2'$。因点 I 的 Z 坐标值大于点 II 的 Z 坐标值，所以直线 EF 的 EK 段是可见的，KF 段的一部分被平面遮挡，为不可见部分，此部分用虚线画出。交点 K 为：直线可见与不可见部分的分界点。

2）平面的投影有积聚性

【例 2-7】　求一般位置直线 AB 与铅垂面 $\triangle DEF$ 的交点 K（见图 2-19(a)）。

分析：由于铅垂面 $\triangle DEF$ 的水平投影积聚成直线 def，这样交点 K 的水平投影 k 必在 def 和 ab 的交点上。

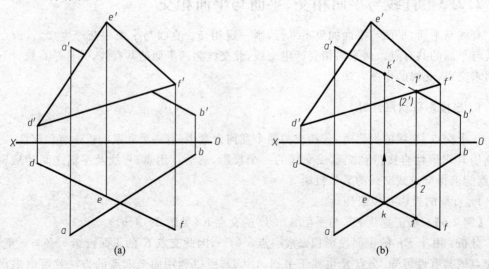

(a)　　　　　　　　　　(b)

图 2-19　一般位置直线与铅垂面相交

作图：ab 与 def 的交点 k 即为 K 的水平投影。根据直线上点的投影特性，由 k 求出 k'。

可见性判别：在水平投影面上，由于平面的投影积聚成线，不会产生遮挡现象，故无需判别直线的可见性。直线 AB 的正面投影可见性，可以用重影点来加以判别，也可以从水平投影上直接看出。直线 AB 的 AK 段在铅垂面之前，所以 $a'k'$ 可见；KB 段在铅垂面之后，故有一部分不可见，如图 2-19(b) 所示。

【例 2-8】　求铅垂面 $DEFG$ 与一般位置平面△ABC 的交线 MN（见图 2-20(a)）。

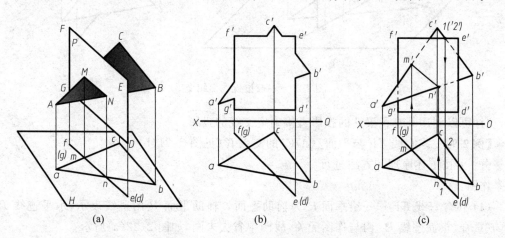

图 2-20　铅垂面与一般位置平面相交

分析：因铅垂面的水平投影 $e(d)f(g)$ 积聚成一直线，所以交线 MN 的水平投影与它重合。同时交线又属于平面△ABC，用平面上取线的方法，即可由交线的水平投影 mn 求得正面投影 $m'n'$。

作图：见图 2-20(c)，先确定交线的水平投影 mn，再用面上取线的方法求出正面投影 $m'n'$。

可见性判别：本题的正面投影还需判别两平面的可见性。从水平投影中可直接看出，平面△ABC 的一部分△AMN 在平面 $DEFG$ 之前，其正面投影可见。其余各部分的可见性可根据重影点进行判断。

2. 当投影无积聚性时

当相交的直线或平面与投影面都不垂直时，其投影没有积聚性，不能直接在投影图上求得交点或交线的投影。在此情况下，就需要先按一定的要求作出一个投影有积聚性的辅助平面，然后再通过它来利用积聚性进行求交点或交线的作图。

1）求直线与平面的交点

如图 2-21(a) 所示，求作一般位置线面交点的作图步骤如下：

(1) 包含已知直线 EF 作辅助平面 P。

(2) 求出辅助平面 P 与已知平面的交线 MN。

(3) 求出交线 MN 与已知直线 EF 的交点 K，即为已知直线与已知平面的交点。

为了便于求出辅助平面 P 与已知平面的交线，要求所作的辅助平面应为投影面垂直

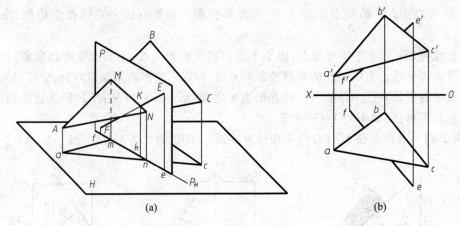

图 2-21　一般位置线面相交

面,这样可以利用其有积聚性的投影直接确定交线的投影。

【例 2-9】　求直线 EF 与平面△ABC 的交点 K(见图 2-21(b))。

分析:按上述原理和方法进行。

作图:

(1)包含直线 EF 作一铅垂面 P 为辅助平面。辅助平面 P 用迹线表示,水平迹线 P_H 与 ef 重合,正面迹线 P_V 因与作图无关,故图中省去未画,如图 2-22(a)所示。

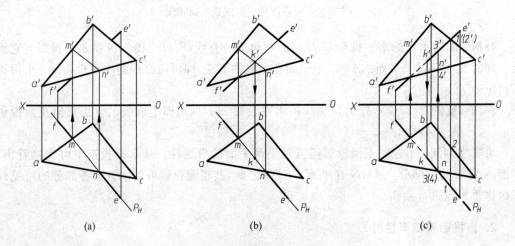

图 2-22　求一般位置线面交点

(2)求出辅助平面 P 与△ABC 的交线 MN,如图 2-22(a)所示。

(3)$m'n'$ 与 $e'f'$ 的交点 k',即为直线与平面交点 K 的正面投影,再由 k' 求得水平投影 k(见图 2-22(b))。

可见性判别:

在正面投影和水平投影上各取一对重影点进行判别(见图 2-22(c))。

(1)正面投影:取 EF 上的点Ⅰ和 BC 边上的点Ⅱ这一对重影点来比较判别。由于点Ⅰ比点Ⅱ的 Y 坐标值大,说明 EK 在△ABC 的前面,是可见的。而 FK 有一部分被遮挡为不可见。

（2）水平投影：取重影点Ⅲ和Ⅳ。由于 EF 上点Ⅲ的 Z 坐标值大于 AC 边上的点Ⅳ，说明 EK 在△ABC 的上面为可见。反之，FK 被平面挡住的一部分为不可见。

2）求平面与平面的交线

由于两平面相交所产生的交线为直线，因此求作两平面的交线时，只要求出交线上的两个共有点即可确定。求作共有点的投影常用以下两种方法。

（1）线面交点法

当相交两平面都用平面图形表示且同面投影有互相重叠的部分时，可利用求线面交点的方法求出两个共有点的投影。其作法，可以是在一个平面上取两条直线，分别求出它们与另一平面的交点；也可以是在两个平面上各取一直线，求其对另一平面的交点。

【例 2-10】　求△ABC 与△DEF 的交线，如图 2-23(a) 所示。

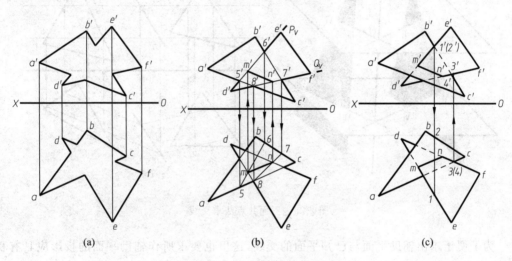

图 2-23　用线面交点法求交线

分析：在△DEF 中选取 DE 和 DF 两边，分别求出它们与△ABC 的交点，连接后即为所求交线。

作图：如图 2-23(b) 所示。

（1）利用辅助平面 P，求出 DE 边与△ABC 的交点 $M(m,m')$。

（2）利用辅助平面 Q，求出 DF 边与△ABC 的交点 $N(n,n')$。

（3）连 $m'n'$ 以及 mn，即为所求交线 MN 的投影。

可见性判别：两平面重影部分的可见性如图 2-23(c) 所示。

① 正面投影：取重影点Ⅰ和Ⅱ，可判别出 DE 边的 $m'e'$ 段可见，由此可推理得出，$n'f'$ 也可见，即△DEF 在交线 MN 上方一侧为可见部分，而△ABC 在此范围内的部分不可见。交线的另一侧情况相反。

② 水平投影：取重影点Ⅲ和Ⅳ，可判断出四边形 $efnm$ 可见，而△ABC 在此范围内的部分不可见。交线另一侧的情况相反。

图 2-24 为本题两平面相交的空间情况。这种

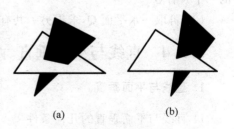

(a)　　　　(b)

图 2-24　两平面图形相交的两种情况

一个平面图形贯穿另一个平面图形的情况,如图 2-24(a)称为"全交"。两平面图形相交还可能有另一种情况,如图 2-24(b)所示,此种情况是两平面图形各有一条边彼此相交,称为"互交"。

(2) 三面共点法

图 2-25(a)是用三面共点法求两平面共有点的示意图。为了求出共有点的投影,可作一辅助平面 P,使它与两已知平面分别相交于直线 Ⅰ Ⅱ 和 Ⅲ Ⅳ,由于这两直线在同一平面 P 上,且又不平行(因为两已知平面不平行),故必相交于一点 M,该点必为三个平面的共有点,当然也是两已知平面的共有点。因此这种求共有点的方法,称为"三面共点法"。同理,再作一辅助平面 Q,又可求得另一个共有点 N,则直线 MN 即为已知两平面的交线。

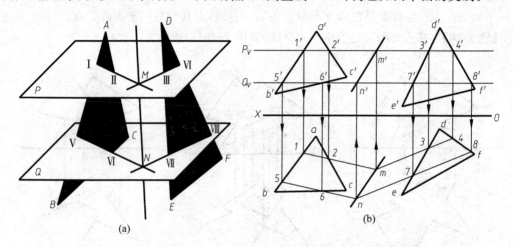

图 2-25　三面共点法求交线

为了便于求出辅助平面与已知平面的交线,这里也要求所作辅助平面的投影应具有积聚性,通常是作投影面平行面。

用"三面共点法"求共有点是画法几何的基本作图方法之一。这一方法不但可用以求出平面的交线,而且还可用以求出曲面的交线,这将在以后讨论。

【例 2-11】　求△ABC 和△DEF 的交线(见图 2-25(b))。

分析:因两平面的同面投影没有重叠部分,采用线面交点法求共有点作图不便,而利用三面共点法求解却比较合适。

作图:

(1) 在适当位置作水平面 P。利用 P_v 的积聚性,分别求出 P 与两已知平面交线的投影 12 和 1'2' 以及 34 和 3'4',延长 12 和 34 相交于点 m,再由 m 求得 m',则点 M 即为两平面的一个共有点。

(2) 再取一水平面 Q,求得另一共有点 N 的投影 n 和 n'。

2.2.4　直线与平面垂直、两平面相互垂直

1. 直线与平面垂直

1) 直线与平面垂直的几何条件

由初等几何可知:若一直线垂直于一平面上任意两相交直线,则此直线垂直于该平面。

在图2-26中,直线 KL 垂直于平面 P 上的两条相交直线 AB 和 CD,则直线 KL 垂直于平面 P。

反之,如果一直线垂直于一平面,则此直线必垂直于该平面上的一切直线(过垂足的或不过垂足的)。在图2-26中,因 $KL \perp P$,则 $KL \perp EF$ 等。

从上述几何条件中可以看出,直线与平面的垂直关系,是通过直线与直线的垂直关系来体现的。

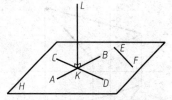

图 2-26　直线与平面垂直的条件

2)直线与平面垂直的投影特性

图2-27(a)中,若 $KL \perp \triangle EFG$,则 KL 必垂直于平面 $\triangle EFG$ 上的一切直线,当然其中也包括平面上的正平线(如 AB)和水平线(如 CD)。根据直角投影定理可得出如下结论:

(1)若直线垂直于平面,则该直线的水平投影必垂直于该平面上水平线的水平投影;直线的正面投影必垂直于该平面上正平线的正面投影。如图2-27(b)所示。

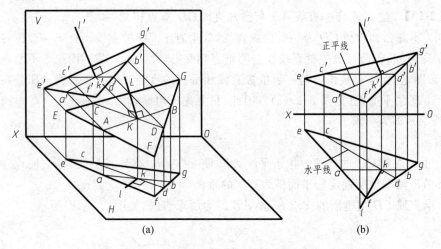

(a)　　　　　　　　　　　　　(b)

图 2-27　直线与平面垂直的投影特性

(2)反之,若一直线的水平投影与平面上水平线的水平投影垂直;直线的正面投影与平面上正平线的正面投影垂直,则此直线必垂直于该平面。

运用上述结论,可在投影图上解决直线与平面的垂直作图及垂直判别问题。

【例2-12】　求点 M 到平面 $\triangle ABC$ 的距离,如图2-28(a)所示。

分析:由点 M 向平面作垂线,点 M 至垂足的距离即为点到平面的距离。

作图:

(1)过点 M 作平面的垂线。为了确定垂线两投影的方向,可在 $\triangle ABC$ 上任取一条正平线 CD 和一条水平线 AE。过 m' 作 $m'n' \perp c'd'$,即为所求垂线的正面投影;过 m 作 $mn \perp ae$,即为所求垂线的水平投影(见图2-28(b))。

由于 CD 和 AE 一般不会是过垂足的直线,因此垂线 MN 和它们不相交,此处作出 CD 和 AE 的目的,仅仅是为了利用 $c'd'$ 和 ae 的方向,与垂足无关。

(2)求垂足。利用辅助平面 P,求出 MN 与 $\triangle ABC$ 的交点 K,即为垂足,如图2-28(c)所示。

(3)求 MK 的实长。用直角三角形法求出直线 MK 的实长(M_0k')即为点 M 到平面 $\triangle ABC$ 的距离,见图2-28(c)。

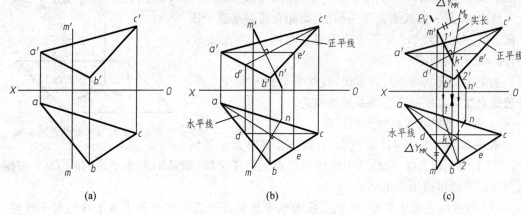

图 2-28 求点 M 到 $\triangle ABC$ 的距离

【例 2-13】 过点 A 作一直线 AB 与已知直线 CD 垂直相交,如图 2-29(b)所示。

分析:本题已知直线 CD 为一般位置直线,故垂直于 CD 的直线也处于一般位置。由直角投影定理可知,若两一般位置直线在空间垂直相交,则此两直线的同面投影不会垂直。因此,在投影图上,无法直接作出与一般位置直线相垂直的直线。但由于直线 AB 必在过点 A 且垂直于 CD 的平面上(见图 2-29(a)),因此,只要先作出此垂面,再求出 CD 与垂面的交点 B,连直线 AB 即为所求。

作图:

(1) 过点 A 作 CD 的垂面。作水平线 AE,使 $ae \perp cd$;再作正平线 AF,使 $a'f' \perp c'd'$。由 AE 和 AF 两直线所确定的平面即为 CD 的垂面,如图 2-29(c)所示。

(2) 求直线 CD 与垂面的交点 B,连 AB 即为所求直线,如图 2-29(d)所示。

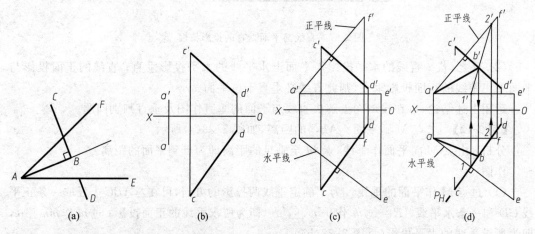

图 2-29 过点 A 作直线与 CD 垂直相交

2. 两平面相互垂直

由初等几何可知,两平面相互垂直的几何条件是:若一直线垂直于一平面,则包含该直线(或平行于该直线)所作的一切平面都垂直于该平面。反之,如两平面相互垂直,则在第一个平面上任取一点向第二个平面所作垂线必在第一个平面内。

在图 2-30(a)中，$AB \perp P$，则包含 AB 的平面 R 和 Q 都垂直于 P。另外平面 $S /\!/ AB$，则 $S \perp P$。图 2-30(b)中，平面 Q 若垂直于平面 P，则过平面 Q 上的点 A 向平面 P 作垂线 AB 必在平面 Q 上。若 AB 不在平面 Q 上，则 P、Q 两平面亦不互相垂直，如图 2-30(c)所示。

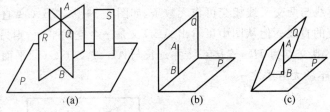

(a)　　　　　　(b)　　　　　　(c)

图 2-30　两平面相互垂直的几何条件

根据上述几何条件，可在投影图上解决两平面相互垂直的作图问题以及两平面垂直的判别问题。不难看出，两平面垂直的投影作图是以直线与平面垂直的作图为基础的。

【例 2-14】　过点 D 作一平面垂直于$\triangle ABC$，如图 2-31 所示。

分析：作平面垂直于已知平面时，应先作出一条直线垂直于已知平面，然后包含所作的垂线作平面。因包含一直线可作无穷多个平面，故本题有无穷多解。

作图：

(1) 过点 D 作平面的垂线 DE，作图方法与图 2-28(b)相同。

(2) 过点 D 再任作一直线 DF。由 DE 和 DF 表示的平面为所求平面之一。

【例 2-15】　试判别两平面$\triangle ABC$ 与$\triangle DEF$ 是否互相垂直，如图 2-32 所示。

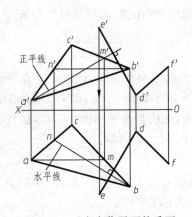

图 2-31　过定点作平面的垂面

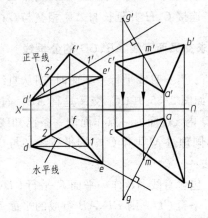

图 2-32　判别两平面是否垂直

分析：在任一平面上任取一点向另一平面作垂线。如在所作垂线上任取一点亦在该平面上，则说明两平面垂直。否则，两平面不垂直。

作图：

(1) 过点 A 作$\triangle DEF$ 的垂线 AG。

(2) 由于 AG 上的一点 M 不在平面$\triangle ABC$ 上，则 AG 也不在平面$\triangle ABC$ 上，因此平面$\triangle ABC$ 与平面$\triangle DEF$ 不垂直。

36

2.3 综合举例

1. 作一直线与三交叉直线 *AB*、*CD*、*EF* 均相交(见图 2-33)

分析：作一直线与两交叉线相交可作无数条，如图 2-34 中，*CB*、*CA* 直线均是与交叉两直线 *AB*、*CD* 相交的直线。但从图中可看出 *ABC* 又是一个空间平面，则另一条直线 *EF* 必与平面 *ABC* 相交，其交点为 *H*。连接 *CH* 并延长与 *AB* 线交于 *G*(同平面内的线必相交)，本题得解。*CG* 为本题无穷解之一。

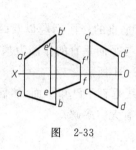 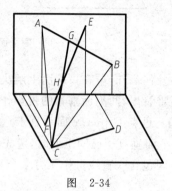

图 2-33   图 2-34

作法：

(1) 在直线 *CD* 上任取一点(本题取 *C*)与直线 *AB* 组成一平面 *ABC*；

(2) 求直线 *EF* 与平面 *ABC* 的交点 *H*；

(3) 连接 *C*、*H* 并延长与 *AB* 相交与 *G*；本题得解(具体作图，由读者自己分析)。

2. 求交叉两直线 *AB*、*CD* 的公垂线

分析：当一直线平行一平面时，则从直线上任一点向平面作垂线，该线必垂直平面内一切直线，如图 2-35 中 CC_1 交叉垂直 *AB*。过 C_1 作 *EF* 的平行线 C_1D_1，则 C_1D_1 必在平面 *P* 及平面 *Q* 内(过面内一点作面内一条已知线的平行线，此线必在平面内)，C_1D_1 必与 *AB* 相交于 *M*，同理过 *M* 再作 C_1C 的平行线必与 *CD* 线交于 *N*，本题得解。

作法：

(1) 包含直线 *AB* 作一平面 *P* 平行 *CD*。具体作法：过 *EF* 上任一点(图中取 *A* 点)作直线 *EF* 平行 *CD*。则 *EF*，*AB* 组成的平面 *P* 必与直线 *CD* 平行；

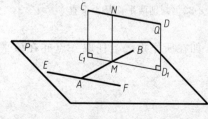

图 2-35

(2) 过 *CD* 直线上任一点(图中为 *C*)作平面 *P* 的垂线，并求垂足 C_1；

(3) 过 C_1 作 *EF* 的平行线 C_1D_1；

(4) 求 C_1D_1 与直线 *AB* 的交点 *M*；

(5) 过 *M* 点作 C_1C 的平行线交 *CD* 于 *N*，则 *MN* 即为所求的公垂线(具体作图，由读者自己分析)。

第3章

投 影 变 换

在投影作图过程中,往往要解决一般位置几何要素的定位和度量问题,以显示几何要素的真实形状、大小及各要素间的距离、夹角等。我们知道,当直线、平面相对某投影面处于平行或垂直的特殊位置时,它们在该投影面上的投影具有反映线段实长、平面实形以及直线、平面对投影面的倾角等特性。表 3-1 所列为空间几何要素对投影面处于特殊位置时,其定位与定量问题在投影图上的直接反映。当直线或平面相对于投影面处于一般位置时,它们在该投影面上的投影就不具有这些特性。从这里我们得到启示,如果能把一般位置的几何要素变换成特殊位置,那么,这些几何要素的定位和度量问题就不难解决了。

表 3-1 空间几何要素对投影面处于特殊位置时度量问题

实长(形)问题		距离问题		
线段实长	平面的实形	点到直线的距离	两直线间的距离	点到平面的距离

距离问题		夹角问题		
直线到平面的距离	两平面之间的距离	两直线的夹角	直线与平面的夹角	两平面之间的夹角

投影变换就是研究如何改变空间几何要素对投影面的相对位置,以利于解决定位和度量问题。常用的投影变换的方法有两种:换面法和旋转法。

3.1 换面法

换面法就是保持空间几何要素的位置不动,而用新的投影面体系代替原来的投影面体系,使空间几何要素在新的投影面体系中对新设的投影面处于某种特殊位置,以利求解。如

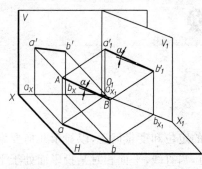

图 3-1 换面法

图 3-1 所示空间一直线段 AB,在投影面体系中为一般位置直线,对 V、H 面的投影均不反映线段的实长,欲求线段 AB 的实长,可选用一个新投影面 V_1 代替原有的投影面 V。新投影面 V_1 既要垂直于 H 面,又要平行于直线 AB,于是 AB 在新投影面 V_1 上的投影 $a_1'b_1'$ 就反映空间线段 AB 的实长。

新投影面 V_1 是不能任意选取的,首先要使空间几何要素在新投影面上的投影更有利于解决问题。并且新投影面必须要和 H 面构成一个直角投影体系,这样才能应用前面所研究的正投影原理作出新的投影图来。因而新投影面的选择必须符合以下两个基本条件:

(1) 新投影面必须和空间几何要素处于有利于解题的位置;

(2) 新投影面必须垂直于原投影面体系中保留的投影面,组成一个新的两投影面体系。

3.1.1 点的换面投影

如图 3-2 所示,在 V/H 体系中,点 A 的水平投影为 a,正面投影为 a'。取一铅垂面 V_1 代替正面 V,构成了新的两投影面体系 V_1/H。我们称 V_1 为新投影面,V 为旧投影面,H 为保留投影面,X 为旧投影轴,X_1 为新投影轴。点在新投影面 V_1 上的投影用 a_1' 表示,称为新投影,称 a' 为旧投影,a 为保留投影。

按正投影原理作出点 A 在 V_1 面的投影 a_1',则 $a_1'a_{X_1} = a'a_X$。由此,新投影体系展开后,点的换面投影规律可归纳如下:

(1) 点 A 的新投影 a_1' 和保留投影 a 的连线垂直于新投影轴 X_1,即色 $a\,a_1' \perp X_1$;

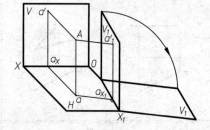

图 3-2 点的换面立体图

(2) 点 A 的新投影 a_1' 到新投影轴 X_1 的距离,等于点的旧投影 a' 到旧投影轴 X 的距离,即 $a_1'a_{X_1} = a'a_X$。

根据上述分析,得出由 V/H 体系换成 V_1/H 体系时,点的投影作图步骤如下(见图 3-3):

(1) 选适当位置作新投影轴 X_1;

(2) 由保留的投影 a 向新轴 X_1 作垂线,交 X_1 于 a_{X_1};

(3) 在垂线上截取 $a_1'a_{X_1} = a'a_X$,从而得点 A 在 V_1 面上的投影 a_1'。

应当指出,新投影面位置距离点 A 的远近与所得新投影无关,因此,新投影轴 X_1 可在适当位置任意选取。

如果要替换的是 H 面，其作图方法与上述相同，其关系为 $a_1a' \perp X_1, a_1a_{X_1} = aa_X$，如图 3-4 所示。

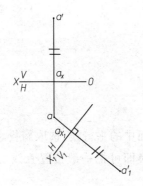

图 3-3　由 V/H 体系换成 V_1/H 体系点的
　　　　换面投影图

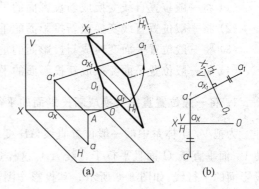

图 3-4　由 V/H 体系换成 V/H_1 体系点的
　　　　换面投影图

根据解题的需要，可在一次换面的基础上进行再次换面。如图 3-5 所示，在一次换面 V_1/H 投影体系中再设一个新投影面 H_2，求得点 A 在 H_2 面上的新投影 a_2，称为点的两次换面投影，第二次换面的新投影轴记作 X_2。新、旧投影的变换关系是：$a_2a_{X_2} = aa_{X_1}$，$a_1'a_2 \perp X_2$。

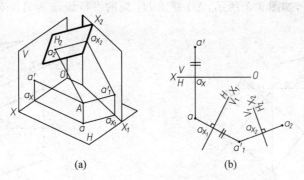

图 3-5　点的二次换面投影图

但必须指出，两次换面须交替进行。即如图 3-5 所示，先由 V_1 面代替 V 面，构成新体系 V_1/H，第二次变换时，应以这个体系为基础，取 H_2 面代替 H 面，又构成新体系 V_1/H_2。

3.1.2　直线和平面的换面投影

掌握了点的换面投影规律，直线和平面的换面投影问题就不难解决。因为直线和平面是以点为基本要素而确定的，所以只要把确定直线的两个点或确定平面的不在一条直线上的三个点用换面法求出新投影，即可作出直线或平面的换面投影。

应当指出，在作点的换面投影时，新投影面的位置可以任取。但作直线或平面的换面投影时，必须使新投影面处于平行或垂直于直线或平面的位置，才有利于解题。因此，如何把原投影面体系中的直线或平面由一般位置变为新投影面体系中的特殊位置，恰当选择新投影面是个重要问题。

将一般位置直线和平面变为特殊位置，这是解题时经常遇到的问题，这类问题共有4个：

(1) 将一般位置直线变换成新投影面的平行线；

(2) 将一般位置直线变换成新投影面的垂直线；

(3) 将一般位置平面变换成新投影面的垂直面；

(4) 将一般位置平面变换成新投影面的平行面。

1. 将一般位置直线变换成新投影面的平行线

为把 V/H 体系中的一般位置直线 AB 变换成新投影面中的平行线，选取新投影面 V_1，使 V_1 面垂直于 H 面且平行于直线 AB，这样通过一次变换即可把一般位置直线变换成新投影面的平行线，如图 3-6 所示。其投影作图步骤如下：

(1) 作新投影轴 $X_1 /\!/ ab$。

(2) 按点的换面投影规律，求出 a_1' 和 b_1'。

在这里 $aa_1' \perp X_1$，$bb_1' \perp X_1$，且 $a_1' a_{X_1} = a' a_X$，$b_1' b_{X_1} = b' b_X$。

(3) 连接 $a_1' b_1'$ 即为直线 AB 在新投影面的投影。

根据直线的投影特性可知，$a_1' b_1'$ 反映线段 AB 的实长，α 为直线 AB 对 H 面的倾角。

如果欲求直线 AB 对 V 面的倾角 β，则新投影轴必须平行于 $a'b'$，即用 H_1 面代替 H 面，构成 V/H_1 体系，如图 3-7 所示，AB 变成 H_1 面的平行线，β 为 AB 对 V 面的倾角。

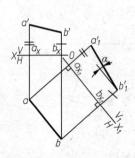

图 3-6　将一般位置直线变换为新投影面平行线

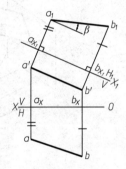

图 3-7　求直线对投影面的倾角

2. 将一般位置直线变换成新投影面的垂直线

要把一般位置直线变换成新投影面的垂直线，只变换一次投影是不行的。因此，如果新设投影面垂直于该直线，那么新投影面在 V/H 体系中一定是一般位置平面，这不符合新投影面的设置条件。为了解决这类问题，必须变换两次投影，首先把一般位置直线变换成新投影面的平行线，然后再把投影面平行线变换成新投影面的垂直线，其投影作图步骤如下（见图 3-8）：

(1) 作 $X_1 /\!/ ab$，求得新投影 $a_1' b_1'$；

(2) 在 V_1/H 体系中用 H_2 面代替 H 面，构成 V_1/H_2 体系，使 H_2 面垂直于直线 AB，即作 $X_2 \perp a_1' b_1'$，取 a_2、b_2 到 X_2 轴的距离等于 a、b 到 X_1 轴的距离。因 a、b 到 X_1 轴的距离相等，故新投影 a_2、b_2 重合，即新投影积聚为一点。

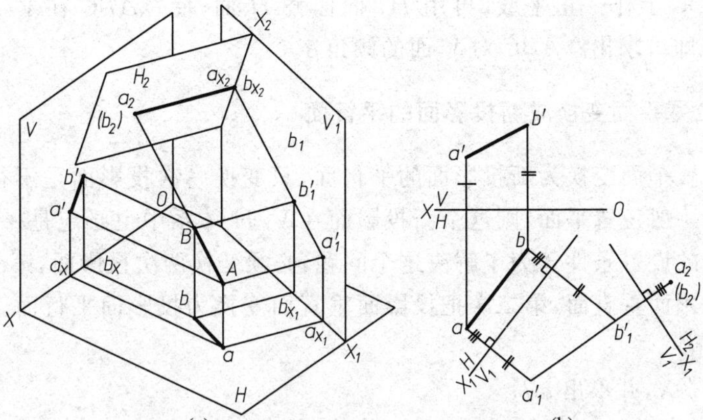

(a) (b)

图 3-8 将一般位置直线变换成新投影面垂直线

图 3-8 是通过 V/H 一次变换为 V_1/H，再二次变换为 V_1/H_2 的两次变换，把一般位置直线变换成投影面垂直线。同理也可通过 V/H 一次变换为 V/H_1，再二次变换为 V_2/H_1 的两次变换达到同样的目的。

3. 将一般位置平面变换成新投影面的垂直面

在图 3-9 中，$\triangle ABC$ 是一般位置平面，为了把它变换为新投影面的垂直面，只需在 $\triangle ABC$ 上任取一直线使其垂直于新设置的投影面，由前所知，一般位置直线变换成新投影面垂直线需要变换两次投影面，而投影面平行线变成投影面垂直线只需要变换一次投影面即可。因此，我们在 $\triangle ABC$ 上任取一条投影面平行线作为辅助线，再设与辅助线垂直的平面为新投影面。如图 3-9 所示，新设的投影面 V_1 垂直于 $\triangle ABC$ 上的水平线 AD，则 $\triangle ABC$ 在 V_1/H 体系中成为新投影面 V_1 的垂直面了。其投影作图步骤如下(见图 3-9(b))：

(1) 作 $a'd' /\!/ X$，并求出 ad；

(2) 作 $X_1 \perp ad$；

(3) 在 V_1/H 体系中，求出 $\triangle ABC$ 的新投影 $a_1'b_1'c_1'$。$a_1'b_1'c_1'$ 为 $\triangle ABC$ 在新投影面上的积聚性投影，它与 X_1 轴的夹角 α 为 $\triangle ABC$ 对 H 面的倾角。

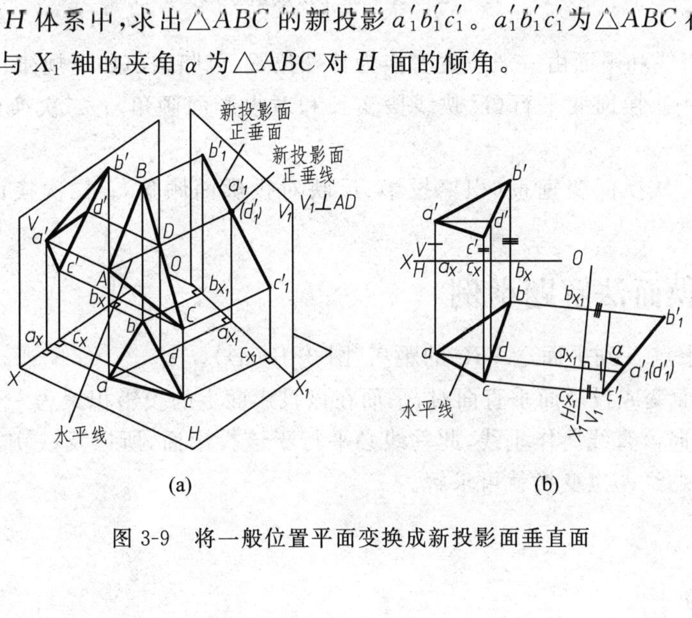

(a) (b)

图 3-9 将一般位置平面变换成新投影面垂直面

如果在△ABC上作一正平线,再用 H_1 面代替 H 面,使△ABC在 V/H_1 体系中成为 H_1 面的垂直面,即可求出△ABC对 V 面的倾角 β。

4.将一般位置平面变换成新投影面的平行面

要把一般位置平面变换为新投影面的平行面,只变换一次投影面是不行的。因为若取新投影面平行于一般位置平面,则这个新投影面在 V/H 体系中也必定是一般位置平面,这不符合新投影面的设置条件。为了解决这个问题,必须变换两次投影面,第一次把一般位置平面变换为新投影面垂直面,第二次把投影面垂直面变换为投影面平行面。其投影作图过程如图 3-10 所示:

(1) 作 $a'd' \parallel X$,并求出 ad;

(2) 作 $X_1 \perp ad$,在 V_1/H 体系中求出 a_1'、b_1'、c_1';

(3) 作 $X_2 \parallel a_1'b_1'c_1'$,在 V_1/H_2 体系中求出△$a_2b_2c_2$,即△ABC 的实形。

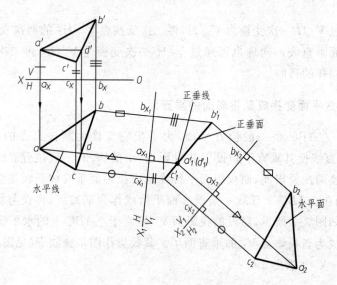

图 3-10　将一般位置平面变换成新投影面平行面

综上所述,直线和平面由一般位置变换为特殊位置,可归纳出如下规律:

(1) 直线:一次换面变平行(反映线段实长和对投影面倾角);二次换面变垂直(投影积聚)。

(2) 平面:一次换面变垂直(积聚投影、反映对投影面倾角);二次换面变平行(反映实形)。

3.1.3　换面法解题举例

【例 3-1】　求点 S 到平面△ABC 的距离(图 3-11(a))。

分析:当平面变成投影面垂直面时,平面在该投影面上的投影积聚为一直线,点到垂直面的距离即自点向该直线所作垂线,此垂线必平行于该投影面,所以反映实长,即点到平面的真实距离。本题经一次变换就可求解。

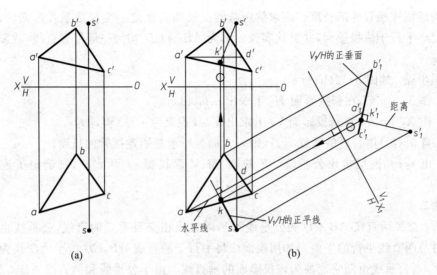

图 3-11 求点到平面的距离

作图步骤：如图 3-11(b)所示。

(1) 在△ABC 内取一水平线 AD，即在△$a'b'c'$内过 a' 作 $a'd'$ ∥ X 轴，并求出水平投影 ad；

(2) 作 X_1 轴垂直 ad，并在 V_1/H 体系中求出△ABC 和点 S 的投影△$a_1'b_1'c_1'$和s_1'；

(3) 过 s_1' 作 $a_1'b_1'c_1'$ 的垂线，垂足为 k_1'。则 $s_1'k_1'$ 反映点 S 到△ABC 的距离。

如果需要求出垂足 K 在 V/H 体系中的投影，则可根据点的换面投影规律，由 k_1' 逆反求出 k 与 k'，如图 3-11(b)所示。

【例 3-2】 AB 与 CD 为交叉两管道，试用最短管件将它们连接起来，求出连接管的长度和位置(图 3-12)。

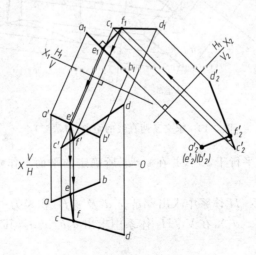

图 3-12 求交叉两直线的距离(解法一)

解法一

分析：用空间交叉两直线表示两交叉管道，如图 3-12(a)所示。交叉两直线的公垂线的长度即为最短连接管件的长度。在求解中若使交叉两直线之一变换成新投影面的垂直线，则公垂线必平行于该投影面，并反映实长。因为 AB 与 CD 均为一般位置直线，故需经两次变换求解。

作图步骤：如图 3-12(b)所示。

（1）作 $X_1 // a'b'$，在新投影面 H_1 上求出 a_1b_1 和 c_1d_1；

（2）作 $X_2 \perp a_1b_1$，在新投影面 V_2 上求出 $a_2'b_2'$（积聚为一点）和 $c_2'd_2'$；

（3）自 $a_2'(b_2')$ 作 $c_2'd_2'$ 的垂线 $e_2'f_2'$，则 $e_2'f_2'$ 即为所求最短连接管的长度；

（4）由 e_2'、f_2' 逆反求出公垂线 EF 的 H 面、V 面投影 ef 和 $e'f'$，则确定了连接管的位置。

解法二

分析：交叉两直线 AB、CD 的公垂线是和两直线相交且垂直的直线，公垂线也一定垂直于同时与两直线平行的平面。如用换面法将平行于两直线 AB、CD 的平面变换为投影面的平行面，则公垂线也随它变换为该投影面的垂直线。由于公垂线和两直线 AB、CD 相交，因而两直线在新投影面上投影的交点就是公垂线的投影。

作图步骤：如图 3-13 所示。

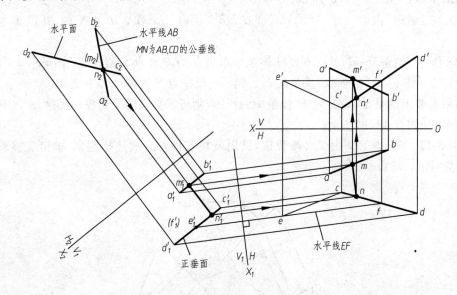

图 3-13 求交叉两直线的距离（解法二）

（1）过 c' 作直线 $c'e'$ 平行于 $a'b'$，并在 $c'e'd'$ 所确定的平面上作水平线 $e'f'$，求出 H 面投影 ef；

（2）作 $X_1 \perp ef$，在 V_1/H 体系中求出 $a_1'b_1'$、$c_1'd_1'$ 及 $e_1'f_1'$（积聚为一点）；

（3）作 $X_2 // a_1'b_1'$（或 $c_1'd_1'$），在 V_1/H_2 体系中求出 a_2b_2、c_2d_2，其交点 m_2n_2 即为所求公垂线的投影；

（4）由 m_2n_2 逆反求出 $m_1'n_1'$，mn 及 $m'n'$。$m_1'n_1'$ 反映公垂线的实长；mn，$m'n'$ 可确定最短连接管的位置。

【**例 3-3**】 求料斗两个侧面 $ABCD$ 与 $CDEF$ 之间的夹角 δ（见图 3-14）。

分析：欲求平面 $ABCD$ 和 $CDEF$ 的夹角，必须将此两平面变换为同一投影面的垂直面,则此两平面在该投影面上的投影为相交两直线,此两直线的夹角即为所求。若使此相交两平面变为投影面垂直面,只要把两平面交线 CD 变为投影面垂直线,此题便可得解。

作图步骤:如图 3-14(b)所示。

(1) 作 $X_1 /\!/ cd$,将两平面交线 CD 变为 V_1/H 投影体系中 V_1 面平行线,且求出两平面的 V_1 面投影(为简化作图,将四边形平面简化为△ACD 和△CDF);

(2) 作 $X_2 \perp c_1' d_1'$,在 H_2 面上求出 $c_2(d_2)$、a_2、f_2;

(3) 连接 $a_2 c_2(d_2)$ 和 $f_2 c_2(d_2)$,则 $\angle a_2 c_2 f_2$ 为所求。

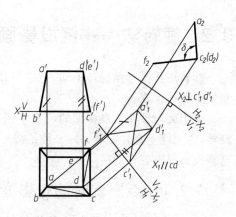

图 3-14　求两面夹角

【例 3-4】　求直线 AB 与平面△DEF 的夹角 θ(见图 3-15)。

分析:如能作一新投影面与直线 AB 平行,且又与平面△DEF 垂直,那么在该投影面上的投影即能反映直线与平面的夹角 θ,如图 3-15(a)所示。由于平面△DEF 在 V/H 体系中为一般位置平面,为此首先要将它变为投影面的平行面,这就需要两次换面。然后在此基础上再作新投影面与此平面垂直,并与直线 AB 平行,问题可解,故本题需三次换面。

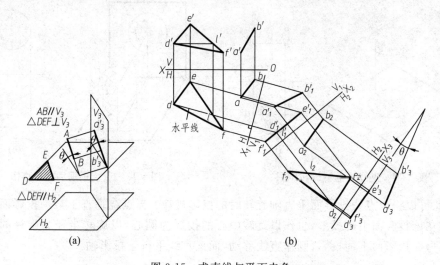

图 3-15　求直线与平面夹角

作图步骤:如图 3-15 所示。

(1) 在△DEF 上作水平线 DL($d'l'$、dl);

(2) 作 $X_1 \perp dl$,求出△DEF 在 V_1 面上的积聚投影 $e_1' d_1' f_1'$,直线 AB 随同一起变换;

(3) 作 $X_2 /\!/ e_1' d_1' f_1'$,在 V_1/H_2 体系中求出△$e_2 d_2 f_2$,即为△DEF 的实形,直线 AB 随同一起变换;

(4) 作 $X_3 /\!/ a_2 b_2$,在 V_3/H_2 体系中求出△DEF 的积聚性投影及直线 AB 的投影(实长),其夹角 θ 即为所求。

3.2 旋转法——绕投影面垂直轴旋转

旋转法是投影面保持不动,把空间几何要素绕某一轴旋转,使其旋转到与投影面处于有利于解题的位置。

由于旋转轴相对投影面的位置不同,旋转法可分为两种:一种是绕垂直于投影面的轴旋转,称为绕垂直轴旋转;另一种是绕平行于投影面的轴旋转,称为绕平行轴旋转。本节讨论绕投影面垂直轴旋转。

3.2.1 点旋转时的投影变换

图 3-16(a)表示空间点 A 绕铅垂轴 OO 旋转时,是以 O 为圆心、OA 为半径,作平行于 H 面的圆周运动。其旋转轨迹的水平投影是以 O 为圆心,Oa 为半径的圆周。其正面投影是平行于 X 轴的直线。

当点 A 绕铅垂轴 OO 顺时针旋转 θ 角后到 A_1 时,其水平投影同时由 a 旋转 θ 角到 a_1,其正面投影则沿平行 X 轴的直线由 a' 平移到 a_1'。投影作图如图 3-16(b)所示。

图 3-17 表示点 M 绕正垂轴 OO 旋转时的情况。点 M 旋转的空间轨迹是圆周,正面投影是以 o' 为圆心、$o'm'$ 为半径的圆周,其水平投影是平行于 X 轴的直线。

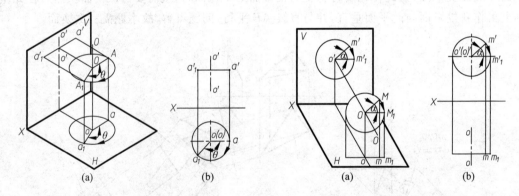

图 3-16 点绕铅垂轴旋转作图   图 3-17 点绕正垂轴旋转作图

由此可以得出点绕投影面垂直轴旋转时的投影规律:当点绕垂直于某一投影面的轴旋转时,点在该投影面上的投影,也作以旋转中心的投影为圆心,以旋转半径为半径的圆周运动,而在另一投影面上的投影,则作直线移动,而该直线平行于投影轴。

3.2.2 直线和平面的旋转

直线可以由其上任意两点来确定,平面可以由其上任意不在同一直线上的三个点来确定。因此,欲求直线或平面绕垂直轴旋转后的新投影,只需将确定直线的两点或确定平面的三个点绕同一轴、沿同方向旋转同一角度,然后把上述各点旋转后的同面投影连接起来,便得到该直线或平面的新投影。

1. 直线绕垂直轴旋转

图 3-18 为一般位置直线 AB 绕铅垂轴 OO 旋转时的投影图。作图过程如下:

（1）在水平投影上以 O 为圆心，将 a、b 两点，分别以 Oa、Ob 为半径向同一方向旋转同一角度 θ，求得 a_1 和 b_1；

（2）在正面投影上，过 a'、b' 分别作与 X 轴平行的直线，并在该直线上按点的投影规律确定 a_1' 和 b_1'；

（3）连接 a_1b_1，$a_1'b_1'$，即为直线 AB 旋转 θ 角后的新投影。

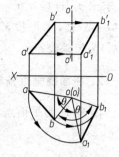

由于直线 AB 在绕铅垂轴旋转过程中对 H 面的倾角 α 不变，因此其水平投影的长度也不变（即 $ab=a_1b_1$）。同样，当直线 AB 绕正垂轴旋转时，它对 V 面的倾角 β 不变，正面投影的长度也不变。

利用旋转法解决直线的定位和定量问题时要经常遇到下述两个基本作图。

图 3-18　直线绕铅垂轴旋转作图

1）将一般位置直线旋转为投影面平行线

一般位置直线旋转成投影面的平行线，这是求线段实长常用的方法。图 3-19 所示是将一般位置直线 AB 旋转为正平线。

在这里首先要合理选择旋转轴：要将线段 AB 旋转为正平线，即是将其水平投影 ab 旋转为平行于 X 轴位置，因此，旋转轴必为铅垂轴。图中取过点 A 的铅垂线为旋转轴，因为这样在旋转过程中点 A 的位置始终不变（即投影不变），只需旋转点 B，这样作图大为简化。不难看出直线 AB 的旋转轨迹为圆锥面，因此，AB 不管旋转多大角度，它与 H 面的倾角 α 是不变的，当然 AB 的水平投影长度也不会改变。当点 B 绕轴旋转到 B_1 点，AB_1 变为正平线，其水平投影为 ab_1，求出 b_1'，连接 $a'b_1'$，即为正平线 AB_1 的正面投影。它反映了线段 AB 的实长及对 H 面的倾角 α（见图 3-19(b)）。

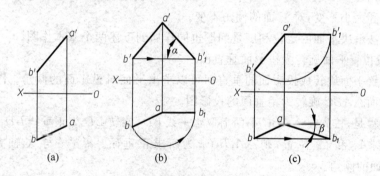

图 3-19　将一般位置直线旋转为投影面平行线

如果需求线段 AB 对 V 面的倾角 β 时，则应将 AB 绕正垂轴旋转。因为这时在旋转过程中 β 不变，当转到水平位置时，水平投影上反映出倾角 β（见图 3-19(c)）。图中所示是绕过点 A 的正垂轴旋转的。

2）将一般位置直线旋转为投影面垂直线

一般位置直线经一次旋转是不可能成为投影面垂直线的。因为直线绕垂直轴每旋转一次只能改变它与一个投影面的倾角，而一般位置直线变成投影面的垂直线，需要改变它与两个投影面的倾角（一个为 90°，另一个为 0°），所以必须绕不同轴旋转两次才能达到目的。即必须将一般位置直线旋转为投影面平行线，再旋转成投影面垂直线。

48

图 3-20 所示,将一般位置直线 AB 旋转为铅垂线,其作图过程如下:

以 b 为圆心,以 ba 为半径,旋转 ba 到 ba_1 位置,$ba_1 /\!/ X$ 轴;过 a' 作平行于 X 轴直线,由 a_1 求出 a_1',连接 $a_1'b'$,$a_1'b'$ 反映 AB 实长。再以 a_1' 为圆心,$a_1'b'$ 为半径,旋转 $a_1'b'$ 到 $a_1'b_2'$ 位置,$a_1'b_2' \perp X$ 轴,水平投影面上 b 沿平行 X 轴方向移动到 b_2 点与 a_1 重合。则 $A_1B_2(a_1b_2,$ $a_1'b_2')$ 为铅垂线。

2. 平面绕垂直轴旋转

图 3-21 为平面 $\triangle ABC$ 绕铅垂轴 OO,逆时针方向旋转 θ 角后的投影图。

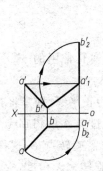

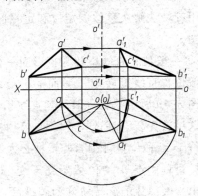

图 3-20 将一般位置直线 AB 旋转为铅垂线　　　　图 3-21 平面绕铅垂轴旋转

由于平面绕垂直于某一投影面轴旋转时,它与该投影面的倾角不变,所以它在该投影面上的投影(形状和大小)也不变(即 $\triangle a_1b_1c_1 = \triangle abc$)。同理,$\triangle ABC$ 绕正垂轴旋转时,其正面投影的形状和大小不变,对 V 面的倾角不变。

利用旋转法解决平面的定位和度量问题也同样遇到下述两个基本作图。

1)将一般位置平面旋转为投影面垂直面

把一般位置平面旋转成投影面的垂直面可以求出平面对投影面的倾角。图 3-22 所示为一般位置平面 $\triangle ABC$ 旋转为铅垂面的投影图。

其作图过程是,首先在 $\triangle ABC$ 平面上取水平线 BD,旋转 BD 为正垂线 BD_1。同时旋转点 A 和点 C 到 A_1 和 C_1 位置,则 $\triangle A_1B_1C_1$ 为所求正垂面。$a_1'b'c_1'$ 与 X 轴夹角 α,即为 $\triangle ABC$ 对 H 面的倾角。

2)将一般位置平面旋转为投影面平行面

把一般位置平面旋转成投影面的平行面以求出平面的实形。一般位置平面旋转成投影面的平行面,必须绕不同轴旋转两次。图 3-23 所示为一般位置平面 $\triangle ABC$ 旋转为水平面的投影图。

其作图过程简述如下:在 $\triangle ABC$ 平面上取一水平线 CD,以过点 C 的铅垂线为轴,将 CD 旋转为正垂线,同时旋转 A 点和 B 点到 A_1、B_1 位置,则 $\triangle A_1B_1C$ 为正垂面。再以过 B_1 点的正垂线为轴,将 $\triangle A_1B_1C$ 旋转为水平面 $\triangle A_2B_1C_2$,即为所求。

综上所述,直线和平面由一般位置旋转为特殊位置,可归纳出如下规律。

(1)直线:一次旋转变平行(反映线段实长和对投影面倾角);二次旋转变垂直(积聚投影)。

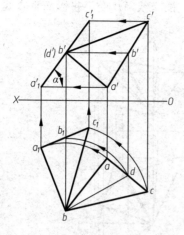

图 3-22　将一般位置平面旋转为投影面垂直面

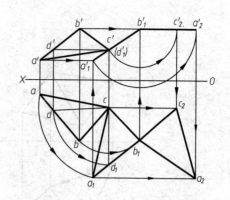

图 3-23　将一般位置平面旋转为投影面平行面

（2）平面：一次旋转变垂直（积聚投影、反映对投影面倾角）；二次旋转变平行（反映实形）。

3.2.3　绕垂直轴旋转法解题举例

【例 3-5】　求点 A 到直线 BC 的距离（图 3-24）。

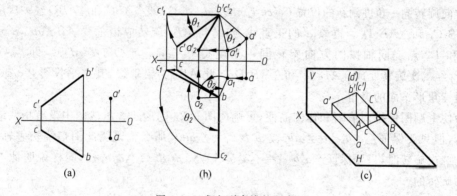

图 3-24　求点到直线的距离

分析：从图 3-24（c）中看出，如果直线 BC 为正垂线，它的正面投影 $b'c'$ 与点 A 的正面投影 a' 的连线即为点 A 到直线 BC 的距离。因此，只要将 BC 旋转成投影面的垂直线，使 A 与 BC 同轴、同向、同角度旋转即可求出其距离。

作图步骤：如图 3-24（b）所示。

以过 b' 的正垂线为轴将直线 BC 旋转 θ_1 角成水平线 $BC_1(b'c_1', bc_1)$，并将点 A 绕同轴按同方向亦转 θ_1 角得到新的位置 $A_1(a_1, a_1')$。再以过 b 的铅垂线为轴，将直线 BC_1 旋转 θ_2 角成正垂线 $BC_2(b'c_2', bc_2)$，并将点 A_1 绕同轴按同方向旋转 θ_2 角得到新位置 $A_2(a_2', a_2)$。连接 $a_2'c_2'(b_2')$ 即为点 A 到直线 BC 的距离。

【例 3-6】　求 $\triangle ABC$ 和 $\triangle ABD$ 两平面间的夹角（图 3-25）。

分析：当两平面同时成为某投影面垂直面时，则该两平面的新投影反映该两面的平面角。要使两平面同时变为投影面垂直面,就必须使它们的交线 AB 变为投影面垂直线。

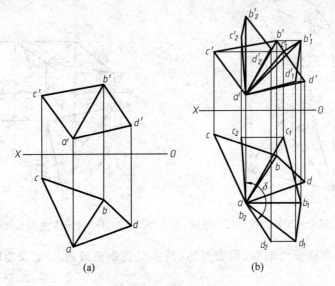

(a)   (b)

图 3-25   求两平面间的夹角

作图步骤:如图 3-25(b)所示。

先以过 a 的铅垂线为轴,将 AB 旋转成正平线 $AB_1(ab_1,a'b_1')$,并将点 C 和点 D 绕同轴按同方向旋转同一角度到新的位置 $C_1(c_1,c_1')$、$D_1(d_1,d_1')$。即 $\triangle ABC$ 和 $\triangle ABD$ 经一次旋转变成 $\triangle AB_1C_1$ 和 $\triangle AB_1D_1$。再以 a' 的正垂线为轴,将 AB_1 旋转成铅垂线 $AB_2(ab_2,a'b_2')$,并将 C_1 和 D_1 点绕同轴按同方向旋转同一角度得 $C_2(c_2,c_2')$、$D_2(d_2,d_2')$。即 $\triangle ABC$ 和 $\triangle ABD$ 经二次旋转变成 $\triangle AB_2C_2$ 和 $\triangle AB_2D_2$。此 AB_2 为铅垂线,其水平投影 $\angle c_2a(b_2)d_2$ 反映两三角形平面的夹角 δ。

为使上题图像排列清晰和作图简便,可画成图 3-26 的形式。虽然图中没有指明绕某一轴旋转,但只要保证 $\triangle a_1b_1c_1 = \triangle abc$、$\triangle a_1b_1d_1 = \triangle abd$,那么就说明此图是绕铅垂轴旋转。同理在二次旋转时,只要保证 $\triangle a_2'b_2'c_2' = \triangle a'b_1'c_1'$、$\triangle a_2'b_2'd_2' = \triangle a'b_1'd_1'$,同样说明此图是绕正垂轴旋转的。

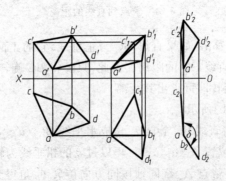

图 3-26   用旋转法求两平面间的夹角

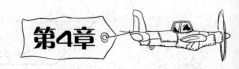

第4章

曲线与曲面

曲线与曲面是物体表面的组成部分,本章讨论常见的曲线与曲面的投影性质及作图方法。

4.1 曲线概述

1. 曲线的形成及分类

曲线是点的运动轨迹,或曲面与平面、两曲面相交的交线。

根据曲线上点的相对位置,曲线通常分成两类。

(1) 平面曲线:曲线上所有的点都在同一平面上,如圆、椭圆、双曲线、抛物线等。

(2) 空间曲线:曲线上任意连续四点不在同一平面上,如螺旋线等。

2. 曲线的投影性质

(1) 曲线的投影一般仍为曲线。曲线上点的投影必定在曲线的同面投影上。如图 4-1、图 4-2 所示,曲线 K 上 A、B、C 等点的投影 a、b、c 等必定在曲线 K 的 H 面投影 k 上。

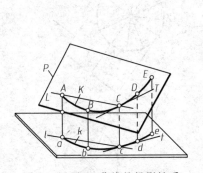

图 4-1 (平面)曲线的投影性质

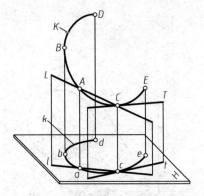

图 4-2 (空间)曲线的投影性质

(2) 平面曲线当其所在平面与投影面平行或垂直时,它在该投影面上的投影将反映实形或直线:如图 4-3(a)所示,平面曲线 K 所在平面 P,平行 H 面,则其水平投影 k 反映实形;如图 4-3(b)所示,平面曲线 K 所在平面 P 垂直 H 面,则其在 H 面上的投影 k 为一直线。

52

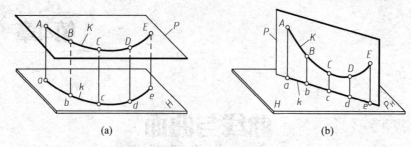

图 4-3　平面曲线的投影性质

（3）曲线的割线和切线的投影仍是该曲线投影的割线和切线，其割点和切点的投影仍是曲线投影上的割点和切点。如图 4-1 和图 4-2 所示，L 为与曲线 K 交于 A、C 两点的割线，其投影 l 亦与该曲线的投影 k 相交于 a、c 两点；T 为与曲线 K 切于 C 点的切线，则其投影 t 亦与该曲线的投影 k 相切于 c 点。

（4）一般情况下曲线及其投影的次数和类型是不变的。如二次曲线的投影仍为二次曲线，圆（或椭圆）的投影为椭圆（特殊情况可为圆），抛物线的投影为抛物线，双曲线的投影仍为双曲线。

3．圆的投影

圆是最常见的平面曲线，当圆平行某投影面时，它在该投影面上的投影反映圆的实形；当圆垂直某投影面时，它在该投影面上的投影为一直线；当圆倾斜于某投影面时，它在该投影面上的投影为椭圆，椭圆可用描点法，在圆周上取一定数量的点后投影作图，或在确定它的长短轴方向及其长度后运用四心圆法近似作图。

1）垂直面中圆的投影（见图 4-4）

当直径为 18 的圆位于正垂面 P 上时，它的正面投影成一直线，其长度等于圆的直径，它的水平投影为一椭圆，其长轴为圆的正垂线直径 AB 的水平投影 ab，短轴为圆的正平线

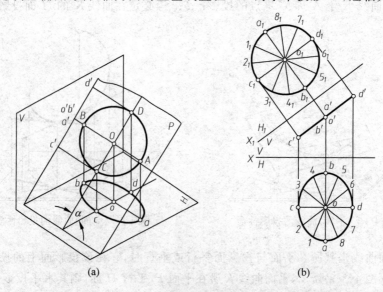

图 4-4　垂直面中圆的投影

直径 CD 的水平投影 cd。图 4-4(b) 即为运用描点法作投影椭圆。

2) 一般位置平面内圆的投影

图 4-5 所示平行四边形 Ⅰ Ⅱ Ⅲ Ⅳ 中有一直径为18、圆心为 O 的圆，求作该圆的投影。

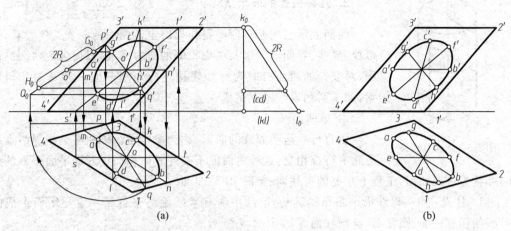

(a)　　　　　　　　　　　(b)

图 4-5　一般位置平面内圆的投影

由于平行四边形 Ⅰ Ⅱ Ⅲ Ⅳ 是一般位置平面，在该平面内圆的各投影都是椭圆。水平投影中椭圆的长轴在该平面内过圆心 O 的水平线上，其长度为圆的直径 $2R$，短轴为在该平面内过圆心 O 对 H 投影面的最大斜度线上，其长度可用比例法求作。作法如下（见图 4-5）：

(1) 过圆心 O 在平行四边形 Ⅰ Ⅱ Ⅲ Ⅳ 内作水平线 MN，在 mn 上取 $oa=ob=R$，ab 即为圆的水平投影椭圆的长轴。

(2) 过 O 作 $lk \perp mn$，投影可得 $l'k'$。LK 即为 □ Ⅰ Ⅱ Ⅲ Ⅳ 对 H 投影面的最大斜度线。

(3) 求 LK 的实长，并在实长 L_0K_0 上取 $2R=18$，按比例在 lk 上求出 cd，cd 即为圆的水平投影椭圆的短轴。

圆的正面投影（椭圆）的画法可参照上述步骤和类似方法求作。即过圆心在平面内作正平线及对 V 面的最大斜度线，定出长短轴的方向和长度。

除了运用求最大斜度线的方法确定椭圆的短轴方向和长度外，也可用换面法求作。

4.2　曲面概述

1. 曲面的形成及分类

曲面为动线在空间连续运动形成的轨迹。动线称为母线，母线的每一位置称为该曲面的素线，控制母线运动的一些线和面称为导线和导面。

曲面可分为：

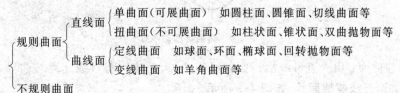

同一曲面可以看作以不同方法形成,直线面也可以看作由适当的曲母线运动形成。如图 4-6 的圆柱面,也可看作一个圆沿轴向位移而成的。

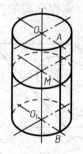

图 4-6　圆柱直线面

2. 几种曲面的表示法

曲面表示法的基本原则是作出决定该曲面的一些几何要素,如母线、导线、导面的投影及曲面投影的包容廓线,以便确定曲面的范围,对复杂的曲面有时为清晰表达还应作出曲面上的其他几何要素,如一系列素线或截交线。

1) 单曲面

由直母线运动而成的曲面,称为单曲面。该曲面上相邻两素线彼此平行或相交,这种曲面能不改变其面积而展开成平面图形的曲面,亦称为可展曲面,工程上常见的有柱面、锥面、切线曲面。

（1）柱面：由一母线沿一曲导线运动,运动中所有素线始终平行于一直导线而形成的曲面,如任意柱面、圆柱面、椭圆柱面等,如图 4-7 所示。

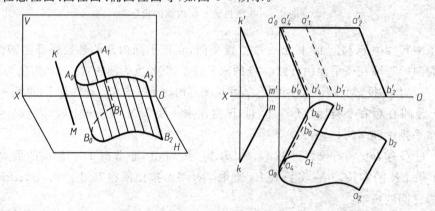

图 4-7　任意柱面的投影

（2）锥面：由一直母线沿一曲导线运动,运动中所有素线始终交于一定点,即锥面的顶点而形成的曲面,如任意锥面、圆锥面、椭圆锥面等,如图 4-8 所示。

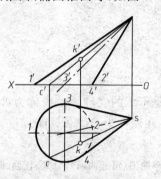

图 4-8　椭圆锥面的投影

（3）切线曲面：由一直母线沿一曲导线运动,运动中所有素线始终与曲导线相切而形成的曲面,如渐开线螺旋面等,如图 4-9 所示。

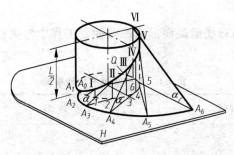

图 4-9　渐开线螺旋面

2）扭曲面

由直母线运动而成的曲面，称为扭曲面。该曲面上相邻两素线彼此既不平行又不相交，这种曲面属不可展曲面。工程上常见的有柱状面、锥状面、双曲抛物面、单叶双曲回转面。

（1）柱状面：由一直母线沿两条曲导线运动，运动中所有素线始终平行某一导平面而形成的曲面，如图 4-10 所示。

（2）锥状面：由一直母线沿一直导线和一曲导线运动，运动中所有素线始终平行某一导平面而形成的曲面，如图 4-11 所示。

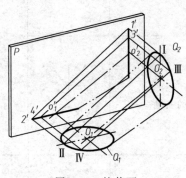

图 4-10　柱状面

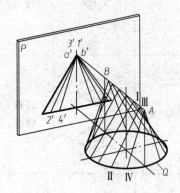

图 4-11　锥状面

（3）双曲抛物面：由一直母线沿两条交叉的直导线运动，运动中所有素线始终平行某一导平面而形成的曲面，如图 4-12 所示。

（4）单叶双曲回转面：由一直母线绕一条与它交叉的直导线回转而形成的曲面，如图 4-13 所示。

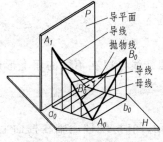

图 4-12　双曲抛物面

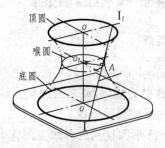

图 4-13　单叶双曲回转面

3) 曲线面（定线曲面）

曲线面是指以曲线为母线运动而形成的曲面。工程中常见的曲线面是回转面,表 4-1 列出较常见的几种回转面。

表 4-1 几种常见的回转曲面

名　称	直观图	形成规律		投影图
回转椭圆面		母线：椭圆 轴线：椭圆的长轴或短轴		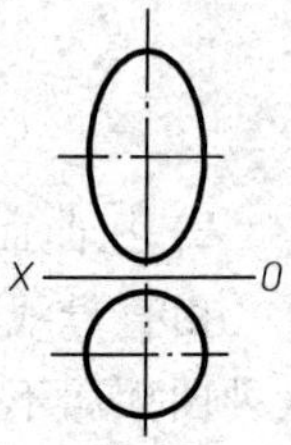
回转抛物面		母线：抛物线 轴线：抛物线的轴		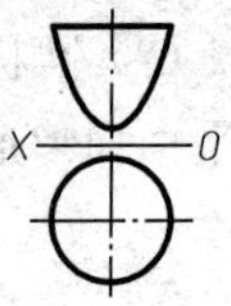
双叶双曲回转面		母线：双曲线 轴线：双曲线的实轴		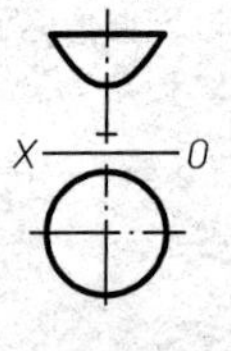
复合回转面		母线：复合曲线 轴线：轴线		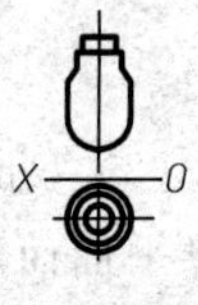

4.3　螺旋线和螺旋面

1. 螺旋线

螺旋线是工程上应用较广的一种空间曲线。螺旋线可以在不同的面上形成,分为圆柱螺旋线、圆锥螺旋线等,最常见的是圆柱螺旋线。

1) 圆柱螺旋线的形成

一动点 A 沿圆柱面的母线方向作匀速直线运动,同时,绕柱面轴在柱面上作匀速旋转运动,这种复合运动在圆柱面上形成的轨迹称为圆柱螺旋线(见图 4-14(a))。

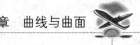
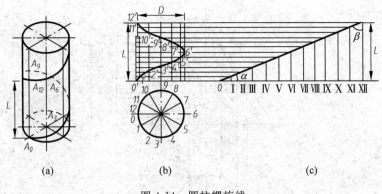

$$\text{(a)} \qquad \text{(b)} \qquad \text{(c)}$$

图 4-14 圆柱螺旋线

2）圆柱螺旋线的基本要素

导圆柱直径 D：螺旋线所在圆柱的直径。

导程 L：动点绕柱回转一周沿轴向移动的距离，$\sqrt{(\pi D_2)^2 + t^2}$。

旋向：螺旋线的旋转方向，分右旋和左旋。

3）圆柱螺旋线的画法

根据圆柱螺旋线的两个基本要素，就可以画出圆柱螺旋线投影图，如图 4-14（b）所示。由于工程上使用最多的是右旋螺旋线，如不注明，则认为旋向为右旋。

首先画出轴线为铅垂线、直径为 D 的导圆柱的正面、水平面投影。因动点每转过 $2\pi/n$ 角度，即投影 L/n 的距离，所以只要将水平投影圆周和正面投影的导程 L 分成相同的等分（图中为 12 等分），再过圆周上各等分点（1、2、3、…、12）作竖直投影线与导程上的等分横平线对应相交，可得 $1'$、$2'$、$3'$、…、$12'$，然后依次光滑连接各正面投影点（不可见部分画成虚线），即得圆柱螺旋线的正面投影，螺旋线的水平投影在圆周上。

4）圆柱螺旋线的基本特性

图 4-14（c）是圆柱螺旋线的展开图，根据圆柱螺旋线的形成规律，它是以导圆柱正截圆周长 πD 和导程 L 为两直角边的直角三角形的斜边。每一导程螺旋线长度为 $\sqrt{(\pi D)^2 + L^2}$。图中的 α 为圆柱螺旋线的升角，$\alpha = \arctan \dfrac{l}{\pi D}$，它的余角称为螺旋角。

由此几何关系，可归纳圆柱螺旋线的两个基本特性：

（1）圆柱螺旋线是属于圆柱表面的不在同一素线上两点之间最短距离的连线，也称为圆柱面上的测量线。

（2）对一条螺旋线而言，α、β 角是常数。同一螺旋线上各点的切线与圆柱轴线倾斜所成的角度为定角，因此圆柱螺旋线又称为定倾曲线。

2．圆锥螺旋线

一动点沿圆锥面的母线方向作匀速直线运动，又绕其轴线作匀速回转运动，这种复合运动在圆锥面上形成的轨迹为圆锥螺旋线（见图 4-15）。

当动点绕轴回转一周，沿轴线方向移动的距离称为导程 L。

圆锥螺旋线的投影作图方法与圆柱螺旋线类似。

58

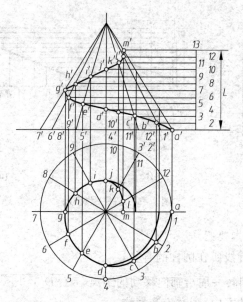

图 4-15　圆锥螺旋线

画出圆锥的正面、水平投影后，将圆锥的底圆及导程分成相同的 12 等份，在圆锥面上作出各条素线的投影，它的各正面投影和导程等分横平线的交点 a'、b'、c'、$\cdots$、m'，即为圆锥螺旋线上各点的正面投影。再求出相应的水平投影 a、b、c、$\cdots$、m，然后依次光滑连接各点（不可见部分画成虚线），即得圆锥螺旋线的两面投影。如图 4-15 所示，为左旋圆锥螺旋线，其水平投影是一条阿基米德螺线。

3. 螺旋面

母线作螺旋运动而形成的曲面称为螺旋曲面，其导线为螺旋线及轴线。工程上用得最多的是直线螺旋面。

1) 正螺旋面

正螺旋面是直母线沿着圆柱螺旋线运动，且母线始终垂直相交圆柱轴线而形成的曲面。

作正螺旋面的投影图时，除了画出导线——圆柱螺旋线及其轴线外，一般还需画出一系列素线的投影。如图 4-16(a)、(c)，它上面的任何一条素线都是水平线。图 4-16(b) 表示了圆柱面与正螺旋面相交的情形，它们的交线就是正螺旋面的导线——圆柱螺旋线，在图 4-16(d) 正螺旋面的投影图中不可见部分以虚线表示。

螺旋输送机的推进器部分就应用了正螺旋面，见图 4-16(e)。

2) 斜螺旋面

斜螺旋面是直母线沿着圆柱螺旋线运动，且始终与圆柱轴线斜交成一定角而形成的曲面。如图 4-17(a) 所示，直素线 OA_0、IA_1、IIA_2、$\cdots$ 与 H 面的倾角均为 α 角。如以 OA_0 为直母线绕轴旋转形成一圆锥面，由于圆锥面上任意一条素线均与 H 面成 α 角，因而斜螺旋面上素线必定与圆锥面上某一相应素线平行，所以这圆锥面又称为斜螺旋面的导锥面。

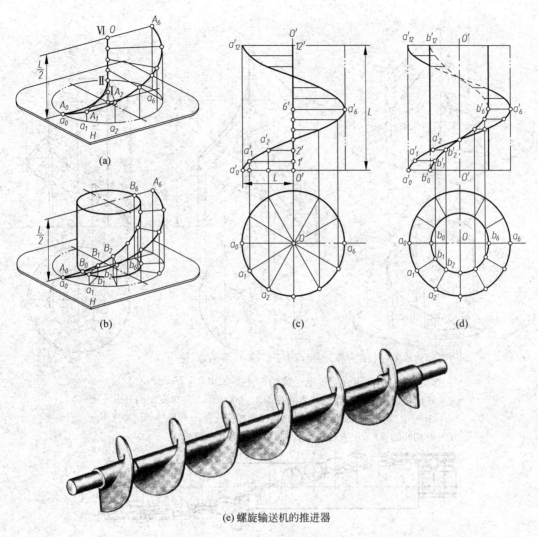

(e) 螺旋输送机的推进器

图 4-16 正螺旋面

　　图 4-17(c)是斜螺旋面的投影图,首先画曲导线(圆柱螺旋线)、直导线(圆柱轴线)以及若干直素线,同时要画出其外形轮廓线,在正面投影上即为直素线投影的包络线。各条素线的作图方法:先作导锥面上各等分素线的投影 OA。即导锥面上最左素线,其正投影 $o'a'$,与 X 轴成 α 角。从轴上的 O' 点向上截取各距离等于 $L/12$(12 等分数)得 $1'$、$2'$、$3'$ 等点与螺旋线投影上的 a_1'、a_2'、a_3' 等点连接,即得素线 ⅠA_1、ⅡA_2、ⅢA_3 等的正面投影,其中 $1a_1'$、$2a_2'$、$3a_3'$ 等必与导锥面上相应素线的正面投影相平行。作这些素线投影的包络线即为斜螺旋面的外形轮廓线。

　　图 4-17(b)、(d)表示这斜螺旋面与同轴的圆柱面相交,它们的交线是另一根螺旋线 B_0、B_1、B_2、$\cdots$,它与原来螺旋线 A_0、A_1、A_2、$\cdots$ 具有相同导程。

　　一些现代化的自动机和生产作业线上,如封口、贴标、整理、检测、灌装等工序,日益广泛地应用螺旋面来实现。图 4-18 所示是翻瓶导轨机构的局部示意图,用于抗菌素的瓶烫蜡贴标机。推瓶机构强行把瓶子推入螺旋导轨,使瓶子翻转 180° 完成烫蜡工序。

60

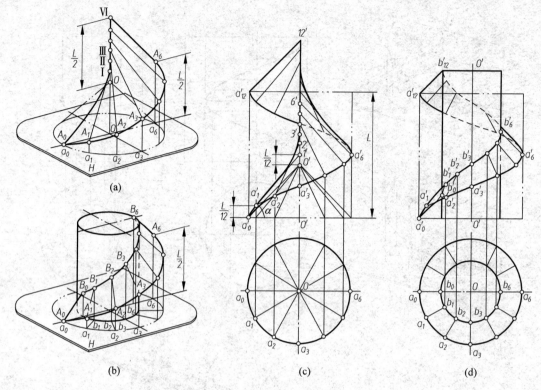

图 4-17　斜螺旋面

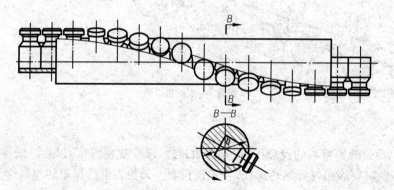

图 4-18　翻瓶导轨机构的局部示意图

第5章

立　体

本章在点、线、面投影的基础上,进一步分析由线、面所构成的立体,并研究其投影作图问题。

5.1　基本几何体的投影

基本几何体分为两大类:一类是平面立体,即立体表面均是平面,如棱柱、棱锥等;另一类是曲面立体,立体表面为曲面或平面与曲面的立体,如圆柱、圆锥、球、环等立体。本节对这些基本几何体逐一分析,并研究它的投影作图及表面取点问题。

5.1.1　平面立体

平面立体是由若干个多边形平面围成的多面体,如三棱柱由三个四边形和两个三角形组成,二棱锥由四个三角形平面围成。面面交线为棱线,棱线与棱线的交点为顶点。当棱线互相平行时,平面立体为棱柱,如图 5-1(a)、(b)、(c)所示。当所有棱线在有限远处相交于一点时,平面立体为棱锥,如图 5-1(d)、(e)、(f)所示。

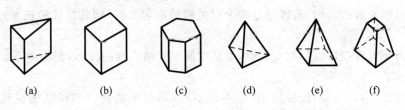

| (a) | (b) | (c) | (d) | (e) | (f) |

图 5-1　平面立体

由于平面立体的表面为平面,其棱线为直线,故研究平面立体的投影也就是研究这些平面和直线的投影。

1. 棱柱

1) 投影分析

图 5-2 是正六棱柱的立体图和投影图。正六棱柱由 6 个侧面和 2 个端面围成的。两端面是水平面,在 H 面投影反映实形,V 面和 W 面投影都积聚为一直线。前后两侧面(如

$CDEF$ 面)平行于 V 面,在 V 面投影反映实形,H 面和 W 面投影积聚为直线。另外四个侧面(如 $ABCD$)都是铅垂面,在 H 面投影积聚为直线,在 V 面和 W 面的投影都是类似形。

62

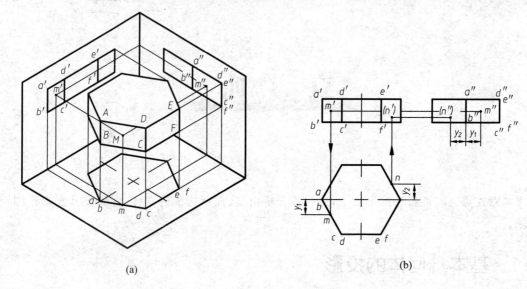

(a)　　　　　　　　　　　　　　(b)

图 5-2　正六棱柱的投影分析

各棱线中,铅垂线有 6 条(如 AB、CD、EF 等),它们在 H 面投影都积聚成一点,在 V 面和 W 面投影都反映实长;另外 4 条棱线为侧垂线(如 DE、CF 等),还有 8 条水平线(如 AD、BC 等)。

作投影图时,一般先画反映实形的投影,如图 5-2(b)所示,应先画水平投影,然后按照投影规律作出其他两个投影。

2)可见性判别

判别可见性的原则是:

(1)确定投影范围的外形轮廓线都是可见的。

(2)在外形轮廓线以内,若棱线是两个可见的棱面的交线,则此棱线的投影可见;反之不可见。

(3)在外形轮廓线以内的相交直线,如是空间交叉两直线的投影,则可用重影点的方法来判别其可见性。

在图 5-2(b)中,由于六棱柱前后、左右均对称,不可见的棱线与可见的棱线的投影重合,故虚线被粗实线所遮。

3)表面上取点

平面立体表面上取点的方法与前面所述平面上取点的方法相同。但要注意的是,首先确定点在哪个棱面上,再根据棱面所处的空间位置利用投影的积聚性或辅助线作图,求出点在棱面上的投影。

【例 5-1】 如图 5-2(b)所示,已知六棱柱表面上点 M 的 V 面投影 m' 和表面上点 N 的 W 面投影 n'',求作点 M 和 N 的另两个投影。

分析:点 M 在六棱柱表面 $ABCD$ 面上,$ABCD$ 面是铅垂面,它在 H 面投影积聚成直线,所以点 M 的 H 面投影必在该直线上。点 N 在 $ABCD$ 对面的平面上,同理可求点 N 的

H 面和 W 面投影。从图可知,点 M 的 W 面投影可见,点 N 的 W 面投影不可见。

作图步骤:

(1) 过 m' 作 H 面投影连线,交 $ABCD$ 面的 H 面投影于一点 m,则为点 M 的水平投影。

(2) 由 m' 和 m 作出 m''。

判别可见性: m'' 可见。

同理作出 n 和 n',n' 不可见。

2. 棱锥

1) 投影分析

图 5-3 为三棱锥的立体图和投影图。此三棱锥是以 S 为顶点,以正三角形 ABC 为底的正三棱锥,其底面为水平面,侧面 SAC 为侧垂面,另两侧面 SAB 和 SBC 均为一般位置平面。

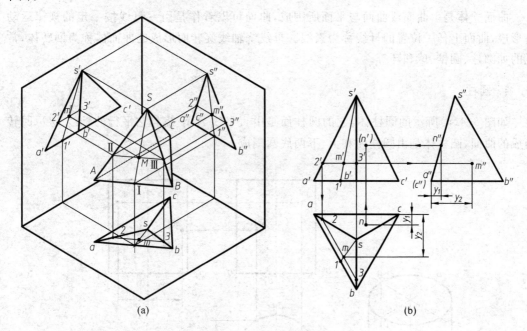

图 5-3　棱锥的投影分析

作投影图时,先作 $\triangle ABC$ 的 H 面投影(实形),再作其 V 面和 W 面投影(直线),然后作出顶点 S 的三面投影,最后各顶点同面投影连线,即是三棱锥的三面投影。

2) 可见性判别

从投影图可知,在 H 面上三棱锥三个侧面均可见,底面不可见,在 V 面上 SAB 和 SBC 可见,SAC 不可见,底面积聚为直线;在 W 面上,SAC 和 ABC 积聚为直线,SAB 可见,SBC 不可见。

3) 表面上取点

棱锥表面上取点的方法和棱柱一样,可利用其投影的积聚性或作面内辅助线法来取点。

【例 5-2】　如图 5-3 所示,已知三棱锥表面 SAC 上点 N 的 H 面投影 n 和表面 SAB 上点 M 的 V 面投影 m',试补全点 M 和点 N 的另两个投影。

分析：因为 SAC 在 W 面积聚为一直线，所以点 N 的 W 面投影也必在此线上。点 M 在一般位置平面 SAB 上，可以用引辅助线法求得另两投影。

作图步骤：

（1）由 n 作宽相等在 $s''a''c''$ 上得到 n''，再由 n 和 n'' 求 n'。

（2）过 s'、m' 引 V 面辅助线 $s'1'$，再求出 $S\text{I}$ 的 H 面和 W 面投影 $s1$ 和 $s''1''$，根据点在直线上存在的条件和投影规律，求出 m 和 m''。

可见性判别：由于 SAB 在三个投影面的投影均可见，所以点 M 三个投影均可见；而 SAC 面在 V 面投影不可见，所以 n' 不可见。

过点 M 可以作无数条辅助线。考虑到作图简便，还可以过点 M 作 SAB 上 AB 线的平行线 IIIII，从而求得 M 点的投影。具体作图由读者自己分析。

5.1.2 曲面立体

曲面立体是由曲面或曲面与平面所围成，曲面可以看作是由一母线按一定的规律运动而形成，曲面上任一位置的母线称为素线。母线绕轴线旋转而形成的曲面体称为回转体，常见的如圆柱、圆锥、球和环等。

1. 圆柱

如图 5-4(a)所示的圆柱体，它的圆柱面是由直母线 AA_1 绕与它平行的轴线 OO_1 回转而成的曲面，圆柱体是由圆柱面和上、下两底圆围成。

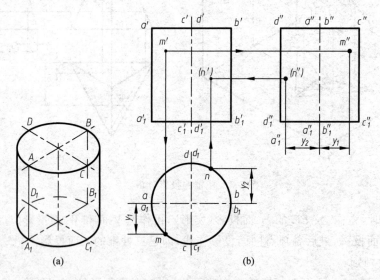

图 5-4 圆柱的投影

1）圆柱的投影

如图 5-4(a)所示，圆柱的轴线为铅垂线，因此圆柱面也垂直于 H 面，其 H 面投影积聚为圆，此圆也是圆柱上、下底面的 H 面投影。对称中心线的交点是圆柱轴线的 H 面投影。

由于圆柱体两底面均垂直于轴线，所以圆柱体的 V 面投影为矩形。图 5-4 中 $a'a_1'$ 和 $b'b_1'$ 是圆柱体正面投影的转向线（即由前向后看时，圆柱体上可见与不可见部分的分界线）

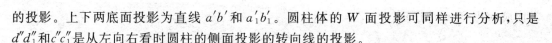

的投影。上下两底面投影为直线 $a'b'$ 和 $a'_1b'_1$。圆柱体的 W 面投影可同样进行分析,只是 $d''d''_1$ 和 $c''c''_1$ 是从左向右看时圆柱的侧面投影的转向线的投影。

作投影图时,先画各投影的中心线,再画有积聚性的投影图,最后按投影规律画出其他两个投影,如图 5-4(b)所示。

2) 可见性判别

由于在投影图上圆柱的转向线是圆柱面可见部分与不可见部分的分界线。在 V 面投影上,$a'a'_1$ 和 $b'b'_1$ 为圆柱体前后两部分可见性的分界线,前半圆柱面可见,后半圆柱面不可见;在 W 面投影 $c''c''_1$ 和 $d''d''_1$ 为圆柱体左右两部分可见性的分界线,左半圆柱面可见,右半圆柱面不可见。

3) 圆柱表面上取点、线

若点在圆柱的转向线上,可按直线上取点直接作图。如果点不在圆柱的转向线上,则可利用圆柱面的积聚性投影来解决取点问题。

【例 5-3】　如图 5-4(b)所示,已知圆柱面上点 M 的 V 面投影 m' 和点 N 的 W 面投影 n'',求出点 M 和点 N 的另两投影。

分析:由于圆柱面的 H 面投影积聚成圆,所以利用积聚性作图。

作图步骤:

(1) 利用积聚性投影,在 H 面的圆周上作出 m 和 n。

(2) 由 m'、m 和 $n''n$ 作出 m'' 和 n'。

可见性判别:由于点 M 在左半圆柱面上,所以 m'' 可见,点 N 在后半圆柱面上,所以 n' 不可见。

【例 5-4】　如图 5-5 所示,已知圆柱面上曲线 NKM 的 V 面投影,求其 H 面和 W 面投影。

分析:由于圆柱面的 H 面投影积聚为圆,所以曲线 NKM 的 H 面投影就在此圆上,根据 V 面投影就可求到 $n''k''m''$。NKM 中点 K 位于圆柱的侧面转向线上,点 M 和点 N 在圆柱面上的一般位置处。

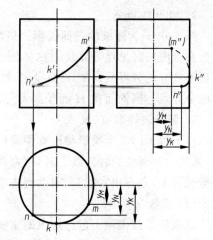

图 5-5　圆柱表面上取点线

作图步骤:

(1) 利用圆柱面投影的积聚性,在 H 面投影中求得 m、k、n 三点。

(2) 由 V 面和 H 面投影,求出 W 面投影 m''、k''、n'' 三点。

(3) 按点顺序、光滑连接同面投影即是。

判别可见性:因为 K 为 W 面转向线上点,它分曲线 NM 为 NK 和 KM 两段。由投影图可知 NK 段在左半圆柱面上,故 $n''k''$ 可见,KM 段在右半圆柱面上,故 $k''m''$ 不可见,K 点是曲线 NKM 的 W 面投影可见与不可见分界点。

2. 圆锥

圆锥由平面和圆锥面围成。圆锥面可看作直线 SA 绕与它相交于 S 点的轴线 OO_1 回转而成,如图 5-6(a)所示。

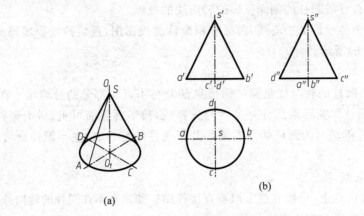

图 5-6　圆柱表面上取点线

1) 圆锥的投影

在图 5-6 中,圆锥体的轴线是铅垂线,其底面是水平面,所以其底面的 V 面和 W 面投影分别积聚为直线,H 面投影反映实形圆。在 H 面投影中对称中心线的交点即为圆锥轴线的水平投影,同时它又是锥顶 S 的 H 面投影。圆锥面的 H 面投影与底面的 H 面投影相重合。

圆锥面 V 面投影的转向线 $s'a'$、$s'b'$ 是圆锥面上最左最右素线 SA、SB 的 V 面投影;SA、SB 的 W 面投影 $s''a''$ 和 $s''b''$ 与轴线的 W 面投影重合。圆锥 W 面投影的转向线 $s''c''$、$s''d''$ 是圆锥面上最前最后素线 SC、SD 的 W 面投影,它们的 V 面投影与轴线的 V 面投影重合。画圆锥的投影时,一般先画出各投影的中心线,再画出底圆及顶点的投影,最后画出转向线。

2) 可见性判别

图 5-6(b)为圆锥的三面投影。显然圆锥面的三个投影都没有积聚性,投影图上的转向线为圆锥面的可见性分界线。在 V 面投影上,转向线 $s'a'$、$s'b'$ 为锥面可见前半部分与不可见后半部分的分界线;在 W 面投影,转向线 $s''c''$、$s''d''$ 为锥面可见左半部分与不可见右半部分的分界线。圆锥面在 H 面投影可见,底面不可见。

3) 圆锥表面取点、线

由于圆锥的三个投影都没有积聚性,所以不能像圆柱那样利用积聚性投影直接作图求得,如果点在圆锥的转向线上时,可直接从投影图中求得点的三面投影。如果点在圆锥面的一般位置上,则可用素线法、辅助圆法求之。

(1) 素线法

素线法是过锥顶引过已知点的素线,求得素线的其他两个投影,然后应用点在线上存在的条件求之。

图 5-7(a)中,已知点 A 的 V 面投影 a',求其他两个投影,就是用素线法。过锥顶 S 和已知点 A 作素线 SB。$s'b'$ 为 SB 的 V 面投影,然后作出 sb 和 $s''b''$;由于点 A 在 SB 线上,则点 A 的投影必在 SB 投影上,由此作出 a 和 a''。

(2) 辅助圆法

辅助圆法即过点作锥面上垂直于轴线的圆,然后求出其圆的三面投影。由于点在该圆

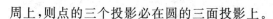
周上,则点的三个投影必在圆的三面投影上。

如图 5-7(b)所示,是用辅助圆法求点 A 的三面投影。过 a′作水平圆,其 V 面投影为垂直轴线的水平线;W 面投影也一样;H 面投影为水平圆,此圆与底面圆同心,其直径为 V 面投影中水平线的长度。a″在辅助圆的 W 面投影的水平线上,a 在辅助圆的 H 面投影的水平圆周上。

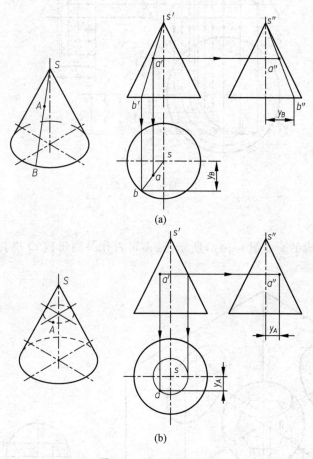

图 5-7 圆锥表面上取点

【例 5-5】 如图 5-8 所示,已知圆锥面上的曲线 AE 的正面投影 a′e′,试求其另两投影。

分析:可将 AE 曲线看成由若干个点(如 5 个点)组成,由于 a′、e′可见,故曲线 AE 在前半圆锥面上,然后用辅助圆法求出 5 个点的另两投影,连接即是。

作图步骤:

(1) 分别过 a′、b′、…、e′作 s′1′的垂直线,即为 5 个辅助圆,同时求出其 H 面投影的 5 个圆,W 面投影的 5 条水平线。

(2) 在辅助圆的投影上求出 a、b、…、e 和 a″、b″、…、e″。

(3) 依次光滑连接 a、b、…、e 和 a″、b″、…、e″即是。

可见性判别:由于点 C 是侧面投影转向线上的点,它分 AE 为 AC 和 CE 两段。由图可见,CE 段在圆锥面的左半部分,所以 c″e″可见;AC 段在圆锥面的右半部分,所以 a″b″不可见。故而 C 点是曲线 W 面投影可见与不可见的分界点。

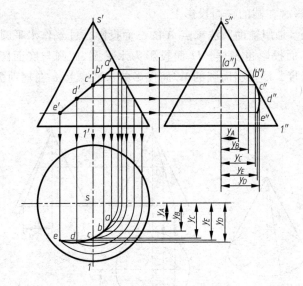

图 5-8　圆锥表面上取线

3. 球

球是由球面围成的。如图 5-9(a)所示,球面可看作是圆母线 Q 绕其直径 OO_1 为轴旋转而成的。

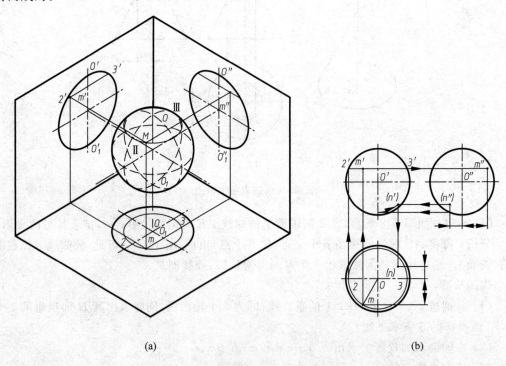

(a)　　　　　　　　　(b)

图 5-9　圆球的投影及表面取点

1) 球的投影

如图 5-9(b)所示,球的三面投影都是与球直径相等的圆,它们分别是球面三个投影的转向线。V 面投影的转向线是球面上平行于 V 面的最大圆的投影,它是球面前后可见性的分界线,前半球可见,后半球不可见。H 面投影的转向线是球面上平行于 H 面的最大圆的投影,它是球面上半球与下半球的分界线。W 面投影的转向线是球面上平行于 W 面的最大圆的投影,它是球面上左右半球的分界线。在球的三面投影中,各个投影的对称中心线的交点就是球心的投影。

画球的投影图时,应先确定球心的三投影;再画出三个与球等直径的圆。

2) 球面上取点、线

由于球面的三个投影都没有积聚性,且球面上也不存在直线,所以球面上取点应采用辅助圆法,即过已知点作平行于某一投影面的辅助圆,该圆的另两个投影均积聚成直线,这样就可以比较容易地在球面上找到点的投影。如点在球面转向线上,则可直接求得。

【例 5-6】　已知球面上点 M 的 H 面投影 m 和点 N 的 W 面投影 n'',求其另两投影,如图 5-9(b)所示。

分析:投影 m 可见,表示点 M 在前半球面上;n'' 不可见,表示点 N 在右半球面上。点 M 和点 N 均不在转向线上,所以须用辅助圆法求之。

作图步骤:

(1) 以 O 为圆心、om 为半径作圆;再作其对应的 V 面投影 $2'3'$,m' 必在 $2'3'$ 上。

(2) 由 m 和 m' 求出 m''。

(3) 过 n'' 作平行于 V 面的辅助圆,在 V 面投影得到一个同心圆,n' 必在该圆上。

(4) 由 n' 和 n'' 求出 n。

可见性判别:由投影图可知,m'、m'' 可见;n、n' 不可见。

【例 5-7】　已知属于圆球面的曲线 AD 的 V 面投影 $a'd'$,求其另两投影,如图 5-10 所示。

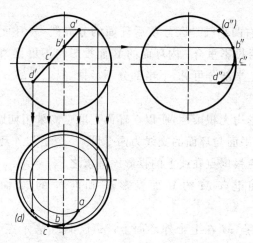

图 5-10　圆球表面取线

分析:可将曲线 AD 看成由几个点(如 4 个点)组成。由于 $a'd'$ 可见,故曲线 AD 在前半球面上。

作图步骤:

(1) 过 a'、d' 作两个水平辅助圆。在 H 面投影上得到两个同心圆,则 a、d 分别在其圆周上。根据 a' 和 a 求出 a''，根据 d' 和 d 求出 d''。

（2）b'、c' 在转向线上，可直接求出 b 和 b'' 及 c 和 c''。

（3）依次连接 a、b、c、d、a''、b''、c''、d'' 成光滑曲线。

可见性判别：在 H 面投影中，因为 AC 段在上半球面上，所以 ac 可见；CD 段在下半球面上，则 cd 不可见。C 点为曲线在 H 面投影可见与不可见的分界点。在 W 面投影中，因为 AB 段在右半球面上，所以 $a''b''$ 段不可见；BD 段在左半球面上，故 $b''d''$ 段可见。B 点为曲线在 W 面投影可见与不可见的分界点。

4. 圆环

圆环是由环面围成的。圆环面可以看作是圆母线 Q 绕圆平面上不通过圆心的轴线 OO_1 旋转而成，如图 5-11(a) 所示。其中，半圆 ACB 形成的环面为外环面，半圆 ADB 形成的环面为内环面。

1）圆环的投影

图 5-11(b) 是轴线垂直于 H 面的圆环面的投影图，其中 H 面投影的两个实线圆是上、下环面的转向线的投影，也是环上最大和最小水平圆的投影（即点 C 和点 D 的旋转轨迹）；点画线圆，是圆母线 Q 圆心的轨迹圆的投影。在 V 投影中，两个小圆是母线圆处于转向位置时的轮廓。上下两条直线是内、外环面分界线的投影。

作环的投影图时，一般先画出各个投影的中心线，确定圆环轴线到母线圆中心的距离，画出各转向线圆（注意 V 面投影中内环面不可见），再作 V 面投影的两转向线圆的公切线。

2）可见性判别

在 V 面投影中，左、右两小圆是区分前后环面的分界线，外环面的前半部分投影可见，后半部分不可见，但前、后投影重合；内环面的 V 面投影均不可见，转向线也不可见。在 H 面投影中，内、外环面的上半部分可见，下半部分不可见，但上下部分投影重合。

3）圆环表面取点

由于环面的各面投影均无积聚性，所以在环面上取点需采用辅助平面法，即在垂直于环轴线方向上作截平面，截平面与环面的交线为两个圆，一个是与外环面交得的圆，另一个是与内环面交得的圆。然后根据点在线上的投影原理求之。

【例 5-8】 已知环面上点 M 的 V 面投影 m' 和点 N 的 H 面投影 n，求 m 和 n'，如图 5-11(b) 所示。

分析：m' 可见，表示点 M 在上半外环面上；n 不可见，表示点 N 在下半个内环面上。同时，M、N 两点均不在转向线上，所以需用辅助平面法求之。

作图步骤：

（1）过 m' 作水平面，在 H 面投影得到一个水平圆，在此圆上求得 m。

（2）过 n 作一水平圆，在 V 面投影为一条平行 OX 轴的线，在此线上求得 n'。

可见性判别：因为点 M 在上半外环面上，所以 m 可见；点 N 在下半内环面上，故 n' 不可见。

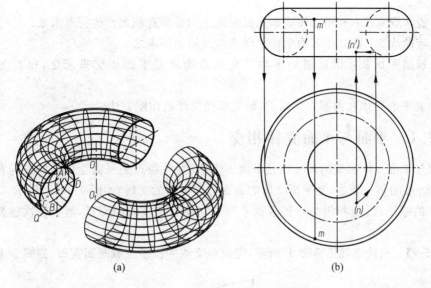

图 5-11 圆环的投影及表面取点

5.2 平面与立体相交的交线——截交线

截交线是零件表面交线之一,是平面与零件上形体的表面相交产生的交线,如图 5-12 所示。

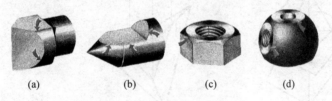

图 5-12 几种常用零件表面交线

平面与立体相交,可视为立体被平面所截,如图 5-13 所示。平面 P 称为截平面,截平面与立体表面的交线称为截交线,截交线所围成的图形称为截断面。

立体可分为平面立体与曲面立体。截平面与立体的相对位置不同,其截交线的形状也不同,但任何截交线都具有下列两个基本性质:

(1) 截交线是截平面与立体表面的共有线,其上的点是截平面与立体表面的共有点。

(2) 截交线是封闭的线条,截断面是封闭的平面图形。

根据截交线的性质,求截交线可归结为求截平面与立体表面共有点、线问题。由于物体上绝大多数的截平面是特殊位置平面,因此可以利用重影性原理来确定其共有点、线范围。

常用求截交线的方法有 4 种。

(1) 交点法:求出立体表面上已知直线与截平面的交点,连接

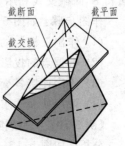

图 5-13 平面截切立体

交点为所求。

（2）表面取点法：利用立体表面在投影面上的投影有积聚性的特点求之。

（3）辅助线法：在立体表面上作辅助素线及辅助圆求之。

（4）辅助平面法：借助辅助平面与立体表面及截平面相交来求之，也称为三面共点法。

下面就平面立体和曲面立体两类，研究求截交线的作图方法。

5.2.1　平面与平面立体相交

平面与平面立体相交的截交线是平面多边形，其各顶点是平面立体的棱线与截平面的交点；多边形的每一条边，是平面立体的表面与截平面的交线，如图 5-14(a)所示。因此，求平面立体的截交线，是利用交点法求截平面与立体上各棱线的交点，然后依次连接各交点即是。

【例 5-9】　三棱锥被正垂面 P 所截，完成截交线的投影及截断面实形，如图 5-14 所示。

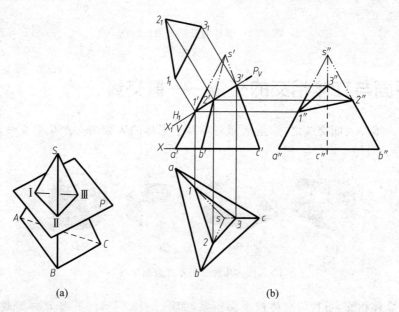

图 5-14　平面截切三棱锥

分析：如图 5-14(a)所示，因截平面 P 为正垂面，故截平面的正面投影积聚在 P_V 上，H 面和 W 面截交线利用交点法求之。

作图步骤：如图 5-14(b)所示。

（1）作出三棱锥的棱线 SA、SB、SC 与截平面 P 的交点 Ⅰ、Ⅱ、Ⅲ 的 V 面投影 $1'$、$2'$、$3'$。

（2）根据点的投影规律求出 H、W 面投影 1、2、3 和 $1''$、$2''$、$3''$。

（3）依次连接各交点的同面投影即所求。

（4）可用换面法求得截断面的实形△Ⅰ Ⅱ Ⅲ。

【例 5-10】　三棱锥被正垂面 P、Q 截切，完成其 H、W 面投影，如图 5-15 所示。

分析：如图 5-15(a)所示，三棱锥底面 ABC 为水平面，棱面 SAB 和 SBC 为一般位置面，棱面 SAC 为侧垂面。P 和 Q 为正垂面，截交线的 V 面投影积聚在 P_V、Q_V 上。

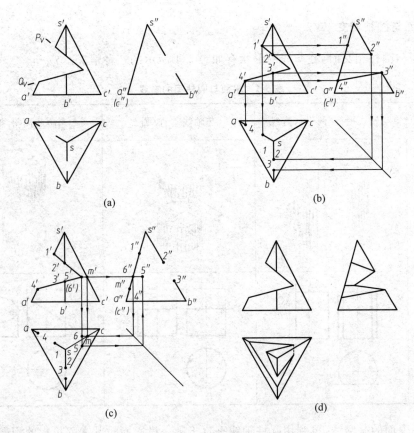

图 5-15 平面截三棱锥的作图过程

作图步骤:

(1) 作出三棱锥两个棱线 SA、SB 与截平面 P、Q 的交点 Ⅰ、Ⅱ、Ⅲ、Ⅳ 的 V 面投影 $1'$、$2'$、$3'$、$4'$,由此再求出 1、2、3、4 和 $1''$、$2''$、$3''$、$4''$。如图 5-15(b)所示。

(2) 作出 SBC 面 Ⅴ 点和 SAC 面 Ⅵ 点的 H 和 W 面投影。由图 5-15(c)所示,过点 Ⅴ 和点 Ⅵ 作 ⅤM∥BC、ⅥM∥AC,交棱线 SC 于 M 点,即作 $5'm'$∥$b'c'$,$6'm'$∥$a'c'$ 交 $s'c'$ 于 m',由此求得其余两投影 5、$5''$和 6、$6''$。

(3) 连接各点的同面投影,即为所求。如图 5-15(d)所示。

可见性判别: 由于 P、Q 的交线 Ⅴ Ⅵ 为正垂线,H 面投影被锥面所遮,不可见,画虚线。

5.2.2 平面与曲面立体相交

曲面立体的截交线,通常是一条封闭的平面曲线,也可能是由曲线和直线所围成的平面图形或多边形。截交线的形状取决于曲面立体的几何性质及其与截平面的相对位置。

截交线是截平面和曲面立体表面的共有线,截交线上的点也就是它们的共有点,当截平面为特殊位置平面时,截交线的投影就重影在截平面具有积聚性的同面投影上,故可用曲面立体表面上的点和线来作截交线的投影。

求曲面立体截交线投影,通常先作一些确定截交线形状和范围的特殊点,然后按需要再作一些一般点,最后连点成截交线,并判别投影可见性。

1. 平面与圆柱相交

截平面与圆柱相交时,截交线的形状有如表 5-1 所示的三种情况。

表 5-1 平面与圆柱面的交线

截平面位置/ 截交线形状	与轴线平行/两平行直线	与轴线垂直/圆	与轴线倾斜/椭圆
轴测图			
投影图			

求圆柱表面的截交线,可利用圆柱轴线垂直于某一投影面时其表面投影的积聚性,用表面取点法直接作图。取点时,先求特殊点,即最高、最低、最左、最右、最前、最后点及转向轮廓线上的点,再求出一般点。特殊点要取全,一般点要适当。

【例 5-11】 求圆柱截交线的投影,如图 5-16(a)所示。

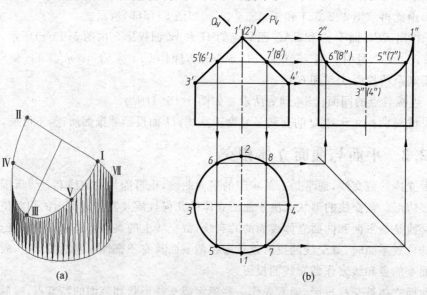

图 5-16 圆柱被平面截切的作图过程

分析：如图 5-16(a)所示。圆柱被左、右对称两正垂面 P、Q 所截切、截交线为左、右对称的半个椭圆,其 V 面投影与 P_v、Q_v 重影;H 面投影与圆柱面的 H 面投影重影;由于半椭圆左右对称,其 W 面投影重影在一起。

作图：如图 5-16(b)所示。

(1) 求作特殊点：半椭圆短轴为正垂线Ⅰ、Ⅱ,由 V 面投影 1′、(2′)和 H 面投影 1、2 求得 W 面投影 1″、2″。长轴位于圆柱前后对称面上,点Ⅲ及点Ⅳ分别为两个半椭圆长轴的端点,由其 V、H 面投影 3′、4′及 3、4 求得 W 面投影 3″、(4″)。

(2) 求作一般点：选取Ⅴ、Ⅵ、Ⅶ、Ⅷ为一般点,先从 V 面投影 5′、(6′)、7′、(8′),求出 H 面投影 5、6、7、8,最后根据 V 面和 H 面投影求出 W 面投影 5″、6″、(7″)、(8″)。

(3) 依次光滑连接各点的 W 面投影即为所求。

【例 5-12】 补全圆筒开凸榫和凹槽后的 W 面投影,如图 5-17 所示。

分析：如图 5-17(a)所示,圆筒被侧平面截切所得的截交线为平行轴线的直线;被水平面截切所得的截交线为水平圆弧。如交线Ⅰ、Ⅱ、Ⅲ、Ⅳ、Ⅴ、Ⅵ、Ⅶ、Ⅷ及圆弧Ⅱ Ⅷ、Ⅳ Ⅵ,直线Ⅱ Ⅳ、Ⅵ Ⅷ为两截平面的交线(正垂线)。而直线Ⅰ Ⅲ、Ⅴ Ⅶ是 P_v 截平面与圆筒上端面的交线。由于被截切的圆筒左右对称,以上各线其 W 面投影重影。

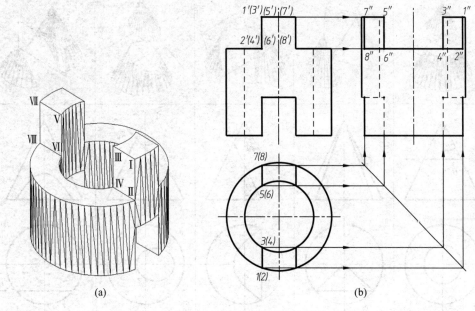

图 5-17 圆筒开槽的作图过程

作图：如图 5-17(b)所示。

(1) 先作出直线和圆弧各端点的 V 面投影 1′、(3′)、(5′)、(7′)及 2′、(4′)、(6′)、(8′)。由于交线Ⅰ Ⅱ、Ⅲ Ⅳ、Ⅴ Ⅵ、Ⅶ Ⅷ是四条铅垂线,它们的 H 面投影都积聚成一点,并且位于圆筒内、外圆柱面的有积聚性的 H 面投影上,即它们的 H 面投影为 1(2)、3(4)、5(6)、7(8)。根据投影规律求出 W 面投影 1″2″、3″4″、5″6″、7″8″。

(2) 交线Ⅱ Ⅷ和Ⅳ Ⅵ圆弧是平行于 H 面的圆弧,其 H 面投影(2)(8)、(4)(6)积聚在圆柱面的 H 面投影圆周上,W 面投影为直线 2″8″、4″6″,并重合。

（3）连接各点的 W 面投影即为所求。

本题只分析了凸榫左侧截交线的投影，凸榫右侧及凹槽的截交线投影，请读者自行分析。

2．平面与圆锥相交

平面与圆锥相交，截交线有以下 5 种情况，如表 5-2 所示。

由于圆锥面在各个投影面上的投影均无积聚性，求作截交线时可采用在圆锥面上作辅助素线、辅助圆或用辅助平面法求。

表 5-2　平面与圆锥面的交线

截平面位置	与轴线垂直 $\theta=90°$	过锥顶	与轴线倾斜 $\theta=\alpha$	与轴线倾斜 $\theta>\alpha$	与轴线平行 $\theta=0$ 与轴线倾斜 $\theta<\alpha$
截交线	圆	过锥顶的两相交直线	抛物线	椭圆	双曲线
轴测图	<td colspan="5"></td>
投影图	<td colspan="5"></td>

【例 5-13】　求圆锥被 P 面所截的截交线 V 面投影，如图 5-18 所示。

分析：如图 5-18(a)所示，圆锥被正平面 P 截切，因 P 平行于圆锥轴线，故截交线为双曲线，其 V 面投影为双曲线的实形。而 H 和 W 面投影聚积在 P_H 及 P_W 上，投影为直线。截交线的 V 面投影可用辅助素线来求。

作图：如图 5-18(b)所示。

（1）求作特殊点。点Ⅲ在最前素线上，为最高点，由 $3''$ 和 3 直接求得 $3'$；点Ⅰ、点Ⅱ为最低点，又是最左、最右点，其 H 面投影在截交线与底圆的水平投影相交处。由 1、2 和 $1''$、

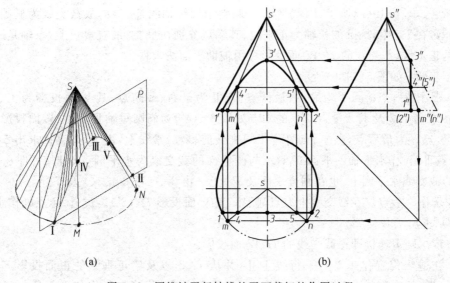

(a)　　　　　　　　　　　　　　　　　(b)

图 5-18　圆锥被平行轴线的平面截切的作图过程

$2''$ 求得 $1'$、$2'$。

（2）求作一般点。在截交线适当位置上作两个点Ⅳ、Ⅴ，其 H 投影为 4、5。过点Ⅳ、Ⅴ作素线 SM、SN 的 H 面投影，即连接 s、4 及 s、5，与底圆的水平投影交于 m、n，则Ⅳ Ⅴ也是素线 SM、SN 上的点。由 m、n 求出 m'、n'，并与 s' 连成 $s'm'$、$s'n'$。分别在 $s'm'$、$s'n'$ 上求出 $4'$、$5'$。

（3）依次圆滑连接 $1'$、$4'$、$3'$、$5'$、$2'$ 即得截交线的 V 面投影。

【例 5-14】　求圆锥被正垂面 P 所截切的 H、W 面投影并求截断面实形。如图 5-19 所示。

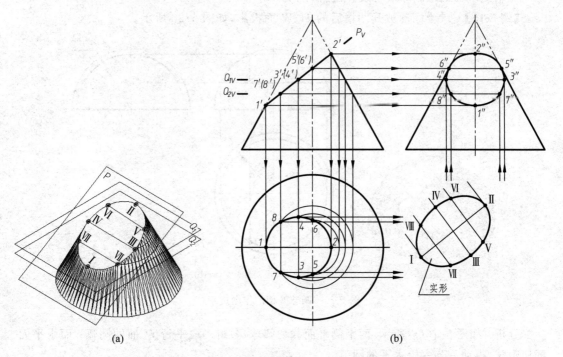

(a)　　　　　　　　　　　　　　　　　(b)

图 5-19　圆锥被倾斜轴线的平面截切的作图过程

分析：如图 5-19(a)所示，因截平面 P 倾斜于圆锥轴线且 $\theta > \alpha$，故截交线为椭圆，其 V 面投影积聚在 P_V 上，椭圆的长轴为正平线，其端点分别在最左、最右素线上，短轴是通过长轴中点的正垂线、截交线的 H、W 面投影可用辅助平面法求得。

作图步骤：如图 5-19(b)所示。

(1) 求作特殊点。点 Ⅰ 为最左、最低点，点 Ⅱ 为最右、最高点，其 V 面投影为 $1'$、$2'$，由 $1'$、$2'$ 直接求出 1，2 及 $1''$、$2''$；在 $1'2'$ 的中点处取 $3'$、$(4')$ 为椭圆短轴 Ⅲ Ⅳ 的 V 面投影，点 Ⅲ 为最前点，点 Ⅳ 为最后点，点 Ⅴ、点 Ⅵ 位于圆锥最前、最后素线上，由 $5'$、$6'$ 直接求出 $5''$、$6''$ 及 5，6。过点 Ⅲ、Ⅳ 作水平辅助平面 Q_1，Q_1 与圆锥面的截交线为水平圆。点 Ⅲ、Ⅵ 即在 Q_1 与圆锥面的截交线水平圆上，也在圆锥表面及 P_V 上。由 $3'$、$(4')$ 求出 3，4 及 $3''$、$4''$。

(2) 求作一般点。在截交线上取点 Ⅶ、Ⅷ，其 V 面投影 $7'$、$(8')$。过 Ⅶ、Ⅷ 点处作水平辅助平面 Q_2 求出 7，8 及 $7''$、$8''$。

(3) 依次圆滑连接即得截交线的 H、W 面投影。

(4) 在适当位置作 $1'2'$ 的平行线 Ⅰ Ⅱ，并从 $1'$、$2'$ 以及诸正垂弦的正面投影 $5'(6')$、$3'(4')$、$7'(8')$ 处作 $1'2'$ 的垂线与所作的平行线 Ⅰ Ⅱ 相交，除了与所作的平行线交得 Ⅰ、Ⅱ 外，再在这些垂线上向两侧量取其水平投影的相应距离，便得到 Ⅴ、Ⅵ、Ⅲ、Ⅳ、Ⅶ、Ⅷ 点，然后依次圆滑连接 Ⅰ Ⅶ Ⅲ Ⅴ Ⅵ Ⅳ Ⅷ Ⅰ 各点，便得截断面实形，Ⅰ Ⅱ 为长轴，Ⅲ Ⅳ 为短轴。

3. 平面与圆球相交

平面与球相交的截交线是圆。当截平面为投影面的平行面时，截交线的投影为实形圆；当截平面为投影面的垂直面时，截交线的投影积聚为直线，长度等于圆的直径；当截平面倾斜于投影面时，其截交线的投影为椭圆，椭圆长轴等于圆的直径。

用辅助平面法求圆球截交线，举两例说明。

【例 5-15】 求半圆球被开凹槽后的 H、W 面投影，如图 5-20 所示。

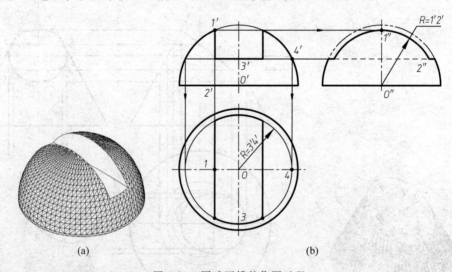

图 5-20 圆球开槽的作图过程

分析：如图 5-20(a)所示，两个侧平面截切圆球，各得一段平行 W 面的圆弧；而水平面截切圆球，得前后各一段水平的圆弧。

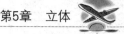

作图：如图 5-20(b)所示。

(1) 先在 V 面投影中扩展侧平面的投影，得截交线圆弧半径实长为 $1'2'$，由此作出凹槽截交线圆弧的 W 面投影。再作出 H 面投影。

(2) 同理作出凹槽的水平面与球截交线的水平投影圆弧，半径为 $3'4'$。再作出 W 面投影。

(3) 判别可见性，整理轮廓线。

【例 5-16】 求圆球被正垂面截切的截交线投影，如图 5-21 所示。

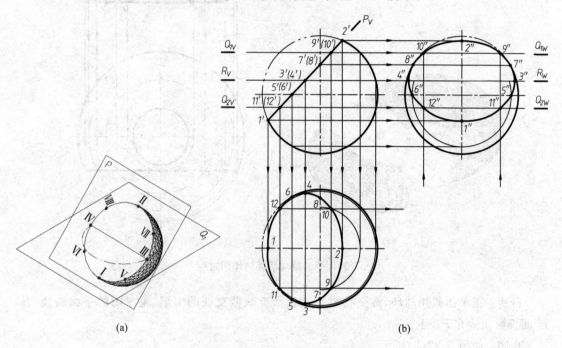

图 5-21　圆球被平面斜切的作图过程

分析：如图 5-21(a)所示。由于截平面 P 为正垂面，所以球面的截交线圆为正垂圆，V 面投影具有积聚性，H、W 面投影为椭圆，可用辅助平面法求之。

作图：如图 5-21(b)所示。

(1) 求作特殊点。由 V 面投影可知，点 Ⅰ 为最左、最低点，点 Ⅱ 为最右、最高点，由 $1'$、$2'$ 直接求得 1、2 及 $1''$、$2''$，取 $1'2'$ 的中点 $3'(4')$ 为截交线圆的 H、W 面投影椭圆长轴上的两端点的 V 面投影，点 Ⅲ、Ⅳ 为最前、最后点，作辅助平面 R 可求得 3、4 及 $3''$、$4''$。点 Ⅴ、Ⅵ、Ⅶ、Ⅷ 分别为 H 和 W 面球面轮廓线上的点，由 $5'$、$(6')$，$7'(8')$ 可求得 5、6、7、8 及 $5''$、$6''$、$7''$、$8''$。

(2) 求作一般点。在适当位置上取若干个一般点，如点 Ⅸ、Ⅹ、Ⅺ、Ⅻ，用辅助平面 Q_1、Q_2，由 V 面投影求得 H、W 面投影。

(3) 顺次圆滑连接各点的同面投影，并整理轮廓线，判别可见性。

4. 平面与圆环相交

平面与圆环相交时，截平面与圆环面的相对位置不同，截交线的形状亦不同。当截平面垂直于圆环轴线或通过圆环轴线截切时,截交线为圆;当截平面处于其他位置时,截交线一般为一条或两条封闭的平面曲线。可用辅助平面法求得圆环的截交线。

【例 5-17】 圆环被正平面 P 所截,求截交线的 V 面投影,如图 5-22 所示。

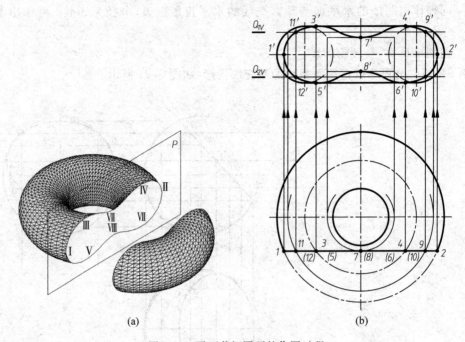

(a)   (b)

图 5-22 平面截切圆环的作图过程

分析:正平面截切圆环,截交线的 V 面投影反映截交线的实形,是封闭的平面曲线,其 H 面投影积聚在 P_H 上。

作图:如图 5-22(b)所示。

(1) 求作特殊点。点Ⅰ、Ⅱ是最左点、最右点。H 面投影在 P_H 与转向轮廓线相交处,由 1、2 求得 $1'$、$2'$;点Ⅲ、Ⅳ为最高点,点Ⅴ、Ⅵ为最低点,由 H 面投影 3、4、(5)、(6)求得 $3'$、$4'$、$5'$、$6'$;点Ⅶ、Ⅷ是内环面上的点(是位于圆环 W 面投影的内环面转向轮廓线上的点)。用辅助圆法由 7、(8)求得 $7'$、$8'$。

(2) 求作一般点。如选取Ⅸ、Ⅹ、Ⅺ、Ⅻ四点用辅助平面 Q_1 和 Q_2 求点的 V 面投影。

(3) 依次圆滑连接各点的 V 面投影即为所求。

5. 平面与组合回转体相交的截交线

由于组合回转体是由几个基本体组合而成,所以截交线也是由各基本体的截交线组合而成,在求作截交线时,分别求出截平面与基本体的截交线,再把它们组合在一起,即是截平面与组合体的截交线。

【例 5-18】 求作顶尖截交线的 H 面投影,如图 5-23 所示。

分析:如图 5-23(a)所示,顶尖是同轴圆锥、圆柱所组成,被水平面 P 和正垂面 Q 所截切,截交线由三部分组成:水平面与圆锥截切得双曲线,与圆柱截切得平行两直线;正垂面与圆柱斜切得椭圆。截交线的 V 和 W 面投影均有积聚性,只需求出 H 面投影。

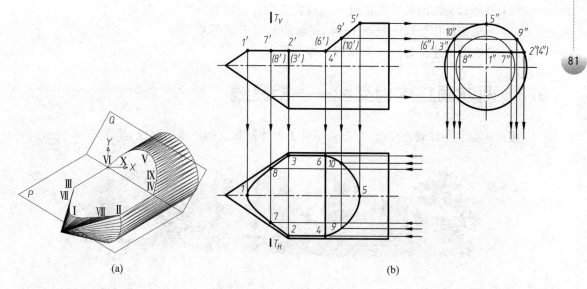

图 5-23 顶尖截交线画法

作图:如图 5-23(b)所示。

(1) 求作特殊点。Ⅰ、Ⅱ、Ⅳ、Ⅴ、Ⅵ、Ⅲ为特殊点,可由 V 和 W 面投影直接求出 H 面投影 1、2、4、5、6、3。

(2) 求作一般点。在圆锥面上取Ⅶ、Ⅷ点,可用辅助平面 T 求得 H 面投影 7、8,在圆柱面上取Ⅸ、Ⅹ点,通过 W 投影不难求得 H 投影 9、10。

(3) 依次连接各点,并整理轮廓线,判别可见性。

【例 5-19】 求作连杆头部截交线的 V 面投影,如图 5-24 所示。

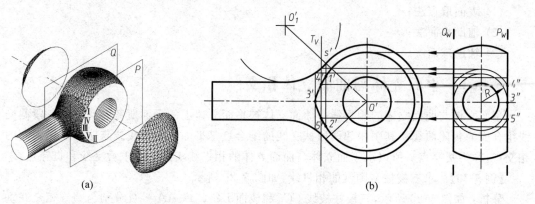

图 5-24 连杆截交线画法

分析:如图 5-24(a)所示。连杆头部由圆球、圆环、圆柱所组成,并且同轴。连杆头部被前后对称两正平面 P、Q 所截,截交线的 V 面投影反映截交线的实形。

作图:如图 5-24(b)所示。

(1) 为求出圆环部分与圆球部分截交线的连接点,在 V 面投影上连接 $o'o_1'$,交于转向线点 s'处,过点 s'向下引垂直线,即为球面与圆环面的分界线。截平面 P 与圆球截交线为一平行于 V 面的圆弧,画至 $1'$及 $2'$处。

(2) 圆环截交线的最左点Ⅲ的V面投影3′可通过辅助侧平圆法求得。

(3) 在适当的位置取一般点Ⅳ、Ⅴ,用辅助平面T求得4′、5′。

(4) 依次圆滑连接各点的V面投影即为所求。

5.3 两曲面立体相交线——相贯线

相贯线也是零件表面交线之一,是零件上形体间相交而产生的交线,如图5-25所示。

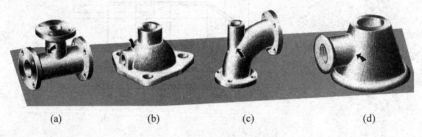

(a)   (b)   (c)   (d)

图5-25 几种常见零件表面交线

相贯线的基本性质:

(1) 相贯线是两立体表面共有线(亦为相交两立体表面的分界线),相贯线上的各点都是两立体表面上的共有点。

(2) 由于立体都具有一定的范围,所以相贯线一般为封闭的空间曲线或空间折线。特殊情况下为平面曲线或直线。

根据相贯线的基本性质,求相贯线的实质就是求两立体表面上一系列共有点,常用以下几种方法:

(1) 表面取点法;

(2) 辅助平面法;

(3) 辅助球面法。

5.3.1 平面立体与曲面立体相交

平面立体与曲面立体的相贯线是曲面立体被平面立体上的平面所截而产生的各段截交线组合成的封闭曲线。其中相邻两段截交线的结合点是平面立体上棱线与曲面立体表面的相交点,称为贯穿点。所以求平面立体与曲面立体的相贯线实质上是求截交线和贯穿点。

【例5-20】 求三棱柱与圆锥的相贯线,如图5-26所示。

分析:如图5-26所示,三棱柱棱线CC_1和棱面BB_1C_1C、AA_1C_1C分别与圆锥相交并垂直V面,其相贯线的V面投影积聚在棱面BB_1C_1C及AA_1C_1C的V面投影上;相贯线为部分椭圆、部分圆所组成的空间封闭折曲线。相贯线的H面投影可根据其V面投影而求得。

作图:如图5-26(b)所示。

(1) 求贯穿点Ⅰ、Ⅱ。点Ⅰ、Ⅱ是棱线CC_1与圆锥的贯穿点,由于棱线CC_1为正垂线,故点Ⅰ、Ⅱ与棱线CC_1的V面投影重合。过V面重影点作辅助素线SM、SN的V面投影$s'm'$、$s'(n')$,由此求出点Ⅰ、Ⅱ的H面投影1、2。

(2) 由于棱面AA_1C_1C为水平面,与圆锥的截交线为部分水平圆。根据截交线的V面

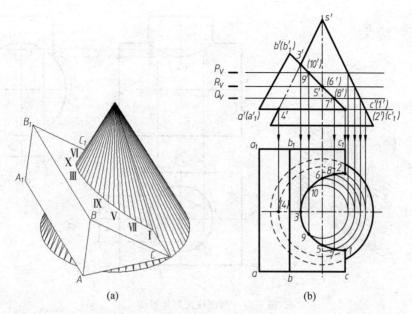

图 5-26 求三棱柱与圆锥的交线

投影量得水平圆半径,画截交线水平圆 H 面投影。

(3)棱面 BB_1C_1C 为正垂面,与圆锥面的截交线(部分椭圆)的 V 面投影积聚为直线,可根据 V 面投影用辅助平面法求出截交线的 H 面投影。

具体作图步骤请读者参照图 5-26 自行分析。

5.3.2 两曲面立体相交

两曲面立体相交,由于曲面立体的形状、大小及相对位置不同,相贯线的形状也各不相同,一般为封闭的空间曲线,特殊情况下是平面曲线或直线。

下面分别介绍求相贯线常用的几种方法。

1. 表面取点法

当曲面立体投影具有积聚性时,相贯线上的点可利用积聚投影特性通过表面取点法求得。

【例 5-21】 求垂直相交两圆柱的相贯线,如图 5-27 所示。

分析:如图 5-27(a)所示,两圆柱垂直相交,其相贯线为左右、前后对称的一条封闭空间曲线,由于两圆柱的轴线分别为铅垂线和侧垂线,因此,相贯线的 H、W 面投影分别积聚在小圆柱和大圆柱的相应 H 及 W 面投影上。只需求出相贯线的 V 面投影即可。

作图:如图 5-27(b)所示。

(1)求作特殊点。点 Ⅰ、Ⅱ 为相贯线上的最高点,也是最左、最右点;点 Ⅲ、Ⅳ 为相贯线的最低点,也是最前、最后点。根据 H、W 面投影,求出 V 面投影 $1'$、$2'$、$3'$、$(4')$。

(2)求作一般点。在相贯线适当位置上取若干点,如取 Ⅴ、Ⅵ、Ⅶ、Ⅷ 四点,先在 H 面投影中取 5、6、7、8,再在 W 面投影得到 $5''$、$6''$、$(7'')$、$(8'')$;最后求出 V 面投影 $5'$、$(6')$、$7'$、$(8')$。

(3)依次圆滑连接各点,$1'$、$5'$、$3'$、$7'$、$2'$ 为前半段相贯线的 V 面投影,后半段与其重合。

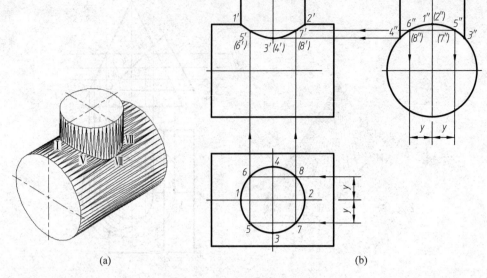

图 5-27　两圆柱正贯相贯线

（4）判别可见性，按点所在表面可见与否原则，1′、5′、3′、7′、2′连线为可见线。

在零件上最常见两轴线垂直相交的圆柱相贯线形式如图 5-28 所示，作图方法与图 5-27相同。

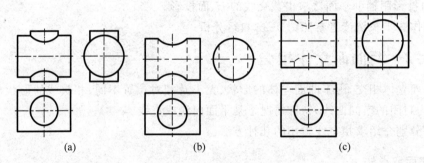

图 5-28　两轴线垂直相交的圆柱相贯线形式

【例 5-22】　求垂直偏交两圆柱的相贯线，如图 5-29 所示。

分析：如图 5-29（b）所示，轴线交叉垂直的两圆柱相交，其相贯线是一条上下、左右对称的封闭空间曲线。由于两个圆柱的轴线分别为铅垂线及侧垂线，因此，相贯线的 H 面投影，积聚在小圆柱 H 面投影范围内的大圆柱面有积聚性的投影上；相贯线的 W 面投影，积聚在大圆柱 W 面投影范围内的小圆柱面有积聚性的投影上。根据相贯线的 H、W 面投影即可求出其 V 面投影。

作图：如图 5-29（a）所示。

（1）求作特殊点，点 Ⅰ、Ⅱ 为最前点，点 Ⅶ、Ⅷ 为最后点，点 Ⅴ、$Ⅴ_1$ 和点 Ⅵ、$Ⅵ_1$ 为最左和最右点，点 Ⅲ、Ⅳ 和 $Ⅲ_1$、$Ⅳ_1$ 为最高点和最低点。根据 H 和 W 面投影求出 V 面投影 1′、2′、（7′）、（8′）、（5′）、（6′）、（$5_1'$）、（$6_1'$）、3′、4′、$3_1'$、$4_1'$。

（2）求作一般点。如取 Ⅸ、Ⅹ 及 $Ⅸ_1$、$Ⅹ_1$，可由 W、H 面投影求出 V 面投影。

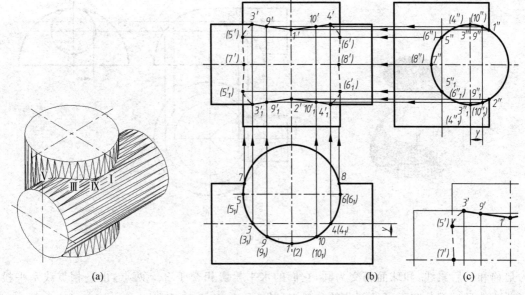

图 5-29　求两圆柱偏交的相贯线

（3）依次圆滑连接各点的 V 面投影。连接点的原则：两曲面的两个共有点分别位于一曲面的相邻两素线上，同时也分别在另一曲面的相邻两素线上，则这两点才能相连，故如图 5-29 所示其连接顺序（上半部）为 $7'-5'-3'-9'-1'-10'-4'-6'-8'$ 和（下半部）为 $7'-5_1'-3_1'-9_1'-2'-10_1'-4_1'-6_1'-8'$。

（4）判别可见性，其原则是两曲面的可见部分的交线才是可见的，否则是不可见的。相贯线 V 面投影中，Ⅲ、Ⅸ、Ⅰ、Ⅹ、Ⅳ和Ⅲ$_1$、Ⅸ$_1$、Ⅱ、Ⅹ$_1$、Ⅳ$_1$ 为可见。最后整理补全轮廓线，如图 5-29(c)所示是整理后的左上角轮廓线局部放大图，求得相贯线投影。

2．辅助平面法

假想用一个平面截切相交两立体，所得截交线的交点，即为相贯线上的点。此方法是求相贯线最常用的方法。

这个假想的平面称为辅助平面，辅助平面的选择原则：要遵循截平面与两曲面立体截切后所产生的交线，简单易画，如投影为圆或直线；辅助平面与投影面的相对位置一般为平行面或垂直面。

【例 5-23】 求圆柱和球的相贯线，如图 5-30 所示。

分析：如图 5-30 所示为水平圆柱与半球相交，相贯线是一条前后对称封闭的空间曲线，相贯线的侧面投影积聚在水平圆柱的侧面投影图上，而它的 H、V 面投影无积聚性，故相贯线的 H、V 面投影均需求之。在辅助平面的选择上，一种可选择和圆柱轴线平行的水平面，这时平面和圆柱面相交为一对平行圆柱轴线的直线或与球面相交是圆；另一种可选择与圆柱轴线相垂直的侧平面作辅助平面，这时平面与圆柱面、球面相交均为圆或圆弧。

作图：如图 5-30(b)所示。

（1）求特殊点：Ⅰ、Ⅳ是最高点和最低点也是最右点和最左点。由 $1'$、$4'$、$1''$、$4''$ 直接求得 1、4。最前点Ⅲ和最后点Ⅴ通过作辅助平面 Q 求得。过圆柱轴线作水平面 Q 和圆柱相交

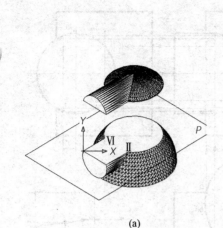

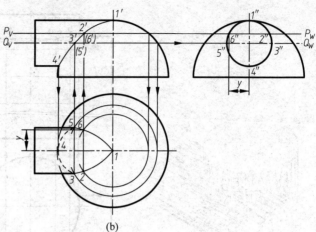

$$(a) \qquad (b)$$

图 5-30

为最前和最后素线,和球面相交为圆,它们的水平投影相交于 3、5 两点,也是相贯线水平投影曲线的可见部分和不可见部分的分界点,其正面投影是 $3'$、$5'$。

（2）求作一般点：作辅助水平面 P，它与圆柱相交为一对平行直线，与球面相交是圆。直线与圆的水平投影交点 2、6 即为共有点 Ⅱ、Ⅵ 的水平投影，由此求 V 面投影 $2'$、$6'$。它们是一对重影点,故投影重合。

（3）依次圆滑连接各点的同面投影,即得相贯线的各个投影。按连点原则,如图所示,其连接顺序为 Ⅰ-Ⅱ-Ⅲ-Ⅳ-Ⅴ-Ⅵ-Ⅰ。

（4）判别可见性：按判别原则Ⅲ-Ⅳ-Ⅴ在圆柱面的下半部,故其水平投影不可见,3-4-5 画虚线,其余线段画实线。

【例 5-24】 求斜交两圆柱的相贯线,如图 5-31 所示。

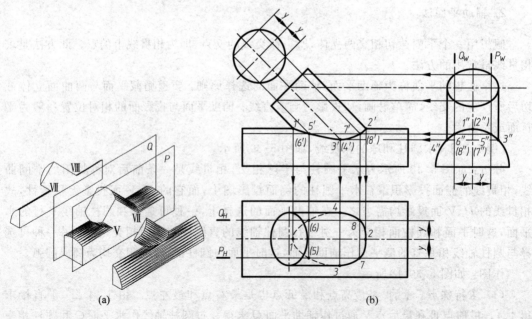

$$(a) \qquad (b)$$

图 5-31　求两圆柱斜交的相贯线

分析：大圆柱的轴线为侧垂线，其 W 面投影有积聚性，所以相贯线的 W 面投影积聚在小圆柱 W 面投影范围内的大圆柱面的投影上。小圆柱的轴线为正平线，其 H、V 面投影均无积聚性，所以相贯线的 H、V 面投影均需求之。

作图：如图 5-31(b)所示。

(1) 求作特殊点：点 Ⅰ、Ⅱ 为最左、最右点，亦是最高点；点 Ⅲ、Ⅳ 为最前最后点，也是最低点。由 1′、2′、1″、(2″)以及 3″、4″直接求得(1)、2、3、4、3′、(4′)。

(2) 求作一般点：引用辅助正平面 P、Q，如图 5-31(a)所示，求出 Ⅴ、Ⅶ、Ⅵ、Ⅷ 四点的 H、V 面投影。

(3) 依次圆滑连接各点的同面投影即为所求。

(4) 判别可见性：正面投影前后对称重合，水平投影(5)、(1)、(6)不可见，3、4 为相贯线可见与不可见的分界点。故曲线 1′5′3′7′2′和 37284 为实线，曲线 3(5)(1)(6)4 为虚线。

【**例 5-25**】 求作圆锥与圆柱垂直相交的相贯线，如图 5-32 所示。

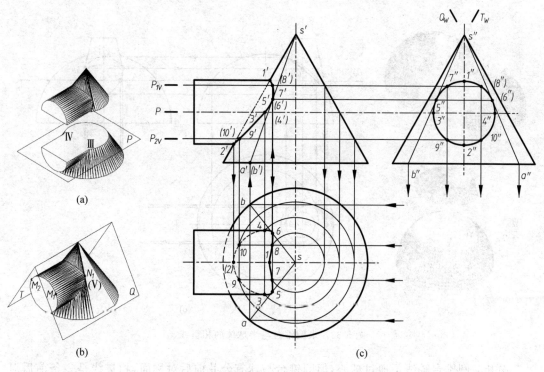

图 5-32 求圆锥与圆柱正交的相贯线

分析：圆锥与圆柱轴线垂直相交，相贯线为一条前后对称的封闭空间曲线。由于圆柱轴线为侧垂线，因此相贯线的 W 面投影积聚在圆柱面的 W 面投影圆周上，而相贯线的 V、H 面投影均无积聚性，需作图求之。

作图：如图 5-32(c)所示。

(1) 求作特殊点：点 Ⅰ、Ⅱ 为相贯线上的最高点和最低点，可直接求得其三面投影。点 Ⅲ 和 Ⅳ 为最前和最后点，引用辅助水平面 P 求之；点 Ⅱ 是最左点，而相贯线的最右点，可用下法求得：过 W 投影中的圆心作圆锥转向素线的垂线，过垂足引水平线，它与该圆的交点即为最右点的 W 投影(图中未标出最右点)。

在 W 面投影上,过锥顶作与圆柱面相切的侧垂面 Q、T,与圆柱相切于前后两条素线 M_1N_1、M_2N_2,其 W 面投影积聚在 Q_W、T_W 与圆柱面 W 面投影(圆)的切点处,投影为 $5''$、$6''$,由此求出 5、6 及 $5'$、$(6')$。

(2)求作一般点:在相贯线适当位置取若干一般点,用辅助平面法求其投影,如过点 Ⅶ、Ⅷ 及点 Ⅸ、Ⅹ 作辅助水平面 P_1、P_2,由 $7''$、$8''$、$9''$、$10''$ 求出 7、8、(9)、(10) 及 $7'$、$(8')$、$9'$、$(10')$。

(3)依次圆滑连接各点的同面投影即为所求。

(4)判别可见性:曲线 $1'7'5'3'9'2'$ 位于圆柱、圆锥前半部可见表面上,故可见,画实线;其余部分曲线为不可见,并与可见部分重合;相贯线 H 面投影以 3、4 为分界点,3571864 为可见,画成实线,其余为虚线。

【例 5-26】 求圆锥台与半圆球的相贯线,如图 5-33 所示。

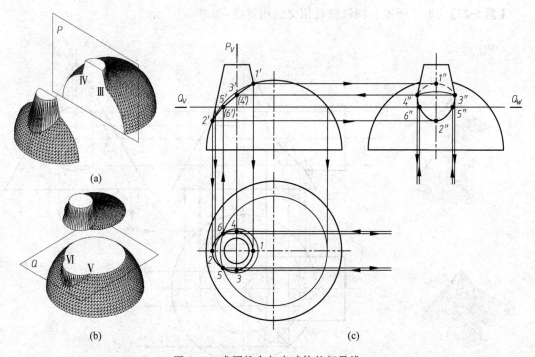

图 5-33　求圆锥台与半球体的相贯线

分析:圆锥台轴线不通过球心,但圆锥台与球有公共前后对称面,相贯线是一条前后对称的封闭空间曲线,其各投影面上的投影均无积聚性。可采用辅助平面法求相贯线。辅助平面的选择应使截得的交线为圆或直线,对圆锥台而言,辅助平面应通过轴线或垂直于轴线;对圆球而言,辅助平面为投影面的平行面。综合起来,辅助平面应为水平面和过锥顶的正平面、侧平面。

作图:如图 5-33(c)所示。

(1)求作特殊点:点 Ⅰ、Ⅱ 为最高点和最低点,也是最右和最左点;其 V 面投影 $1'$、$2'$ 在半圆球和圆锥台的 V 面投影转向轮廓线交点处。由 $1'$、$2'$ 直接求得 1、2 及 $1''$、$2''$。点 Ⅲ、Ⅳ 位于圆锥台最前、最后素线上,可过圆锥台轴线作辅助侧平面 P 求出 $3''$、$4''$,由此再求出 3、4 及 $3'$、$4'$。如图 5-33(a)所示。

（2）求作一般点：在相贯线适当位置上用辅助水平面求作一般点，如用辅助水平面 Q 求得点Ⅴ、Ⅵ的三面投影 5、6；5′、（6′）及 5″、6″。如图 5-33（b）所示。

（3）依次圆滑连接各点的同面投影即为所求。

（4）判别可见性：由于点Ⅲ、Ⅴ在圆锥台前半部圆锥面上，故相贯线的 V 面投影 1′3′5′2′，为可见，画成实线，其余部分与其重合。而点Ⅰ是圆锥台右半部上的点，故相贯线的 W 面投影 3″（1″）4″为不可见，画成虚线，其余部分为实线。

3. 辅助球面法

辅助球面法是应用球面作辅助面，其原理为：当球与回转体相交，且回转体的轴线通过球心时，其相贯线为一垂直于回转体轴线的圆，如图 5-34 所示。

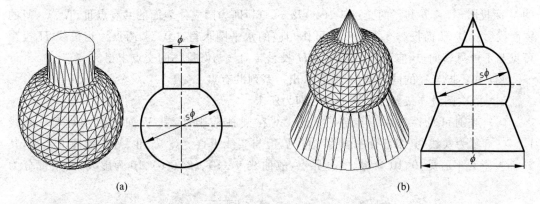

(a)　　　　　　　　　　　　　　　(b)

图 5-34　回转体的轴线通过圆球心的相贯线情况

如图 5-35（a）所示，圆柱与圆锥斜交，求其相贯线时，如果采用投影面平行面作辅助平面截切圆锥和圆柱，不能完全得到直线和圆，作图不方便。如果以两回转体轴线的交点为球心，以适当半径作一球面，该球面与圆锥面的交线为圆 A 及圆 B，与圆柱面的交线为圆 C。圆 A、圆 B 与圆 C 交于点Ⅲ、Ⅳ及Ⅴ、Ⅵ四点，如图 5-35（b）所示，Ⅲ、Ⅳ、Ⅴ、Ⅵ四点均是两立体表面的共有点，即相贯线上的点。如果改变球面半径，则可作出一系列共有点，连接各点即为所求相贯线。

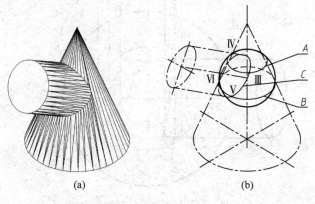

(a)　　　　　　　　　　　(b)

图 5-35　用辅助球面法的原理

综上所述,采用辅助球面法求相贯线的条件是:

(1) 两相交立体都是回转体。

(2) 两回转体的轴线相交。

(3) 两回转体的轴线所确定的平面平行于某一个投影面(否则可通过投影变换解决)。

【例 5-27】 用辅助球面法求作圆柱与圆锥斜交的相贯线,如图 5-36 所示,作图步骤如下:

(1) 圆柱与圆锥 V 面转向轮廓线的交点 $1'$、$2'$ 为相贯线上最高和最低点的 V 面投影。由 $1'$、$2'$ 求得 H 面投影 1、2。

(2) 以轴线交点的 V 面投影 o' 为中心,取适当半径 R 作圆,此圆即为辅助球面的 V 面投影。作出辅助球面与圆锥的交线圆 A、B 的 V 面投影 a'、b' 及辅助球面与圆柱的交线圆 C 的 V 面投影 c',a'、b' 与 c' 的交点 $3'$、$(4')$ 及 $5'$、$(6')$ 即为两立体表面的共有点 Ⅲ、Ⅳ、Ⅴ、Ⅵ 的 V 面投影。其 H 面投影 3、4 及 5、6 可作相应的水平圆求得。Ⅸ、Ⅹ 两点为相贯线 H 投影可见与不可见转向点,它可通过圆柱体 H 投影转向线与圆锥体的交点求得。

(3) 作不同半径的同心辅助球面,求出一系列共有点。

(4) 依次圆滑连接各点的同面投影即为所求。

(5) 判别可见性。由于点 Ⅲ、Ⅶ、Ⅸ、Ⅴ 在圆柱前半部,其 V 面投影均可见;曲线 $1'3'7'9'5'2'$ 为实线,其余部分曲线为不可见,但与实线重合。点 Ⅴ、Ⅱ、Ⅵ 在圆柱下半部,其 H 面投影为不可见,9、10 为虚、实分界点,故曲线 9、(5)、(2)、(6)、10 为虚线,其余部分为

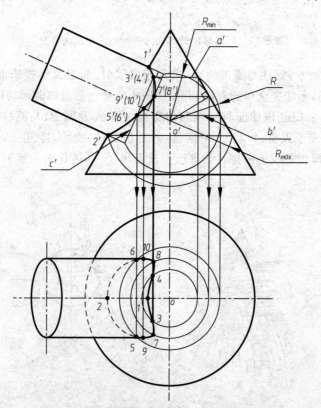

图 5-36　用辅助球面法求圆锥与圆柱相贯线

实线。

作辅助球面时,所取半径 R 应在最大球半径 R_{max} 与最小球半径 R_{min} 之间。由球心的 V 面投影 o' 到两曲面轮廓线交点中最远的点 $2'$ 的距离为 R_{max},半径大于 R_{max} 的球面将得不到圆柱与圆锥的共有点;从 o' 向两曲面轮廓线作垂线,两垂线较长的一个为 R_{min},半径小于 R_{min} 的球面就不与圆锥相交了。因此,辅助球面半径必须在 R_{max} 与 R_{min} 之间选择。图 5-36 中以 R_{min} 为半径作辅助球面,求得共有点为Ⅶ、Ⅷ。

4. 相贯线的特殊情况

在一般情况下,两曲面立体的相贯线为空间曲线,但在特殊情况下为平面曲线或直线,如图 5-37 所示。

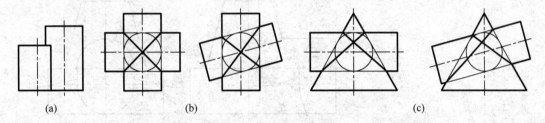

(a)　　　　　(b)　　　　　(c)

图 5-37　相贯线的特殊情况

(1) 两同轴回转体相交,其相贯线为垂直轴线的圆,当回转体轴线平行于某一投影面时,则相贯线在该投影面上的投影为垂直于轴线的直线。如图 5-34 所示。

(2) 两轴线平行的圆柱相交,其相贯线为两条平行于轴线的直线,如图 5-37(a)所示。

(3) 当相交两回转体同时切于一个球面时,其相贯线为椭圆。如果两回转体轴线都平行于某一投影面时,则相贯线在该投影面上的投影为两条相交直线。如图 5-37(b)、(c)所示,它们的相贯线都是垂直 V 面的椭圆,投影为直线。

5.3.3　相贯线的简化画法

如果对相贯线的精确度要求不高时,可用圆弧或直线来代替,以便简化作图。

如图 5-38(a)所示的三通管,是轴线垂直相交、并且都平行于 V 面的大、小圆筒,当它们的直径不很接近时,相贯线的 V 面投影可用大圆筒的内、外圆柱面半径所作的圆弧来代替。具体作图如下:以大圆筒外圆柱面的半径 R_1 为半径,圆心在小圆筒的轴线上,过两圆筒外圆柱面的 V 面投影转向线交点处画圆弧。要注意:圆弧从小圆柱面向大圆柱面弯曲。同

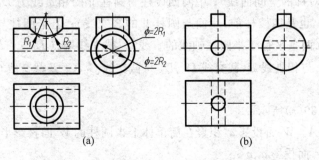

(a)　　　　　　　　(b)

图 5-38　圆柱正贯时相贯线的简化画法

理,以 R_2 为半径画出圆筒内圆柱面的相贯线。

如图 5-38(b)所示,当小圆柱的直径与大圆柱的直径相差很大时,相贯线可用直线代替。

5.3.4　组合体上的相贯线

实际零件上还会遇到三个或三个以上基本立体相交而产生的比较复杂的相贯线,此相贯线一般是几种相贯线的组合。求组合体相贯线就是分别求出各相邻基本立体相交所产生的相贯线。

【例 5-28】　完成组合体相贯线的 H、V 面投影,如图 5-39 所示。

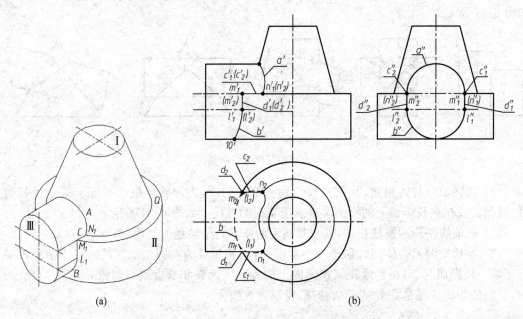

图 5-39　求组合体相贯线的作图过程

分析:如图 5-39(b)所示,此组合体由圆锥 I、圆柱 II 及简单体 III 所组成。而简单体是由上、下半圆柱与四棱柱以叠加、平齐形式所组成。该组合体圆锥 I 与圆柱 II 同轴叠加关系,无相贯线;简单体 III 与圆锥 I、圆柱 II 正交,并且简单体上半圆柱轴线与叠加平面 Q 平齐,简单体上半圆柱与圆锥 I 的相贯线为 A(前后对称的空间曲线);下半圆柱与圆柱 II 的相贯线为 B(前后对称的空间曲线);中间四棱柱与圆柱 II 的相贯线为 D_1、D_2(平行于圆柱 II 轴线的两条直线,也是四棱柱前、后面与圆柱 II 的截交线);上半圆柱与圆柱 II 上顶面 Q 的截交线为 C_1、C_2(两条平行于半圆柱轴线的直线)。截交线端点 L_1、L_2,M_1、M_2,N_1、N_2 分别是截交线 D_1、D_2 与相贯线 B,截交线 D_1、D_2 与截交线 C_1、C_2 及截交线 C_1、C_2 与相贯线 A 的结合点。

作图:如图 5-39(a)所示。

(1)求相贯线 A。W 面投影 a'' 积聚在简单体上半圆柱的 W 面投影半圆周上,可用辅助平面法求出其 H、V 面投影 a、a'。

(2)求相贯线 B。W 面投影 b'' 积聚在简单体下半圆柱的 W 面投影半圆周上,H 面投影

(b)积聚在圆柱Ⅱ的 H 面投影圆周上 $(l_1)(l_2)$ 一段圆弧。其 V 面投影 b' 可用表面取点法求得。

（3）求截交线 C_1C_2。H 面投影 c_1、c_2 在简单体上半圆柱 H 面投影轮廓线上，又在 Q 平面上，W 面投影分别积聚为点，c_1'' 及 c_2''；H 面投影为两段直线 m_1n_1 及 m_2n_2，W 面投影为点 $m_1''(n_1'')$、$m_2''(n_2'')$。由 m_1n_1、m_2n_2 及 $m_1''(n_1'')$、$m_2''(n_2'')$ 可直接求出 $m_1'n_1'$ 及 $(m_2')(n_2')$，即为 C_1、C_2 的 V 面投影 $c_1'(c_2')$。

（4）求截交线 D_1、D_2。W 面投影 d_1''、d_2'' 积聚在简单体中间部分的四棱柱前、后面 W 面投影上（为直线），H 面投影分别积聚为点 d_1、d_2；W 面投影为两段直线 $m_1''l_1''$ 及 $m_2''l_2''$，H 面投影为点 $m_1(l_1)$ 及 $m_2(l_2)$。由 $m_1''l_1''$、$m_2''l_2''$ 及 $m_1(l_1)$、$m_2(l_2)$ 可直接求出 $m_1'l_1'$ 及 $(m_2')(l_2')$，即为 D_1、D_2 的 V 面投影 $d_1'(d_2')$。

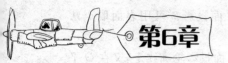
立体表面的展开

在工业生产中,常有一些零部件或设备,由金属或非金属薄板制成,如通风除尘管道、防护罩以及各种管接头等。在制造时需先画出它们的表面展开图(也称放样),然后下料成形,再以咬缝或焊缝连接而成。

将制件各表面按其实际大小,依次摊平在同一平面上,称为立体表面的展开。展开后所得的图形,称为展开图。图 6-1 表示圆管的展开,把圆管看作圆柱面,因而圆管的展开就是圆柱面的展开。画立体表面的展开图,就是通过图解法或计算法画出立体表面摊平后的图形。

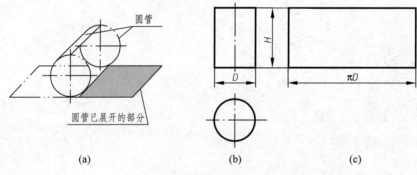

图 6-1　圆管的展开

(a)展开情况;(b)两面投影;(c)展开图

立体表面分可展面和不可展面。平面立体的表面都是平面,属可展面;曲面立体的表面是否可展,则根据组成其表面的曲面是否可展而定。可展曲面是指直纹面中两相邻素线相互平行或相交的曲面,如柱面、锥面、切线曲面等。其他所有的曲面都是不可展曲面,不可展的立体表面常采用近似展开的方法画出其展开图,实际生产中还要考虑板厚、咬缝余量等因素。

6.1　可展面的表面展开

6.1.1　平面立体的表面展开

平面立体的表面都是平面多边形,因此它的表面展开只需求出各表面的实形并依次展开在同一平面上即得平面立体的展开图。

平面立体的表面展开一般采用三角形法。对棱柱制件还可运用侧滚法和正截面法。

1. 棱柱制件的表面展开

1）三角形法

图 6-2(a)为一斜三棱柱,其三个侧棱都是平行四边形,上下底面为相同的两个三角形。在展开时可先以对角线将各棱面分成三角形,再求各三角形实形即成。

作图步骤:如图 6-2(a)所示。

(1) 将棱柱的棱面分解为三角形。作对角线 $AD(ad、a'd')$、$CF(cf、c'f')$、$BE(be、b'e')$。

(2) 求出各三角形各边实长。用旋转法求出 AD 实长,即 $a'_1d'=AD$,同理求出 CF、BE 实长(图中未画出),其余各边实长在投影图上已反映。

(3) 依次画出各三角形实形,如图 6-2(b)即得棱柱展开图。

2）侧滚法

因图 6-3 所示的斜三棱柱的棱线是投影面的平行线(图中是正平线),则以棱线为轴,依次旋转各棱面使成为同一投影面的平行面,即得展开图。

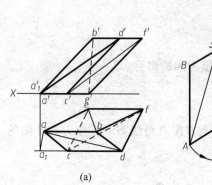

(a)	(b)

图 6-2 用三角形法求斜三棱柱展开图   图 6-3 用侧滚法求斜三棱柱展开图

作图步骤:

(1) 作棱面 $ABCD$ 的实形:

① 过 c'、d' 作 $a'b'$ 的垂线。

② 以 a' 为中心,ac 长为半径作圆弧,交 $c'C$ 于 C。

③ 过 C 作 $CD /\!/ a'b'$,交 $d'D$ 于 D,即得 $ABCD$ 实形。

(2) 作棱面 $CDFE$、$EFBA$ 实形,分别以 CD、EF 棱线为轴进行旋转得 $CDFE$、$EFBA$ 棱面的实形,即得斜棱柱展开图。

3）正截面法

因棱柱的正截面与棱线垂直,展开后其截交线展开成一直线,并仍与棱线垂直。利用这一性质便可简化作图,如图 6-4(a)、(b)所示,作图步骤:

(1) 在斜棱柱中任作一正截面 P_v,其截交线 $\triangle$ Ⅰ Ⅱ Ⅲ可用换面法求其实形。

(2) 将截交线 $\triangle$ Ⅰ Ⅱ Ⅲ展成一直线 Ⅰ Ⅱ Ⅲ。

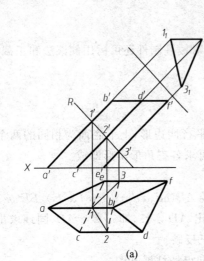
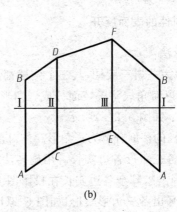

图 6-4　用正截面法求斜三棱柱展开图

(3) 过Ⅰ、Ⅱ、Ⅲ、Ⅰ各点分别作垂直线,在各垂线上截取Ⅰ$A=1'a'$、Ⅰ$B=1'b'$、Ⅱ$C=$ $2'c'$、Ⅱ$D=2'd'$、Ⅲ$E=3'e'$、Ⅲ$F=3'f'$；依次得A、C、E和B、D、F各点。

(4) 连接各点即得斜棱柱展开图。

2．棱锥制件的表面展开

图 6-5(a)为上小下大的方形接管,展开时可将其设想为四棱锥台。

作图步骤(见图 6-5(b)):

(1) 延长四棱锥台棱线,求得棱锥锥顶$S(S,s')$。

(2) 四棱锥台前后对称,故展开图也对称,先在图右上方作点画线SⅠ$Ⅱ$作为展开图的对称线。

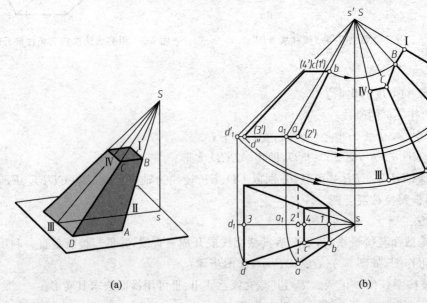

(a)　　　　　　　　　　　(b)

图 6-5　棱锥展开图

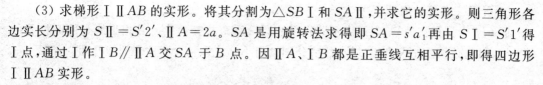
（3）求梯形ⅠⅡAB的实形。将其分割为△SBⅠ和SAⅡ，并求它的实形。则三角形各边实长分别为 $SⅡ=S'2'$、$ⅡA=2a$。SA 是用旋转法求得即 $SA=s'a_1'$再由 $SⅠ=S'1'$ 得Ⅰ点，通过Ⅰ作ⅠB∥ⅡA交SA于B点。因ⅡA、ⅠB都是正垂线互相平行，即得四边形ⅠⅡAB实形。

（4）求其他侧面 $ABCD$、$CDⅢⅣ$的实形。依次画出即得棱锥台展开图之半。

6.1.2 曲面立体的表面展开

曲面上连续两素线彼此平行或相交也即位于同一平面时，曲面即是可展开的，这可展曲面只能是直线面，如柱面、锥面等。

1．圆管制件的表面展开

1）圆管的展开

由图6-1可知，圆管的展开图为一矩形，矩形的一边长为圆管的周长 πD（D 为圆管直径），另一边长为圆管高度 H。

2）斜口圆管的展开

图6-6(a)为一斜口圆管。由于顶面为椭圆，展开后为一曲线，因此必须求出曲线上一系列的点后才能光滑连接。

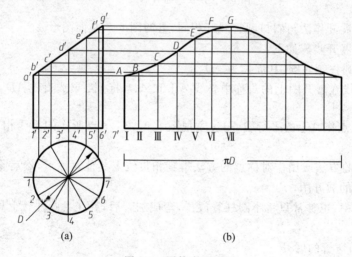

图6-6 圆管表面展开

作图步骤：

（1）在图6-6(a)中，将俯视图的圆周等分（一般为12等份），过各等分点在主视图上作出相应的素线，$1'a'$、$2'b'$、$3'c'$、…。

（2）在图6-6(b)中，自点Ⅰ开始将底圆周展成一直线作为底边（长度为 πD），并分为与圆周相同的12等份。

（3）因主视图上各素线反映实长，所以过Ⅰ、Ⅱ、Ⅲ、…各等分点作垂线，取其长度分别等于 $1'a'$、$2'b'$、…、$7'g'$，得 A、B、C、…、G 各点。

（4）光滑连接各点，即得斜口圆管展开图的一半，另一半为对称图形。

3）异径三通管的展开

图 6-7 为异径三通管，它是由不同直径的圆管垂直相交而成。其相贯线是两圆柱管的分界线，因此必须首先求出相贯线，然后分别画出小圆柱管和大圆柱管的展开图。

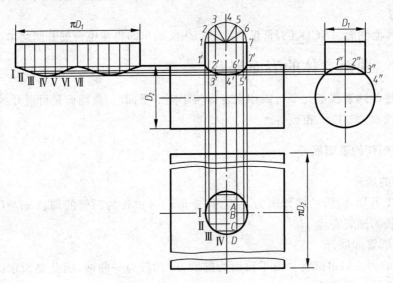

图 6-7　异径三通管的展开

小圆柱管的展开作法与斜口圆管展开相同，参阅图 6-7 左面图形。

大圆柱管的展开步骤如下：

（1）展开大圆柱管底圆，其周长为 πD_2。

（2）作相贯线在展开图上的对称中心线 AⅠ 和 AD，将 $1''4''$ 展成直线 AD，使 $AB=\overset{\frown}{1''2''}$；$BC=\overset{\frown}{2''3''}$；$CD=3''4''$。

（3）过 B、C 点作 AⅠ 的平行线，与过主视图上 $1'$、$2'$、…点所作的垂线相交，得交点 Ⅰ、Ⅱ、Ⅲ、Ⅳ。

（4）用同样的方法或用作对称点的方法得到相贯线上其他对称点，然后将点光滑连接，就得到大圆柱管的展开图。

在实际工作中，也常常只将小圆柱管放样，弯成圆管后，凑在大圆柱管上划线开口，最后把两管焊接起来。

4）等径直角弯管的展开

等径直角（或锐角、钝角）弯管是用来连接两根直角（或锐角、钝角）相交的圆管，在工程上常采用多节斜口圆管拼接而成。图 6-8（b）为四节直角弯管的正面投影，中间两节 B、C 是双斜口圆管（称为全节），两端的两节为单斜口圆管（称为半节）。

已知四节直角弯管的直径 d，弯管的弯曲半径 R 作弯管的正面投影过程如图 6-8（a）所示。

（1）过任意点 O 作互相垂直的水平线和铅垂线，以 O 为圆心、R 为半径作 1/4 圆弧（图中未作）。

（2）分别以 $R-d/2$ 和 $R+d/2$ 为半径画内外两圆弧。

（3）因整个弯头由两个全节和两个半节组成（相当于 6 个半节），则半节的中心角 $\alpha=90°/6=15°$，按 15° 将直角分成 6 等分，画弯管各节的分界线。

（4）过 2、4 等点作外切于各弧段的切线，即得弯管的正面投影。

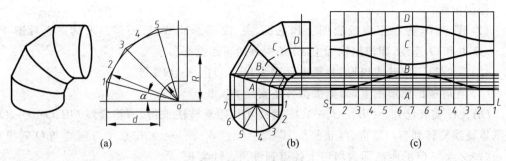

图 6-8 等径直角弯管的展开

（5）弯管各节的展开图可按斜口圆管展开图画出。

在实际生产中为简化作图，常采用图 6-8（c）的画法。即先画出首节（半节）的展开图，然后以半节的展开图为样板画其余各节。如果将各节圆管一正一反依次叠合，则正好拼成整圆柱管，以此画出的展开图省时又省料。

2. 锥管制件的表面展开

1）圆锥管的展开

图 6-9 所示正圆锥，其表面展开图为一扇形，扇形角半径 R 等于圆锥的素线长度 L，扇形的中心角 $\alpha = 360°\pi d / 2\pi R = 180°d/R$（这时弧长等于 πd）。

以圆锥顶点 O 为圆心，正圆锥素线的实长 L 为半径，即可画中心角为 α 的圆锥面展开图。

2）斜口圆锥管的展开

如图 6-10 所示，斜口正圆锥管，先按完整的正圆锥展开，然后在展开图上画出锥面各素线被斜截后的截交线上点，光滑连点即成。

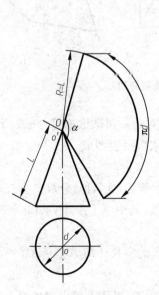

图 6-9 圆锥管展开图

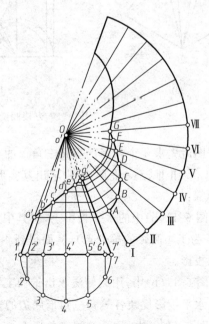

图 6-10 斜口圆锥管展开图

作图步骤：

（1）图 6-10 先在正面投影图上作底圆，并 12 等分得 1、2、…、7。求其正面投影 1′、2′、…、7′并和 O' 连线，即作出锥面上 12 条素线的正面投影。

（2）将圆锥面展开成扇形，并画出各素线 O I、O II、…、O VII 等。

（3）在展成的扇形图上，画上被截各条素线的实长。

OA、OG 实长已知。OB、OC、…、OF 素线实长用旋转法求得，即将素线 OB、OC、…、OF 绕圆锥轴线旋转到与 O VII 重合（正平线）即得。如 b'、c'、…、f' 作水平方向线与 $O'7'$ 线相交，这些交点与 O' 的距离即为斜口上各点到锥顶素线实长。

（4）过 O 点分别将 OA、OB、…、OG 实长量到展开图相应的素线上，光滑连接各 A、B、…、G 点，并按对称关系画出另一半即完成展开图。

3）方接圆变形接头的展开

图 6-11 为一上圆下方的变形接头，它由 4 个等腰三角形和 4 个相等的斜圆锥面组成，4 个三角形的底边为方形的底边，顶点为与底边平行的直线与圆形相切的切点。如 I 点即为平行 AB 且与圆相切的切线上的切点。4 个斜圆锥面的锥顶即为方形的 4 个点，与上部圆的部分圆弧构成倒置的斜圆锥面，如 A I IV 即为其中之一。

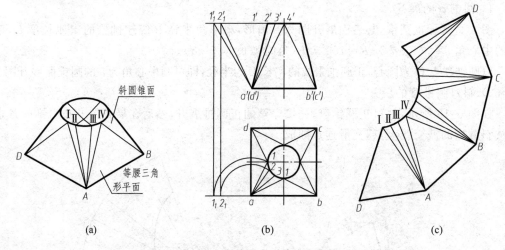

图 6-11　方接圆变形接头展开图

作展开图时先求 4 个相等的等腰三角形的实形，对每一斜圆锥面可分成若干小三角形，如△A I II、△A II III、△A III IV，分别求出其实形，再依次拼接即成。

作图步骤：

（1）在图 6-11(b)中的水平投影上，将其中一个斜锥面（I A IV）分成三个三角形近似代替（1、2、3、4 为 1/4 圆弧的等分点），从而得到 4 条素线，其中 $A I = A IV$，$A II = A III$，并求出它们的正面投影。

（2）在图 6-11(b)中，用旋转法求出锥面上各素线的实长。即 $A I = A IV = a'1'$，$A II = A III = a'2'_1$，水平投影反映各等腰三角形底边的实长。

（3）在图 6-11(c)中，先画等腰三角形△$AD I$ 的实形，再依次画出斜锥面上三个小三角形的实形。（如分别以 A 和 I 为圆心，以实长 $A II$ 和 I II 弧的弧长为半径各画圆弧交于

Ⅱ点,得小三角形△AⅠⅡ实形)并光滑连接点ⅠⅡⅢⅣ即得一个斜圆锥面展开图。同样方法依次作出其余三个等腰三角形和三个斜锥面的展开图,整个上圆下方变形接头的展开图即完成。

6.2　不可展曲面的近似展开

曲线面和直线面中的扭曲面,如球面、环面和螺旋面等,在理论上都是不可展的。在实际生产中一般用近似方法将其展开,即将曲面分为若干较小部分,用平面或可展曲面近似代替,从而进行近似展开。如图6-8所示的等径直角弯管,可看作四分之一圆环面,我们用若干个圆柱面近似代替将其展开。

6.2.1　球面的近似展开

球面是不可展曲面,工程上采用近似展开。常用的展开方法有柱面法和锥面法两种。

1. 柱面法

柱面法是指用柱面近似代替球面来展开。

通过球的铅垂轴作一些截平面分球面为若干相等分块,每一分块球面用柱面(柳叶状)近似代替。作图步骤如图6-12所示:

(1)用铅垂面将球的水平投影分成相等分块,如图6-12(a)所示8块。

(2)将正面投影球的转向轮廓线左上方1/4圆周上,作若干等分点的正面投影,如$0'$、$1'$、$2'$、$3'$、n'等。

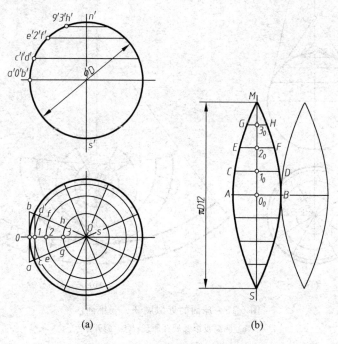

图6-12　球面的近似展开——柱面法

(a)两面投影及展开原理;(b)一个分块的展开图

（3）过 $0'$、$1'$、$2'$、$3'$ 点作圆柱素线的水平投影 ab、cd、ef、gh，它们反映柳叶状圆柱面上相应素线的实长。

（4）作 NS 线使其等于 $\pi D/2$，取中点 0_0，由 0_0 向上取 1_0、2_0、3_0 等点，其间距等于正面投影中圆弧段 $\overset{\frown}{0'1'}$、$\overset{\frown}{1'2'}$、$\overset{\frown}{2'3'}$、$\overset{\frown}{3'n'}$ 之长。

（5）过点 0_0、1_0、2_0、3_0 作水平线向两侧分别量取相应长度使 $AB=ab$、$CD=cd$、$EF=ef$、$GH=gh$。

（6）光滑连接 A、C、E、G、N、$\cdots$、B 等点并同样画出下面对称部分，即得到一个分块球面的近似展开图（柳叶状）。

（7）再画出与上图完全一样的 7 个展开图、排列一起即得球面的近似展开图。

2．锥面法

锥面法是指用锥面近似替代球面来展开。

如图 6-13，用一些水平的截平面把球分割成若干分块，最上最下两块是球冠。分别用各块的内接圆锥面近似地作为各分块球面。

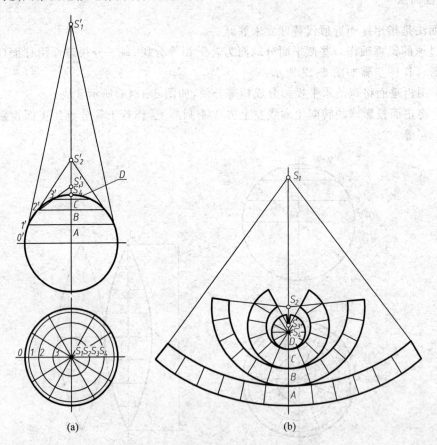

图 6-13　球面的近似展开——锥面法

（a）两面投影及展开原理；（b）展开图

作图步骤:

(1) 如图 6-13(a)所示,过 $0'$、$1'$、$2'$、$3'$ 等点作水平截面($0'$、$1'$、$2'$、$3'$、S_4' 是分界圆上等分点)分上半球为三个分块 A、B、C 和一个球冠 D。

(2) 将各分块内接圆锥台(近似替代球面)的锥顶在正面投影中求得,作相应分点的连线并延长即得锥顶 S_1、S_2、S_3,球冠 D 的内接圆锥顶也就是球的极点 S_4,其正面投影为 S_4'。

(3) 按圆锥面展开,将它们依次排列一起即为上半球面近似展开图,如图 6-13(b)所示。同样作下半球面的近似展开图。

在实际工作中,也可把两种方法结合起来。例如,球面的球冠部分用锥面法展开,中间部分用柱面法展开;也可把球面划分成上下对称的奇数个分块和两个球冠,把最中间的一个分块近似看作内接圆柱,按一般圆柱面展开,而上、下两侧的分块和球冠仍按上述锥面法展开。

6.2.2　正圆柱螺旋面的近似展开

如图 6-14 所示为正圆柱螺旋面,其连续两素线不在同一平面内,因此是不可展曲面,但可用三角形法近似展开。

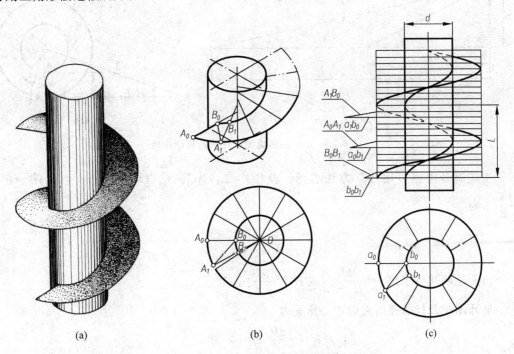

(a)　　　　　(b)　　　　　(c)

图 6-14　正圆柱螺旋面的近似展开

作图步骤:

(1) 图 6-14(c)将一个导程螺旋面分成若干等分(图中 12 等份),画出各条素线。用对角线将相邻两素线间的曲面近似分为两个三角形,如曲面 A_0、A_1、B_1、B_0 可设定为由 $\triangle A_0 A_1 B_0$ 和 $\triangle A_1 B_0 B_1$ 组成。

(2) 用直角三角形或旋转法求得各三角形边的实长,并作出它们的实形然后拼画在一起,如图 6-14(b)中的 $\triangle A_0 A_1 B_0$ 和 $\triangle A_1 B_0 B_1$ 即拼合成为一个导程正圆柱螺旋面展开图的

1/12。

(3) 其余部分的展开图的作图：可延长 A_1B_1、A_0B_0 交于 O，以 O 为圆心、OB_1 和 OA_1 为半径分别作大小两个圆弧，在大圆弧上再截取 11 份 $\overset{\frown}{A_1A_0}$ 的长度即得一个导程的正圆柱螺旋面的近似展开图。

如已知导程 L、内径 d、外径 D，通常可用简便方法作出正圆柱螺旋面的展开图（见图 6-15），作图步骤如下：

(1) 如图 6-15(a)所示，以 L 和 πD 为直角边作直角三角形 Ⅰ Ⅱ Ⅲ，斜边 Ⅰ Ⅲ 即为一个导程的正圆柱螺旋面外圈展开的实际长度。以 L 和 πd 为直角边作直角三角形 Ⅰ Ⅱ Ⅳ，则斜边 Ⅰ Ⅳ 即为内圈展开的实际长度。

(2) 在图 6-15(b)中，以 Ⅰ Ⅲ、Ⅰ Ⅳ 的一半为上下底，以 $(D-d)/2$ 为高作等腰梯形，延长 Ⅰ Ⅰ 与 BA 交于 O 点，以 OA、OB 为半径画圆，在外圆周上量取一段弧长等于 Ⅰ Ⅲ，得 D 点，D 与 O 连接与内圆周相交得 C 点，所得环形平面图形即为正圆柱螺旋面一个导程的展开图。

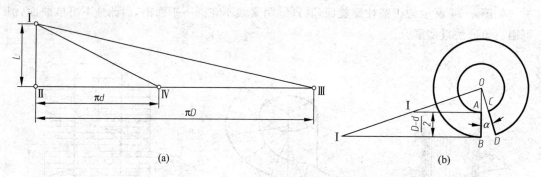

图 6-15 正圆柱螺旋面展开图的简便作法

上述展开图也可用计算方法求得。设 $\overset{\frown}{BD}=L_1$，$\overset{\frown}{AC}=L_2$，$OB=R$，$OA=r$，$AB=b=\dfrac{D-d}{2}$，则

$$\frac{R}{r}=\frac{L_1}{L_2}$$

由上述两式可求出 $r=\dfrac{bL_2}{L_1-L_2}$ 或 $R=\dfrac{bL_1}{L_1-L_2}$。

展开图中开口圆弧所对的中心角 α 为

$$\alpha=\frac{2\pi R-L_1}{2\pi R}\times 360°$$

作图时，以任意点为圆心，分别以 R 和 r 为半径作圆，然后截去 α 角范围内的弧长，所得环形平面，即为正圆柱螺旋面一个导程的近似展开图。

在制造螺旋输送器时，也可用一个完整的圆环，沿直径方向剪开后，弯制成一圈多一些的螺旋面，然后焊成螺旋输送器。这样不仅便于放样制作，也可使焊缝沿着轴线方向均匀分布，转动时也比较平稳。

第7章

制图的基本知识

7.1 国家标准《机械制图》的基本规定

图样是现代工业生产中重要技术文件之一。为了便于生产和技术交流,必须对图样的内容,如表达方法、尺寸标注以及图纸幅面、格式等作出统一的规定。

我国于 1959 年发布了国家标准《机械制图》,对图样作了统一的技术规定。为适应科学技术的发展和国际技术交流的需要,于 1970 年、1974 年和 1984 年、1995 年直至现今已进行多次修订。

国家标准简称国标,其代号为"GB"。本节仅摘录国家标准《机械制图》中的部分内容。如图幅、比例、字体、图线、尺寸注法等,其余有关内容将在以后各章节中分别叙述。

1. 图纸幅面及格式(GB/T 14689—1993)

(1) 绘制图样时,优先采用表 7-1 中规定的幅面尺寸,必要时可以沿长边加长。具体加长量见 GB 有关的规定。

表 7-1　图纸幅面及周边尺寸　　　　　　　　　　　　　　mm

幅面代号	幅面尺寸	周边尺寸		
	$B \times L$	a	c	e
A0	841×1189	25	10	20
A1	594×841			
A2	420×594			
A3	297×420		5	10
A4	210×291			

需要装订的图样,其图框格式如图 7-1(a)所示;不需要装订的图样,其图框格式如图 7-1(b)所示。图框线用粗实线绘制。为了复制方便,可采用对中符号,对中符号是以从周边画入图框内约 5mm 的一段粗实线表示,如图 7-1(b)所示。

(2) 每张图样上都要有标题栏,它的格式如图 7-2 所示。

无论图样是否装订,均应用粗实线画出图框线,需要装订的图样,其图框格式见图 7-1(a)所示,周边尺寸按表 7-1 中规定。一般采用 A0 幅面竖装或 A3 幅面横装。不需要装订的图

106

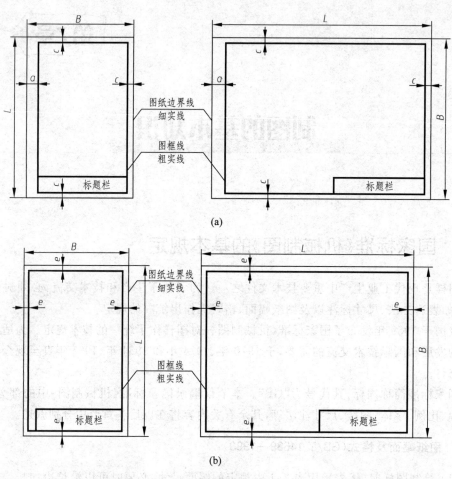

(a)

(b)

图 7-1　图框格式

样,其格式见图 7-1(b),周边尺寸 e 见表 7-1。

　　标题栏一般配置在图样的右下角紧靠图框线。标题栏中的文字方向为看图方向,标题栏的格式建议采用图 7-2 所示,外框是粗实线。文字除图名、单位名用 10 号字,其余皆用 5 号字。

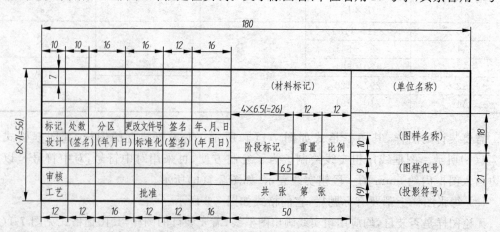

图 7-2　标题栏

2. 比例（GB/T 14690—1993）

图样上的比例是指图样中机件要素的线性尺寸与实际机件相应要素的线性尺寸之比。绘制图样时，一般采用表 7-2 中规定的比例。有时亦可选用带括号的比例。

表 7-2　绘图比例

种类	比　　例				
原值比例	1：1				
放大比例	2：1 （4：1）	5：1 （2.5×10^n：1） （4×10^n：1）	（1×10^n：1）	2×10^n：1 （2.5：1）	5×10^n：1
缩小比例	1：2 （1：1.5） （1：1.5×10^n）	1：5 （1：2.5） （1：2.5×10^n）	1：1×10^n （1：3） （1：3×10^n）	1：10^n （1：4） （1：4×10^n）	1：5×10^n （1：6） （1：6×10^n）

注：n 为正整数

比例符号应以"："表示，比例的表示方法如 1：1，2：1 等。

比例一般应标注在标题栏中的比例栏内。必要时，可以视图名称的下方或右侧标注比例，如：

$$\frac{\mathrm{I}}{2：1} \quad \frac{A}{1：100} \quad \frac{B—B}{2.5：1} \quad 平面图形 1：10$$

3. 字体（GB/T 14961—1993）

（1）图样中书写的字体必须做到：字体端正、笔划清楚、排列整齐、间隔均匀。汉字应写成长仿宋体，并采用国家正式公布推行的简化汉字。

（2）字体的号数，即字体的高度（单位为 mm），分为 20、14、10、7、5、3.5、2.5、1.8 等 8 种。字体的宽度约等于字体高度的 2/3。

（3）斜体数字及字母的字头向右倾斜，与水平线约成 75°，数字与字母的笔画粗细约为字高的 1/10。

（4）用作指数、分数、极限偏差、注脚等的数字及字母，一般采用小一号字体。

斜体数字及拉丁字母的示例如图 7-3(b)所示。

（5）书写长仿宋体时，应注意保证字体的高、宽比例。用削尖的较硬铅笔，书写时笔画不得重描。其要领是：字形长方、笔划挺直、粗细一致、起落分明、结构匀称。长仿宋体的示例如图 7-3(a)所示。

4. 图线（GB/T 17450—1998）

1）图线的形式及应用

（1）绘制图样时，应采用表 7-3 所规定的图线。图 7-4 所示为各种线型的一部分应用。

字体工整 笔画清楚 间隔均匀 排列整齐

横平竖直　结构均匀　注意起落　填满方格

技术制图机械电子汽车航空船舶

土木建筑矿山井坑港口纺织服装

(a)

ABCDEFGHIJKLMNOPQRSTUVWXYZ

abcdefghijklmnopqrstuvwxyz

12345678910 Ⅰ Ⅱ Ⅲ Ⅳ Ⅴ Ⅵ Ⅶ Ⅷ Ⅸ Ⅹ

R3　2×45°　M24-6H　Φ60H7　Φ30g6

Φ20$^{+0.021}_{0}$　Φ25$^{-0.007}_{-0.020}$　Q235　HT200

(b)

图 7-3　字体范例

(a) 仿宋体字；(b) 数字字母写法

表 7-3　图线的形式及应用

图线名称	图线形式	图线宽度	一般应用
粗实线	———————	d	A1 可见轮廓线 A2 可见过渡线
细实线	———————	约 $d/3$	B1 尺寸线及尺寸界线 B2 剖面线 B3 重合剖面的轮廓线 B4 螺纹牙底线 B5 引出线
波浪线	 〰〰〰	约 $d/3$ （徒手绘制）	C1 断裂处的边界线 C2 视图和剖视的分界线
双折线	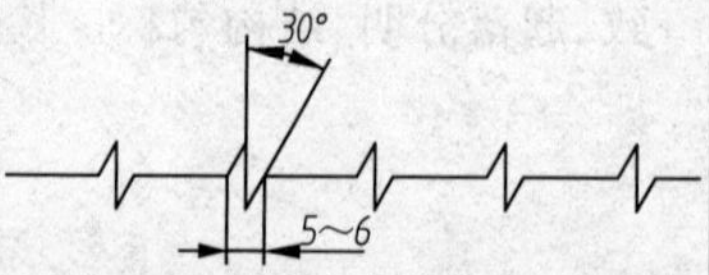 ⌇⌇ 30° 5~6	约 $d/3$	D 断裂处的边界线
虚线	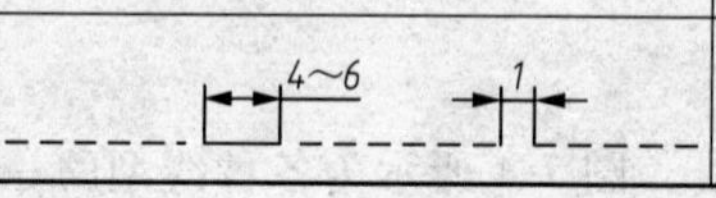 – – – 4~6 1 – – –	约 $d/3$	F1 不可见轮廓线 F2 不可见过渡线

续表

图线名称	图 线 形 式	图线宽度	一 般 应 用
细点画线	15～24　≈5	约 $d/2$	G1 轴线 G2 对称中心线 G3 轨迹线
粗点画线		d	J1 有特殊要求的线或表面的表示线
双点画线	≈9　15～24	约 $d/2$	K1 相邻辅助零件的轮廓线 K2 极限位置的轮廓线

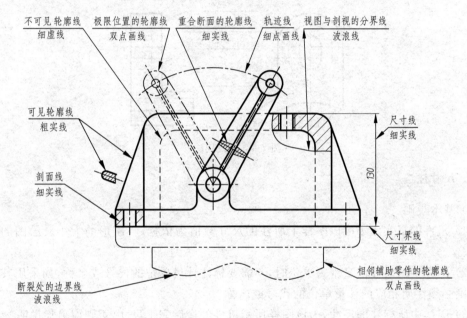

图 7-4　线型的应用

（2）图线分为粗、细两种，粗线的宽度 d 应按图样的大小和复杂程度在 0.5～2mm 之间选择。图线宽度的推荐系列为：0.13、0.18、0.25、0.35、0.5、0.7、1、1.4、2mm。0.18mm 尽量避免采用。制图中一般选用 d 为 0.7mm 左右。

2）图线的画法

（1）同一图样中同类图线的宽度应基本一致。虚线、点画线及双点画线的线段长度和间隔应各自大致相等。具体长短间隔建议按表 7-3 的规定画。

（2）绘制圆的对称中心线时，圆心应为线段的交点。计算机制图圆心中心线可用圆心符号代替。点画线和双点画线的首末两端应是线段而不是短画，并应超出圆周（2～5）mm。如图 7-5 所示。

（3）在较小的图形上绘制点画线或双点画线有困难时，可用细实线代替。

（4）虚线与虚线或粗实线相交时，应在线段处相交，不应在空隙处相交。当虚线处于粗实线的延长线上时，其连接处应留有空隙。如图 7-6 所示。

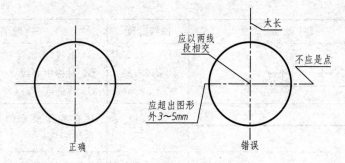

图 7-5　点画线用法

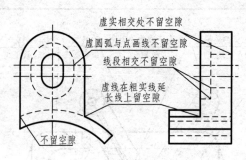

图 7-6　虚线用法

5. 尺寸注法

1）基本规则

（1）机件的真实大小应以图样上所注的尺寸数值为依据，与图形的大小及绘图的准确度无关。

（2）图样中的尺寸以毫米为单位时，不需要标注计量单位的代号或名称，如采用其他单位时，则必须注明相应的计量单位的代号或名称。

（3）图样中所标注的尺寸，为该图样所示机件的最后完工尺寸，否则应另加说明。

（4）机件的每一尺寸，一般只标注一次并应标注在反映该结构最明显的视图上。

2）尺寸标注示例

表 7-4 中列出了标注尺寸的一些规则与方法，并适当加以说明，这些规定在画图时是必须遵守的。

表 7-4　标注尺寸的规则

项目	说　明	图　例
尺寸的组成	完整的尺寸，由下列内容组成： （1）尺寸数字； （2）尺寸线； （3）表示尺寸线终端的箭头或细斜线； （4）尺寸界线。	尺寸界线　15×45°　15×45°　数字高度约3.5mm 尺寸数字　φ16　φ10 尺寸线 尺寸箭头　20　这些间距6～8mm 35　尺寸界线超出箭头约2mm

续表

项目	说　明	图　例
尺寸数字	(1) 线性尺寸的数字一般应注写在尺寸线的上方,也允许注写在尺寸线的中断处,但在同一张图样中,应尽可能采用同一种形式注写; (2) 线性尺寸数字的方向应按图(a)所示的方向注写,并尽可能避免在图示 30°范围内标注尺寸。当无法避免时,可按图(b)标注; (3) 尺寸数字不可被任何图线所通过,否则必须将该图线断开	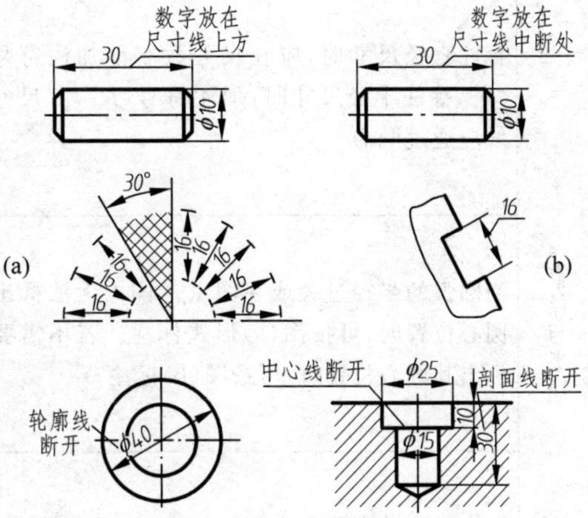
尺寸线	(1) 尺寸线用细实线绘制,其终端有以下两种形式: 　① 箭头:适用于各种类型的图样。在同一张图上箭头的大小应一致; 　② 斜线:用细实线绘制,采用此形式时,尺寸线与尺寸线必须互相垂直。 　在机械图样中一般优先采用箭头; (2) 当尺寸线与尺寸界线相互垂直时,同一张图样中能采用一种尺寸终端的形式,不得混合使用。小尺寸注法中用斜线代替箭头的情况例外; (3) 尺寸线不能用其他图线代替,也不得与其他图线重合或画在其延长线上。尺寸线两端的箭头应指到尺寸界线; (4) 标注线性尺寸时,尺寸线必须与所标注的线段平行。如有几条互相平行的尺寸线时,应将大尺寸放在小尺寸的外面,两尺寸之间的距离一般不应过大	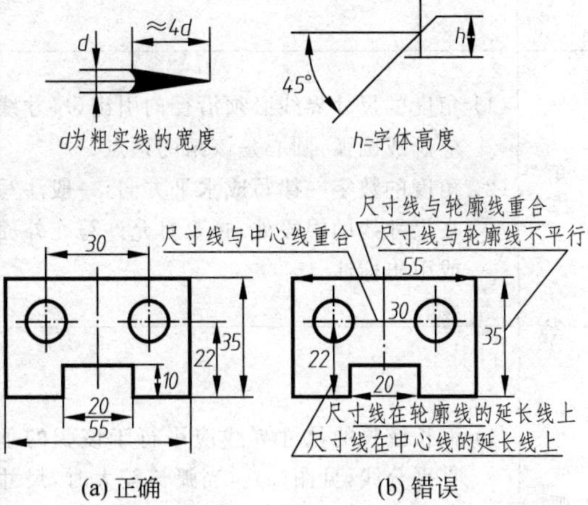
尺寸界线	尺寸界线用细实线绘制,由图形的轮廓线、轴线或对称中心线引出。也可利用轮廓线、轴线或对称中心线作尺寸界线	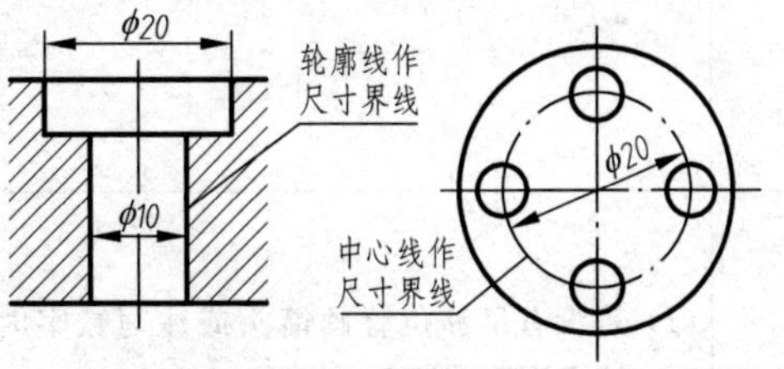
	(1) 尺寸界线一般应与尺寸线垂直,并超出尺寸线 2~3mm,必要时才允许倾斜; (2) 在光滑过渡处标注尺寸时,必须用细实线将轮廓线延长,从它们的交点处引出尺寸界线	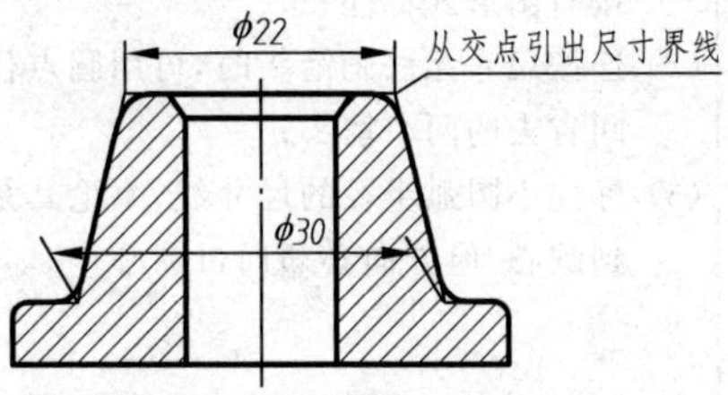

112

项目	说　明	图　例
直径与半径	标注直径尺寸时,应在尺寸数字前加注符号"ϕ",标注半径尺寸时,加注符号"R",其尺寸线应通过圆心	
直径与半径	当圆弧的半径过大或在图纸范围内无法标出圆心位置时,可按图(a)形式标注。若不需要标出其圆心位置时,可按图(b)标注	(a)　　　　(b)
直径与半径	标注球面的直径或半径时,应在"ϕ"或"R"前面再加符号"S",对于螺钉、铆钉的头部,轴及手柄的端部,允许省略符号"S"	
角度	(1) 角度的尺寸界线必须沿径向引出,尺寸线应画成圆弧,圆心是该角的顶点; (2) 角度的数字一律写成水平方向,一般注写在尺寸线的中段处,必要时允许写在外面或引出标注	
弧度	(1) 弧长弦长的尺寸界线应平行于该弦的垂直平分线,见图(a)。当弧长较大时,尺寸界线可沿径向引出,见图(b); (2) 标注弧长时,应在尺寸数字的上方加符号"⌒"	(a)　　　　(b)
小尺寸注法	(1) 若没有足够位置画箭头或注写数字时可按右图形式标注; (2) 连按尺寸无法画箭头时,可用圆点代替中间省去的两个箭头; (3) 标注小圆弧半径的尺寸线,不论其是否画到圆心,但方向必须通过圆心	

续表

项目	说　明	图　例
对称图形	当对称机件的图形只画一半或略大于一半时,尺寸线应超过对称中心线或断裂处的边界线,此时仅在尺寸线的一端画出箭头	
其他	(1) 标注板状零件的厚度时,可在尺寸数字前加注符号"δ"; (2) 当需要指明半径尺寸是由其他尺寸所确定时,应用尺寸线和符号"R"标出,但不要注写尺寸数字	(a)　　　(b)

7.2　绘图工具和仪器的使用方法

为了既快又好地画出工程图样,除应有正确的绘图方法外,正确、熟练地使用绘图工具是非常重要的。本节简要介绍一些常用的绘图工具及它们的使用方法。

1. 图板、丁字尺、三角板(见图 7-7～图 7-10)

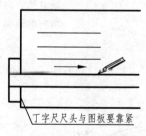

图 7-7　用丁字尺画水平线

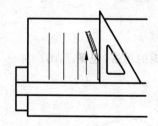

图 7-8　用丁字尺、三角板配合画铅垂线

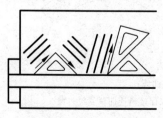

图 7-9　用丁字尺、三角板配合画
15°整倍数的斜线

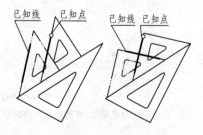

图 7-10　用两块三角板配合作已知线的
平行线或垂直线

2. 分规、比例尺的用法（见图 7-11 和图 7-12）

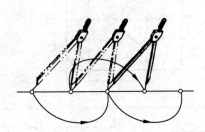

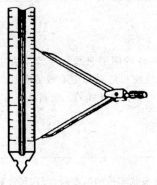

图 7-11　用分规连续截取等长线段

图 7-12　比例尺除用来直接在图上量取尺寸外，还可用分规从比例尺上量取尺寸

3. 圆规的用法（见图 7-13～图 7-15）

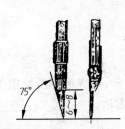

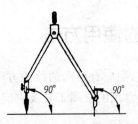

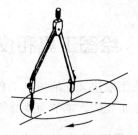

图 7-13　铅芯脚和针脚高低的调整

图 7-14　画圆时，针脚和铅芯脚都应垂直纸面

图 7-15　画圆时，圆规应按顺时针方向旋转并稍向前倾斜

4. 曲线板的用法（见图 7-16）

与左段重合　本次描　留待与右段重合

(a)

(b)

图 7-16　曲线板的用法

(a) 用细线通过各点徒手连成曲线；

(b) 分段描绘，在两段连接处应有一小段重复，以保证所连曲线光滑过渡

115

5．直线笔的用法（见图 7-17 和图 7-18）

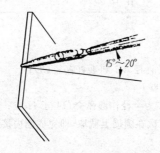

图 7-17 用直线笔画墨线图画线时，直线笔要向前进方向稍作倾斜

图 7-18 直线笔的两片都要和纸面接触才能保证画出的图线两边光滑

6．铅笔的削法（见图 7-19）

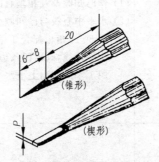

图 7-19 一般将 H、HB 型铅笔的铅芯削成锥形，用来画细线和写字；将 B 型铅笔的铅芯削成楔形，用来画粗线

7.3 几何作图

机械图样中，零件的轮廓形状虽然是多种多样的，但是基本上都是由直线、圆弧和其他一些曲线组成的几何图形。本节介绍常用几何图形的作图方法。

1．正多边形

表 7-5 介绍了圆内接正五边形、正六边形的作法，并以正七边形为例，介绍了圆内接正多边形的作法。

2．斜度和锥度

1）定义及规定符号

（1）斜度：一直线（或平面）对另一直线（或平面）的倾斜程度。图 7-20 中，直线 CD 对直线 AB 的斜度 $=(T-t)/l=T/L=1:n$，在图样中以 $1:n$ 的形式标注。

斜度的符号按图 7-20(b)绘制，h 为字体的高度，符号的线宽为 $h/10$，符号斜线的方向应与斜度的方向一致，如图 7-22(a)所示。

（2）锥度：正圆锥底圆直径与其高度之比。正圆台的锥度则为两底圆的直径差与其高度之比，图 7-21(a)中，锥度 $=D/L=(D-d)/l=1:n$。

表 7-5 正多边形的画法

作 图 要 求	作 图 步 骤
作已知圆的内接正五边形 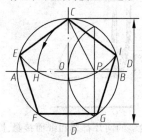	(1) 过圆心 O 作水平直径 AB 和垂直直径 CD； (2) 作半径 OB 的中点 P； (3) 以 P 为圆心，PC 为半径作圆弧交 OA 于 H 点； (4) 以 CH 为边长依次在圆周上截取，即完成圆内接正五边形
作已知圆的内接正六边形 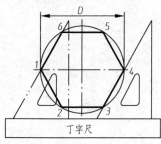	(1) 作已知圆及互相垂直的中心线； (2) 水平中心线与已知圆交于 1、4 点； (3) 用 60°三角板配合丁字尺作图，使三角板的斜边过 1、4 点作平行线，画出四条边； (4) 用丁字尺作出上下水平边即完成圆内接正六边形
作已知圆的内接正 n 边形（七边形） 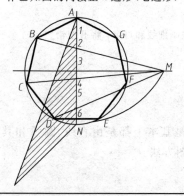	(1) 将圆的直径 AN 作 n 等份（$n=7$）； (2) 以 A 为圆心、AN 为半径画圆弧交圆的水平中心线于 M 点； (3) 过 M 点与 AN 上的偶数点（2、4、6）等连直线并延长，交左半圆周为 B、C、D 点； (4) 以 AN 为对称轴，在右半圆周上取 B、C、D 的对称点 G、E、F； (5) 连接 A、B、C、D 等点即得到圆内接正七边形

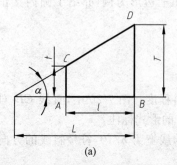

图 7-20 斜度画法及符号标记

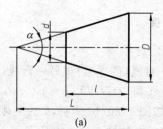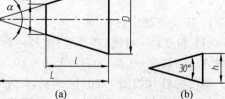

图 7-21 锥度画法及符号标记

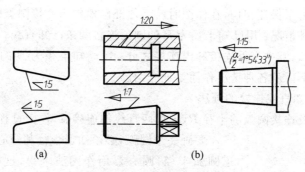

图 7-22 斜度和锥度的标注法

(a) 斜度；(b) 锥度

斜度和锥度的标注：标注符号的方向应与斜度、锥度的方向一致。锥度可注在轴线上。一般在标注锥度的同时，不需再注出其角度值（α为圆锥角）；如有必要，在括号中注出其角度值。

2）画法

斜度和锥度的画法及作图步骤如图 7-23 和图 7-24 所示。

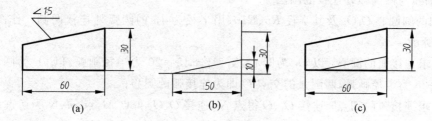

图 7-23 斜度的作图

(a) 给出图形；(b) 作斜度 1 : 5 的辅助线；(c) 完成作图

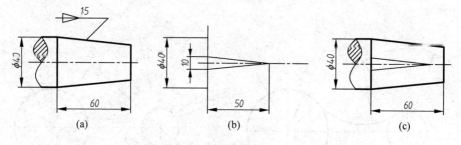

图 7-24 锥度的作图

(a) 给出图形；(b) 作锥度 1 : 5 的辅助线；(c) 完成作图

锥度的符号按图 7-21(b) 绘制，h 为字体的高度，符号的线宽为 $h/10$。符号方向应与锥度的方向一致，如图 7-22(b) 所示。

3. 圆弧连接

在绘制工程图样时，经常遇到用圆弧来光滑连接已知直线或圆弧情况，光滑连接也就是在连接点处相切。为了保证相切,在作图时就必须准确地作出连接圆弧的圆心和切点。

圆弧连接有三种情况:用已知半径为 R 的圆弧连接两条已知直线;用已知半径为 R 的圆弧连接两已知圆弧,其中有外连接和内连接之分;用已知半径为 R 的圆弧连接一已知直线和一已知圆弧。下面就各种情况作简要地介绍。

1)圆弧与两已知直线连接的画法

已知两直线以及连接圆弧的半径 R,求作两直线的连接弧,作图过程如图 7-25 所示。

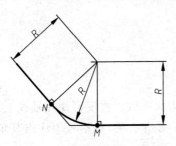

图 7-25 圆弧连接两直线的画法

要画一个圆弧,必须知道半径和圆心的位置;如果只知道圆弧半径,圆心要用作图法求得,这样画出的圆弧为连接弧。

(1)求连接弧的圆心:作与已知两直线分别相距为 R 的平行线,交点 O 即为连接弧圆心;

(2)求连接弧的切点:从圆心 O,分别向两直线作垂线,垂足 M、N 即为切点;

(3)以 O 为圆心,R 为半径在两切点 M、N 之间作圆弧,即为所求连接弧。

2)圆弧与两圆弧外连接的画法

已知两圆圆心 O_1、O_2 及其半径 $R5$、$R10$,用半径为 15 的圆弧外连接两圆。作图过程如图 7-26 所示。

(1)求连接弧的圆心:以 O_1 为圆心、$R_1 = 5+15 = 20$ 为半径画弧,以 O_2 为圆心、$R_2 = 10+15 = 25$ 为半径画弧,两圆弧的交点 O 即为连接弧的圆心;

(2)求连接弧的切点:连接 O_1、O 得点 N,连接 O、O_2 得点 M,点 M、N 为切点;

(3)以 O 为圆心,$R15$ 为半径画圆弧 MN,MN 即为所求连接弧。

3)圆弧与两圆弧内连接的画法

已知两圆圆心 O_1、O_2 及其半径 $R5$、$R10$,用半径为 30 的圆弧内连接两圆。作图过程如图 7-27 所示。

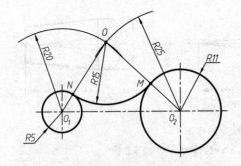
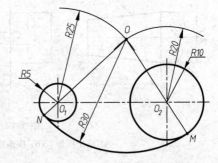

图 7-26 圆弧与两圆弧外连接的画法　　图 7-27 圆弧与两圆弧内连接的画法

(1)求连接弧的圆心:以 O_1 为圆心、$R_1 = 30-5 = 25$ 为半径画弧,以 O_2 为圆心、$R_2 = 30-10 = 20$ 为半径画弧,两圆弧的交点 O 即为连接弧的圆心;

(2)求连接弧的切点:连接 O、O_1 得点 N,连接 O、O_2 得点 M,点 M、N 即为切点;

(3)以 O 为圆心、$R30$ 为半径画圆弧 MN。MN 即为所求的连接弧。

4．常见的平面曲线

工程上常见的非圆平面曲线有椭圆、渐开线、阿基米德涡线等,其画法见表7-6。

表7-6　常见平面曲线的画法

作 图 要 求	作 图 步 骤
已知长短轴 *AB* 和 *CD* 作椭圆(同心圆法) 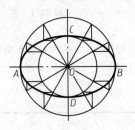	(1) 以 *O* 为圆心,*OA* 和 *OC* 为半径,分别画辅助圆; (2) 过圆心 *O* 作若干直径与两辅助圆相交; (3) 过大圆上的交点引平行于 *CD* 的直线,过小圆的交点到平行于 *AB* 的直线,则两直线的交点为椭圆的点; (4) 用曲线板光滑连接各点,即得到所求椭圆
已知长短轴 *AB* 和 *CD* 作近似椭圆(四心圆法) 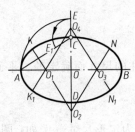	(1) 连接 *AC*,并在 *AC* 上取 $CE_1=CE=OA-OC$; (2) 作 AE_1 的垂直平分线,与长短轴分别交于 O_1 和 O_2,再作对称点 O_3 和 O_4; (3) 以 O_1、O_2、O_3、O_4 为圆心,O_1A、O_3B、O_2C、O_4D 为半径,分别画圆弧,即得出所求的近似椭圆。圆心的连线与圆弧的交点 K、K_1、N、N_1 为切点
已知共轭直径 *KL* 及 *MN* 作椭圆(八点法) 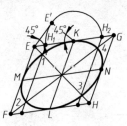	(1) 过共轭直径的端点 *K*、*L*、*M*、*N* 作共轭直径的平行线得平行四边形 *EGHF*; (2) 自 *E* 和 *K* 作45°的斜线交于 *E'*; (3) 以 *K* 为圆心,*KE'* 为半径作圆弧,与 *EG* 交于 H_1、H_2; (4) 过 H_1、H_2 作直线平行于 *KL*,与对角线相交得1、2、3、4 点,用曲线板把 *M*、1、*K*、4、*N*、3、*L*、2、*M* 顺次连成椭圆
已知基圆直径 *D* 作圆的渐开线 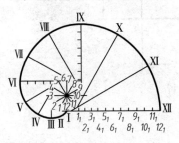	(1) 把基圆分为任意等分(12 等分)并将基圆的展开长度 πD 分成相同的等分; (2) 过基圆上的各点作基圆的切线; (3) 在第一条切线上,自切点取一段长为 $\pi D/12$ 得 I 点,在第二条切线上,自切点取一段长度为 $2\pi D/12$ 得 II 点,以同样的方法依次定出Ⅲ、…、Ⅻ 各点,即为渐开线上的点; (4) 用曲线板连接各点,即为基圆的渐开线

续表

作 图 要 求	作 图 步 骤
已知导程 $O8_1$ 作阿基米德涡线	(1) 以导程 $O8_1$ 为半径画圆,将圆周及半径分为相同的等分(8 等份); (2) 在等分圆周的各条辐射线上依次截取线段,分别等于导程的 1/8、2/8、3/8、…、11/8 得到 Ⅰ、Ⅱ、Ⅲ、…、Ⅸ 等点; (3) 用曲线板光滑地连接各点,即得到阿基米德涡线

7.4   平面图形的尺寸注法及线段分析

1. 平面图形的尺寸分析

平面图形中各组成部分的大小和相对位置是由其所标注的尺寸而确定的。平面图形中所标注的尺寸,按其作用可分为以下两类。

1) 定形尺寸

用以确定平面图形各组成部分的形状和大小的尺寸,称为定形尺寸。例如:圆的直径、圆弧的半径、线段的长度等。

如图 7-28 中,$\phi12$、$R13$、$R26$、10 等。

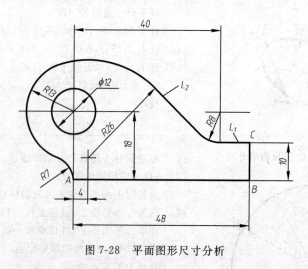

图 7-28   平面图形尺寸分析

2) 定位尺寸

用以确定平面图形中各个组成部分之间相对位置的尺寸,称为定位尺寸。例如图 7-28

中,尺寸 18 是 $\phi12$ 圆的宽度方向定位尺寸,长度方向的定位尺寸省略,这是因为圆的定位线在长度方向与线段 AB 上点 A 重合。

标注定位尺寸起始位置的点或线,称为尺寸基准。在平面图形中一般要有长度和宽度两个方向的两个尺寸基准。通常选取图形的对称中心线、较大圆的中心线、图形底线或端线作为尺寸基准。如图 7-28 所示,长度方向尺寸基准选取图形底线左端点(A),宽度方向则以底线作为尺寸基准。

标注平面图形尺寸时,应该注意:

(1) 分析形状,确定尺寸基准(图 7-29(a))。

(2) 标注出各部分的定形尺寸(图 7-29(b))。

(3) 标注出各部分所需的定位尺寸,定位尺寸都应与尺寸基准有联系(图 7-29(c))。

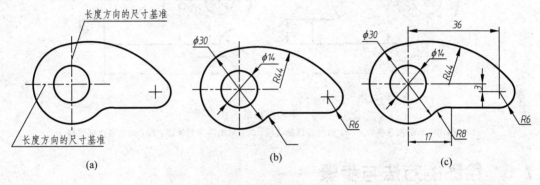

图 7-29　平面图形尺寸注法

标注时注意尺寸要完整,既不能有多余尺寸,也不得遗漏,而且应标注在图形明显处,布局整齐清晰,符合国家标准的有关内容。

2. 平面图形的线段分析

根据平面图形所给出的尺寸,组成平面图形的线段可以分为表 7-7 所示三种。

表 7-7　平面田形的线段

种类	条　件	举例(见图 7-28)
已知线段	圆弧或直线的定形尺寸和两个方向的定位尺寸	$\phi12$、$R13$、48、10、L_1
中间线段	线段的定形尺寸和一个方向的定位尺寸	$R26$、$R8$
连接线段	线段的定形尺寸	$R7$、L_2

3. 平面图形的画图步骤

通过平面图形的线段分析,可以得出如下结论:绘制平面图形时,必须先画出各已知线段,再依次画出各中间线段,最后画出各连接线段。图 7-30 所示为图 7-28 的作图步骤。

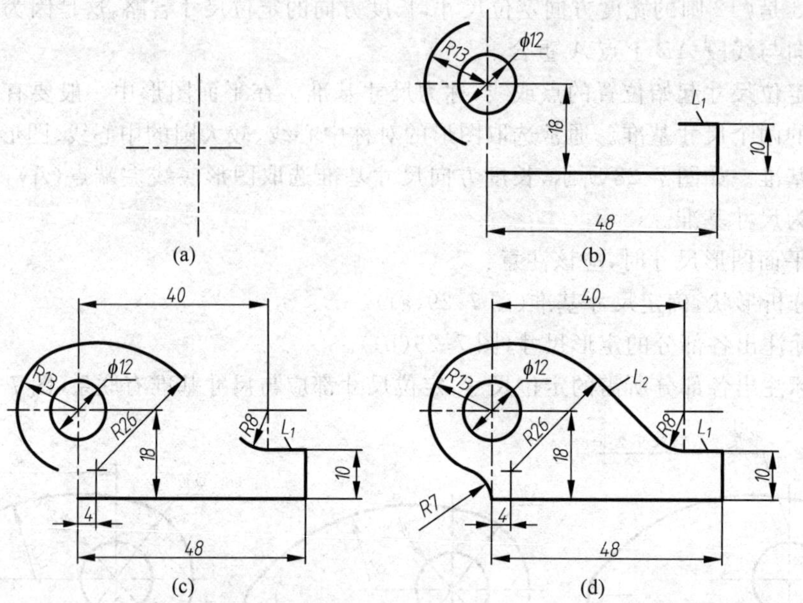

(a)

(b)

(c)

(d)

图 7-30　平面图形的画图步骤

（a）画出图形的两条基线；（b）画出各已知线段；（c）画出各中间线段；（d）画出各连接线段

7.5　绘图的方法与步骤

1. 仪器绘图

仪器绘图时，一般按下列步骤进行。

1）做好绘图前的准备工作

（1）准备工具：擦干净全部绘图仪器和工具，磨削铅笔及圆规内装的铅芯，清理桌面，暂时不用的工具、资料不要放在图板上。

（2）选定图幅：根据图形大小和复杂程度选定比例，确定图纸幅面。

（3）固定图纸：将选择的图纸用胶带纸固定在图板上，固定时应使用图纸的下边与丁字尺平行，且与图板的下边相距的尺寸大于丁字尺的宽度。如图 7-31 所示。

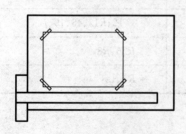

图 7-31　固定图纸

2）图形布局

图形布局应尽量匀称。

3）画底图

画出图框和标题栏轮廓后，先画出各图形的对称中心线和主要轮廓线。注意底稿线要细、轻、准，再画图形。

4）画尺寸界线、尺寸线、箭头并注出数字

5）加深

底图经检校无误后，擦去不必要的作图线，按线形要求用 B 铅芯加深粗实线，HB 铅芯加深 $b/3$ 的细实线。加深后的线形应符合国标，均匀、整齐、深浅一致，切点准确，连接光滑。

（1）首先加深所有的圆及圆弧，先小圆后大圆，注意铅芯用 2B，加深粗线的铅芯形状与铅笔端头一样。

（2）加深直线时要自上而下，自左到右，先画水平线，再画垂直线，最后完成倾斜线段。

（3）按第（2）条顺序加深虚线、点画线和细实线。

6）填写标题栏

描图步骤与加深步骤相同。

2．徒手绘图

徒手图也称为草图，是不用绘图工具，通过目测形状及大小，徒手绘制的图样。

在机器测绘、讨论设计方案，现场参观时，受现场条件或时间限制，经常是绘制草图的。所以工程技术人员必须具备徒手绘图的能力。

徒手绘图仍应基本上做到：图形正确，线型分明，比例匀称，字体工整，图面整洁。

画草图时一般选用 HB、B 或 2B 的铅笔，铅芯削成圆锥形，也常用印有淡色方格的纸画图。

要画好草图，必须掌握徒手绘制各种图线的基本方法。

1）握笔的方法

手握笔的位置要比用仪器绘图时较高些，以利运笔和观察目标。笔杆与纸成 45°～60°角，执笔稳而有力。

2）直线的画法（图 7-32）

画直线时，手腕轻轻靠着纸面、沿画线方向移动，眼睛看着图线的终点。画垂直线时自上而下运笔，画水平线时自左向右运笔。为了作图方便可把图纸放得倾斜一些。

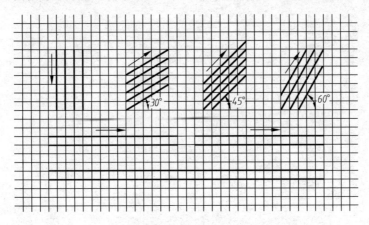

图 7-32　直线的画法

3）圆的画法（图 7-33）

画小圆时，可按半径先在中心线上截取 4 点，然后分 4 段逐步连接成圆，如图 7-33（a）所示。画大圆时，除中心线上 4 点外，还可通过圆心画两条与水平线成 45°的射线，再取 4 点，分 8 段画出，如图 7-33（b）所示。

画草图的步骤基本上与用仪器绘图相同，草图的标题栏不能填写比例，绘图时，不用固定图纸，完成的草图图形必须基本上保持物体各部分的比例关系。

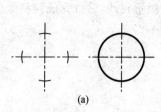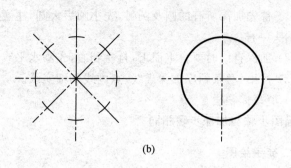

图 7-33　圆的画法

（a）小圆画法；（b）大圆画法

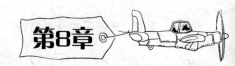

第8章

组　合　体

工程中的实际零件一般都不是单一的基本几何体,而是由一些基本几何体按一定的要求组合而成。这种由若干基本几何体所构成的物体称为组合体。本章将在学习制图的基本知识、投影原理和基本几何体投影的基础上,进一步研究三视图的形成及投影特性、组合体的构成形式、画图和读图的基本方法及组合体的尺寸标注等问题。

8.1　三视图的形成及其投影特性

1. 三视图的形成

根据国家标准《机械制图》有关图样画法的规定,机械图样按正投影法绘制。如图 8-1 (a)所示,在由三个互相垂直的投影面所构成的投影体系中,将物体向投影面作投影所得的图形叫视图。在正面上的投影叫主视图,在水平面上的投影叫俯视图,在侧面上的投影叫左视图。三投影面体系按规定方法展开后得到图 8-1(b)。由于展开后视图之间的距离不影响物体形状的表达,因此绘制视图时不需要画投影轴。

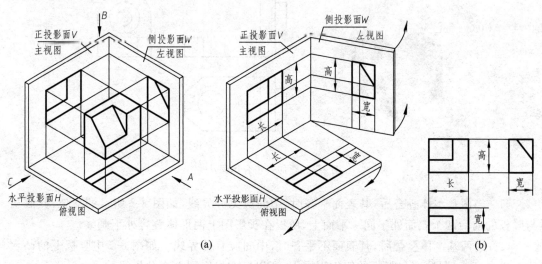

(a)　　　　　　　　　　　　　　　　　　(b)

图 8-1　三面投影体系展开图

2．三视图的投影特性

如图 8-1(b)所示，主视图反映物体的长和高，俯视图反映物体的长和宽，左视图反映物体的高和宽。由此可以得出三视图的投影特性：主、俯视图同时反映物体的长，即物体的左、右位置。主、左视图同时反映物体的高，即物体的上、下位置。俯、左视图同时反映物体的宽，即物体的前后位置。因此总结出三视图的投影规律是：

主、俯视图长对正；

主、左视图高平齐；

俯、左视图宽相等。

在应用三等规律时，应注意以下两个问题：一个是物体的上下、左右及前后 6 个部位与视图间的关系。特别要在俯、左视图上分清物体的前后，即远离主视图的部位必定是物体的前部；二是俯、左视图上量取物体的宽度时，要注意度量的起点与方向。

8.2　组合体的组合形式

组合体是由完整或不完整的基本几何形体经过叠加或切割等方式组成的。下面将其组合形式进行逐一分析。

1．叠加

按照形体表面的接触方式不同，大致分为：叠合、相切和相交三种方式。

1）叠合

两个基本体以平面的方式进行组合，这种方式称为叠合。它们的分界线是直线或平面曲线，因此只要知道接触平面的位置，就可以画出它们的投影，如图 8-2 所示。

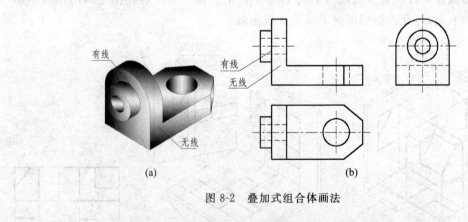

图 8-2　叠加式组合体画法

（1）当两基本体叠合后，其表面平齐时，中间应无分界线，如图 8-2 所示的支架，其底板与竖板的前后两个表面处于同一平面上，所以在投影图上两形体叠合处不画线。

（2）当两基本体叠合后，其表面不平齐时，中间应有分界线。如图 8-2 中竖板上的凸台比竖板宽度小，圆柱面与竖板的壁面不同面，所以应在投影图上有分界线。

2) 相切

当两个基本体的表面(平面与曲面或曲面与曲面)相切时,由于它们的表面呈光滑过渡,相切处无分界线,如图8-3所示。

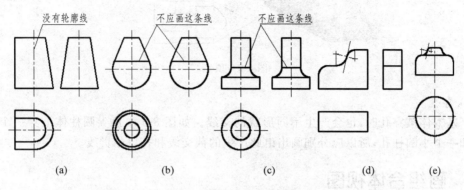

图 8-3　相切式组合体画法

只有当圆柱面与圆柱面相切的公共平面垂直于一个投影面时,才在那投影面上画出切线的投影,如图 8-4 所示。

3) 相交

当相邻表面处于相交位置,则一定产生交线(截交线、相贯线),它是两表面的分界线,所以在视图中应将其画出来。图 8-5 中,圆柱和左方的一个凸台相交,凸台的上半部分为圆柱面,下半部分为平面。当上半部分圆柱面和大圆柱面相交时(又称相贯),即产生相贯线。一般说来,相贯线的投影要通过取点来求得。当下半部分平面与圆柱面相交时,则产生截交线。关于表面交线的画法,已在第 5 章讲过。

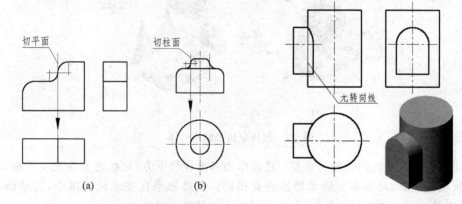

图 8-4　圆柱面与圆柱面相切画法　　　图 8-5　相交式组合体画法

2. 切割

1) 截切

当基本体被平面或曲面截切时,会产生各种形状的交线,如图8-6所示的顶尖,圆锥和圆柱叠合后,在左上方被一水平面和侧平面截切,则分别得到截交线。由于圆柱和圆锥叠合处被同一水平面截切,所以该面上不存在分界线,但是水平面以下的锥、柱分界线仍应画出。

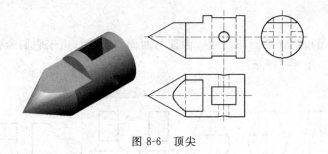

图 8-6　顶尖

2）穿孔

当基本体被穿孔时,也会产生不同形状的交线。如图 8-6 中顶尖圆柱体上穿一个四棱柱孔和一个小圆柱孔,所以应分别画出由此产生的截交线和孔口相贯线。

8.3　画组合体视图

1. 组合体的形体分析

形体分析法就是将组合体合理地分解为若干个基本几何体,并确定它们的组合形式和彼此间的相对位置,并分析出表面的过渡关系,从而正确表达或理解组合体的结构。

如图 8-7（a）所示的轴承座,可以分成五个组成部分:凸台、轴承、支承板、筋、底板。它的组合形式主要是叠加、局部切割,如图 8-7（b）所示。

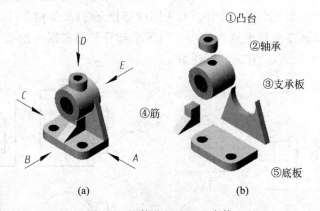

①凸台
②轴承
③支承板
④筋
⑤底板

（a）　　　　　　　　　　　　（b）

图 8-7　形体分析法画组合体

各组成部分表面间的位置关系是:底板作为基准在最下方,底板之上叠加支承板,其端面与底板端面平齐,两侧面与轴承筒体表面相切。主体轴承在支承板的槽中,其端面不平齐,筋板安放在主体轴承与底板之间,凸台叠加在主体轴承的上方。

由以上分析可以看出,形体分析法就是将复杂的几何体,分解成若干简单的基本几何体,从而有助于正确、方便地画图、读图和标注尺寸。因此形体分析法是学习组合体画图、读图、标注尺寸的最基本方法。

2. 组合体的视图选择

1）主视图选择原则

（1）组合体的放置原则:一般应选择组合体放置成自然平稳的位置,同时尽可能使组合体的主要表达面或轴线尽量多地处于与投影面平行或垂直的位置,以利于画图,使组合体上的线、面尽可能多地呈特殊位置或反映实形。

（2）确定主视图的投影方向。一般选择较多地反映组合体形状特征及各组成部分相对位置的方向作为投影方向,同时尽可能减少其他视图中的虚线。

主视图确定之后,其他视图也随之确定。如图 8-7 所示,主视图的放置位置如图 8-7(a)所示,主视图的投影方向有 A、B、C、D 四个方向。很明显,D 方向不能选择,因为不能反映轴承的形状特征。C 向也不足取,因为虽可反映形状特征及相对位置,但会在左视图上呈现许多虚线,选择 A、B 向较为合适,因为都可以在主视图上反映出轴承座的结构形状及几何形体之间的相对位置。两者相比较,以 B 向为佳,因为能更多地反映出轴承、支承板的形状特征。

2）选择比例,确定图幅

为方便画图,一般采用 1∶1 的比例。根据所给比例及组合体的长、宽、高总体尺寸,计算视图所占的面积,并在视图之间留出适当的距离及标注尺寸的位置来确定合适的标准图幅。

3）固定图纸、画图框及标题栏

布图时,根据测算出的三个视图大小及间距,画出各个视图的定位基准及主要中心线。这样就确定了各个视图在图纸上的具体位置,如图 8-8(a)所示。

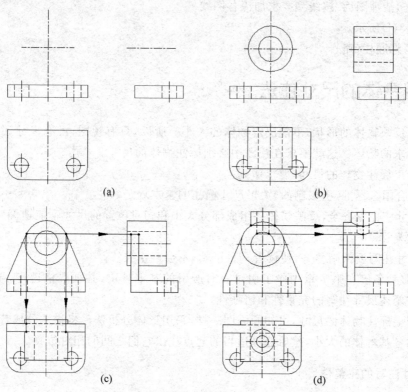

图 8-8　组合体画图步骤

(a) 定基准、画形体⑤底板；(b) 画形体②轴承；(c) 画形体③支承板；

(d) 画形体①凸台；(e) 画形体④筋；(f) 整理、加深

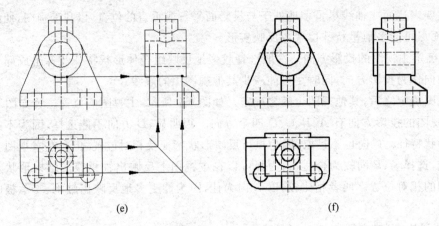

(e)   (f)

图 8-8（续）

4）按照形体分析的结果，逐个画出各几何形体的三视图

一般先画主要的、较大的形体，再画其他部分。每画一个形体，应先从反映实形或有特征的视图开始，再画其他视图。必须强调，每个几何体的三视图应按投影对应作图，以保证各基本体之间正确的相对位置与投影关系；注意各几何体表面的连接关系，正确作图。如图 8-8（b）～（e）所示。

5）检查、清理图面，按线型要求加深各图线

如图 8-8（f）所示。

6）填写标题栏（略）

8.4　组合体的尺寸注法

视图只反映物体的形状，不能决定物体的大小。所以，只有视图，没有尺寸还不能制造出有大小要求的物体。这就要求在视图中必须标注物体的尺寸。

在视图上标注物体的尺寸，要求做到：

（1）符合国家标准《机械制图》关于尺寸标注的基本规定；

（2）尺寸应完整齐全，反映物体各组成部分大小和相对位置的尺寸不能遗漏，但一般也不能多余重复；

（3）尺寸注写要清晰整齐，使读者一目了然，不会产生误解。

其中第（1）条已在第 7 章中作了引录。对所引的基本规定，必须严格遵守，不能违反。本节将着重阐述尺寸注写的完整性和清晰性。

在视图上标注物体的尺寸，可如同画图一样，采用形体分析法。将物体分成若干基本体后先标注出各基本体的大小，然后选择适当的起点注出它们之间的相对位置。

1. 尺寸注写的完整性

要使视图上所注的尺寸完整齐全，必须先了解物体尺寸的分类，以便有目的有步骤地注全各类尺寸。

由于物体可以看成是由一些基本体组合而成，所以，物体的尺寸可分成三类，见表 8-1。

表 8-1　物体的尺寸分类

（1）定形尺寸	它是确定各组成部分的基本体大小的尺寸。如图中 $R25$、$R30$、$\phi30$、$2\times\phi15$、25、8、30 等	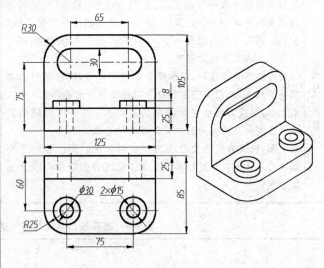
（2）定位尺寸	它是确定各基本体之间相对位置的尺寸。如图中 60、75 等	
（3）总体尺寸	它是反映物体总长、总宽、总高的尺寸,也称外形尺寸。如图中 125、85、105	

表 8-2～表 8-8 所示为这三类尺寸的注写要求。

表 8-2　定形尺寸的标注

单个基本体的定形尺寸	柱体注写底面尺寸和高度；锥体注写上下底面尺寸和高度；球体注写直径,并在直径符号 ϕ 前加注英文缩写字母 S；环体注写母线圆直径和中心纬圆直径；曲线回转体注写上下底圆直径、母线尺寸和高度
组合体的定形尺寸	两基本体以相截、相切或相贯形式组合时,一基本体在组合方向上的定形尺寸不注。如图中左端底板与中间主体圆柱以相截和相切形式组合,所以它的长度方向的定形尺寸不注。又如右端凸台（横向圆柱）与中间主体圆柱相贯,它的长度则需注。由于截交线或相贯线是两基本体组合时自然产生的,所以交线上不应注尺寸

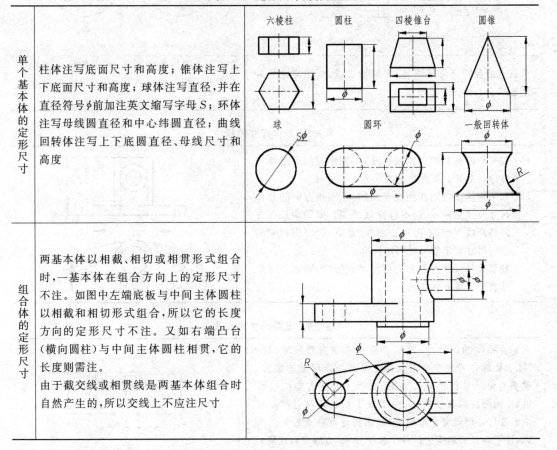

表 8-3　定位尺寸的标注

基准及其选择	注写定位尺寸有一个起点,这个起点叫做"基准"。它可以是光滑的平面(如底面、顶面、端面)、圆孔或凸台的轴心线。长、宽、高每个方向总有一个,并且只有一个主要基准,同时可有一个或几个辅助基准。 以对称面作为基准时,对称要素的定位尺寸,应注两对称要素间的总距离,而不应注各自至对称面的单边距离。 右上图,长度方向的主要基准为右端面;左端面为辅助基准。宽度和高度方向的主要基准为轴心线。 右下图,长度方向主要基准为左右对称面。高度方向主要基准为下底面;顶面为辅助基准。宽度方向以轴心线为主要基准	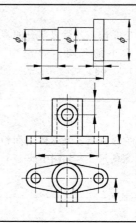

表 8-4　圆孔或凸台定位尺寸的标注

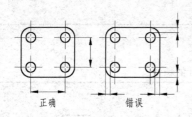

圆孔或凸台的定位尺寸,应注到轴心线,而不应注到外形素线。上图为正误对照	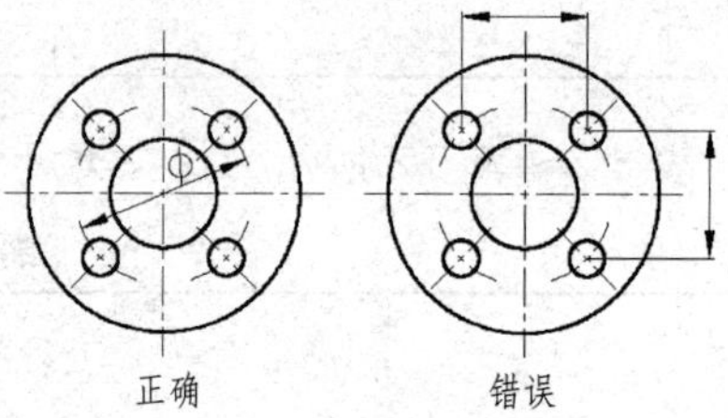 位于同一圆周上的圆孔,其定位尺寸应标注圆孔中心所在圆的直径,而不用纵横尺寸来定位。上图为正误对照

表 8-5　总体尺寸的标注

(1) 如果物体的两端面都是平面,则相应方向的总体尺寸应注全长。如图中总高尺寸。 (2) 如果物体的一端或两端是回转面,则该方向的总体尺寸应注到轴线,而不应注到两端。如图中长度方向和高度方向,不再标注总长、总宽,而可由相应的定位尺寸和定形尺寸相加获得。 (3) 如果总体尺寸与部分定形尺寸相等时,则该总体尺寸就不再重复标注	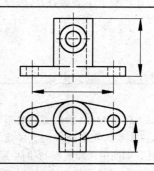

表 8-6　三类尺寸的关系

在标注物体的尺寸时,既要分别地考虑三类尺寸的标注,又要综合考虑三者的关系。既要防止尺寸的遗漏,又要避免尺寸的重复。如图,在标注长度方向的尺寸时,中间圆柱的长度尺寸,由于有了总长且左右两圆柱的长度尺寸已经完全被确定,如果再注就造成重复。所以,注了总长一般应去掉一个长度尺寸(宽度方向也同)	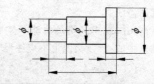

表 8-7　尺寸标注的注意事项

尺寸应尽量注在形体特征明显的视图上,并使同一形体的同一面上的尺寸尽量集中在同一视图上。图中左面注法为好,右面注法不好	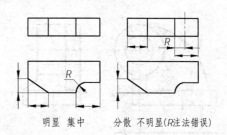 明显　集中　　　分散　不明显(R注法错误)
尺寸尽量注在可见轮廓线上,避免在虚线上标注尺寸。 右图中圆孔直径注在俯视图上为好,避免在主视图的虚线上标注	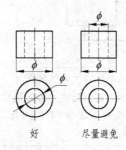 好　　　　　尽量避免
尺寸线应避免与其他尺寸线、尺寸界线或图形轮廓线相交。为此,在同一方向上的尺寸应遵循从小到大、由里到外标注的原则。 另外,能就近标注的尺寸,不要注在远处	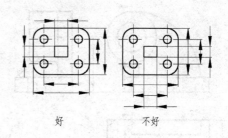 好　　　　　　不好
在同心圆上标注尺寸不要偏在一边,而应分两边注写。这样,既可使尺寸配置匀称,又不致使人误读造成错误。 另外,在同心圆上标注尺寸,一般不要多于两个,否则,尺寸密集,容易使人读错	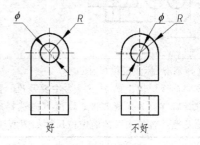 好　　　　　　不好
同一层次的尺寸,应尽量注在一条直线上,不要参差不齐交错排列。否则,尺寸显得零乱,图面也不够整齐美观。 注意右图两种标注的优劣	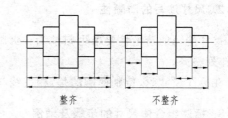 整齐　　　　　不整齐

表 8-8 尺寸标注综合举例

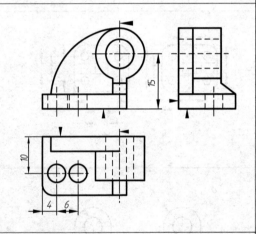

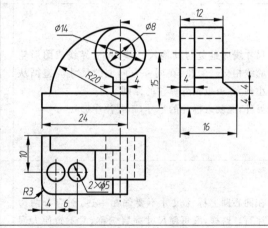

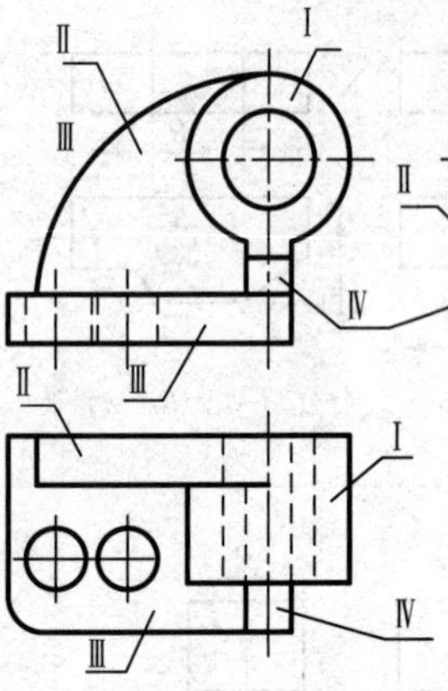	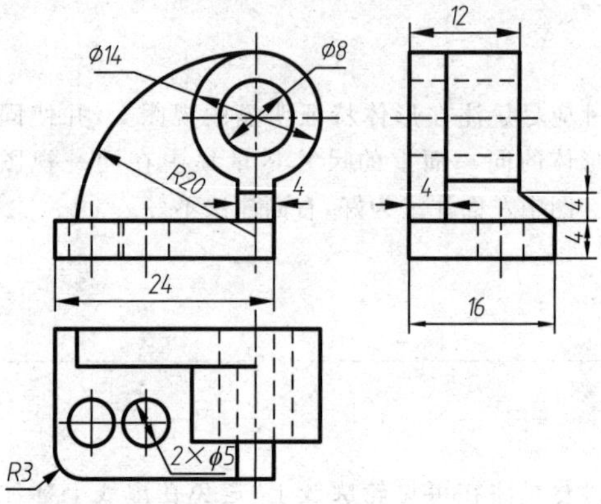
题目：在三视图中标注该物体的尺寸。 形体分析：根据主视图反映的物体形状特征，可将该物体分成 4 个基本部分（Ⅰ、Ⅱ、Ⅲ、Ⅳ）。各部分的三视图，如图所注	（1）标注定形尺寸： 带孔圆柱直径 $\phi 8$、$\phi 14$ 和宽度 12；弧形筋板Ⅱ的 $R20$ 和厚 4；底板Ⅲ的长 24，宽 16，高 4，圆角 $R3$，两孔直径 $\phi 5$；筋板Ⅳ的厚 4 和斜筋高 4
（2）选择基准、标注定位尺寸： 长度方向选择形体Ⅰ的轴心线为主要基准；宽度方向选择后背面为主要基准；高度方向选择底面为主要基准。各基本形体的定位尺寸如图所注	（3）标注总体尺寸，完成全部尺寸标注： 由于该物体的右端和上部都是回转面，所以，总长和总高只能由部分尺寸相加而得，不能注到极端。总宽和底板宽相等，所以也不再重复

2. 尺寸注写的清晰性

尺寸注写的清晰性要求可归纳为：明显、集中，避虚求实，力戒相交，舍远就近，均匀布置，排列整齐。

在标注尺寸时，特别提醒的是，相贯线与截交线不注尺寸，具体见图 8-9。

3. 标注组合体尺寸的步骤及举例

标注尺寸时，一般应先对组合体进行形体分析，选定三个方向的形体尺寸基准，标注出

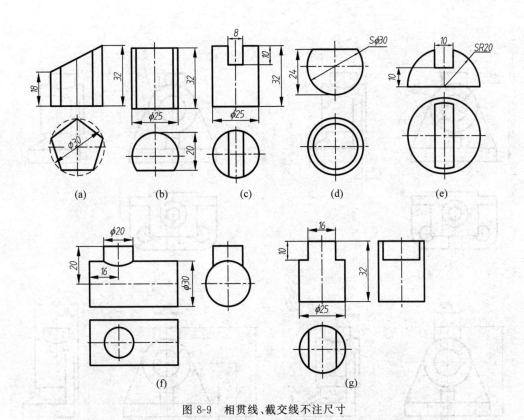

图 8-9　相贯线、截交线不注尺寸

每个形体的定形尺寸及定位尺寸。再调整一下总体尺寸,最后检查,完成全图尺寸标注。

下面以图 8-10 为例,说明标注组合体尺寸的步骤。

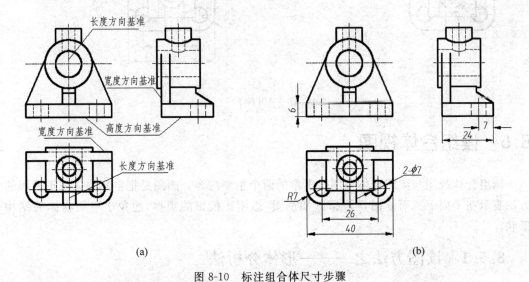

图 8-10　标注组合体尺寸步骤
(a) 定基准;(b) 注底板定形尺寸及其结构尺寸;
(c) 注圆柱体的定形及定位尺寸;(d) 注立板的定形及定位尺寸;
(e) 注凸台及筋板的定形及定位尺寸;(f) 检查、调整、完成全图尺寸

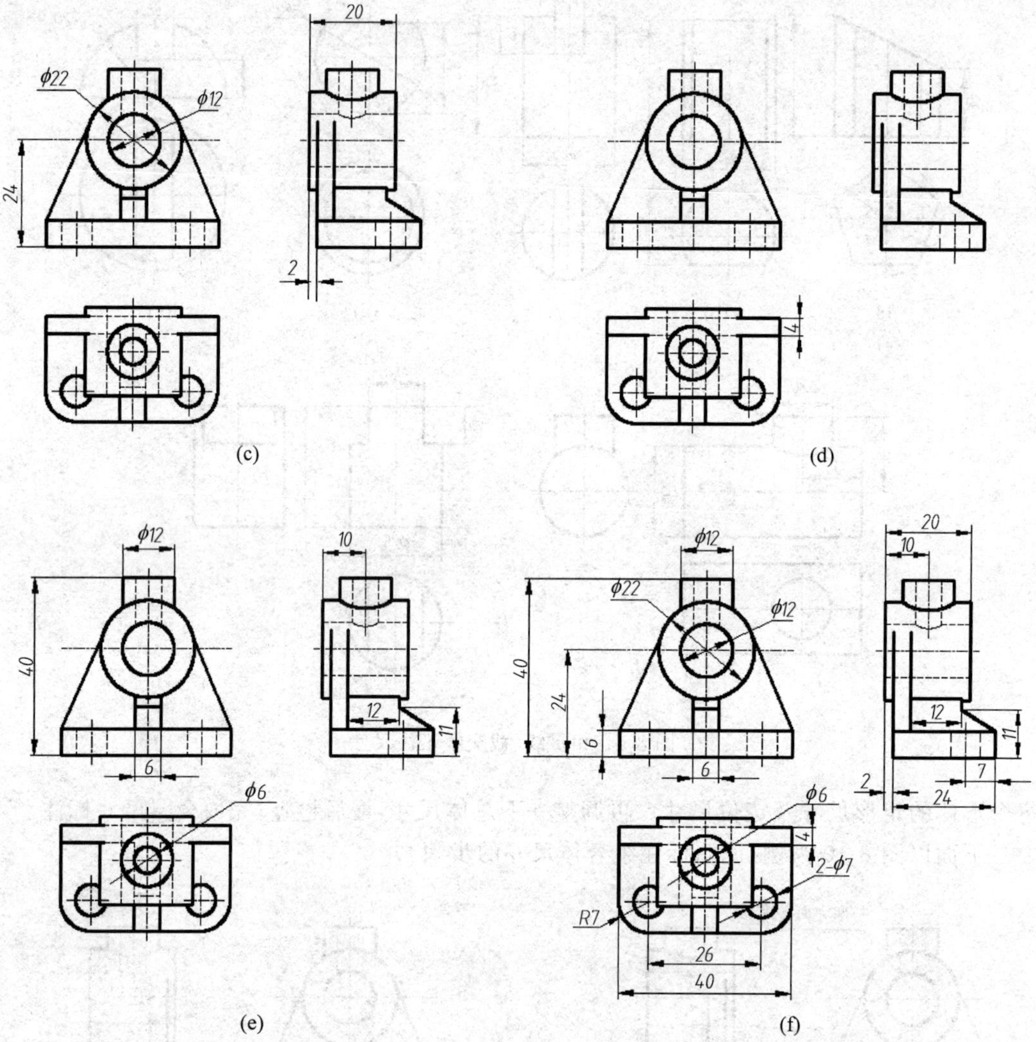

136

(c)

(d)

(e)

(f)

图 8-10(续)

8.5　读组合体视图

　　画组合体视图与读组合体视图是本章的两个主要内容。画图是把空间物体按正投影的方法表示在平面上。而读图是根据已知视图,运用正投影的规律,想象出空间物体的结构形状。

8.5.1　读图方法之一——形体分析法

　　形体分析法读图,正好是形体分析法画图的逆过程。即根据已知视图,按照三视图的投影规律,从图上逐个识别出形体,进而确定各形体间的组合形式,及各形体之间的相对位置,综合想象出组合体的完整形状。

1. 读图要点

(1) 应熟练掌握基本几何体的投影特性。对前面介绍的基本几何体(棱柱、棱锥、圆柱、圆锥、球、环)的视图,能很快地想象出它们的形状。

(2) 一个视图或两个视图不能确切地表达一个物体的空间形状。故读图时不能单看一两个视图,而应几个视图联系起来读。如图 8-11 所示的 4 个例子,如果不是三个视图联系起来读,就不能准确地想象出物体的空间形状。

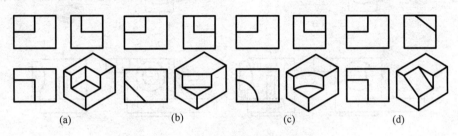

图 8-11 读图方法

(3) 为了正确、迅速地读懂视图和培养空间想象能力,还应通过读图实践,逐步提高空间构想能力。如图 8-12(a)所示的一个视图,可以构思出图 8-12(b)、(c)、(d)、(e)、(f)五个物体,都能满足图 8-12(a)所示的要求。在此基础上通过其他视图,就能很快地想象出各组视图所表示的物体形状。

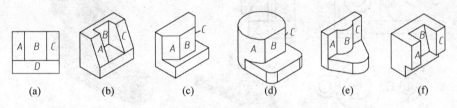

图 8-12 构思零件形状

(4) 一般在能较多反映物体形状特征及位置特征的视图上,按线框划分出各形体的范围,再按投影关系在其他视图上找到相应的投影,想象出各个形体的形状,再按各形体之间的相对位置,想象出组合体的空间形状,如图 8-13 所示。

如图 8-13(a)所示,先在视图上按线框分成 6 个部分,图 8-13(b)按主视图上 1、2 在其他视图上找到相应的投影(图中粗实线表示),可以想象出两个带孔的同轴圆柱体。

按主视图 3,在其他视图上找到对应投影,想象出带孔的圆柱体,如图 8-13(c)所示。

按主视图 4,在其他视图上找到对应投影,想象出带半圆柱的凸台,如图 8-13(d)所示。

按主视图 5,6,想象出一块筋及圆角带孔的底板,如图 8-13(e)所示。

2. 综合想象

按各部分想象的形体及视图中表明的相对位置,综合起来,就可以想象出物体的形状,如图 8-13(f)所示。

138

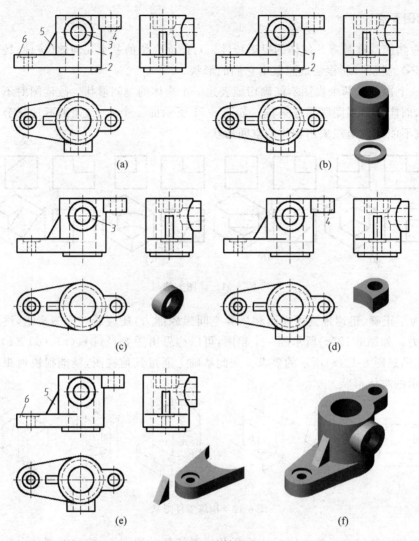

图 8-13　读轴承座

8.5.2　读图方法之二——线面分析法

读组合体视图,主要应用形体分析法,对于有些组合体,仅用形体分析法还难于解决问题时,可用线面分析法来阅读。

线面分析法就是把组合体分解成若干线和面,然后在视图上通过划线框,对投影,读懂它们的形状及相对位置,从而想象出组合体空间形状的方法。

图 8-14 是正平面、水平面、侧平面的投影,从投影面平行面的投影特性中,我们知道三种投影面平行面除一个投影反映实形外,其他两个投影均是平行某根轴的直线,这样便读出平行面的投影。

图 8-15(a)～(c)是三种投影面垂直面的投影。垂直面一个投影积聚成倾斜直线,另两个投影为类似形线框。图 8-15(d)一般位置平面的投影,它的三个投影均为类似形线框。

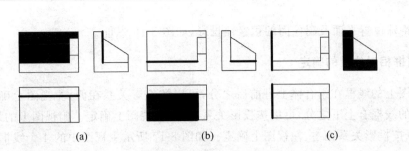

图 8-14　线面分析法读图(一)

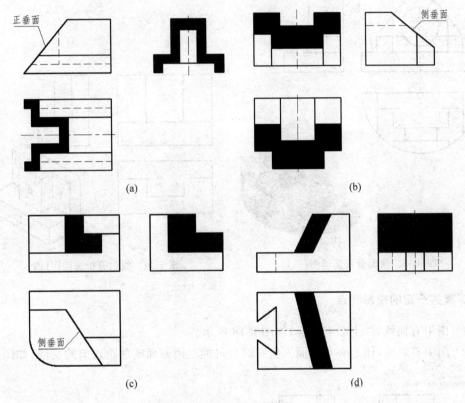

图 8-15　线面分析法读图(二)

1. 视图上每个封闭线框的空间几何含义

(1) 代表组合体上某一平面的投影,如图 8-16 中线框 a,表示一个水平面。

(2) 代表组合体上某一曲面的投影,如图 8-16 中线框 b,表示半个圆柱面。

(3) 代表组合体上某个体的投影,如图 8-16 中线框 d,即一个内圆柱孔。

(4) 代表组合体上平面与曲面相切,曲面与曲面相切,如图 8-16 中线框 c,表示平面与圆柱面相切。

2. 视图中每条图线的空间几何含义

(1) 代表面与面相交的交线,如图 8-16 中 Ⅰ 。

(2) 代表曲面的外形转向线,如图 8-16 中 Ⅱ 。

（3）特殊位置平面及圆柱面的积聚性投影，如图 8-16 中Ⅲ。

3. 线框相对位置的确定

主视图上的线框在组合体上有前后之分，可以按投影关系在俯、左视图上确定。同理，俯视图上的线框有上下之分，可以按投影关系在主、左视图上确定。俯视图上的线框有左右之分，可以按投影关系在主、左视图上确定。如图 8-17 所示主视图中的 4 个线框，上、下、左、右、前后的确定。

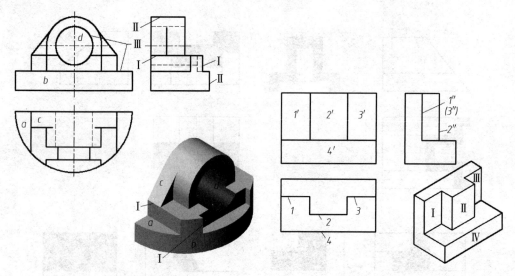

图 8-16　线面分析法读图（三）　　　　图 8-17　线面分析法读图（四）

4. 掌握一定的投影特点

（1）图中有曲线，体上必有曲面，如图 8-18 所示。

（2）图中有斜线，体上必有斜面。但有时也可能是两斜面或两垂直面的交线，如图 8-19 所示。

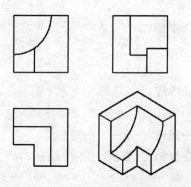

图 8-18　线面分析法读图（五）

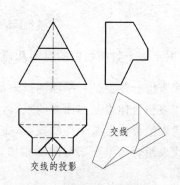

图 8-19　线面分析法读图（六）

8.5.3　组合体读图举例

【例 8-1】 已知组合体的主、左视图，求作俯视图。如图 8-20（a）所示。

分析：从两个已知视图看出组合体是由四棱柱切割而成。主、左视图上均有两条斜线，说明组合体上定有两个斜面，组合体左端有一个水平面及一个侧平面把四棱柱截去一块，前端又被两个水平面及正平面截切，如图 8-20(b)所示。

作图：

（1）先按投影关系画出三个正平面的水平投影，如图 8-20(c)所示 2、3、1 面。

（2）按投影关系画出两个侧平面的水平投影，如图 8-20(d)所示 4、5 面。

（3）按投影关系作出正垂面 12345678 的水平投影，如图 8-20(e)所示。

（4）作出侧垂面 789101112 的水平投影，如图 8-20(f)所示。

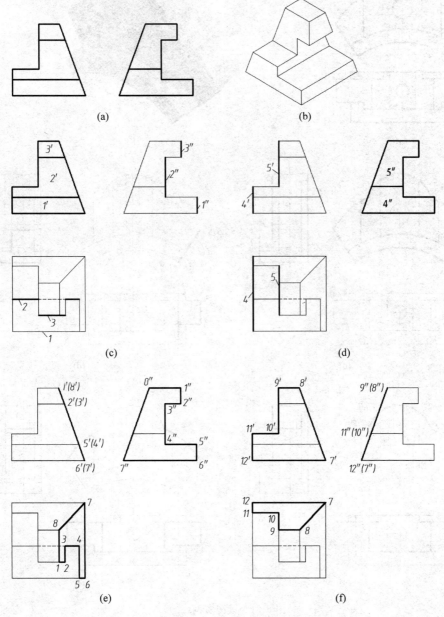

图 8-20　读图实例（一）

完成俯视图,并检查描深。

【例 8-2】 已知组合体的主、俯视图,求左视图。如图 8-21(a)所示。

分析:从已知视图可以看出,组合体是由下部分的瓦形片和上部分的圆柱状叠加而成,而上部分又被多个平面(正平面、侧平面、正垂面)切割而成,因而产生多条截交线;还有圆柱孔相交的交线。此题是叠加、切割、截切、相贯全包括,作图时逐一进行。如图 8-21(b)所示。

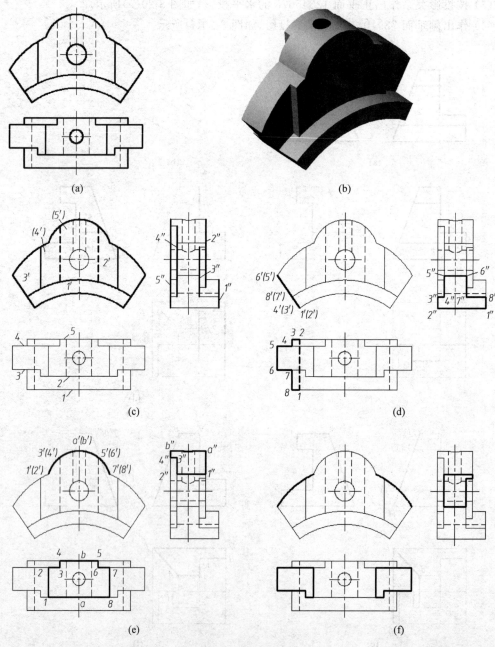

图 8-21 读图实例(二)

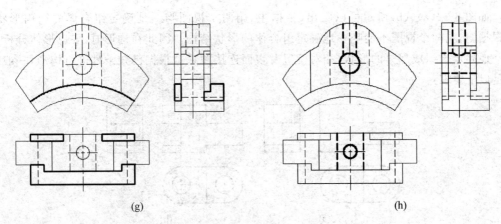

(g)　　　　　　　　　　　　　　　　　　(h)

图 8-21(续)

作图：

（1）先作出Ⅰ、Ⅱ、Ⅲ、Ⅳ、Ⅴ正平面的侧面投影 $1''$、$2''$、$3''$、$4''$、$5''$，如图 8-21(c)所示。

（2）画出Ⅰ、Ⅱ、Ⅲ、Ⅳ、Ⅴ、Ⅵ、Ⅶ、Ⅷ正垂面的侧面投影 $1''2''3''4''5''6''7''8''$，如图 8-21(d)所示。

（3）画出圆柱面的侧面投影，如图 8-21(e)所示。

（4）画出另一圆柱面的侧面投影，如图 8-21(f)所示。

（5）画出瓦形体的侧面投影，如图 8-21(g)所示。

（6）画出孔及相贯线的侧面投影，如图 8-21(h)所示。

（7）检查整理描深。

总结：从以上两个例子可以看出，已知两个视图求作第三视图，是在运用形体分析法及线面分析法读懂视图并想象出物体结构形状的前提下，通过已知视图中的线面投影关系求出第三投影的。这里熟悉基本几何体的投影、线面的投影特征非常重要。读者必须通过多想、多画，才能很好地掌握本章内容。

8.6　组合体的构形

本节所研究的组合体，是由实际零件经过抽象和简化所得。这类组合体在结构上不考虑生产加工等方面的要求，仅在构形上反映出某种功能特征。

所谓组合体的构形，就是根据功能要求，构思出一种形体，使其在整体造型上反映某种功能特征，各组成部分具有合理的确定的形状结构、相对位置及表面连接关系，并用一组完整的视图正确地表达出来。

因此，研究组合体的构形，可以进一步应用画法几何的知识对组合体的画图和读图进行深化与综合应用，以此进一步提高空间想象和构思能力，为零件图和装配图的学习打下扎实基础。

1. 组合体构思的一般要求

用一组视图表达物体形状的"唯一确定性"是组合体构形的基本要求。

如图 8-22(a)、(b)所示可以看出,根据主、俯两个视图唯一地确定组合体的结构形状,但根据俯、左两个视图不能唯一地确定组合体的形状结构。因此在构形时,要以形体分析法唯一地确定出组成部分的形状、相对位置及表面连接关系。根据已知条件进行构形,一般应满足以下要求:

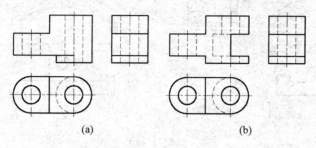

图 8-22　组合体三视图

(1) 满足给定的已知条件,而且是唯一确定的组合体。

(2) 组合体各组成部分的结构形状符合各自的构形要求,并按合理、简明的组合连接方式构成组合体。

(3) 组合体的造型具有稳定、协调及美观的特点。

(4) 所绘制的组合体视图应选择及配置合理,投影正确,便于作图和标注尺寸。

(5) 暂不考虑加工、材料及其他方面的机械设计要求。

2. 组合体构形的一般方法与步骤

参看图 8-7 所示轴承座,这种零件主要用于支承其他零件,一般由三个部分构成。

(1) 支承部分:主要用于支承、包容旋转轴或其他零件的结构,如圆筒。考虑到加注润滑油的需要,往往在圆筒上加一带孔的凸台。圆筒的形式可以是整体式或分离式,圆筒内为通孔或有台阶的孔。

(2) 安装部分:即用以固定总体的部分,通常为板或盘状结构,上面有安装定位用的若干通孔(或带有凸台、凹坑)。安装底板较大时,底板下部常带有用以减少接触面的槽或凹坑。

(3) 连接及加强部分:用立板或筋板等结构,将上述两部分连接成一体,并用以加强整体的紧固性和稳定性。该部分的形状大多为棱柱形,具体结构与尺寸由总体构形决定。

总结轴承座的构形方法,提出如下构形步骤,供读者参考。

(1) 总体构思:根据给定的已知条件,在收集素材、反复酝酿的基础上,逐步想象构思出组合体的总体形象,然后用草图、模型和轴测图来表达自己的构想方案。

(2) 分部构形:按照总体构思的方案,详细设计出各个组成部分的具体形状和大小,确定其相对位置及表面连接关系。

(3) 检查修改,完成构形草图。

(4) 根据草图画出加工图并标注尺寸。

3. 构形举例

【例 8-3】　如图 8-23(a)给定的支座的主视图,试设计出支座的形状,并画出其他两视图。

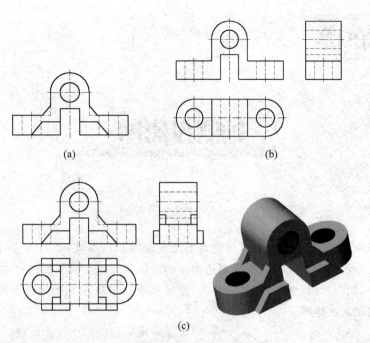

图 8-23　构形方案(一)

分析:根据已知的主视图可以看出,支座上部为带通孔的支承部分,其下脚为安装用底板(上面有安装用通孔),中部开有通槽,上下两部分之间为连接加强部分。根据各部分的功能、形状特征及结构要求,可以有多种构形方案。这里仅列出两种。

作图:

(1) 主体构形,如图 8-23(b)所示。

(2) 分部构形、完成设计,图 8-23(c)为第一构形方案。

(3) 图 8-24 为第二构形方案。

构形过程请读者自行分析。

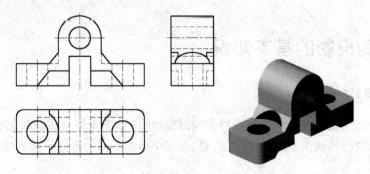

图 8-24　构形方案(二)

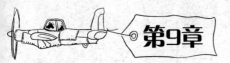

第9章

轴测投影图

在正投影中,为了在视图上更直接更真实地反映物体的形状,并具有良好的度量性,一般把物体放正并用两个以上的视图来表达物体的形状。每一个视图反映物体两个坐标方向的形状和大小,如主视图反映物体的长和高,宽度从俯视图或左视图上可看出,但这样画出的正投影图均缺乏立体感。

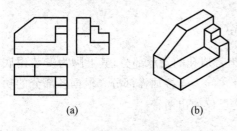

(a)   (b)

图 9-1　投影图与轴测图比较

如果用平行投影法使光线、物体、投影面相互之间处于某一位置,将物体的长、宽、高三个坐标方向的形状同时反映到一个投影面上,则可得到一种富有立体感的投影图——轴测投影图,简称轴测图,如图 9-1 所示。

轴测图具有易懂、立体感强等特点,但由于其投影后变形,度量性差,提高了画图的难度,过去只作为辅助图样使用,有时也可作为生产图样,如管路轴测图。近年来由于计算机技术的不断发展,使画图时间大大缩短。为了充分发挥其立体感强的特点,轴测图的作用正在不断扩大,如装配车间采用装配轴测图进行机件的组装工作。

9.1　轴测投影的基本知识

1. 轴测投影图的形成

轴测图是应用轴测投影的方法而得到的图样,所谓轴测投影是通过投影使在一个独立的投影面上能同时反映出空间物体的长、宽、高三个坐标方向的形状。轴测投影可分为以下两种:

(1) 将机件对某一投影面倾斜放置后进行正投影,如图 9-2(a)所示,使在投影面上得到富有立体感的图形,这种方法称为正轴测投影,简称正轴测,所得到的图形为正轴测图,该投影面为轴测投影面。

(2) 使机件某一表面平行于轴测投影面,然后将该机件对轴测投影面进行斜投影,即投射方向与投影面倾斜,这种方法称为斜轴测投影,所得的投影图称为斜轴测投影图,如

图 9-2(b)所示。

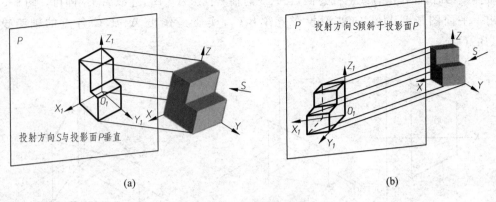

图 9-2 轴测图的形成

(a) 正轴测图；(b) 斜轴测图

2. 轴测轴、轴间角和轴向变形系数

如图 9-3 所示,坐标轴 OX、OY、OZ 的轴测投影图 O_1X_1、O_1Y_1、O_1Z_1 称为轴测轴。分别简称为 X_1、Y_1、Z_1 轴。

轴测轴上的长度与坐标轴上的长度之比,分别称为 X、Y、Z 轴的轴向变形系数,用 p、q、r 表示。从图 9-3 中可以看出:

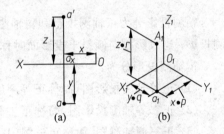

$$p = \frac{O_1X_1}{OX}, \quad q = \frac{O_1Y_1}{OY}, \quad r = \frac{O_1Z_1}{OZ}$$

三条轴测轴的交点称为原点;轴测轴之间的夹角为轴间角,分别是 $\angle X_1O_1Y_1$、$\angle Y_1O_1Z_1$、$\angle X_1O_1Z_1$。

图 9-3 点的轴测投影

3. 轴测投影的特性和基本作图方法

1) 轴测投影的特性

由于轴测投影采用的是平行投影法,所以在原物体和轴测投影之间必然保持如下关系:

(1) 若空间两直线相互平行,则其轴测投影仍相互平行。

(2) 凡与坐标轴平行的线段,其变形系数与相应的轴向变形系数相同。

2) 轴测投影图的基本作图方法

图 9-3 中,已知点 A 的正投影图及轴测轴和轴向变形系数,求作点 A 的轴测投影图,作图方法如图 9-3(b)所示。

(1) 沿轴测轴 O_1X_1 截取 $O_1X_1 = p \cdot x$,得点 X_1。

(2) 过 X_1 引平行于 O_1Y_1 的直线,并在该直线上截取线段 $X_1a_1 = q \cdot y$,得点 a_1,即点 A 的次投影。

(3) 过 a_1 引平行于 O_1Z_1 的直线,并在该线上截取线段 $a_1A_1 = r \cdot z$,得点 A_1,A_1 即为点 A 的轴测投影。

上述根据点的坐标,沿轴测轴方向确定点的轴测投影的作图方法,叫做坐标法。掌握了一个点的轴测投影的画法，即可作出直线、平面等的轴测投影。如图 9-4 所示，作直线 AB 的轴测投影时，即作出直线上任意两点 A、B 的轴测投影 A_1、B_1，连线 A_1B_1 即可。图 9-5 表示出一平面图形 $\triangle ABC$ 的轴测投影 $\triangle A_1B_1C_1$，实质是作出 A、B、C 各点的轴测投影 A_1、B_1、C_1。

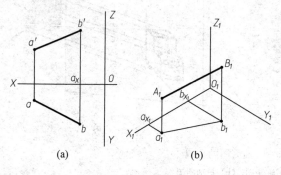

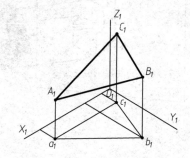

图 9-4　直线的轴测投影　　　　　　图 9-5　平面 $\triangle ABC$ 的轴测投影

因此，当已知轴间角和变形系数，就可以沿轴向度量大小画出物体的轴测投影图，这就是轴测两字的由来。

4. 轴测投影的分类

轴测投影分为正轴测投影和斜轴测投影两大类。当投影方向垂直于投影面时称为正轴测投影；当投影方向倾斜于投影面时称为斜轴测投影。

正轴测投影分为：

（1）正等轴测投影图，简称正等测（其中各个轴间角相等，各变形系数相等）。

（2）正二等轴测投影图，简称正二等测（其中两个轴间角相等，两个变形系数相等）。

（3）正三测轴测图，简称正三测（其中各个轴间角不相等，各个变形系数不相等）。

斜轴测投影分为：

（1）斜等轴测投影图，简称斜等测（物体的一个面及其坐标轴与投影面平行，另一坐标轴一般选为与水平线成 45°或 30°；三个变形系数相等；物体的轴向长度与轴测轴向长度不变）。

（2）斜二等轴测投影图，简称斜二测（物体的一个面及其坐标轴与投影面平行，另一坐标轴一般选为与水平线成 45°或 30°；该轴向变形系数为其他轴的一半，该轴向长度为物体的相应轴向长度的一半；与物体的一个面平行的两轴测轴向长度与该物体相应轴向长度不变）。

（3）斜三等轴测投影图，简称斜三测（物体的各面及其坐标轴都倾斜于投影面；轴间角和变形系数都不相等）。

画物体的轴测投影图时，先确定所要画的是哪一种轴测投影图，从而确定变形系数和轴间角。选择位置时，要注意物体的自然位置或工作位置，并尽量使要显示的一面朝向可见的面。通常在轴测图中不画出物体的不可见轮廓线。

9.2 正等轴测图

1. 轴间角和各轴向变形系数

如图 9-6 所示,正等测的轴间角都是 120°,各轴向的变形系数均为 $p=q=r\approx0.82$。为了作图简便,常采用简化系数,即 $p=q=r=1$,即作图时,沿各轴向所有尺寸都按实物的真实长度量取,这样所画出的图形沿各轴的长度分别放大 $1/0.82\approx1.22$ 倍。因此这个图形与原物的图形是相似的图形,称正等轴测图,它们的体积关系是 $1:1.22^3$。通常画轴测图只是起参考作用,因而画正等测时都采用简化变形系数。如图 9-7 所示为一六棱柱的正等测投影过程。

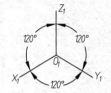

图 9-6 正等测的轴测图

2. 平面立体的正等测画法

画轴测图的基本方法是坐标法。但在实际作图时,还应根据物体的形状特点采用叠加法和切割法进行作图。

【例 9-1】 根据正六棱柱的正投影图,画其正等测图。

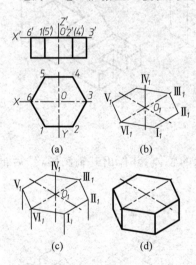

图 9-7 六棱柱的轴测投影图

图 9-7(a)是正六棱柱的正投影图,图 9-7(b)、(c)、(d)为作图步骤。

具体作图步骤如下:

(1) 在正投影图上确定坐标原点和坐标轴。

(2) 作轴测轴,然后按坐标分别作出顶面各点的轴测投影,依次连接起来,即可得顶面的轴测投影 $\mathrm{I}_1\mathrm{II}_1\mathrm{III}_1\mathrm{IV}_1\mathrm{V}_1\mathrm{VI}_1$,如图 9-7(b)所示。

(3) 过顶面各点作 O_1Z_1 轴的平行线,并在其上量取高度 H,得各棱的轴测投影,如图 9-7(c)所示。

(4) 依次连接各棱端点,得底面的轴测投影,即完成正六棱柱的正等测图,如图 9-7(d)所示。

【例 9-2】 根据物体的正投影图,画其正等测图,见图 9-8。

画这种组合体的轴测图时,可采用叠加法或切割法进行。

采用叠加法作图时,将物体看作由 I、II 两部分叠加而成,依次画出这两部分的轴测图,即得该物体的轴测图。

作图步骤,如图 9-9 所示。

(1) 画轴测轴,定原点位置,画出 I 部分的正等测图,如图 9-9(a)所示。

(2) 在 I 部分的正等测图的相应位置上画出 II 部分的正等测图,如图 9-9(b)所示。

(3) 在 I、II 部分分别开槽,然后整理、加深即得这个物体的正等测图,如图 9-9(c)所示。

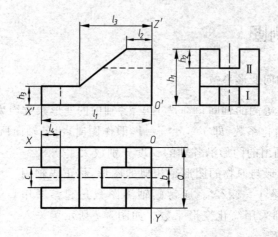

图 9-8　物体的三视图

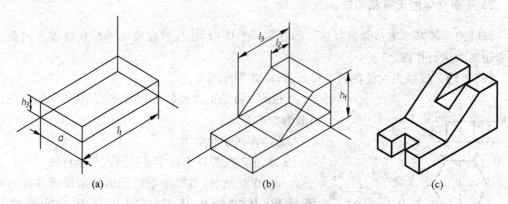

图 9-9　画物体轴测图方法（一）

此题如采用切割法作图，首先将物体看成是一定形状的整体，并作出其轴测图，然后再相继画出被切割后的形状。

作图步骤，如图 9-10 所示。

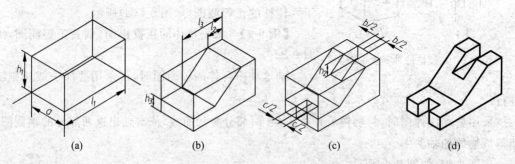

图 9-10　画物体轴测图方法（二）

（1）此物体可视为由长方体切割而成，因此首先画出切割前长方体的正等测图，如图 9-10（a）所示。

（2）在长方体上截去左侧一角，如图 9-10（b）所示。

（3）分别在左下侧、右上侧开槽，如图9-10(c)所示。

（4）擦去作图线，整理、加深即完成全图，如图9-10(d)所示。

画轴测图时必须注意：画倾斜线段时，不能直接量取。因为与三个坐标轴都不平行的线段，在轴测图上的变形系数与轴向变形系数不同。在画这些倾斜线段时，必须先根据端点的坐标画出其位置，然后用线段把它们连接起来。

【例9-3】 作车刀刀头的正轴测图，如图9-11所示。

图9-11(a)为一车刀刀头的三视图，现在要画出它的正等测。因为车刀刀头上各面大部分是倾斜于投影面的一般位置平面。故现在采用坐标法先定出各面的交点，连接各交点即得刀头的各面即刀头的轴测图。具体作法已显示于图9-11(b)中，图中显示了点A的坐标作法。

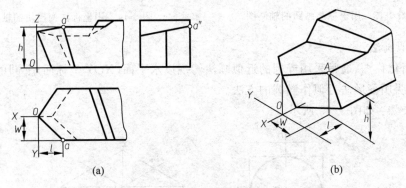

图9-11 车刀刀头的投影图及其正轴测图

(a) 车刀刀头的三视图；(b) 车刀刀头的正轴测图

3. 平行于坐标面的圆的正等测图

坐标面或其平行面上的圆的正等测投影是椭圆。三个坐标面上的圆的正等测投影是大小相等、形状相同的椭圆，只是它们的长、短轴方向不同，如图9-12(a)所示。

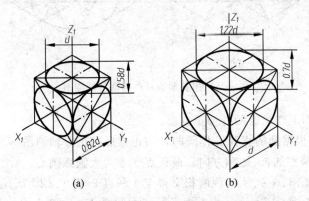

图9-12 平行于坐标面的圆的正等轴测图

1）坐标法

对于处于坐标面（或其平行面）上的圆，都可以用坐标法作出圆上一系列点的轴测投影，然后光滑地连接起来即得圆的轴测投影，如图9-13所示。此法也适用于一般位置平面上的圆和曲线的轴测投影。

图 9-14 为一压块，其前面的圆弧连接部分，也同样可利用 Z 轴的平行线（如 BC）并按相应的坐标作出其轴测投影，光滑地连接后即可画出压块的轴测图。

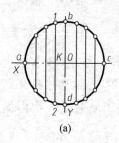

(a)

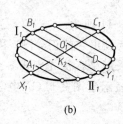

(b)

图 9-13　用坐标法画圆的轴测图

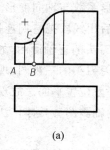

(a)

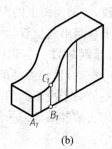

(b)

图 9-14　用坐标法画压块的轴测图

2）近似画法

为了简化作图，通常采用椭圆的近似画法。现以水平面（XOY 坐标面）上圆的正等轴测图为例，说明用菱形法近似作椭圆的方法。

作图步骤：如图 9-15 所示。

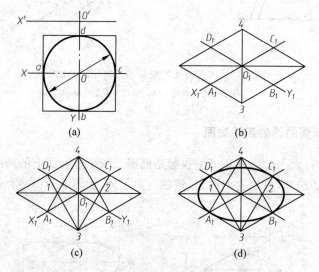

图 9-15　用菱形法近似画圆的轴测图

（1）在正投影图上作该圆的外切正方形。

（2）画轴测轴，根据圆的直径 d 作圆的外切正方形的正等轴测图——菱形。菱形的长、短对角线方向即为椭圆的长、短轴方向。两顶点 3、4 为大圆弧圆心。

（3）连接 $D_1 3$、$C_1 3$、$A_1 4$、$B_1 4$，两两相交得点 1 和点 2，点 1、2 即为小圆弧的圆心。

（4）以点 3、4 为圆心，以 $D_1 3$、$A_1 4$ 为半径画大圆弧 $D_1 C_1$ 和 $A_1 B_1$；然后以点 1、2 为圆心，以 $D_1 1$ 和 $B_1 2$ 为半径画小圆弧 $A_1 D_1$ 和 $B_1 C_1$，即得近似椭圆。

图 9-12 画出了正方体表面上三个内切圆的正等测图，其中图 9-12(b)是采用简化的轴向变形系数并以菱形法近似作图得到的。凡平行于坐标面的圆的正等测投影——椭圆，都可以用菱形法作出，只不过椭圆长、短轴的方向不同。椭圆的长、短轴与轴测轴有如下关系：

水平椭圆（$X_1O_1Y_1$ 面）的长轴垂直于 Z_1 轴，短轴平行于 Z_1 轴。

正面椭圆（$X_1O_1Z_1$ 面）的长轴垂直于 Y_1 轴，短轴平行于 Y_1 轴。

侧面椭圆（$Y_1O_1Z_1$ 面）的长轴垂直于 X_1 轴，短轴平行于 X_1 轴。

4. 圆角正等测图的画法

连接直角的圆弧，等于整圆的 1/4，在轴测图上，它是 1/4 椭圆弧，可以用简化画法近似作出，如图 9-16 所示。

作图时根据已知圆角半径 R，找出切点 A_1、B_1、C_1、D_1，过切点作垂线，两垂线的交点即为圆心，以此圆心到切点的距离为半径画圆弧即得圆角正等测图。为了省时，可把圆弧的圆心向下量取 H 定出圆心，再作圆弧，并作圆弧的外公切线。

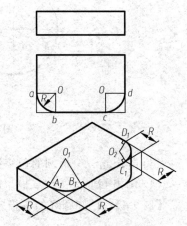

图 9-16　圆角正等轴测图画法

5. 正等测图举例

【例 9-4】 已知圆柱的正投影图，画出其正等测图。

作图步骤：如图 9-17 所示。

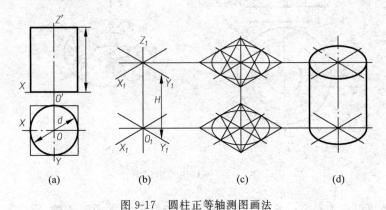

(a)　　　　　(b)　　　　　(c)　　　　　(d)

图 9-17　圆柱正等轴测图画法

(1) 在圆柱的正投影图上确定坐标原点和坐标轴，并作底圆的外切正方形。

(2) 作 Z_1 轴，使其与圆柱轴线重合，定出坐标原点 O_1，截取圆柱高度 H，画圆柱顶圆、底圆轴测轴。

(3) 用菱形法画圆柱顶圆、底圆的正等测投影——椭圆。

(4) 作两椭圆的公切线，然后整理、加深即完成全图。

注：当用菱形法作出圆柱顶圆的正等测投影——椭圆后，亦可根据圆柱高度 H，用移心法画出底圆椭圆，作图方法略。

【例 9-5】 已知圆球被切去 1/8，画出其正等测图。

作图步骤：如图 9-18 所示。

(1) 在正投影图中确定坐标，作轴测轴。

(2) 分别作出 XOY、YOZ、XOZ 坐标面上圆的轴测投影——椭圆，其长轴分别垂直 O_1Z_1、O_1X_1、O_1Y_1。

154

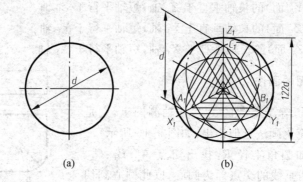

图 9-18　圆球切去 1/8 正等轴测图

（3）作出这三个椭圆的包络线——圆，该圆直径为 $1.22d$。

（4）画出 O_1A_1、O_1B_1、O_1C_1 即得圆球被切去 1/8 的正等轴测图。

【**例 9-6**】　已知圆环的正投影图，求作其正等轴测图（见图 9-19）。

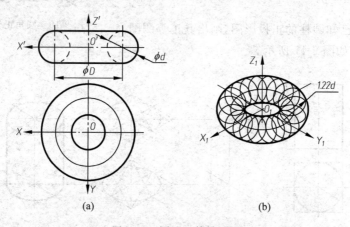

图 9-19　圆环正等轴测图

由于圆环可以认为是由一直径不变的圆球沿着圆周运动而形成的，所以圆环的正等测投影的画法，可归结为画出一系列球的正等测投影（直径为 $1.22d$ 的圆，此处 d 为圆球的直径），并作其包络线。

作图步骤：如图 9-19(b)所示。

（1）作出圆环中心圆的轴测投影——椭圆（长轴＝$1.22D$，此处 D 为圆环中心圆直径）。

（2）画一系列直径为 $1.22d$ 的圆，并使圆心都在上述椭圆上。

（3）作出这些圆的包络线，即为所求圆环的正等轴测图。

【**例 9-7**】　作出图 9-20 所示回转体的正等轴测图。

此回转体是由一平面曲线绕一固定轴回转而成的曲面立体。而该回转曲面与任一垂直于回转轴线的平面相交，它们的交线都是圆。只要画出一系列圆的正等测图——椭圆，然后画出椭圆的包络线，就可得到回转体的轴测图。

作图步骤：如图 9-20(a)、(b)所示。

（1）先在回转体的正投影图中作出若干垂直于轴线的截平面迹线，截平面与回转体前后转向线相交，亦是截交线——圆的正面投影。

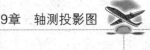

155

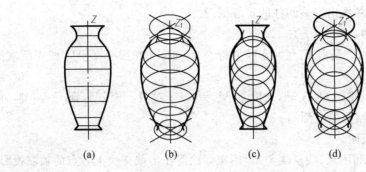

图 9-20 回转曲面正等轴测图

（2）按截平面在正投影图中截得的长度为直径，对应地在轴测图中作出椭圆。然后作出各椭圆的包络线，即得该回转体的正等测图。

上述作图原理虽简单，但椭圆大小不一致，使作图很繁琐。另一种作图方法是：可把回转曲面看成由直径不断改变的圆球，沿着回转轴线运动而成。又由于球的正等测图是圆，作图时只要在正投影图中作出一系列与回转曲面相切的圆球，再在轴测图中找出对应的球心，并作圆，然后画出圆的包络线即可。这就大大简化了作图，具体作图见图 9-20（c）、（d）。

6. 截交线、相贯线的正等测画法

物体中具有截交线、相贯线的画法与其投影图中画法一样可以利用辅助平面法。

【例 9-8】 已知圆柱被截切后的两面投影，画出其正等轴测图（见图 9-21）。

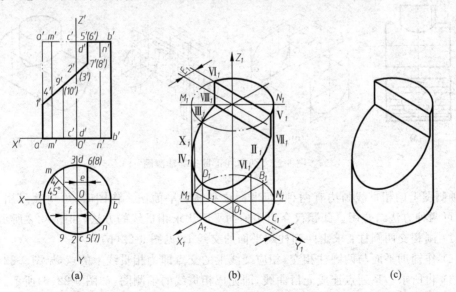

图 9-21 截切圆柱正等轴测图

如图 9-21（a）所示，从正投影图中可以看出，该圆柱被截平面截切后截交线为矩形，被正垂面截切后，截交线为椭圆。

作图步骤：如图 9-21 所示。

（1）在正投影图中确定坐标轴。

（2）作轴测图，并作出完整圆柱的正等测图。

（3）作矩形截面：

① 在 O_1X_1 轴右方量取 $E_1=e$，作线平行 O_1Y_1 轴，交椭圆于 V_1VI_1 即为所求矩形截面一边。

② 过点 V_1 作线平行 O_1Z_1 轴，量取 $V_1VII_1=5'7'$；过 VI_1 作线 $VI_1VIII_1 /\!/ V_1VII_1$，两线交于 VIII_1VII_1，即完成矩形截面的轴测图。

（4）作椭圆形截面。

根据正投影图，利用点、线从属关系，用坐标法可作出截交线上各点的轴测投影。

① 画出正投影图中前后转向线上点。点 I 属于 AA 线，故点 I_1 属 A_1A_1 线。作图时，可根据 X_1 轴与底面椭圆的交点引出 A_1A_1 素线，量取 $A_1 I_1=a'1'$ 得点 I_1。同理可根据 Y_1 轴求出点 II_1 及点 III_1。

② 画出轴测图中前后转向线上点。由于圆柱的正等测图中的前后转向线一定位于其正投影图中与 OX 轴成 $45°$ 位置的素线上，即 MM、NN 两条素线。则点 IV_1 属于 M_1M_1 线，故 $M_1 IV_1=m'4'$ 得点 IV_1。

③ 画出截交线上一般点。在正投影图中，沿 OX 轴适当位置定一距离 F。过点 F 作 OY 轴平行线，得 XI、X 两点，在轴测图中画出相应的轴测投影 XI_1、X_1 即可。

④ 依次光滑地连接各点，即得椭圆形截面。

⑤ 整理、加深即完成全图。

【例 9-9】 已知两圆柱正交相贯，画出其正等测图（见图 9-22(a)）。

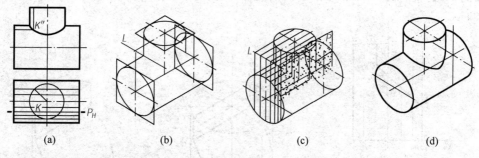

图 9-22 两圆柱正贯正等轴测图

轴测图上的相贯线画法有两种，即坐标法和辅助平面法。作图时，可单独采用一种方法，亦可两种方法结合用。此题仅介绍用辅助平面法求相贯线的方法，如图 9-22 所示。

（1）画相交两圆柱：求出两圆柱端平面的交线 L，见图 9-22(b)。

（2）作辅助平面与两圆柱相交，相应交线上的交点即为相贯线上的点，见图 9-22(c)。

（3）将所求一系列点连成光滑曲线，即完成相贯线的轴测图，如图 9-22(d)所示。

【例 9-10】 图 9-23 是一直角支板的正投影图，画其正等测图。

作图步骤：如图 9-24 所示。

（1）在正投影图上确定坐标原点和坐标轴。

（2）画底板和侧板的正等测图。

（3）画底板上圆孔和侧板上圆孔及半圆柱面的正等测图。

（4）画底板圆角和中间筋板的正等测图。

（5）擦去作图线,整理、加深即完成全图。

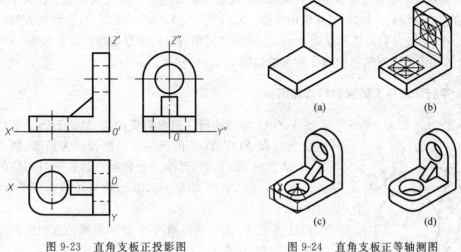

图 9-23 直角支板正投影图

图 9-24 直角支板正等轴测图

9.3 斜二等轴测图

1. 形成

如图 9-25(a)所示,使确定立方体在空间位置的直角坐标系中 XOZ 坐标面与轴测投影面 P 平行,而投影方向 S 倾斜于轴测投影面 P,这时投影方向 S 与三个坐标面都倾斜,得到的轴测图叫正面斜轴测图。本节只介绍常用的正面斜二等轴测图,简称斜二测图。

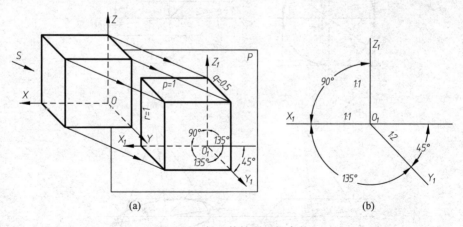

图 9-25 斜二等轴测坐标参数

2. 轴间角和轴向变形系数

在正面斜二等轴测图中,由于坐标面 XOZ 与轴测投影面 P 平行,根据平行投影特性,X_1、Y_1 轴的轴向变形系数都等于 1,X_1、Y_1 轴的轴间角为直角,即 $p=r=1$,$\angle X_1O_1Z_1=90°$。一般将 Z_1 轴画成铅垂位置,物体上凡平行于坐标面 XOZ 的直线、曲线、平面图形的斜二测投影均反映实形。

Y_1 轴的轴向变形系数和相应的轴间角是随着投影方向 S 的变化而变化的。为了作图简便，增强斜二测图的立体感，通常取轴间角 $\angle X_1 O_1 Y_1 = \angle Y_1 O_1 Z_1 = 135°$，这样可以方便地画出 Y_1 轴。选 Y_1 轴的轴向变形系数 $q = 0.5$，即斜二测图各轴向变形系数的关系是 $p = r = 2q$。

斜二测图的轴间角和轴向变形系数如图 9-25(b)所示。

3. 平行于坐标面的圆的斜二测图

如图 9-26 所示，平行于坐标面 XOZ 的圆的斜二测投影反映实形，仍为圆。平行于另

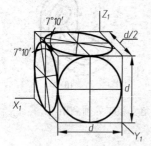

图 9-26 平行坐标面的圆的
斜二测图

外两个坐标面 XOY、YOZ 的圆的斜二测投影为椭圆，两个椭圆除长、短轴方向不同之外，其余完全相同。其长轴与相应的轴测轴的夹角为 $7°10'$，长度为 $1.06d$，其短轴与长轴垂直平分，长度为 $0.33d$。

现以 $X_1 O_1 Y_1$ 面上的椭圆为例，说明椭圆的近似作图法。

作图步骤：如图 9-27 所示。

(1) 作 X_1、Y_1 轴，画圆的外切正方形的斜二测图，得一平行四边形。过 O_1 作直线 AB 与 X_1 轴成 $7°10'$，AB 即为椭圆的长轴方向，过 O_1 作直线 CD 垂直于 AB，CD 即为椭圆短轴方向，如图 9-27(b)所示。

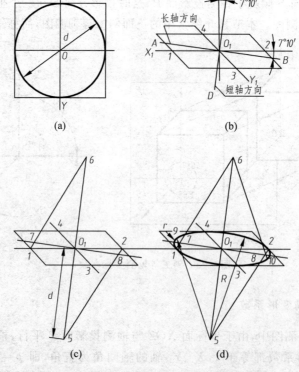

图 9-27 水平面上圆的斜二测图

（2）在短轴方向线 CD 上截取 $O_15=O_16=d$，点 5、6 即为大圆弧的圆心，连接 5、2 及 6、1，并与长轴交于 7、8 两点，点 7、8 即为小圆弧的圆心，如图 9-27(c) 所示。

（3）分别作大圆弧（9、2、1、10）和小圆弧（1、9、2、10），即得所求椭圆，如图 9-27(d) 所示。

4. 斜二测图的画法

当物体的正面（XOZ 坐标面）形状比较复杂时，采用斜二测图较合适。物体的斜二测图与前述的正等测图的作法相同。

【**例 9-11**】 根据支座的正投影图，作其斜二测图，见图 9-28。

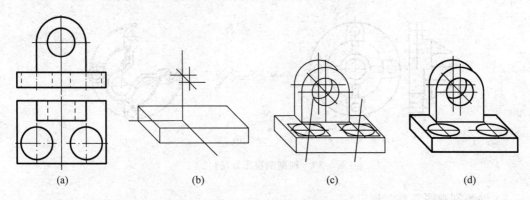

(a)   (b)   (c)   (d)

图 9-28 支座的斜二测图

作图步骤：如图 9-28 所示。

（1）确定坐标原点，画轴测轴。作出物体上 Ⅰ 部分的斜二测图，如图 9-28(b) 所示。

（2）作 Ⅱ 部分的斜二测图，并在 Ⅰ、Ⅱ 部分上画圆孔的斜二测图，如图 9-28(c) 所示。

（3）擦去作图线，整理、加深即完成全图，如图 9-28(d) 所示。

9.4 画轴测图的几个问题

1. 轴测剖视图的画法

为了表示物体的内部形状，在轴测图上也常采用剖视，但为了保持外形的清晰，所以不论零件是否对称，通常采用两个相互垂直的剖切平面，剖切掉物体的 1/4 的剖视方法，这种剖切后的轴测图称为轴测剖视图。

1）轴测剖视图的画法

画轴测剖视图，一般可采用下述两种方法之一。

（1）先将物体完整的轴测图画出，然后沿轴测轴方向用剖切平面剖切开，如图 9-29 所示。

（2）先画出断面的轴测投影图，然后再画出看得见的外形轮廓线，如图 9-30 所示。

上述第一种方法对初学者来说较容易掌握。第二种方法作图时，可减少不必要的作图线，使作图更为迅速，这对内、外结构较复杂的零件更为合适。

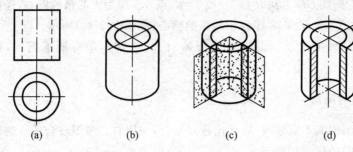

图 9-29　轴测剖视图画法（一）

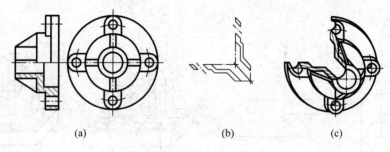

图 9-30　轴测剖视图画法（二）

2）轴测剖视图的有关规定

（1）剖面线的画法：轴测剖视图中剖面线一律画成等距、平行的细实线，其方向如图 9-31 所示。图 9-31(a)为正等测、图 9-31(b)为斜二测图中剖面线方向的画法。

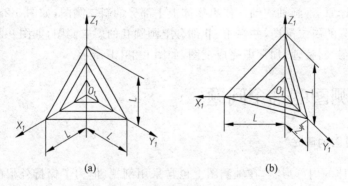

图 9-31　轴测图剖面线画法

（2）筋板的剖切画法：和零件图一样，当剖切平面沿着纵向剖切筋板时，不画剖面线或用细点表示筋板的剖切部分，如图 9-30(c)所示。

2．轴测图的选择

画轴测图的目的是要增强立体感，但也要考虑作图方便。前面介绍的正等测、斜二测图，它们各有优、缺点，现比较如下，供参考。

1）正等测图

度量性好，三向坐标尺寸可直接由正投影图量得；轴间角均匀分布，三向轴测坐标面上的椭圆画法一致,简化了作图,应用较广。

2）斜二测图

它的主要优点是当零件在一个坐标面及其平行面上有较多的圆或圆弧,而在其他平面上图形较简单时,采用斜二测图最容易。但就立体感来说,它的形状呆板、失真。

上述,仅对两种轴测图的优、缺点作了一般的比较。在具体作图时,如何选用,还要看物体的具体形状和结构特点而定。从图 9-32 所示的同一物体的两种轴测图比较看,由于该物体在三向坐标面上均有圆,采用正等测图表达较好。

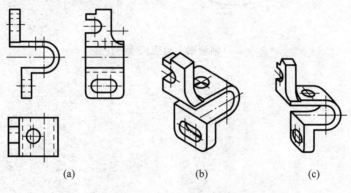

(a)　　　　　　　　(b)　　　　　　　　(c)

图 9-32　两种轴测图比较

3. 轴测图中的尺寸注法

1）轴测图线性尺寸的标注

轴测图上的线性尺寸,一般须沿轴测轴方向标注。尺寸数值为物体的基本尺寸;尺寸线必须同所标注的线段平行;尺寸界线一般应平行于某一轴测轴;尺寸数值应按相应的轴测图形,标注在尺寸线的上方。但在图形中若出现字头朝下时,应用引出线将数字写成水平位置。线性尺寸的标注方法如图 9-33 所示。

2）轴测图上圆的直径的标注

在轴测图上标注圆的直径时,尺寸线和尺寸界线应分别平行于圆所在平面的轴测轴。标注圆弧半径或标注较小圆的直径时,尺寸线可以从(或通过)圆心引出标注,但注写尺寸的横线必须平行于轴测轴,如图 9-34 所示。

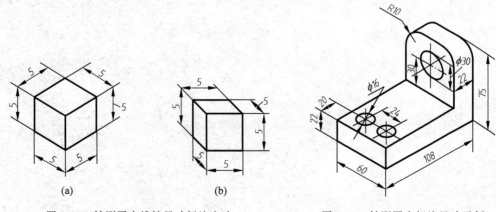

(a)　　　　　　　　(b)

图 9-33　轴测图中线性尺寸标注方法

图 9-34　轴测图中标注尺寸示例

162

3）轴测图上角度的标注

轴测图上标注角度的尺寸线，应画成与该坐标平面相应的椭圆弧。角度数字一般写在尺寸线的中断处，字头向上，如图 9-35 所示。

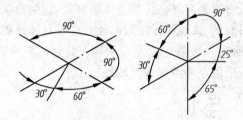

图 9-35　轴测图上角度尺寸标注法

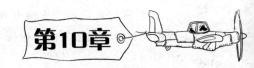

第10章

机件常用的表达方法

在实际生产中,机器零件(以下简称机件)的种类繁多,结构形状也千差万别,为了把它们的结构形状完整、清晰地表达出来,需要根据机件的结构特点采用多种表达方法。国家标准《机械制图》"图样画法"(GB 4458.1—1984)中规定了表达机件形状的各种方法。本章将介绍其中一些常用的表达方法。

学习本章时,应重点掌握各种表达方法的用途、图形的规定画法及标注方法。

10.1　视图

国标规定,机件的图形按正投影法绘制,并采用第一角投影法。按此规定,将机件向投影面投影所得的图形称为视图。视图分为基本视图、向视图、局部视图、斜视图。

1. 基本视图

用正六面体的 6 个面作为基本投影面,机件向基本投影面投影所得的图形称为基本视图(见图 10-1)。在 6 个基本视图中,除前面已经介绍过的主视图、俯视图和左视图外,还有·右视图——由右向左投影所得的视图;仰视图——由下向上投影所得的视图;后视图——由后向前投影所得的视图。

6 个基本投影面按图 10-1 所示展开,即正面(V 面)保持不动,其余各面按箭头所指方向旋转至与正平面同一平面的位置,得到 6 个基本视图的配置关系,如图 10-2 所示。由此可见,6 个基本视图的位置是一定的,各个视图之间保持一定的投影对应关系。因此,如果在同一张图纸内按图 10-2 配置视图时,一律不标注视图的名称。

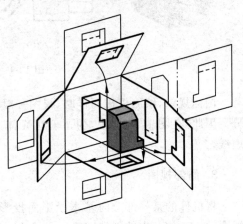

图 10-1　6 个基本投影面

2. 向视图

向视图是基本视图的一种表达形式,主要差别在视图的配置方向。如果不能按图 10-2

配置时,则应在视图上方标出视图的名称"×",如图 10-3 中的"A""B"等,在相应的视图附近用箭头指明投影方向。投影方向的箭头应尽可能配置在主视图上,并注上同样的字母(见图 10-3)。

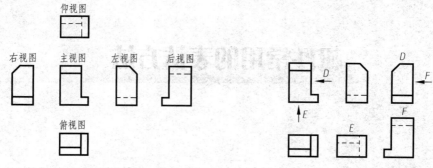

图 10-2 六个基本视图配置   图 10-3 不按基本视图配置情况

根据机件的结构特点,适当选用基本视图,可以比较清晰地表达机件的形状。如图 10-4(a)所示的壳体零件,可以选用主视图和左视图两个视图来表达它的形状,如图 10-4(b)所示;但由于视图中虚线较多,不便于看图,而选用主、左、右三个视图来表达,如图 10-4(c)所示,图形就清晰多了。

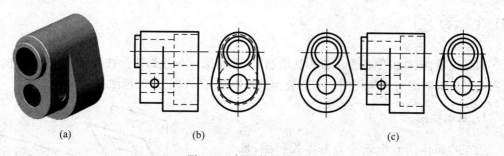

图 10-4 视图数量的选择

国标规定,绘制机械图样时,视图一般只画机件的可见部分,必要时才画出其不可见部分。因此,在图 10-4(c)中,为了表达壳体的内部形状,主视图和左视图中仍需画出必要的虚线。

3. 局部视图

将机件的某一部分向基本投影面投影所得的视图称为局部视图,如图 10-5 中的 A、B 视图,图 10-6(c)中的斜视图。

画局部视图时应注意:

(1) 画局部视图的范围用波浪线表示。当所表示的局部结构具有完整、封闭的外轮廓,而且相对位置又能唯一确定时,可以单独画出局部结构的视图,而不画出波浪线,如图 10-5 中的 B 视图所示。

(2) 画局部视图一般按投影关系配置在箭头所指的方向(见图 10-5 中的 A 视图),必要时也可配置在其他适当的位置,如图 10-5 中的 B 视图。

(3) 画局部视图时,一般应在被表达部位的附近用箭头指明投影方向,并标注字母

"×",在视图的上方用相同字母标出视图的名称"×"。但当局部视图按投影关系配置,中间又没有其他图形隔开时,可以不标注。如图 10-6(c)、(d)中的斜视图。

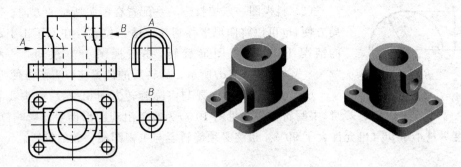

图 10-5 局部视图的画法及标注

4. 斜视图

图 10-6(a)表示的支架零件具有倾斜结构,其倾斜表面为正垂面,因此它在俯视图中的投影不反映真实形状,不便于画图和看图。为了清楚地表示倾斜结构的实形,可以采用变换投影面的方法。如图 10-6(b)所示,设立一个与倾斜表面平行的投影面 H_1,将倾斜结构向 H_1 面作正投影,所得的视图即能反映出倾斜结构的实形。这种将机件向不平行于任何基本投影面的平面投影所得的视图称为斜视图。

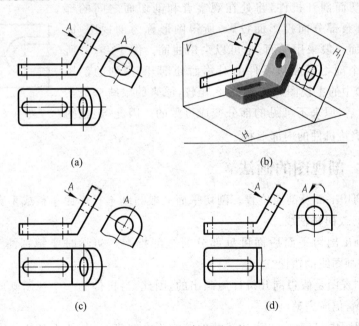

图 10-6 斜视图

画斜视图时应注意:

(1) 斜视图只表达零件上倾斜结构的局部形状,其余部分不必画出,而采用波浪线作为分界线,画成一个局部的斜视图,如图 10-6(c)所示。

(2) 必须在所表达的部位附近用箭头指明投影方向,并标注字母"×",在斜视图的上方用相同字母标注视图的名称"×"。箭头必须与倾斜表面垂直,字体要水平书写,如图 10-6(c)所示。

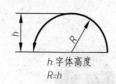

图 10-7　斜视图的符号

(3) 斜视图一般按投影关系配置在箭头所指的方向。为了布局方便,也可以将图形平移到其他适当位置。在不至于引起误解的情况下,允许将图形旋转,并在视图上方注明"× ⌒"或"⌒ ×",如图 10-6(d)所示。旋转后的位置应以看图方便为准。

(4) 旋转符号方向要与实际旋转方向相一致,箭头要靠近字母,书写符号规格见图 10-7,为避免出现图形倒置而影响读图,旋转角度尽量小于 90°(也允许大于 90°)。最终必须旋转至与主视图相一致的位置。

10.2　剖视图

10.2.1　剖视的基本概念

当只用视图表达零件的形状时,不可见的内部形状是用虚线表示的,如图 10-8 所示。如果零件的内部形状比较复杂,视图中就会出现很多虚线,影响图形清晰,不便于看图和标注尺寸。为了解决这个问题,必须采用剖视的方法。

假想用剖切面剖开机件,将处在观察者和剖切面之间的部分移去,而将其余部分向投影面投影,所得图形称为剖视图,简称剖视。剖切面一般采用平面,也可以采用曲面。图 10-9(a)所示为假想用一个剖切平面从零件的对称面处剖开,得到的剖视图如图 10-9(b)中的主视图。与图 10-8 比较,原来的虚线变成实线,即剖开零件后,原来不可见的部分变成可见的。因此,剖视图的用途主要是表达机件的内部形状。

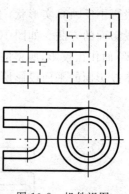

图 10-8　机件视图

10.2.2　剖视图的画法

(1) 确定剖切平面及剖切位置。剖切平面一般与基本投影面平行或垂直,剖切位置一般应通过对称面或回转轴线。

(2) 必须画出剖切平面后面可见部分的全部投影。初学时要特别注意防止出现如图 10-9(c)中漏画图线的错误。

(3) 由于剖视图是假想剖开机件后画出的,因此,当机件的一个视图画成剖视图后,其他视图不受影响,仍应完整画出。

(4) 在剖视图中,只对尚未表达清楚的结构用虚线表示,其他不必要的虚线一律不画。图 10-10(b)中的虚线可以省略,如图 10-10(a)所示。图 10-11(a)中的虚线则不能省略。若省略,如图 10-11(b)所示,则该零件的前后两个平面高度不能确定。

(5) 在剖切断面上画出剖面符号。

零件被剖切到的断面部分称为断面,断面上应画出剖面符号。GB/T 17453—1998 中规定了各种材料的剖面符号,详见表 10-1。

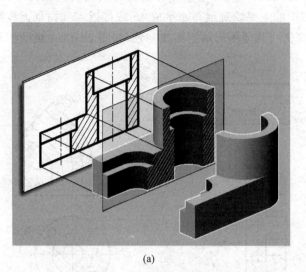

(a)

(b)

(c)

图 10-9　机件的全部视图

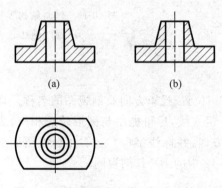

(a)　　　　　　(b)

(a)　　　　　　(b)

图 10-10　剖视图中虚线可以省略情况　　　　图 10-11　剖视图中虚线不可省略情况

表 10-1　剖面符号（GB/T 17453—1998）

金属材料			线圈绕组元件		砖	
非金属材料			转子、电枢、变压器和电抗		混凝土	
木材	纵剖面		型砂、填沙、砂轮、陶瓷及硬质合金刀		钢筋混凝土	
	横剖面		液体		基础周围的泥土	
玻璃及供观察用其他透明材料			木质胶合板		格网（筛网、过滤）	

注：（1）剖面符号仅表示材料的类别，材料的名称和代号必须另行注明。

（2）叠钢片的剖面线方向，应与束装中叠钢片的方向一致。

（3）液面用细实线绘制。

金属材料的剖面符号采用间隔相等、方向相同且与零件主要轮廓线、剖面区域的对称线成45°的平行细实线（通常称为剖面线）表示。同一金属零件的所有剖面线应保持方向、间隔一致，如图 10-12 所示。当剖视图中的主要轮廓线与水平成 45°或接近 45°时，剖面线则应画成与水平成 30°或 60°，其倾斜方向仍与其他图形的剖面线一致，如图 10-13 主视图所示。

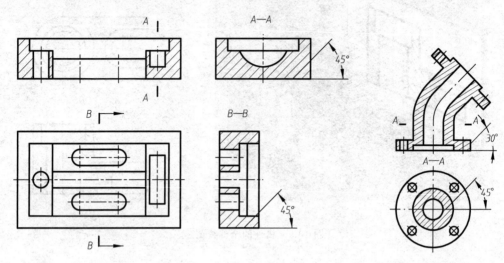

图 10-12　画零件剖面线规定　　　　　　　图 10-13　倾斜结构零件剖
面线画法

10.2.3　剖视图的标注及配置

（1）为了看图方便，一般情况下都应标注剖切位置、投影方向及剖视图的名称。即在相应的视图上用剖切符号（线宽为$(1\sim1.5)d$ 的短粗实线，尽可能不与图形轮廓相交）表示剖切位置；在剖切符号的起讫处用箭头表示投影方向，并标注字母"×"；在剖视图的上方用相同字母标注剖视图的名称"×—×"。如图 10-12 中的 B—B 剖视图。

（2）省略标注的情况：

① 当剖视图按投影关系配置，中间又没有其他图形隔开时，可以省略箭头，如图 10-12 中的 A—A 视图和图 10-13 中的 A—A 视图。

② 当只用一个剖切平面沿机件的对称平面或基本对称平面剖切，且剖视图按投影关系配置，中间又没有其他图形隔开时，可以不作任何标注，如图 10-12 中的主视图和图 10-13 中的主视图。

（3）剖视图的配置：10.1 节中基本视图的配置规定，同样适用于剖视图。剖视图也可以按投影关系配置在与剖切符号相对应的位置，如图 10-12 中的 B—B 视图。必要时，也允许将剖视图配置在其他适当位置，但必须标注清楚。

10.2.4　剖视图的分类

根据剖切范围不同，可将剖视图分为全剖视图、半剖视图和局部剖视图，如图 10-14 所示。

1．全剖视图

用剖切平面完全地剖开机件所得的剖视图称为全剖视图，如图 10-9（b）、图 10-12、图 10-13、图 10-14(a)中的剖视图。

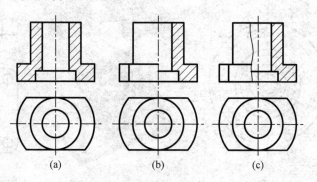

图 10-14　剖视图的分类

（a）全剖视图；（b）半剖视图；（c）局部剖视图

全剖视图通常用来表达机件的整体内形。

全剖视图应按规定标注。

图 10-15 所示的轴承座，左视图和俯视图都采用了全剖视图。但在左视图中有一个结构的断面未画剖面线，这个结构称为筋。生产中把那些具有加强和连接作用的薄板结构通称为筋。国标规定，当剖切平面通过筋的纵向对称面时，它的断面不画剖面线，而用粗实线将它与邻接部分分开。当垂直于纵向对称面剖切时，其断面上必须画剖面线，如图 10-15 所示俯视图。

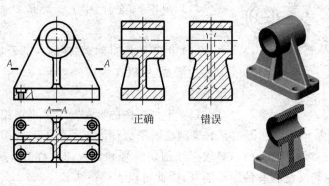

图 10-15　全剖视图

一般用平面剖切机件，视需要也可用柱面剖切机件，采用柱面剖切机件时，剖视图应按展开绘制，如图 10-16 中的 $B—B$ 视图所示。

2．半剖视图

当机件具有对称平面时，在垂直于对称平面的投影面上投影所得的图形，可以对称中心线为界，一半画成剖视，另一半画成视图，这种剖视图称为半剖视图，如图 10-17 所示。

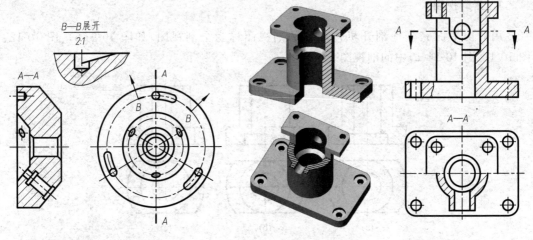

170

图 10-16 全剖视图　　　　　图 10-17 半剖视图

当机件的形状接近于对称,且不对称部分已由其他图形表达清楚时,也可以画成半剖视图,如图 10-18 所示。

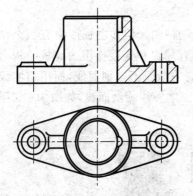

半剖视图的特点是在一个图形上既表达机件的内部形状,又兼顾表达机件的外部形状,因此用于表达对称或基本对称零件的内外形状时很方便。但对于那些虽然对称,而外形却十分简单的零件,为了图形清晰和标注尺寸方便,通常还是采用全剖视图,如图 10-14(a)所示。

画半剖视图时应注意:

(1) 视图与剖视图分界线是点画线,不要画成粗实线。

(2) 由于图形对称,零件的内部形状已在半个剖视图中表达清楚,所以在表达外部形状的半个视图中,不必再画虚线。

(3) 半剖视图的标注与全剖视图相同。

图 10-18 局部不对称结构也可画成半剖视图

在图 10-17 中,位于主视图位置的半剖视图不必标注。而位于俯视图位置的半剖视图,因为剖切位置不是对称平面,所以必须标注剖切符号和剖视图名称"A—A",但由于图形按投影关系配置,中间又没有其他图形隔开,因此可以省略箭头。

3. 局部剖视图

用剖切平面局部地剖开机件所得的剖视图,称为局部剖视图。

图 10-19(a)是一个箱体零件的两视图,可以看出箱体的前后和左右都不对称,因此不能采用半剖视图。如果两个视图都采用全剖视图,虽然可以将内部形状表达清楚,但是箱体前面的凸台和顶部的长方形孔却因剖切后移开,而不能将其实形表达出来,否则就要再增加视图。但是,如果主、俯视图都采用局部剖视图(见图 10-19(b)),就很好地解决了以上问题。

画局部剖视图时应注意：

（1）局部剖视图的剖切范围用波浪线表示，为方便计算机绘图，也可采用双折线表示，剖切范围的大小以能够完整地反映内部形状为准。图10-20(b)中波浪线的位置表示剖切范围太小，未能反映出孔的深度，因此是错误的。

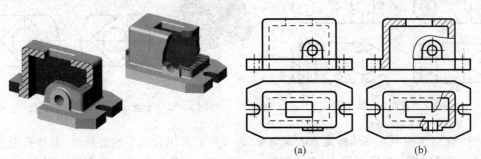

图10-19　局部剖视图

（2）局部剖视图中的波浪线不应与其他图线重合，如图10-20(c)所示，不应超出图形之外，也不要穿过孔或槽的中空部分，如图10-21所示。

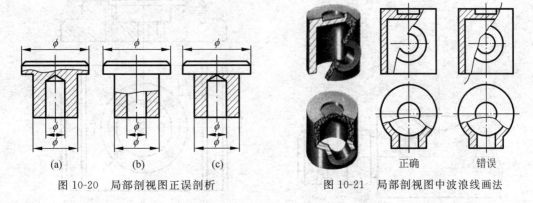

图10-20　局部剖视图正误剖析　　　　图10-21　局部剖视图中波浪线画法

（3）当被剖结构为回转体时，允许将该结构的轴线作为局部剖视与视图的分界线，如图10-22所示。

（4）当只用一个剖切平面且剖切位置明显时，局部剖视图不必标注，如图10-19(b)所示。

局部剖视图适用于以下几种情况：

（1）不对称零件需要在一个图形中同时表达内外形状而不能采用全剖视图的情况，如图10-19所示。

（2）需要表达内形而又不必采用全剖视图的情况。图10-23(a)表示一个压板，如果按图10-23(b)画成全剖视图，不但对表达压板形状没有任何作用，反而会徒劳地多画许多剖面线。

（3）对称零件的轮廓线与对称中心线重合，不宜采用半剖视图的情况，如图10-24所示。

（4）轴、连杆、手柄等实心零件上有小孔、槽、凹坑等局部结构需要表达其内形时，常用局部剖视图，如图10-25所示。

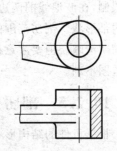

图10-22　允许将结构的轴线作为局部剖视与视图分界线的情况

172

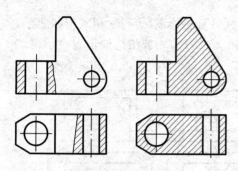

图 10-23　不宜全剖的情况

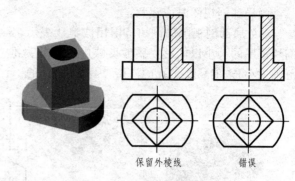

保留外棱线　　　　错误

图 10-24　不宜采用半剖视图的情况

（5）在剖视图中某些结构尚未表示出来，而又不宜采用其他表达方法时，允许在剖视图中再作一次局部剖视，通常称为"剖中剖"。采用这种方法时，两者的剖面线应同方向、同间隔，但要互相错开。一般须用引出线标注其名称，如图 10-26 所示。当剖切位置明显时，也可省略标注。

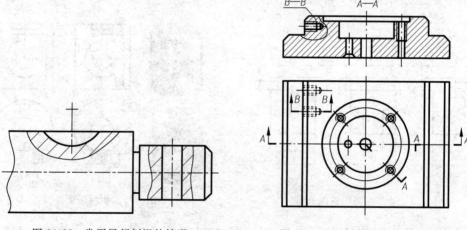

图 10-25　常用局部剖视的情况　　　　图 10-26　在剖视图中作局部剖视

从以上情况可以看出，局部剖视图是一种比较灵活的表达方法。它不受零件是否对称的限制，在波浪线的两边，一边为视图，另一边为剖视图，既能表达零件的外部形状，又能表达内部形状。剖切范围的大小也可以根据需要而定。因此，局部剖视图若使用得当，可使图形简明清晰。但要注意在一个视图中局部剖视图的数量不宜过多，否则会使图形过于零乱，对看图不利。

10.2.5　剖切平面的种类及剖切方法

根据机件的结构形状不同，可以采用不同数量和不同位置的剖切平面进行剖切。

1. 用单一剖切平面剖切

一般用平面剖切，也可用柱面剖切（参看 GB 4458.1—1984 中的图 10-16）。

（1）用平行面剖切。前面介绍的全剖视图、半剖视图、局部剖视图中的图例，都是用一个平行于某一基本投影面的剖切平面剖开零件后画出的。这种用平行面剖切的方法应用最广泛。

（2）用不平行于任何基本投影面的剖切平面剖切。

用不平行于任何基本投影面的剖切平面剖开机件的方法称为斜剖。斜剖适用于表达机件上倾斜结构的内部形状。

如图 10-27 所示，为了表达零件上部倾斜圆柱上的孔、开口槽的宽度及凸耳上的圆孔和螺孔，采用垂直于圆柱轴线的正垂面（不平行于任何基本投影面）剖切，将得 B—B 全剖视图。

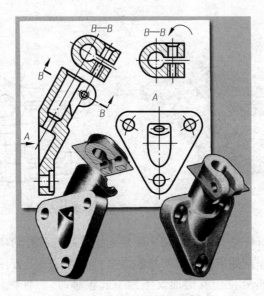

图 10-27　斜剖视图画法及标注

用斜剖的方法画剖视图时，剖视图一般按投影关系配置在与剖切符号相对应的位置，如图 10-27 中的 B—B 视图；必要时也可以将剖视图平移到其他适当位置；在不致引起误解时，允许将图形旋转，并在剖视图上方标注"×—×↷"，如图 10-27 所示。

用斜剖的方法画剖视图时，必须按规定标注。

2．用多个剖切平面剖切

1）用两相交的剖切平面剖切

用两相交的剖切平面（交线垂直于某一基本投影面）剖开机件的方法称为旋转剖。

如图 10-28 所示，为了将圆盘上的孔、槽的深度表示出来，采用两相交的剖切平面剖切（交线与圆盘的轴线重合），并将倾斜部分旋转到与选定的基本投影面（本例为侧面）平行后再投影，便得到 A—A 全剖视图。

用旋转剖的方法画剖视图时应注意：

（1）在剖切平面后面的其他结构，一般仍按原来位置投影。如图 10-29 所示。

（2）当剖切后产生了不完整的结构要素时，应将该结构按不剖绘制。如图 10-30 中零件右侧中间的支臂。

174

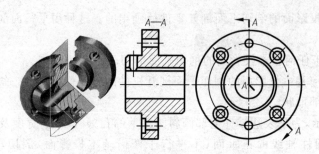

图 10-28　旋转剖视画法及标注

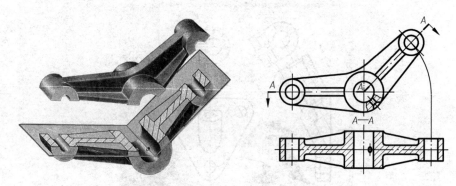

图 10-29　剖切平面后的结构仍按原位置投影

（3）应对剖视图进行标注。即在剖切平面的起讫处和转折处均应画出剖切符号并标注字母"×"；在剖切平面起讫处用箭头指明投影方向；在剖视图上方用相同字母标注剖视图的名称"×—×"。当转折处位置有限而又不致引起误解时，允许在该处省略标注字母，如图 10-29 主视图所示。

旋转剖适用于表达由回转体构成的盘类零件上的孔、槽等结构，如图 10-28 所示；也适用于具有回转轴线的非回转体零件表达内形，如图 10-29 和图 10-30 所示。

2）用几个平行的剖切平面剖切

用几个平行的剖切平面剖开机件的方法称为阶梯剖。

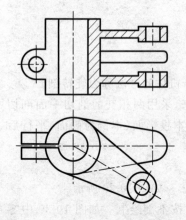

当机件的内部结构层次较多，而且这些结构的对称中心线或轴线相互平行而又不在同一个投影面平行面上时，适宜采用阶梯剖的方法。如图 10-31（a）所示，为了表达零件上处于不同位置上的孔和槽，采用了两个互相平行的剖切平面作阶梯剖，然后画出 A—A 全剖视图，如图 10-31（b）所示。

用阶梯剖方法画剖视图时应注意：

（1）不应画出剖切平面转折处的交线，如图 10-31（c）所示。剖切平面转折处也不要与轮廓线重合。

（2）剖视图内不应出现不完整的结构要素，如图 10-31（d）所示；只有当两个结构要素在图形上具有公共的对称中心或轴线时，才能以对称中心线或轴线为分界线各画一半，如

图 10-30　剖切后产生不完整要素
应按不剖画

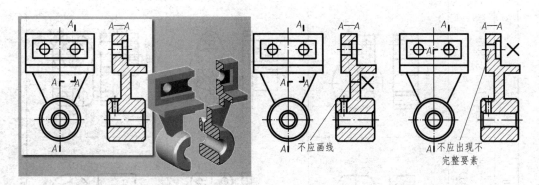

图 10-31 用几个平行的剖切平面剖切的画法

图 10-32 所示。

3）用组合的剖切平面剖切

当机件的内部结构形状比较复杂，用旋转剖或阶梯剖的方法都不能表达清楚时，可以用组合的剖切平面剖开机件，这种剖切方法称为复合剖，如图 10-33 和图 10-34 所示。

用复合剖的方法画剖视图时，可以采用展开画法，在剖视图上方标注"×—×展开"，如图 10-34 所示。

以上介绍的 5 种剖切方法所举图例中的剖视图都是全剖视图，而实际上在大多数情况下，采用任何一种剖切方法剖开机件后，都可以根据表达机件内外形状的需要画成全剖视图、半剖视图或局部剖视图。表 10-2 充分反映了剖视图与剖切方法的这种关系。

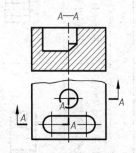

图 10-32 具有公共轴心线结构可以轴线分界各画一半

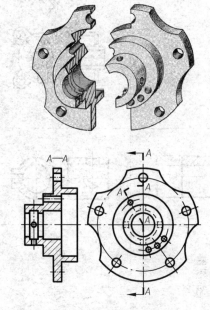

图 10-33 复合剖视画法

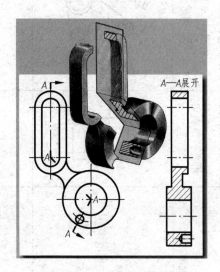

图 10-34 复合剖视标注

表 10-2　剖视图与剖切方法

剖视图 \ 剖切方法	单一平面剖切		多个平面剖切	
	用平行面剖切	斜剖（不平行任何基本投影面的平面剖切）	旋转剖（两个相交的剖切平面剖切）	阶梯剖（几个平行的剖切平面剖切）	复合剖（组合剖切平面剖切）
全剖视图	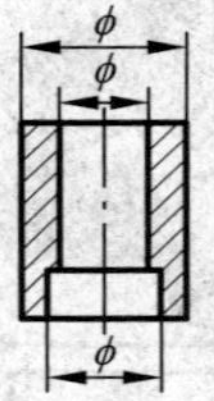	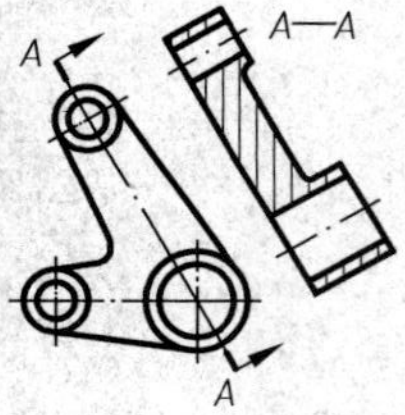	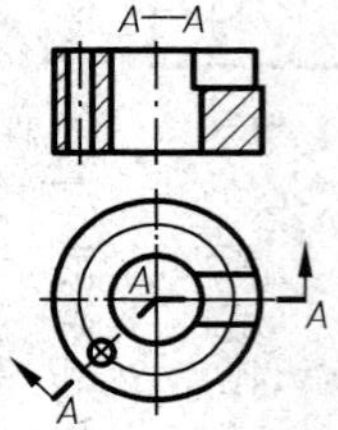	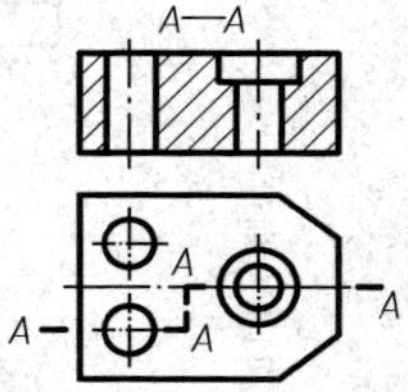	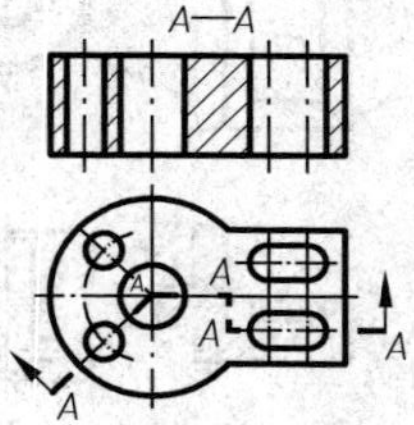
半剖视图	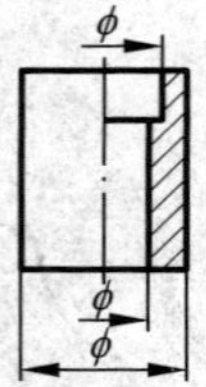			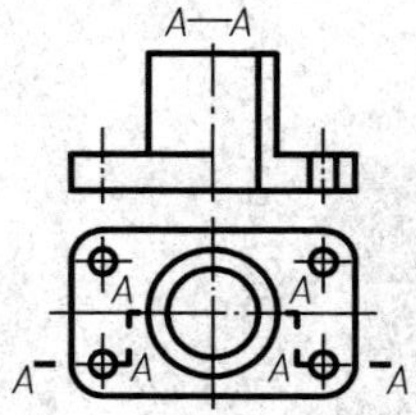	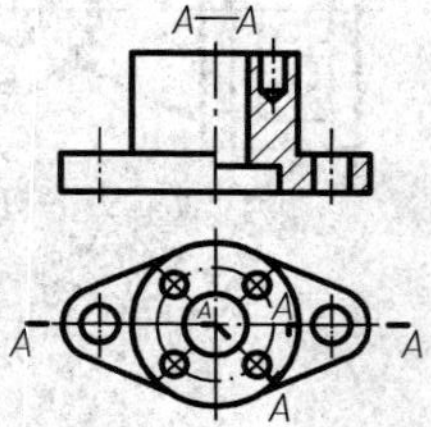
局部剖视图	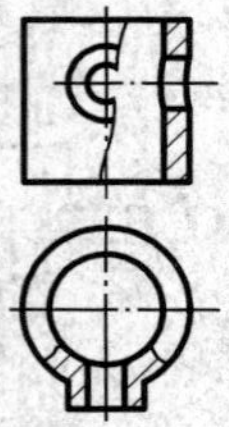	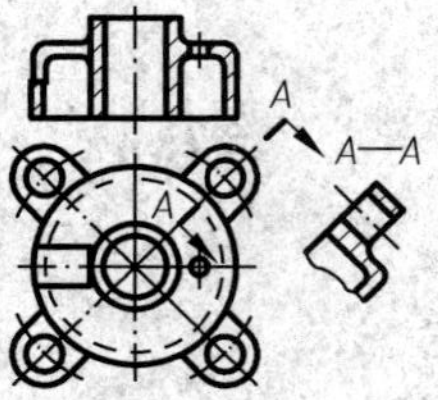	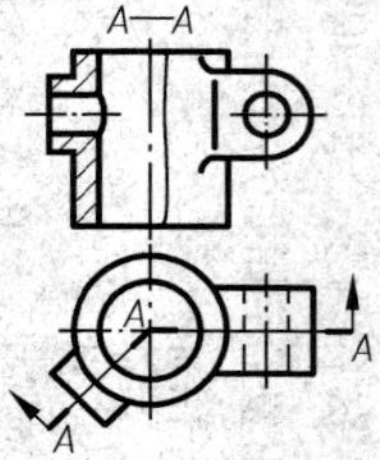	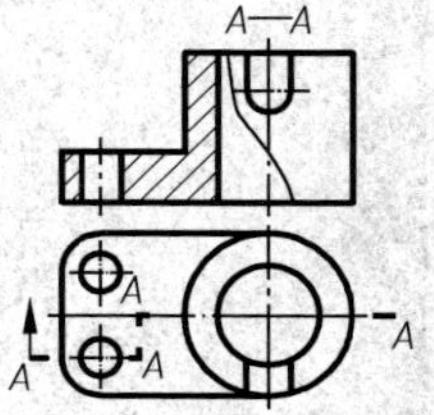	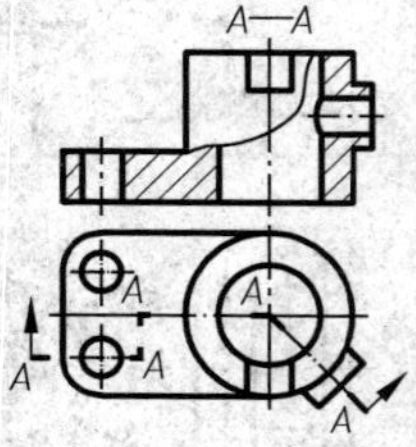

10.3　断面

1. 断面的基本概念

假想用剖切平面将机件的某处切断,仅画出断面的图形,这个图形称为断面图,简称断面,如图 10-35(a)、(b)所示。

断面图常用于表达轴类零件上的孔、键槽等局部结构的形状以及零件上的筋、轮辐、薄壁等结构的断面形状。

比较图 10-35(a)和(c)可知,断面图与剖视图的区别在于:断面图只画断面形状,而剖视图除了画出断面形状外,还必须画出其余可见部分的全部投影。

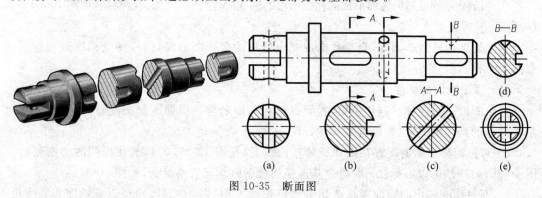

图 10-35　断面图

2. 断面的种类及画法

断面分移出断面和重合断面两种。

1) 移出断面

画在视图轮廓线之外的断面称为移出断面,如图 10-35 和图 10-36 所示。

(1) 移出断面的画法

① 移出断面的轮廓线用粗实线绘制。

② 移出断面应尽量配置在剖切符号或剖切平面迹线的延长线上,如图 10-35(a)、(b)所示。剖切平面的迹线是指剖切平面与投影面的交线,用点画线表示。

当断面图形对称时,也可画在视图的中断处,如图 10-36(a)所示。

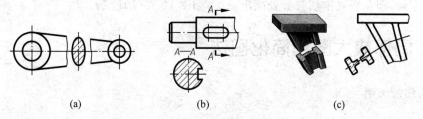

图 10-36　断面图标注

必要时可将移出断面配置在其他适当的位置,如图 10-36(b)所示;在不致引起误解时,允许将图形旋转,并标注"⌒×—×",如图 10-37(c)所示。

178

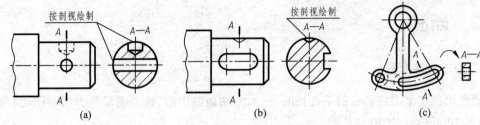

图 10-37　断面图按剖视图绘制情况

③ 由两个或多个相交平面剖切得到的移出断面,中间一般应断开,如图 10-36(c)所示。为了反映断面的实形,剖切平面应垂直于所表达结构的主要轮廓线或轴线。

④ 当剖切平面通过回转面形成的孔或凹坑的轴线时,这些结构按剖视绘制,如图 10-37(a)、(b)所示。

当剖切平面通过非圆孔,会导致出现完全分离的多个断面时,则这些结构按剖视绘制,如图 10-37(c)所示。

(2) 移出断面的标注

移出断面一般应标注剖切位置、投影方向和断面名称。根据断面图配置的位置及图形是否对称的具体情况,也可以省略某些标注:

① 对称的移出断面配置在剖切符号延长线上(见图 10-35(b)),或在视图的中断处(见图 10-36(a))时,可以不标注;配置在其他任何位置时均可省略箭头,如图 10-37(a)所示。

② 不对称的移出断面配置在剖切符号延长线上(见图 10-35(a))可以省略字母;按投影关系配置时,可以省略箭头,如图 10-37(b)所示。

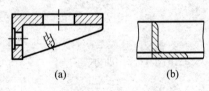

(a)　　　　　(b)

图 10-38　重合断面画法

2) 重合断面

在不影响图形清晰的情况下,断面也可以按投影关系画在视图之内,这种断面称为重合断面,如图 10-38 所示。

重合断面的轮廓线用细实线绘制。当视图中的轮廓线与重合断面的图形重叠时,视图的轮廓线不可间断,仍应连续画出,如图 10-38(b)所示。

对称的重合断面不必标注,如图 10-38(a)所示。配置在剖切符号上的不对称重合断面不必标注字母,但仍要在剖切符号处画出箭头,如图 10-38(b)所示。

10.4　局部放大图和简化画法

1. 局部放大图

将机件的部分结构用大于原图所采用的比例画出的图形,称为局部放大图。局部放大图可画成视图、剖视、断面,它与被放大部分的表达方式无关,如图 10-39(a)、(b)所示。

当机件上某些细小结构在原图上表达不清楚或不便于标注尺寸时,可以采用局部放大图表示。

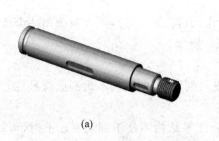

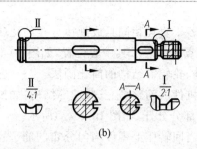

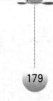

(a)   (b)

图 10-39　局部放大图画法及标注

局部放大图应尽量配置在被放大部位附近。

被放大部位应用细实线圈出,当同一机件上有几个被放大部位时,必须用罗马数字依次注明,并在局部放大图上方标注出相应的罗马数字和所采用的比例,如图 10-39(a)、(b)所示。

当机件上被放大部位只有一个时,在局部放大图的上方只需标注所用比例。同一机件上不同部位的局部放大图,当图形相同或对称时,只需要画出一个。

必要时也可用几个图形表达同一被放大部位的结构,如图 10-40 所示。

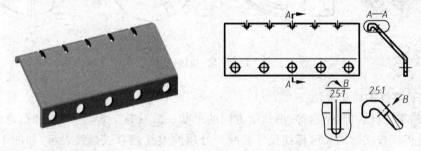

图 10-40　几个图形表达同一放大部位结构的情况

2. 简化画法

简化画法是在完整、清晰地表达零件形状的前提下,力求制图简便、看图方便的简化表达方法。下面介绍国标规定的一些常用的简化画法。

1) 剖面符号的简化

在不致引起误解时,移出断面允许省略剖面符号,但仍须按规定标注,如图 10-41 所示。

2) 相同结构的简化画法

(1) 当零件具有若干相同结构(齿、槽等),并按一定规律分布时,只需画出几个完整的结构,其余用细实线连接,并注明这些结构的总数,如图 10-42(b)所示。

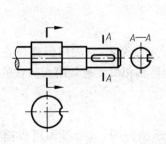

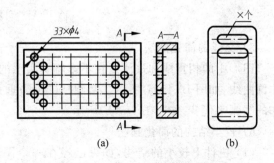

(a)   (b)

图 10-41　断面图省略剖面符号的情况　　　　图 10-42　若干相同结构的画法

（2）若干直径相同且成规律分布的孔（圆孔、螺孔、沉孔等），可以只画出一个或几个，其余只需用点画线表示其中心位置，如图 10-42(a)所示。

3）筋、轮辐等结构的简化画法

（1）机件的筋、轮辐及薄壁等结构，如按纵向剖切，这些结构不画剖面符号，而用粗实线与其邻接部分分开，如图 10-43(a)所示。

（2）当回转体上零件均匀分布的筋、轮辐、孔等结构不处于剖切平面上时，可将这些结构假想旋转到剖切平面上画出，如图 10-43(b)、(c)所示。

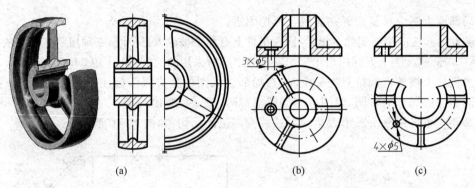

图 10-43　筋、轮辐画法

4）较长零件的简化画法

较长的零件（轴、杆、型材等）沿长度方向的形状一致或按一定规律变化时，可断开后缩短绘制，但仍应按实际的长度标注尺寸。断开处用波浪线或双点画线表示，如图 10-44(a)、(b)所示。轴类零件断开处也可采用图 10-44(c)、(d)的画法。

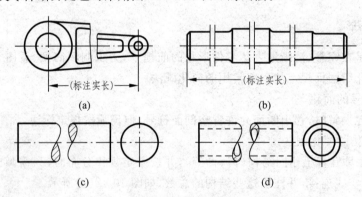

图 10-44　折断画法

5）交线的简化画法

图形中的相贯线和过渡线在不影响真实感的情况下允许简化，例如用圆弧或直线代替非圆曲线，如图 10-45(a)所示。两圆柱（或孔）垂直相交时，其相贯线通常用大圆柱的半径所作的圆弧来代替，如图 10-45(b)所示。

6）较小结构的简化画法

（1）机件上较小的结构，如果已经在一个图形中表示清楚时，其余投影可以简化或省

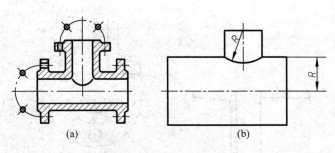

图 10-45 表面交线画法

略。在图 10-46(a)中,由于断面图已将零件左端形状表示清楚,因此主视图中省略了两条截交线。在图 10-46(b)中,一个很小的圆锥孔与较大的圆柱及圆孔相贯,相贯线在俯视图中的投影简化为直线,主视图中锥孔的投影只画大小端。

(2)在不致引起误解时,零件图中的小圆角、锐边的小倒圆或 45°小倒角允许省略不画,但必须标注尺寸或在技术要求中加以说明,如图 10-46(c)、(d)、(e)所示。

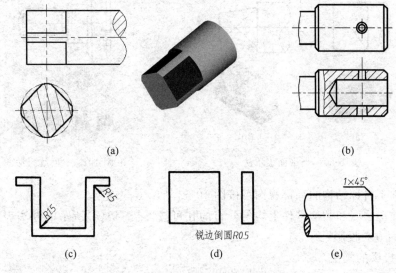

图 10-46 可省略的画法

7)较小斜度投影的简化画法

(1)与投影面倾斜角度小于或等于 30°的圆或圆弧,其投影可以用圆或圆弧代替,如图 10-47 所示。

(2)机件上斜度不大的结构,如在一个图形中已表达清楚时,其他投影可按小端画出,如图 10-48 所示。

8)关于图形的省略画法

(1)在不致引起误解时,对称机件的视图可只画一半或四分之一,并在对称中心线的两端画两条与其垂直的平行细实线,如图 10-49(a)、(b)所示。

(2)当图形不能充分表达平面时,可用平面符号(相交的两条细实线)表示,如图 10-50 所示。

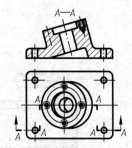

图 10-47 小斜度圆面画法

182

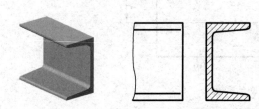

图 10-48　斜度不大结构画法

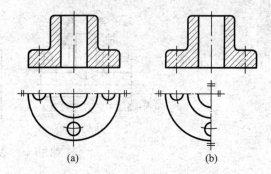

图 10-49　对称结构省略画法

（3）网状物、编织物或机件上的滚花部分，可在轮廓线附近用细实线示意画出，如图 10-51 所示，并在零件图或技术要求中注明这些结构的具体要求。

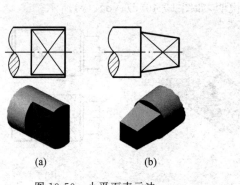

图 10-50　小平面表示法

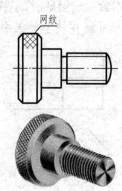

图 10-51　网纹画法

（4）零件上对称结构的局部视图可按图 10-52 所示方法绘制。

（5）圆柱形法兰和类似零件上均匀分布的孔可按图 10-45（a）所示的方法表示（由零件向该法兰端面方向投影）。

9）假想投影的画法

如果需要表示位于剖切平面前面的结构，可按假想投影的轮廓线绘制，如图 10-53 所示。

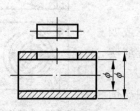

图 10-52　对称结构画

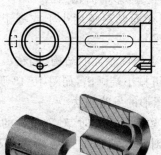

图 10-53　剖切平面前面结构的画法

10.5　表达方法小结及综合应用

1. 表达方法小结

表 10-3 中归纳了视图、剖视、断面的分类、用途及标注方法，可供应用时参考。

表 10-3　机件常用的表达方法

分　类			用　途	标　注　方　法
视图—表达机件的外形	基本视图		表达机件的外形	符合基本配置关系时不标注
	向视图		表达机件外形	标准箭头及字母"×"，视图名称"×"
	局部视图		表达局部结构的外形	同上
	斜视图		表达倾斜结构的外形	同上
剖视—表达机件的内形	全剖视图		表达机件整体内形	一般应标注剖切符号、箭头及字母"×"、剖视图名称"×—×" 特殊情况可以不标注
	半剖视图		表达具有对称面的机件的内形和外形	同全剖视图
	局部剖视图		表达机件的局部内形，保留局部外形	只用一个剖切平面且剖切位置明显时，可以不标注
	单一平面剖切	用平行面剖切	适用于画全剖视图、半剖视图和局部剖视图	
		斜剖	表达倾斜结构的内形	同全剖视图
	多个平面剖切	旋转剖	表达具有回转轴线的机件的内形	同全剖视图，同时，在剖切平面转折处也要标注剖切符号及字母
		阶梯剖	表达不在同一个投影面平行面上的孔、槽等结构的内形	同旋转剖
		复合剖	综合旋转剖、阶梯剖的作用，表达复杂的内形	一般情况与旋转剖相同，但采用展开画法时，剖视图应标注"×—×"展开
断面—表达局部结构的内形或断面形状	移出断面		表达断面形状或断面上局部结构的内形	一般应按全剖视图标注 对称断面画在剖切位置延长线上或视图中断处时不标注；其他位置上可省略箭头 不对称断面画在剖切位置延长线上时可以省略字母；按投影关系配置时可省略箭头
	重合断面		主要用于表达断面形状	对称断面不标注；不对称断面可省略字母

2. 综合应用举例

国家标准《机械制图》关于图样画法的总则指出："绘制机械图样时，应首先考虑看图方便。根据机件的结构特点，选用适当的表达方法。在完整、清晰地表达机件各部分形状的前提下,力求制图简便。"以下是根据总则要求,综合应用视图、剖视、断面等各种表达方法的一个实例。

【例 10-1】 根据图 10-54 所示泵体的三视图,想象泵体的形状,选择适当的表达方法重新表达泵体的形状。

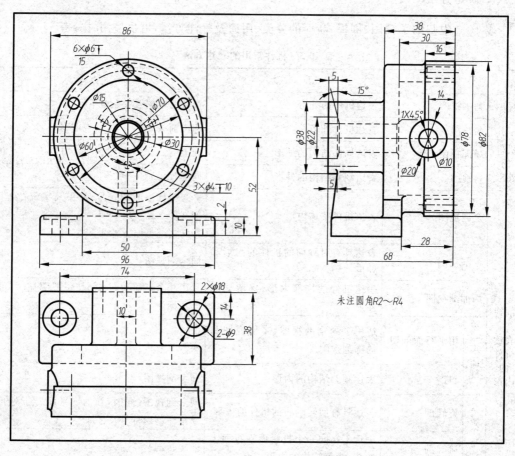

图 10-54 泵体三视图

我们按以下步骤来画出泵体的图样。

首先根据三视图想象泵体的形状,并对泵体作形体分析,充分了解其结构特点。

根据三视图的投影关系,可以把泵体分成三大部分:主体部分由同一轴线的不同直径($\phi82$、$\phi78$、$\phi38$)的三个圆柱体组成。主体内部是直径为 10 的圆柱形空腔及圆柱孔($\phi15$、$\phi22$);两侧是直径为 20 的圆柱,并有直径为 10 的圆孔与空腔相通;主体的前端面有均匀分布的 6 个小孔($\phi6$),后端均匀分布 3 个小孔($\phi4$)。底部是一个长方形底板,上面有两个安装孔。中间有一块支承板和一块筋板把主体和底板连接起来。

经过以上分析,可以想象出泵体的实际形状,如图 10-55 所示。

图 10-55 泵体

接下来进行视图选择。

1．选择主视图

在表达这机件形状的一组图形中，主视图应具有反映机件主要形状特征的作用。因此机件的安放位置和主视图的投影方向应有利于主视图显示它的重要作用。主视图的表达方法可根据表达形状的需要选择基本视图或剖视图。

从图 10-54 泵体的三视图中可以看出，其主视图能明显地反应出泵体的外形特征，因此仍然选它作主视图，只是为了表示出两侧孔和安装孔的结构，必须把主视图画成局部剖视图，如图 10-56 主视图所示。

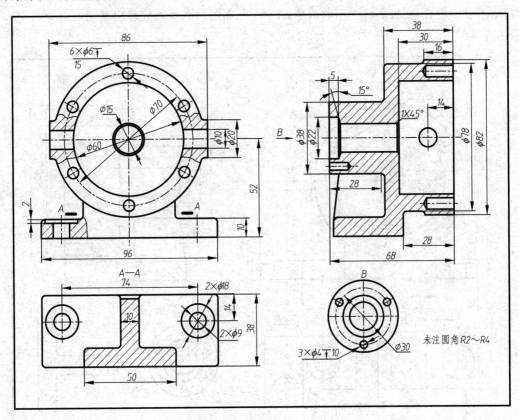

图 10-56　泵体表达方案(一)

2．选择其他视图

主视图确定之后，应根据机件的结构特点，全面考虑所需要的其他视图，此时应注意：

（1）优先选用基本视图或在基本视图上作剖视。

（2）所选择的每一视图都应有自己的表达重点，使之具有别的视图不能取代的作用，只有如此，方可避免不必要的重复，达到制图简便的目的。

从以上两点出发，泵体的其他视图选择如下所述。

（1）左视图：采用全剖视图，重点表达泵体的内形（空腔、通孔、前后端面上的小孔）和泵体各组成部分的相对位置关系。

（2）俯视图：从支承板和筋板处剖切，画出全剖视图，主要表达底板实形和支承板、筋板的断面形状。

（3）B向局部视图：表达泵体后端面上三个小孔的分布情况，如图10-56所示，能完整、清晰地反映出泵体的内外结构形状。

讨论：从泵体的结构来看，它具有左右对称的特点，这很容易使我们想到采用半剖视图的方法，即可以把主视图或俯视图画成半剖视图。图10-57是把俯视图改画成半剖视图后考虑的另一个表达方案。与图10-56比较，俯视图除能够反映侧面孔（φ10）和外形外，在表达空腔形状方面与左视图重复，而在反映泵体各部分相对位置方面又不如左视图清楚。同时，由于投影重叠，底板形状也不够清楚，A—A断面图也必须画成移出断面。因此图10-57表达方案欠佳。

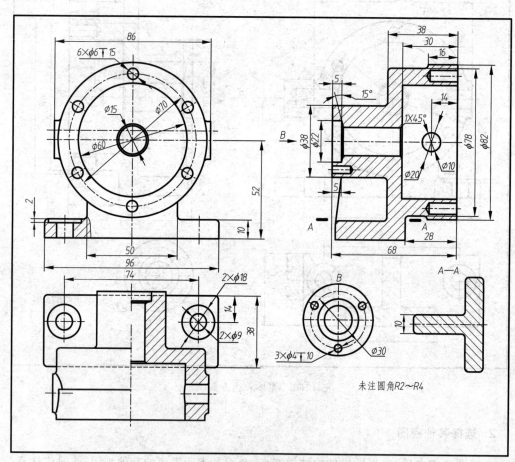

图 10-57　泵体表达方案（二）

如果把图10-56中的主视图画成半剖视图，它的作用仅仅是表达左右两侧的小孔，对表达外形没有什么作用。因此，主视图没有必要画成半剖视图。

通过以上分析可知，泵体虽然对称，但从表达整体内外形状的需要来全面考虑，不适合采用半剖视图的表达方法。比较以上三种表达方案，方案一，如图10-56具有表达简明清晰、看图方便、制图简便的优点,是一个比较好的表达方案。

10.6 第三角投影法简介

图 10-58 是三个互相垂直的投影面 V、H、W,它们把 W 面的左侧空间分成了 4 个分角,其编号顺序如图 10-58 所示。将机件放在第一分角中(见图 10-59(a)),则机件处于观察者和投影面之间,保持观察者-机件-投影面的关系,这就是第一角投影法。将机件放在第三分角内(见图 10-60),则投影面处于观察者和机件之间,保持观察者-投影面-机件的关系,这种投影方法称为第三角投影法。国际标准(ISO)规定,两种投影法具有同等效力。我国国家标准《机械制图》规定采用第一角投影法,有些国家(如英、美等国)现在仍采用第三角投影法。

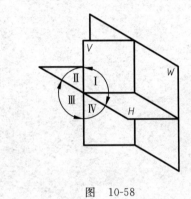

图 10-58

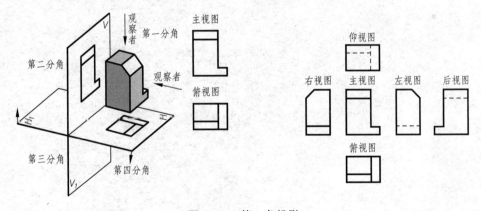

图 10-59 第一角投影

第三角投影法与第一角投影法的不同之处主要有以下两点。

(1) 视图名称和配置不同:采用第三角投影法时,把 V、H、W 面上的视图分别称为前视图、顶视图、右视图。展开后顶视图在前视图的上方,右视图在前视图的右方(见图 10-60)。

(2) 视图中反映机件的前、后方位关系不同:第三角投影法中,顶视图和右视图的内边代表机件的前面;顶视图和右视图的外边代表机件的后面(见图 10-60)。

图 10-61 所示为第三角投影 6 个基本视图。

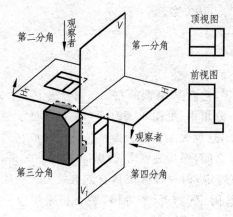

图 10-60　第三角投影

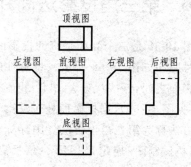

图 10-61　第三角投影 6 个基本视图

第11章

零件图

11.1 零件图的作用和内容

表达零件的图样称为零件工作图,简称零件图。它是设计者提交给生产部门的重要技术文件。它要反映出设计者的意图,表达出机器或部件对零件的要求,同时要考虑到结构和制造的可能性与合理性,它是直接指导制造和检验零件的依据。因此,一张完整的零件图(见图 11-1)通常应有以下各项内容。

1. 图形

综合运用视图、剖视、断面、局部放大及其规定和简化画法,选择一组视图,正确、完整、清晰和简便地表达出零件的全部结构和形状。图 11-1 所示的端盖,它采用了一个主视图和一个全剖左视图的一组视图,较好地表达了端盖的内、外形状和结构。

2. 尺寸

图样上必须正确、完整、清晰、合理地标注出零件各部分结构形状及其相互位置的尺寸。如图 11-1 中的尺寸 15、9、$\phi60$、$\phi30$、$R5$、$R28$、115、20、$4\times\phi14$ 等。

3. 技术要求

图样上必须表明零件在制造、检验、材质处理等过程中应达到的技术指标和要求。如图 11-1,尺寸数字后面的数字$_{-0.106}^{-0.060}$表示尺寸 $\phi75$ 在加工时所允许的偏差;$\sqrt{}$、$\sqrt[32]{}$ 等代号表示对零件加工的表面粗糙度要求;$\boxed{\nearrow\ |\ 0.03\ |\ B}$ 符号表示对 $\phi25_{0}^{+0.021}$ 中心线的位置公差的要求等,这些都是零件图上应注明的技术要求。

4. 标题栏

在每张零件图的右下角需画出标题栏。标题栏中要填写零件的名称、图号、比例以及制图、审核人员的签名和日期等。

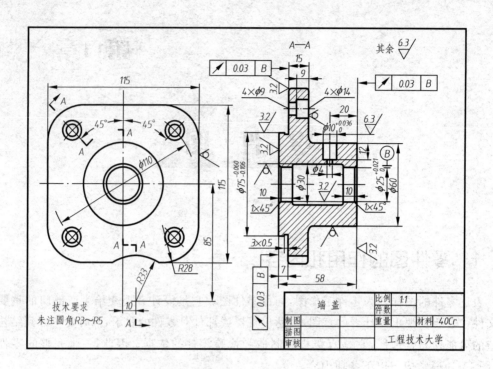

图 11-1　端盖零件图

11.2　零件的视图表达

生产上要求用最简练的表达方案,把零件的结构形状完整清晰地表达出来。表达方案的好坏,主要在于分析零件的结构特点,选好主视图的投影方向,恰当地选用视图、剖视、断面等各种方法。由于零件在机器中的作用各不相同,因此它们的形状、结构也多种多样,但结构上类似的零件在表达方法上有其共同之处,为了便于说明问题,概括地将它们分成4 类:

(1) 轴套类零件——传动轴、衬套等零件;

(2) 盘盖类零件——阀盖、端盖、齿轮等零件;

(3) 叉架类零件——拨叉、连杆、支座等零件;

(4) 箱体类零件——阀体、泵体、齿轮减速箱体等零件。

下面根据这 4 类零件的视图表达特点逐一具体介绍,然后归纳选择零件表达方案的基本原则和方法步骤。

11.2.1 各类零件的表达分析

1. 轴套类零件

图 11-2 所示的轴、图 11-3 所示的顶针套筒,均属于轴套类零件。它们的结构特点是各组成部分多数是由直径大小不等的同轴圆柱、圆锥体所组成。根据设计和加工要求,这类零件常带有圆角、倒角、键槽、退刀槽、销孔、中心孔、螺纹等结构。

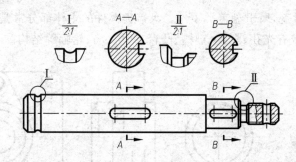

图 11-2 轴的视图表达

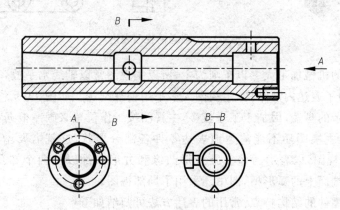

图 11-3 顶针套筒的视图

因为轴套类零件机械加工是以车削为主,还可能经过铣、钻、磨等工序。为了使加工时看图方便,轴套类零件的主视图按其加工位置选择,一般将轴线水平放置,把垂直于轴线的方向作为主视图的投影方向。这样既符合加工位置,同时又反映了轴套类零件的主要结构等特征和各组成部分的相对位置。轴套类零件,一般只用一个基本视图,对于一些局部结构,常采用剖视、断面、局部视图、局部放大图等来表达,如图 11-2 中,轴的右端有销孔,所以在主视图上采用了局部剖视,此外还用了 A—A 和 B—B 断面表示出了轴上键槽的深度,用局部放大图 Ⅰ 和 Ⅱ 表示了轴上右端退刀槽和左端挡圈槽的结构。

图 11-3 为车床尾架的顶针套筒,是一个空心圆柱体,其外形简单而内部较复杂,所以主视图采用了全剖视的表达方法。此外,为了表示右端均匀分布的三个螺孔和两个销孔的位置,用了 A 向视图,销孔深度在注尺寸时标出,图上不用表达。B—B 剖视反映键槽的宽度和鱼眼孔的深度。

根据轴套类零件的结构特点,常用的表达方法可归纳如下:

(1)画图时一般按加工位置将轴线水平放,表面主要结构朝前。通常采用垂直于轴线的方向作为主视图的投影方向。

(2)一般用主视图和断面、局部剖视、局部视图等表达方法表示键槽和孔等其他结构。

(3)用局部放大图表达零件上细小结构的形状和尺寸。

2. 盘盖类零件

图 11-4 所示的封盖,属于盘盖类零件。盘盖类零件的主体部分常是回转体或其他几何形状的扁平盘状,常带有光孔、螺孔、键槽、凸台、凹坑、筋、轮辐等结构。

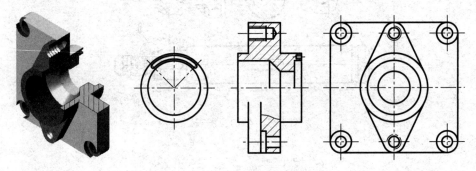

图 11-4　封盖的视图表达

盘盖类零件的机械加工大多以车削为主,所以主视图常以轴线水平放,垂直于轴线方向作为投影方向,为了表达内部结构,主视图大多采用剖视画法。如图 11-4 采用了半剖、局部剖。对有些较复杂的盘盖,因加工工序较多,主视图按工作位置来画。根据盘盖类零件的结构特点,采用一个主视图还不能清楚地表达零件各部分形状,这就需要增加其他视图,如图 11-4 选用了左视图,以表示封盖上腰鼓形凸缘和方形凸缘以及两个螺孔和 4 个光孔位置。为了表达右端面上的弧形槽,图中还采用了局部视图。

根据盘盖类零件的结构特点,常用的表达方法可归纳如下:

(1)这类零件若以车削为主,选择主视图时,一般将轴线放成水平位置。若不以车削为主,则可按工作位置来画主视图。

(2)一般采用若干个基本视图,主视图常采用剖视表示各组成部分的相对位置,其他视图表示零件的外形轮廓和孔、轮辐等的相对位置。

3. 叉架类零件

这类零件是指各种支架、拨叉、摇臂、杠杆等,它们主要是起支承作用,一般大都由支承孔、支撑板、底板等部分组成,如图 11-5 所示。

由于叉架类零件机械加工工序多种多样,加工位置变化较多,因此,常以工作位置放置。主视图根据其主要结构特征选择,如图 11-5 所示的支架主视图,表达了各部分结构的形状特征和相对位置。主视图采用了两处局部剖,分别表达了顶部两个耳。图 11-5 支架的视图表达环孔和右下部的安装槽。另外还采用三个辅助视图:A 向局部视图反映了耳环和支承

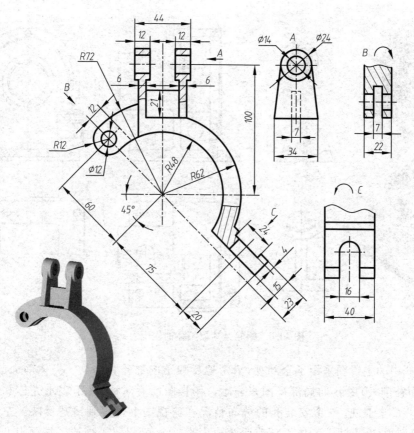

图 11-5　支架的视图表达

板的形状；B 向和 C 向斜视图分别表达了左部和右部安装孔的结构和形状。

　　根据叉架类零件的结构特点，表达方法可归纳如下：

　　（1）按工作位置放置，选择能够反映零件主要结构特征的投影方向来画主视图，用局部剖视来表达内部结构。

　　（2）一般用若干个基本视图和一些局部视图、斜视图及断面图就可以表达清楚这一类零件。

4. 箱壳类零件

　　图 11-6 所示的蜗轮减速器箱体及机器或部件的壳体、机体、主体等，均属于箱壳类零件。由于这类零件需要承装其他零件，因而常有空腔、轴孔、内支承臂、筋、凸台、沉孔等结构。

　　这类零件由于内外形状一般较为复杂，毛坯都为铸件，机加工工序较多，往往需要经过刨、铣、镗、磨、钻、钳等工种，加工位置变化较多，所以，主视图选择一般考虑工作位置和显示形状特征的原则绘出，视图数量也较多，一般需要两个以上的基本视图，还要广泛应用各种表达方法。如图 11-6 所示的蜗轮减速器箱体，可以看作由 4 个基本形体组成：壳体、套筒、底板和筋板。主视图选取以能清楚反映组成该零件的各基本形体的形状和相互位置为原则。所以把箭头 G 所指的方向作为主视图投影方向。为了充分表达箱体的 4 个组成部分的形状和结构，必须采用三个基本视图：主视图、俯视图和左视图。

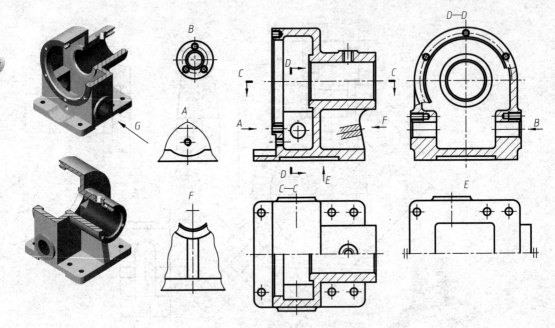

图 11-6　蜗轮减速器箱体的视图表达

　　图 11-6 中的主视图采用了全剖视,清楚地反映了内部孔腔结构。壳体前面凸缘(因主视图全剖而被剖去)用 B 向局部视图来表示。俯视图前后对称,为了表示壳体和套筒的壁厚,采用 C—C 半剖视。6 个安装孔的分布情况在俯视图上也得到清楚反映。左视图采用 D—D 局部剖视,既表达了壳体下部前后两轴孔的形状,又保留了壳体左端面上 6 个螺孔的分布情况。E 向视图反映底板底面凹坑的形状,因为对称,所以只画一半。A 向局部视图反映底板上表面凹槽的形状。F 向局部视图反映筋板的宽度。主视图上筋板部分的重合断面表示筋板断面圆角的实形。

　　根据箱壳类零件的结构特点,常用的表达方法可归纳如下:

　　(1) 常按工作位置放置,主视图可根据箱壳的主要结构特征选择。

　　(2) 一般常用若干个基本视图,并适当地采用各种剖视表示出内部结构和形状,对零件的外形也要采用相应的视图表达清楚。

　　(3) 箱壳上的一些局部结构,常用局部剖视、局部视图、斜视图、断面等表达。

11.2.2　选择零件表达方案的方法和步骤

　　通过上述分析不难看出,选择零件表达方案的方法步骤如下所述。

　　(1) 对零件进行分析:对零件进行结构分析(包括零件的装配位置及功用),工艺分析(零件的制造加工方法)和形体分析。

　　(2) 选择主视图:在上述分析的基础上,确定主视图。主视图是表达零件最主要的一个视图。从易于看图这一基本要求出发,在选择主视图时应考虑以下两个方面:

　　① 确定零件的安放位置。其原则是尽量符合零件的主要加工位置,或工作(安装)位置,这样便于加工和安装,通常对轴、套、盘等回转体零件选择其加工位置;对叉架、箱壳类零件选择其工作位置(或自然平稳位置)。

② 确定零件主视图的投影方向。其原则是选择最能明显地反映零件形状和结构特征以及各组成形体之间的相互关系,这样能较好地表达清楚零件的形状与结构。

(3) 选择其他视图:主视图选定后,其他视图的选择可以考虑以下几点。

① 根据零件的复杂程度和内外结构全面地考虑所需要的其他视图,使每个视图有一个表达重点。但是,要注意采用的视图数目不宜过多,以免繁琐、重复,导致主次不分。

② 应优先考虑采用基本视图以及在基本视图上采用剖视。若在一个方向上仅有一部分结构需要表达时,可以采用局部视图、斜视图和局部剖视图,更加清晰、简便。

③ 要考虑合理地布置视图位置,既要使图样清晰美观,便于看图,又要使图幅得到充分利用。

11.2.3 表达方案的讨论

上述各类零件的表达和选择表达方案的方法和步骤,为我们绘制零件图奠定了基础。但是,对于某一零件来说,表达方案往往不是唯一的,因此,在绘制零件图时,应尽可能多考虑几个表达方案,从中进行比较,以选定最佳的表达方案。下面举例,对表达方案进行选择比较。

【例 11-1】 试比较摇臂座(见图 11-7)的表达方案。

方案一如图 11-8 所示。图中采用了主、俯、仰和左视图来表达该零件的外形,又用了 $A—A$、$B—B$、$C—C$ 和 $D—D$ 四个剖视图来表达零件的内部结构形状,虽然这个方案把零件表达清楚了,且做到了正确、完整和清晰,但有的图形重复、多余。

图 11-7 摇臂座立体图

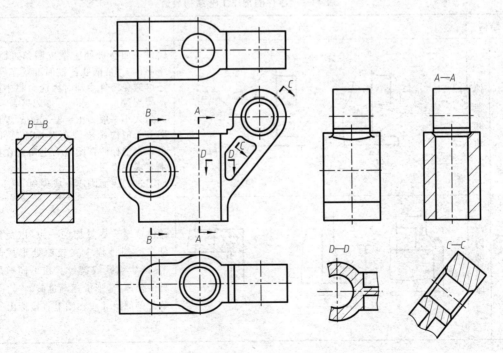

图 11-8 摇臂座视图表达方案(一)

196

方案二如图 11-9 所示。图中采用了主、俯两个基本视图,在主、俯视图上分别采用了局部剖视。另外还用了 *B* 向局部视图和 *C—C* 剖视图。这样零件的内外部结构形状都能表达清楚。和方案一相比较,除做到正确、完整、清晰外,还做到了简练,是一个较好的表达方案。

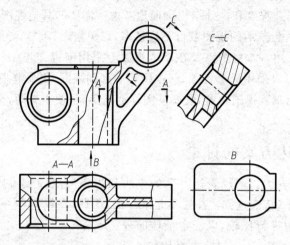

图 11-9　摇臂座视图表达方案(二)

11.3　零件的常见工艺结构

零件的结构形状,主要是根据它在机器(或部件)中的作用决定的。但是,制造工艺对零件的结构,也有某些要求。因此,在绘制零件图时,应该使零件的结构既能满足使用上的要求,又要便于制造。下面介绍一些常见工艺结构,见表 11-1。

表 11-1　零件的常见工艺结构表达

结构		图　例	说　明
铸件	铸造圆角	未注铸造圆角R3 铸造圆角 应画尖角 正确　　　错误 产生裂纹	铸件表面转折处应做成圆角,既便于起模,又能防止浇注时冲落型砂,还可避免铸件冷却时因应力集中而产生裂纹。 圆角大小一般为 *R*=3～5mm,零件图上一般应画出圆角并标注尺寸,也可集中标注在图纸右上角或在技术要求中说明。 加工过的表面则应画成尖角
	铸件壁厚	*φ*　*φ* *b* *φ* *φ* *φ* 正确　　　不正确	铸件壁厚应尽量均匀一致,以免铸件在冷却过程中在较厚处形成热节,产生缩孔或裂纹。在不同壁厚处应使厚、薄形成逐渐过渡。 铸件壁厚尺寸应在图上直接标出

续表

结构		图 例	说 明
铸件	拔模斜度	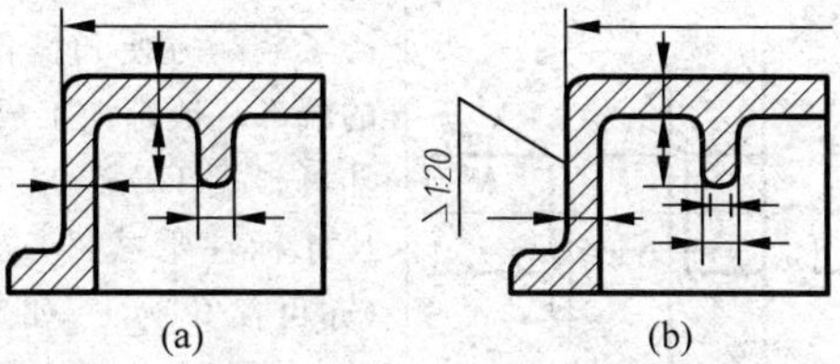 (a) (b)	铸造零件时,为拔模方便,在铸件沿起模方向的内、外壁上应做成斜度(一般为3°～5°30′)。通常在图样上不必画出,也不标注。当需注明时,可按图(b)的形式加以标注
冲压件	圆角半径	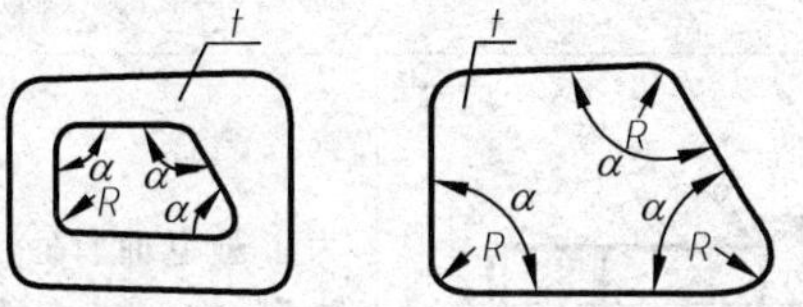	圆角半径 R 应大于或等于板厚 t 的一半,即 $R \geqslant \frac{1}{2}t$
	冲孔尺寸	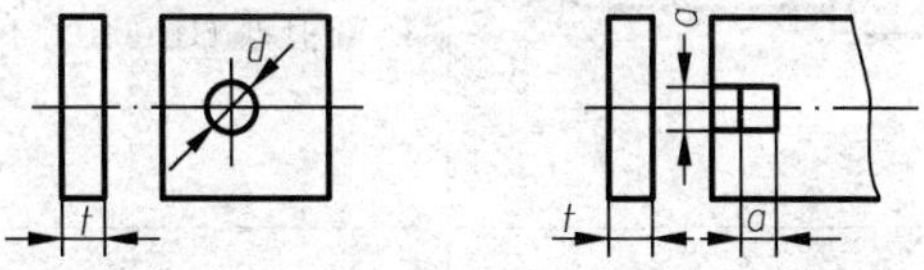	自由凸模 材料　尺寸 硬钢　$d \geqslant 1.3t, a \geqslant 1.2t$ 软钢、黄铜　$d \geqslant 1.0t, a \geqslant 0.9t$ 铝锌　$d \geqslant 0.8t, a \geqslant 0.7t$
	凸出或凹入尺寸	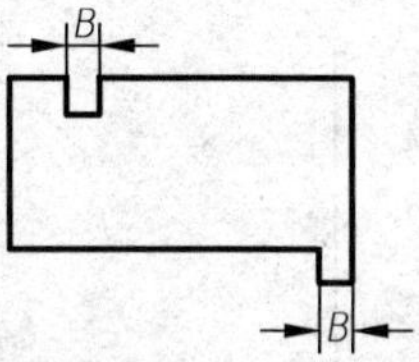	一般钢材:$B \geqslant 1.5t$ 高碳钢、合金钢:$B \geqslant (1.95 \sim 2.25)t$ 黄铜、铝:$B \geqslant (1.125 \sim 2.2)t$
	孔间距、孔边距	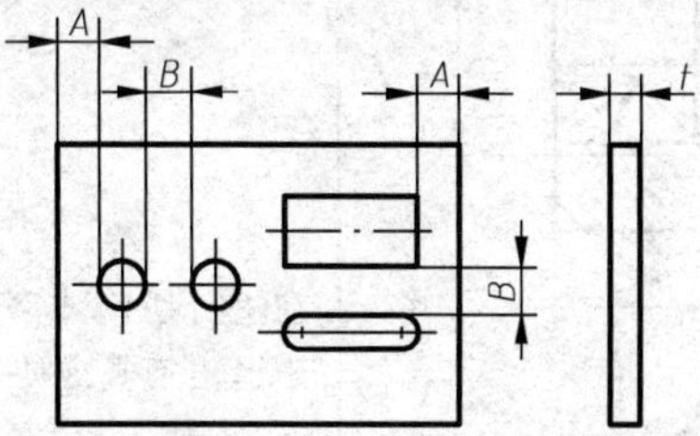	孔间距:$B \geqslant 2t$ 孔边距:$A \geqslant 2t$
	弯曲线位置	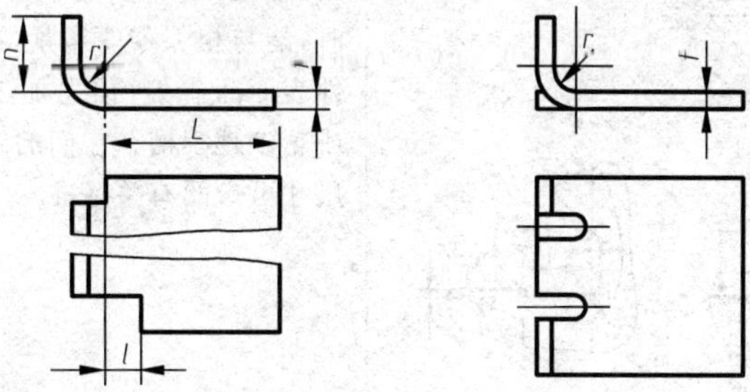	弯曲件的弯曲线不应在尺寸突变的位置,离突变处的距离 l 应大于弯曲半径 r,即 $l > r$。 变形区与不变形区应利用槽或工艺孔将其分开
	弯曲件直边高及孔间距	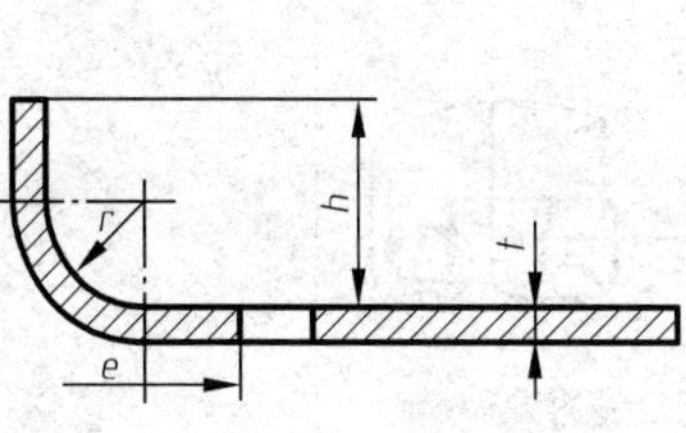	最小直边弯曲高度 h 应大于弯曲半径 r 加上板厚 t 的2倍:$h > r + 2t$。 孔边离弯曲半径 r 中心的距离 e 应大于或等于板厚 t 的2倍:$e \geqslant 2t$

结构	图 例	说 明
倒角	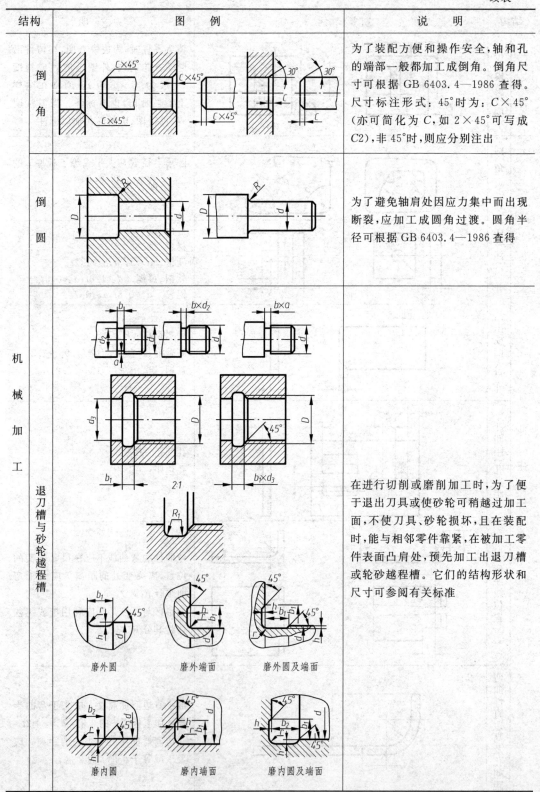	为了装配方便和操作安全,轴和孔的端部一般都加工成倒角。倒角尺寸可根据 GB 6403.4—1986 查得。尺寸标注形式:45°时为:$C \times 45°$ (亦可简化为 C,如 $2 \times 45°$ 可写成 C2),非 45°时,则应分别注出
倒圆		为了避免轴肩处因应力集中而出现断裂,应加工成圆角过渡。圆角半径可根据 GB 6403.4—1986 查得
机械加工 退刀槽与砂轮越程槽		在进行切削或磨削加工时,为了便于退出刀具或使砂轮可稍越过加工面,不使刀具、砂轮损坏,且在装配时,能与相邻零件靠紧,在被加工零件表面凸肩处,预先加工出退刀槽或轮砂越程槽。它们的结构形状和尺寸可参阅有关标准

磨外圆　　　磨外端面　　　磨外圆及端面

磨内圆　　　磨内端面　　　磨内圆及端面

198

续表

结构	图 例	说 明
燕尾槽	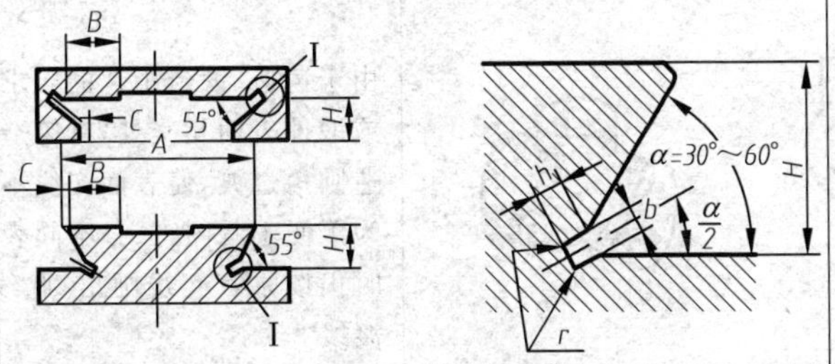	燕尾导轨要求用磨削加工,应有砂轮越程槽,尺寸及结构形状可查有关标准
中心孔 (机械加工)	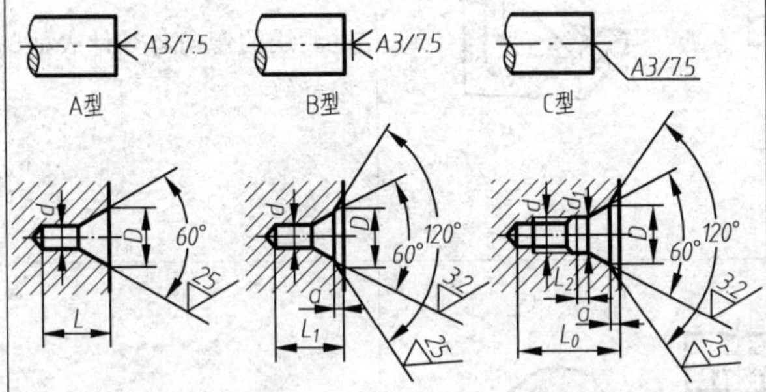	轴端须表明有无中心孔的要求,中心孔是标准的结构,在图纸上用符号表示。 左图为在完工零件上要求保留中心孔的标注示例。 中图为在完工零件上不可以保留中心孔的标注示例。 右图为在完工零件上是否保留中心孔都可以的标注示例。 中心孔分 A 型、B 型、C 型三种。B 型、C 型有保护锥面,C 型带有螺孔可将零件固定在轴端。标注示例中 A3/7.5 表示采用 A 型中心孔,$d=3$,$D=7.5$。 2—B3/7.5 表示两端中心孔相同
凸台与凹坑	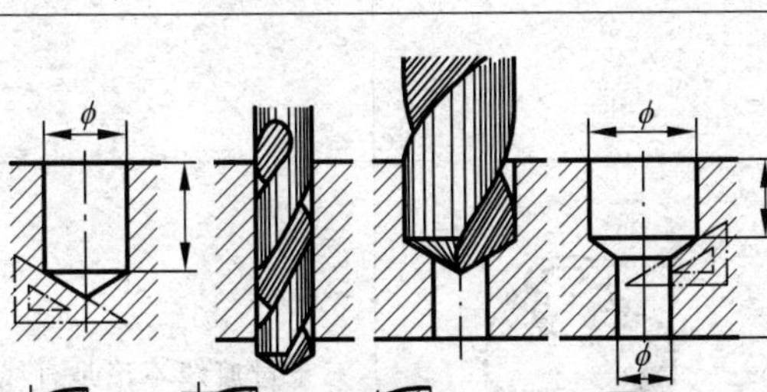	零件与零件之间的接触表面,一般均需加工,为了减少加工面,降低制造成本,应将零件设计成凸台或凹坑。这样也能提高装配性能
钻孔	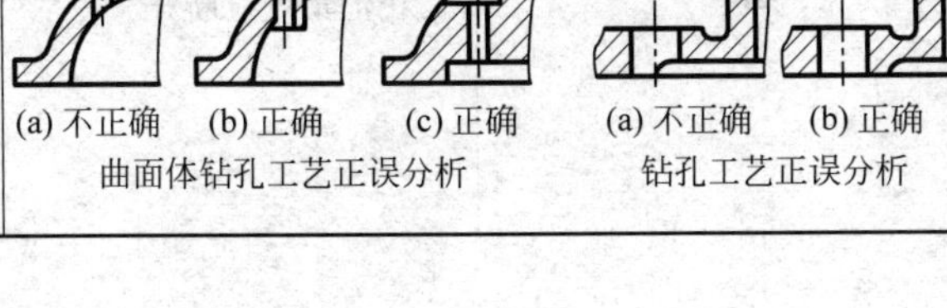 (a) 不正确　(b) 正确　(c) 正确　　(a) 不正确　(b) 正确 曲面体钻孔工艺正误分析　　钻孔工艺正误分析	不通孔:由于钻头顶角≈120°,底部应画成 120°的圆锥,此部不计入孔深,也不注尺寸。 通孔:用不同直径的钻头加工阶梯孔,在大小孔过渡处应画成锥角为 120°的锥台。 钻孔时应尽量使钻头垂直于孔端表面,以防钻头歪斜、折断。一般可在钻孔前先将表面铣平、制成凸台或凹坑。同样,在钻孔过程中,尽量不使钻头单边受力

续表

结构		图 例	说 明
过 渡 线 画 法	两 曲 面 相 交	不与圆角轮廓接触	由于铸造、锻造工艺的要求,在铸件或锻件表面相交处,有铸造圆角、锻造圆角过渡,使表面交线不够明显。为了便于看图,区分不同表面,画图时仍按原有交线画出,此线称为过渡线
	两 平 面 相 交		过渡线的弯向与零件表面的铸造圆角一致
	平 面 与 曲 面 相 交		过渡线的弯向与零件表面的铸造圆角一致
	两 曲 面 相 切	切点附近断开	原来两交线走向应趋向切点,但由于有圆角,画图时此处应断开
	三 条 过 渡 线 汇 集 点	交点附近断开	三条过渡线不论是直线,还是曲线,三线汇集处应断开

续表

结构		图 例	说 明
过渡线画法	筋板与圆柱组合	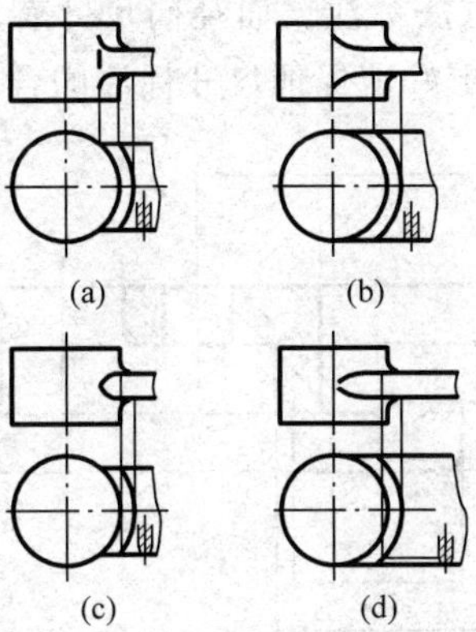 (a) (b) (c) (d)	筋板与圆柱组合是零件中常见的结构。它们在圆角过渡处的画法主要取决于筋板的断面形状及筋板与圆柱面的相对位置(相交、相切),图中(a)、(b)断面形状为矩形,(c)、(d)断面形状为长圆形。而(a)、(c)筋板与圆柱面相交,(b)、(d)筋板与圆柱面相切
	加工面与过渡圆角的关系	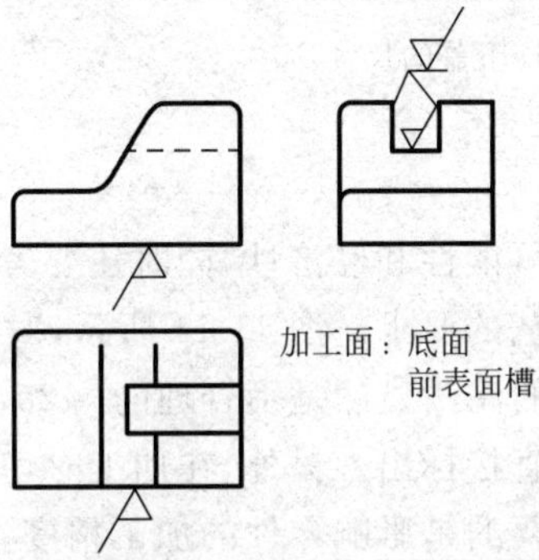 加工面:底面 前表面槽	(1) 与过渡线两端相交的面,如是加工面,则过渡线画到与它相交;否则过渡线不应画到此面。 (2) 相交两面所成的夹角,画尖角还是画圆角,与该两面加工与否有关:两面均不加工,应画成圆角,否则应画尖角

11.4 零件图的尺寸标注

11.4.1 标注零件尺寸的基本要求

零件图上的尺寸是制造、测量和检验零件的重要依据。因此零件图上的尺寸标注,除了满足完整、清晰和符合国家标准外,还需要注意满足零件在设计、制造、测量和检验方面的合理要求。

1. 零件设计中的尺寸要求

零件的尺寸与零件的功用、性能有密切的关系,标注尺寸时不仅从几何角度考虑定形和定位,还应考虑这些尺寸在零件中所起的作用。零件上尺寸的作用一般可分为如下两个方面。

(1) 功能尺寸:保证零件在机构中具有正确位置和装配精度的尺寸,这类尺寸将直接影响产品的性能、工作精度和互换性。例如,零件的规格、性能尺寸、配合尺寸、与其他零件的连接和安装尺寸,以及影响零件在部件中准确位置的尺寸。这些尺寸都必须在零件图上直接标注出来,一般还应注出它们的尺寸公差和精度要求。

(2) 非功能尺寸:用来保证零件的机械性能(如强度、刚度等),满足工艺上(如退刀槽、凸台、凹坑、沟槽等)、重量上、装饰上以及使用、装拆方便等要求的尺寸。这些尺寸一般都是非配合尺寸,也不标公差(即使标注,其数值也较大)。但在标注这类尺寸时,应考虑加工顺序和测量的方便。

图 11-10 是填料压盖的尺寸注法,从图中可见,其轴向尺寸均为非功能尺寸(NF),考虑到其加工顺序和测量方便,应按图示所注的方法标注。而径向尺寸有功能尺寸(N)与非功能尺寸之分,只有分析清楚尺寸的作用,才能更好地保证尺寸标注的合理性。

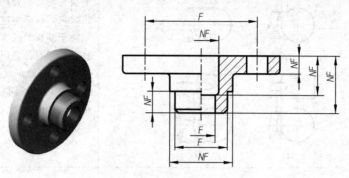

图 11-10　填料压盖的尺寸注法

2. 零件在加工、测量和检验中的要求

标注零件尺寸时,应考虑到零件加工的可能性和经济性,同时还要考虑测量的方便与准确,这样才体现了零件的制造工艺和检测工艺的要求。图 11-11 所示,对该零件的两种尺寸注法作了分析比较,从加工工艺来看,图(a)的注法显然是不合理的,$\phi20$、$\phi34$ 两内孔是从右端开始加工,其深度尺寸应以右端面为起点直接标出。另外,在加工时切忌通过换算求出加工尺寸,这样既容易出差错、增加工时,更重要的是影响零件的加工精度。

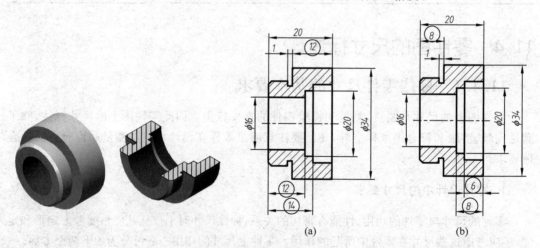

(a)　　　　　　　(b)

图 11-11　填料压盖的尺寸分析
（a）不合理；（b）合理

11.4.2　尺寸基准及其选择

尺寸标注的合理与否,其主要因素是尺寸基准的选择合理与否。尺寸基准是指标注尺寸的起点,零件的长、宽、高三个方向都有尺寸基准,如果某个方向有几个基准时,其中必有一个为主要基准(也称设计基准),其余的为辅助基准(也称工艺基准),而辅助基准与主要

基准之间应有尺寸联系。

1．设计基准

通常将确定零件在机器或部件中的位置,以及保证零部件性能的有关基准称为设计基准。

2．工艺基准

为确保制造精度或加工、测量的方便所选用的基准称为工艺基准。

为使尺寸基准既能满足设计要求,又要便于加工和测量,因此,所选择的尺寸基准应尽可能使设计基准与工艺基准重合,否则,应将对零件质量影响最大的尺寸,从设计基准出发进行标注,将其他尺寸从工艺基准出发进行标注,以利于加工和测量。

图 11-12 所示轴承座,高度方向以底面作为主要基准,以确保轴承孔的中心高。长度方向的主要基准选择左、右对称中心平面,以确保底板上螺栓孔的位置对称。宽度方向则选择轴承座的后端面为主要基准。图中还注出了顶部的螺孔深度,它是以轴承座的最高处作为基准的,此即高度方向的辅助基准,它与高度方向的主要基准之间有尺寸联系。

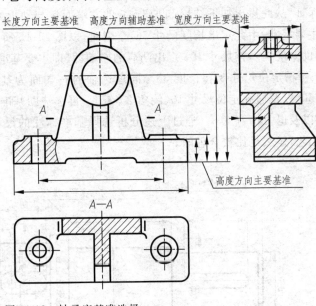

图 11-12　轴承座基准选择

图 11-13 所示为轴和轮毂上键槽深度的尺寸注法。主要考虑测量的可行性。

图 11-14 所示为轴上键槽的三种尺寸注法:

图(a)反映键槽的设计要求,包括机械强度、结构等,应如图标注 B 及 L。

图(b)考虑工艺,宜标注铣刀行程 e 及 R。

图(c)考虑测量的因素。

严格讲,具体的结构其尺寸注法,应取决于图样的使用场合。

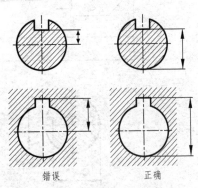

图 11-13　键槽深度尺寸注法

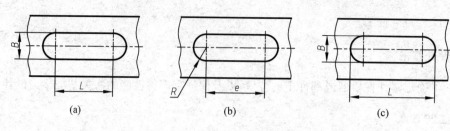

图 11-14 键槽尺寸的三种注法

综上所述,尺寸基准通常选取零件的对称平面、装配结合面、重要的端面、安装面、主要孔和轴的轴线和坐标原点等。

11.4.3 零件尺寸标注举例

1. 轴

图 11-15 所示的轴,从其结构分析可知:轴径 $\phi36$ 在工作时和轴承配合,轴的长度 56 必须保证,从此得出如下结论:凸肩 $\phi50$ 的左端面是与轴承的装配结合面,它应该是轴向尺寸的主要基准,由此定出长度尺寸 56,车削时,以图 11-15 所示轴的尺寸标注的左端面为基准(辅助基准Ⅰ),按尺寸 106 定出凸肩的左端面(即主要基准),同时可定出总长 196、倒角 $2\times45°$、键槽定位尺寸 8 和长度 35。同理选轴的右端面为基准(辅助基准Ⅱ),由此定出尺寸 80、50,以及通孔定位尺寸 10、倒角 $2\times45°$。再选辅助基准Ⅲ定出键槽的定位尺寸 3 和长度 25,以及退刀槽宽度 8。通过上述分析选择基准标注的尺寸,既满足了设计要求,又符合加工工艺,显然是比较合理的。

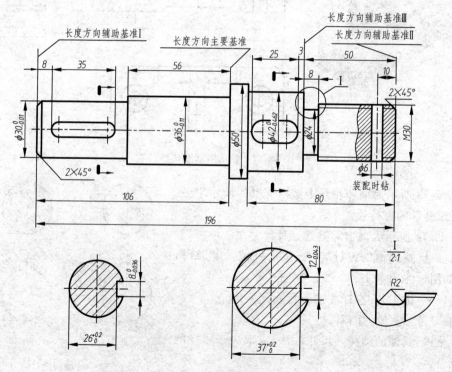

图 11-15 轴的尺寸标注

图 11-16 所示为该轴的车削加工过程(不包含键槽、孔、螺纹等其他结构的加工)。

从图 11-15 所示轴的尺寸标注中可看出有以下三种配置形式(见图 11-17)。

(1) 链状注法:各尺寸首尾相连(见图 11-17(a)),采用此注法时,前一段尺寸的加工误差不影响后一段尺寸的精度,但各段尺寸的误差将积累成为总尺寸上的误差。此种注法只适用于当零件上要求保证一排孔的中心距时才使用。

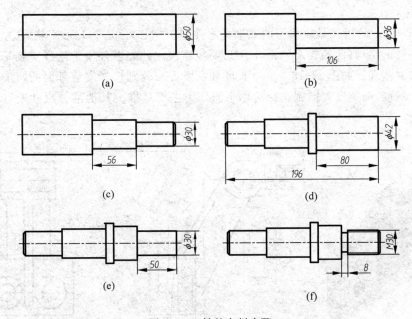

图 11-16　轴的车削步骤

(a) 车左端面,车外圆$\phi50$; (b) 车左段外圆$\phi36$(长 106); (c) 车左段外圆$\phi30$,保证$\phi36$段长 56;

(d) 调头,车右端面(保证总长 196),车右段外圆 4,46(长 80); (e) 车右段外圆$\phi30$(长 50);

(f) 车退刀槽$\phi24\times8$,车螺纹 M30

(2) 坐标注法:各尺寸出自同一基准(见图 11-17(b)),采用此注法时,其中任一尺寸的加工误差只影响本尺寸段的精度,不受其他尺寸段的影响。此法仅适用于出自同一基准的一组精确尺寸的场合。

(3) 综合注法:上述两种形式的综合应用(见图 11-15)。它具有上述两种形式的优点,能适应零件的设计要求和工艺要求,所以这种方式被普遍采用。

图 11-17(a)所示的尺寸注法中,还提出了如下一个概念:"封闭尺寸链"。称每段尺寸为

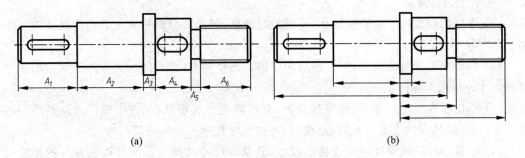

图 11-17　标注尺寸的形式

"一环"，图中注法是一环接一环，A_1、A_2、$\cdots$、A_6，每个尺寸首尾相接封闭成圈，称为封闭尺寸链。链中任一环的尺寸公差，都将受其他各环尺寸误差的影响(同样该环也会影响其他环)，因此，零件图上不允许将尺寸注成封闭尺寸链。一般将不重要的那个尺寸空出不注，此环称为"开口环"(见图 11-17(b))。其他各环的尺寸误差都积累到此环上，但并不影响零件的质量。

2. 拨叉

图 11-18 所示的拨叉是较典型的叉架类零件，其右下部分是一 L 形安装板，左上部是一夹紧其他零件的结构，两结构之间由 T 字形筋板连接。此类零件通常选择安装基面或对称平面作为主要基准。如图 11-18 所示：长度和高度方向分别选择安装基面的两个互相垂直面作为主要基准，而宽度方向则选择对称平面作为主要基准。其他部分尺寸通过辅助基准进行标注。

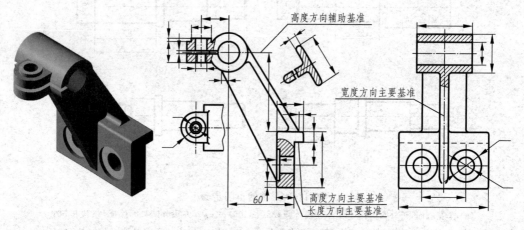

图 11-18 拨叉的视图表达

3. 阀体

这种壳体类零件通常选用重要的轴线、安装面和对称面作为主要基准。如图 11-19 所示的阀体，其高度方向选用内腔的公共回转轴线为主要基准，长度方向以左端结合面为主要基准，宽度方向以前后对称面为主要基准。

综上所述，在标注零件的尺寸时，需要注意下述几点：

(1) 要对零件的功能及结构进行仔细分析，合理选择尺寸基准，使所注尺寸能满足设计要求，又便于加工测量。

(2) 零件的功能尺寸应直接注出，不应经过换算，以保证制造精度。非功能尺寸应考虑加工顺序和测量方便。

(3) 零件加工部分的尺寸，标注时应考虑加工测量的方便与可能，对非加工部分的尺寸可按形体分析逐个标注。

(4) 不应出现封闭尺寸链，应通过分析，选择精度要求较低，允许出现最大误差的一环作为开口环，此环在图上不注尺寸(必要时，可在尺寸数字外加半圆弧括号)。

(5) 零件上与其他零件装配连接的尺寸，其基本尺寸和尺寸基准与连接零件的相应尺寸应一致。

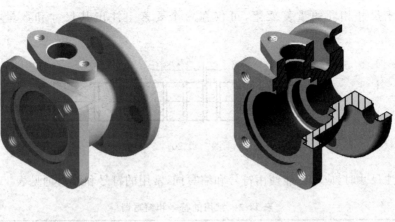

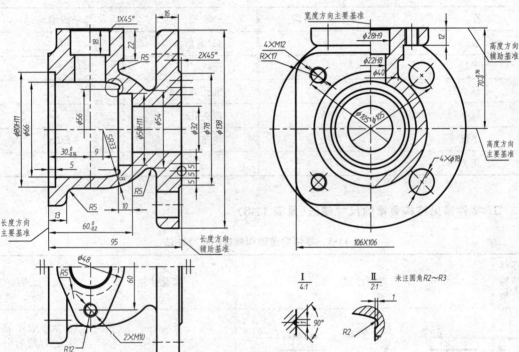

图 11-19 阀体尺寸的标注

11.4.4 零件常见结构要素的尺寸注法

1. 尺寸的简化表示法

机件的大小靠尺寸来表示,尺寸标注作为一种方法,在保证不致引起误解和不会产生理解的多意性的前提下,应力求制图简便,尺寸注法应允许简化。

2. 简化的基本要求

(1)若图样中的尺寸和公差全部相同或某个尺寸和公差占多数时,可在图样空白处作总的说明,如"全部倒角 C2"、"其余圆角 R3"等。

（2）对于尺寸相同的重复要素,可仅在一个要素上注出其尺寸和数量,如图 11-20所示。

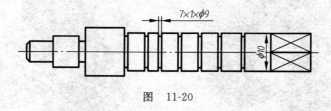

图　11-20

（3）标注尺寸时,应尽可能使用符号和缩写词,常用的符号和缩写词见表 11-2。

表 11-2　常用的符号和缩写词

名　称	符号或缩写词	名　称	符号或缩写词
直径	ϕ	45°倒角	C
半径	R	深度	⊤
球直径	$S\phi$	沉孔或锪平	⊔
球半径	SR	埋头孔	∨
厚度	t	均布	EQS
正方形	□		

3. 零件常见结构要素的尺寸注法（见表 11-3）

表 11-3　零件常见结构要素的尺寸注法

零件结构类型		常用注法	简化注法	说　明
螺孔	通孔	3×M6-6H　3×M6-6H　3×M6-6H		3×M6 表示直径为 6,均匀分布的三个螺孔。可以旁注;也可直接注出
	不通孔	3×M6-6H深10　3×M6-6H深10　3×M6-6H		螺孔深度可与螺孔直径连注;也可分开注出
		3×M6-6H深10 孔深12　3×M6-6H深10 孔深12　3×M6-6H		需要注出孔深时,应明确标注孔深尺寸

续表

零件结构类型		常用注法	简化注法	说　明
光孔	一般孔	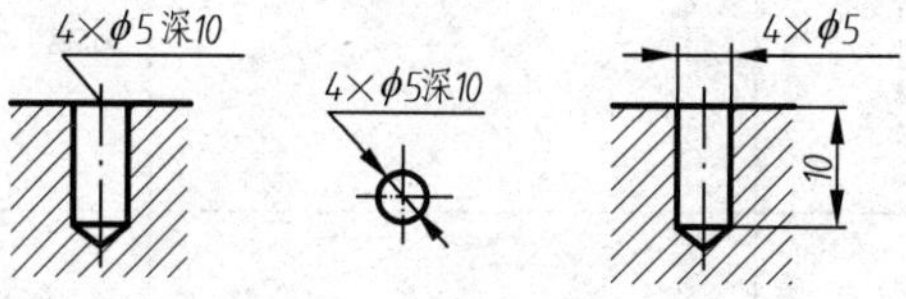 4×φ5深10　　4×φ5深10　　4×φ5　10	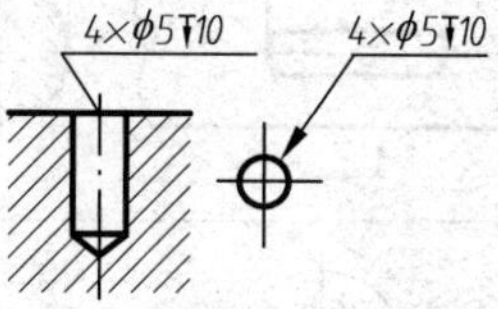 4×φ5〒10　4×φ5〒10	4×φ5 表示直径为 5 均匀分布的四个光孔,孔深可与孔径连注;也可以分开注出。各类孔可采用旁注和符号相结合的方法标注
	精加工孔	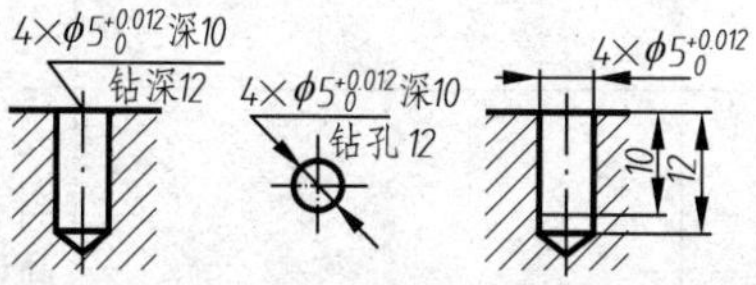 4×φ5$^{+0.012}_{0}$深10 钻深12　4×φ5$^{+0.012}_{0}$深10 钻孔12　4×φ5$^{+0.012}_{0}$ 10 12	光孔深为 12,钻孔后需精加工至 φ5$^{+0.012}_{0}$ 深度为 10	
	锥销孔	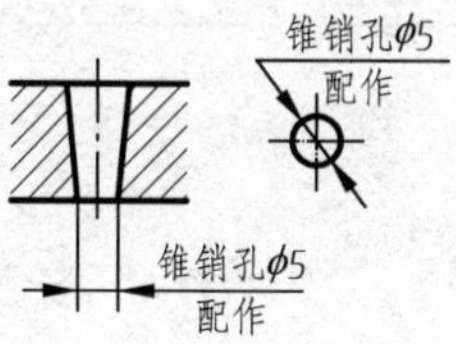 锥销孔φ5 配作　锥销孔φ5 配作　锥销孔φ5 配作	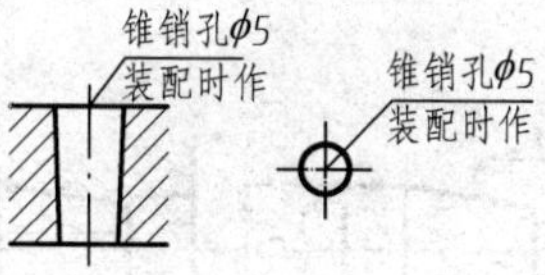 锥销孔φ5 装配时作　锥销孔φ5 装配时作	φ5 为与锥销孔相配的圆锥销小头直径(公称直径)。锥销孔通常是相邻两零件装在一起时加工的
沉孔	埋头孔	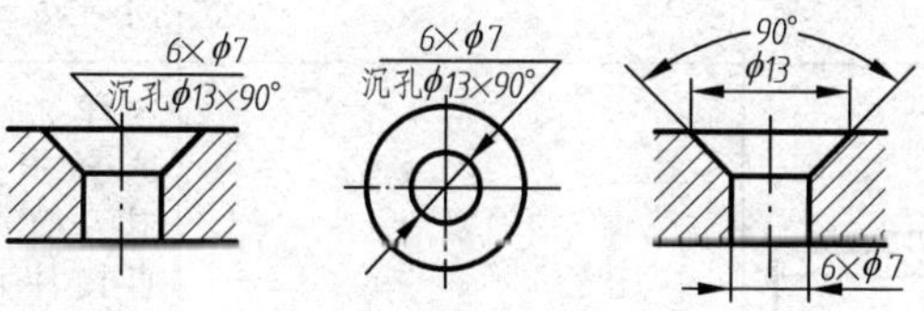 6×φ7 沉孔φ13×90°　6×φ7 沉孔φ13×90°　6×φ7　90° φ13　6×φ7	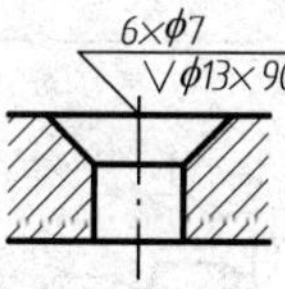 6×φ7 ∨φ13×90°	6×φ7 表示直径为 7 均匀分布的六个孔。锥形部分尺寸可以旁注;也可直接注出
	沉孔	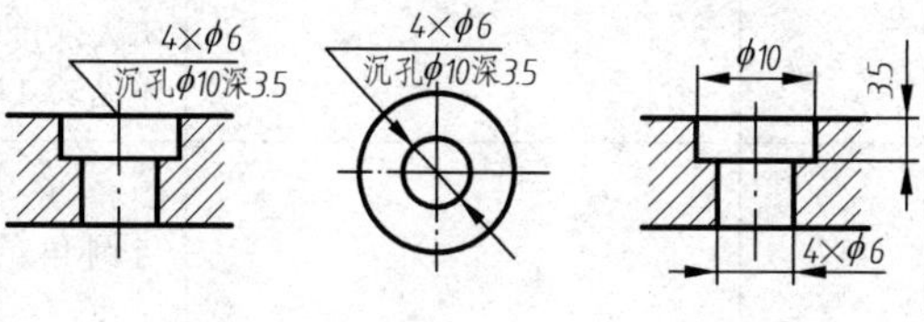 4×φ6 沉孔φ10深3.5　4×φ6 沉孔φ10深3.5　φ10 3.5 4×φ6	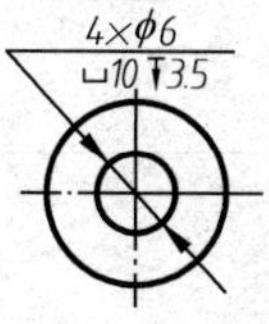 4×φ6 ⊔10〒3.5	柱形沉孔的小直径为φ6,大直径为φ10,深度为 3.5,均需标注
	锪平	 4×φ7锪平φ16　4×φ7锪平φ16　φ16锪平 4×φ7	 4×φ7⊔φ16	锪平面φ16 的深度不需标注,一般锪平到不出现毛面为止

续表

零件结构类型		常用注法	简化注法	说明
键槽	平键键槽	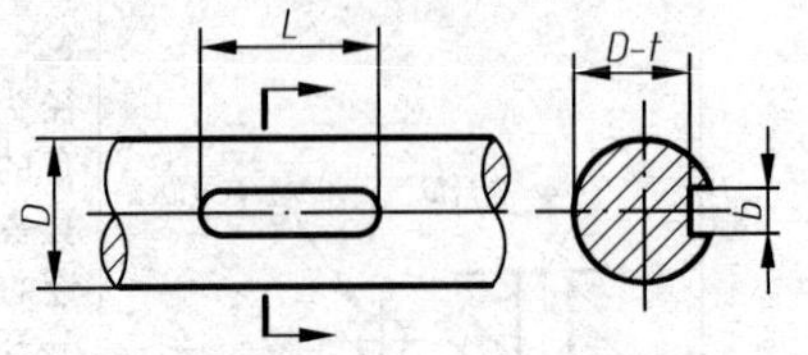		这样标注便于测量
键槽	半圆键键槽	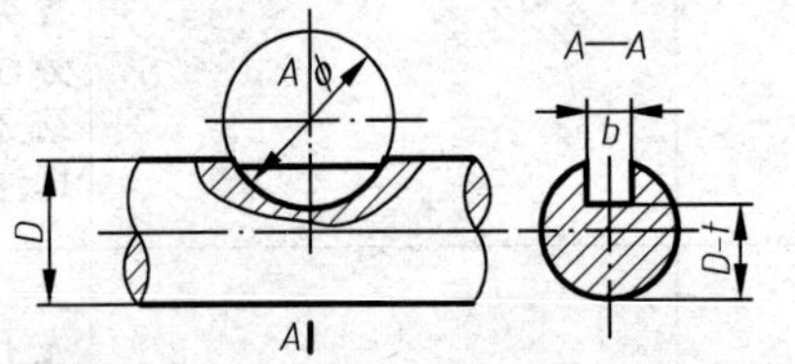		这样标注便于选择铣刀（铣刀直径为 ϕ）及测量
锥轴、锥孔		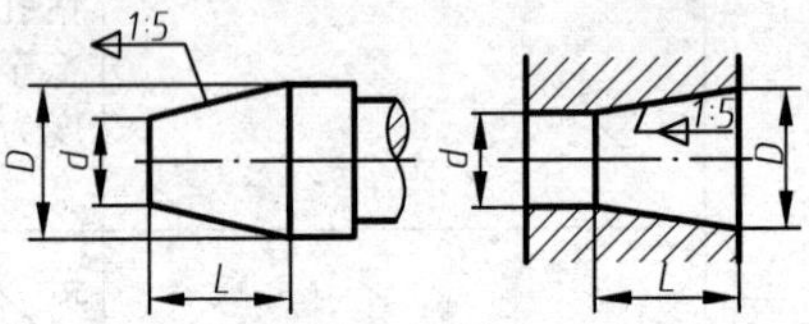		当锥度要求不高时，这样标注便于制造木模
锥轴、锥孔		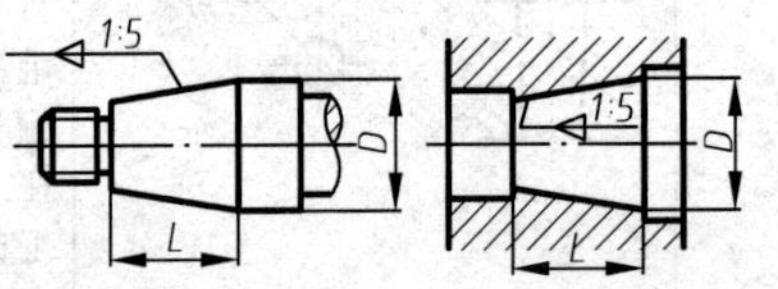		当锥度要求准确并为保证一端直径尺寸时，这种标注便于测量和加工。符号“◁”方向应与锥度的方向一致
退刀槽		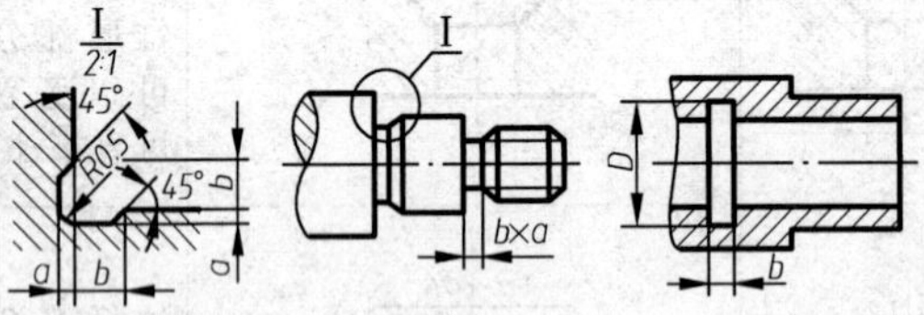		这样标注便于选择退刀槽。退刀槽宽度应直接注出。直径 D 可直接注出；也可注出切入深度 a。详见表 11-1
倒角		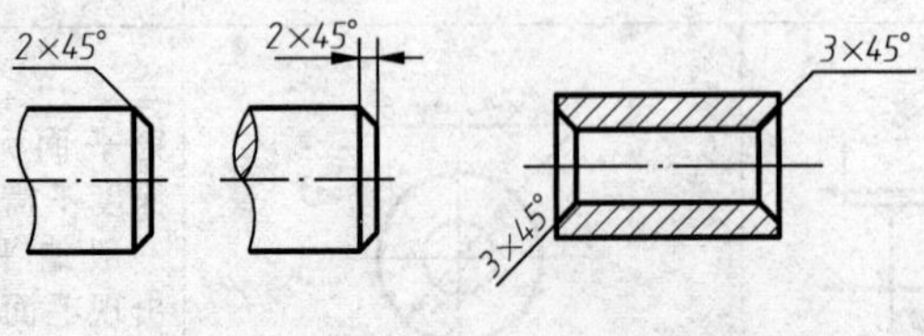	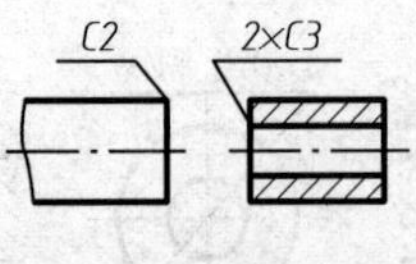	倒角 45°时，可与倒角的轴向尺寸 C 连注；倒角不是 45°时，要分开标注。在不致引起误解时，零件图中的倒角可不画。$2\times C3$ 表示两端均有

零件结构类型	常用注法	简化注法	说 明
滚花		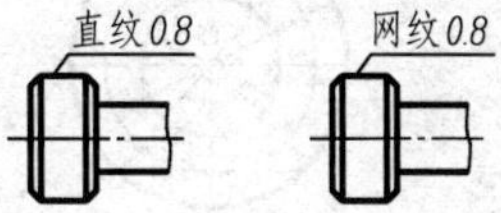 直纹0.8　网纹0.8	滚花有直纹与网纹两种标注形式。直径尺寸滚花前为 D，滚花后为 $D+\Delta$，Δ 为齿深。旁注中的 0.8 为齿的节距 f
平面		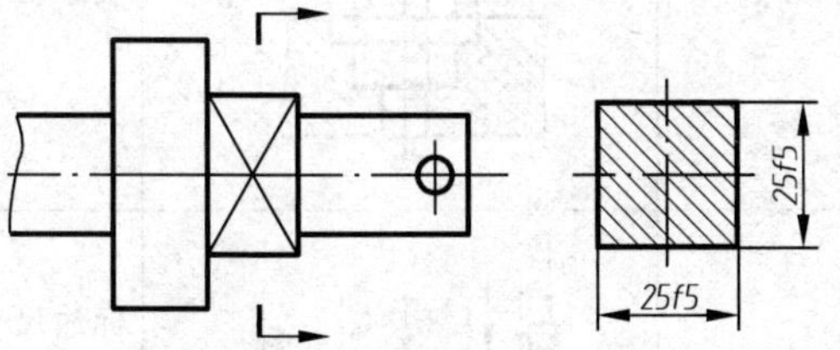 □25f5	标注正方形结构尺寸时，可在正方形边长尺寸数字前加注"□"符号
系列孔 直线分布	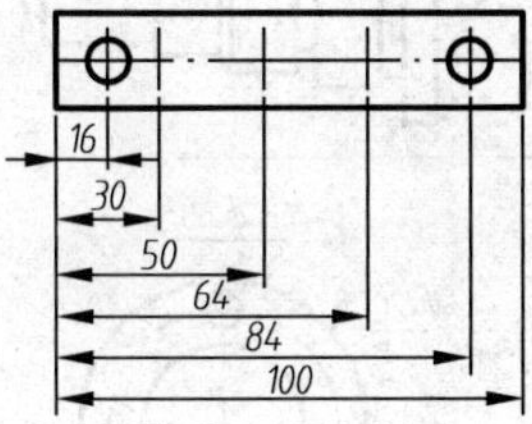	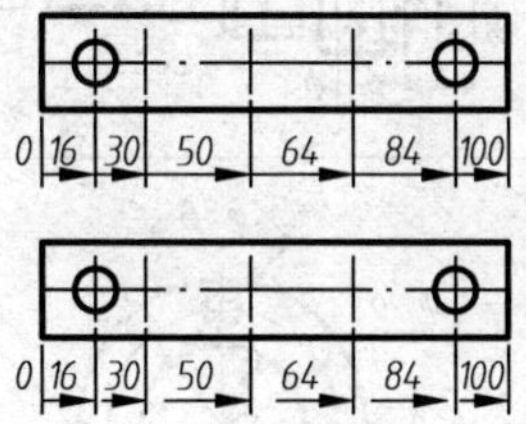	从同一基准出发的尺寸可按简化注法的形式标注
系列孔 圆周分布	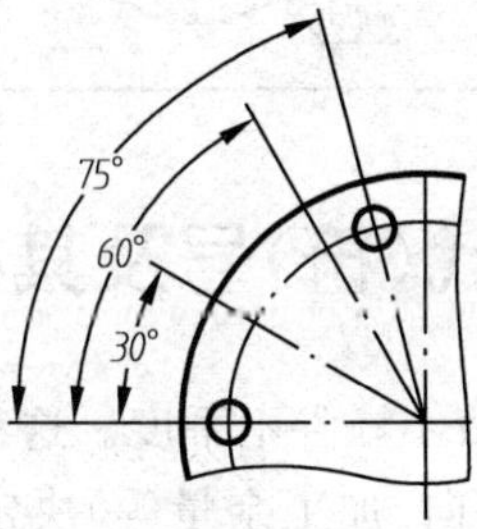	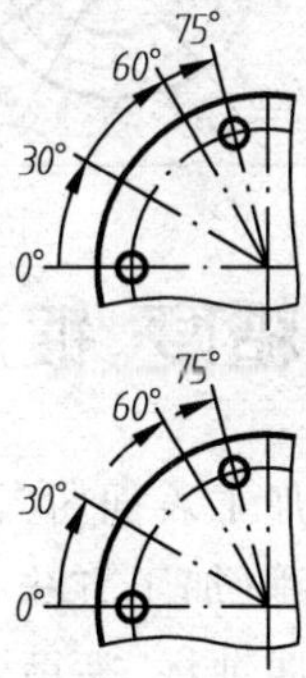	
圆弧半径	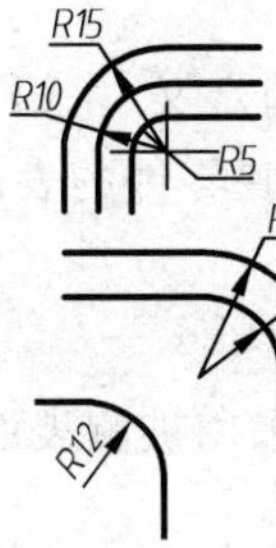	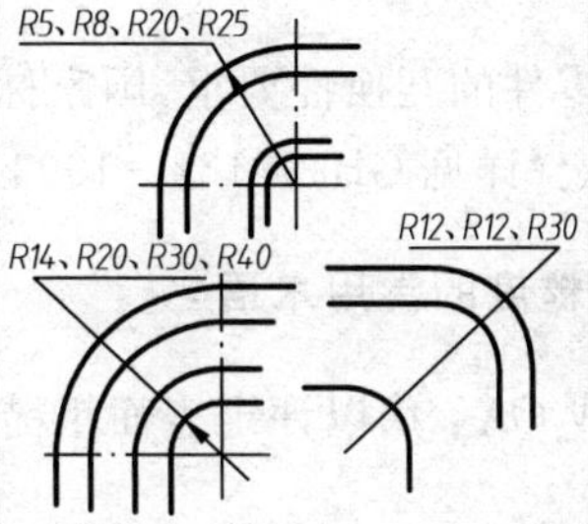	一组同心圆弧或圆心位于一条直线上的多个不同心圆弧的尺寸，可用共用的尺寸线箭头依次表示

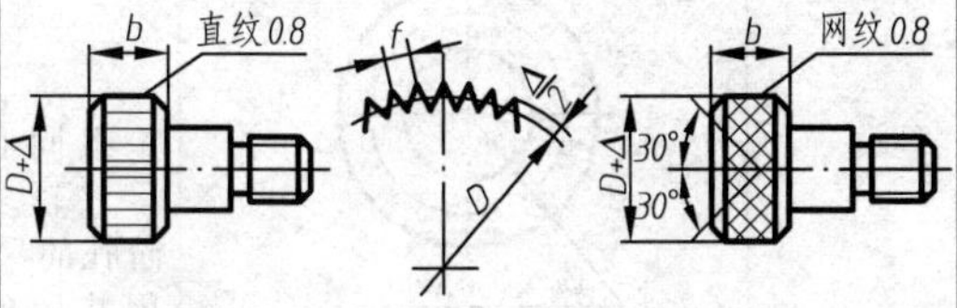

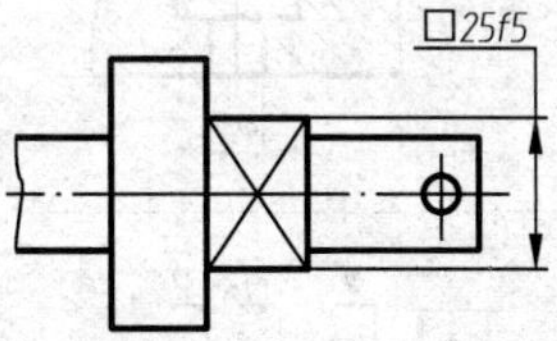

续表

零件结构类型	常用注法	简化注法	说　明
同心圆、台阶孔	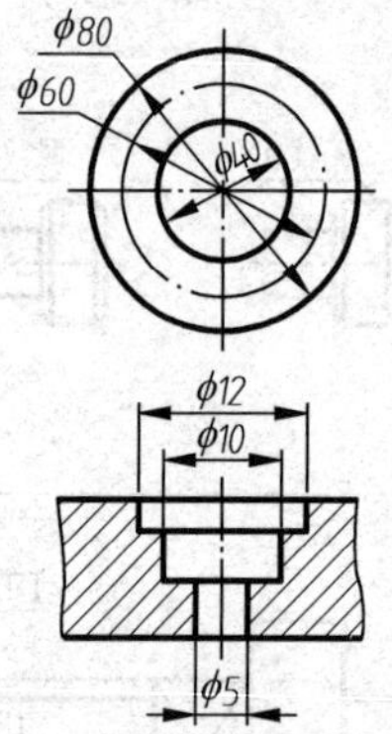 $\phi80$ $\phi60$ $\phi40$ $\phi12$ $\phi10$ $\phi5$	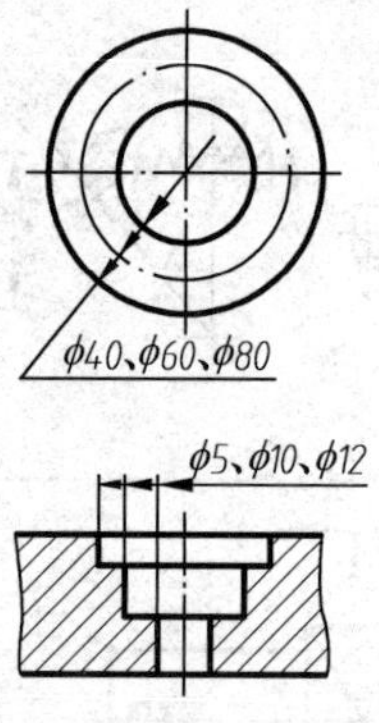 $\phi40、\phi60、\phi80$ $\phi5、\phi10、\phi12$	一组同心圆或尽寸较多的台阶孔的尺寸,可用共用的尺寸线和箭头依次表示
阶梯轴	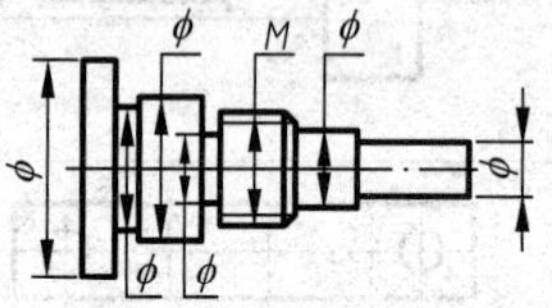 ϕ M ϕ ϕ ϕ ϕ	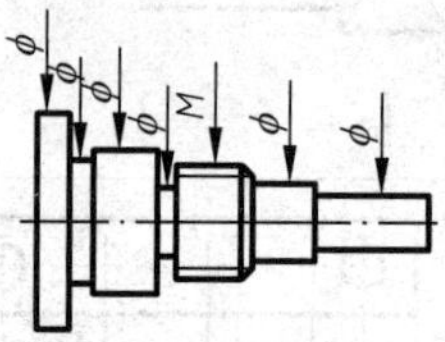 ϕ ϕ ϕ M	标注尺寸时,可采用带箭头的指引线
	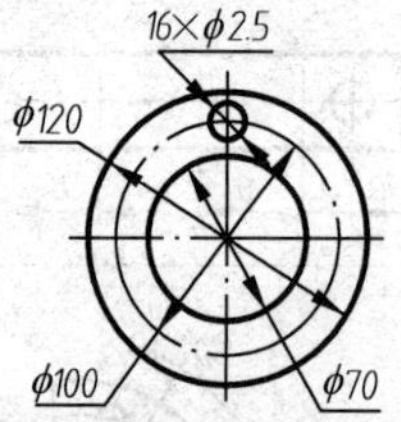 $16\times\phi2.5$ $\phi120$ $\phi100$ $\phi70$	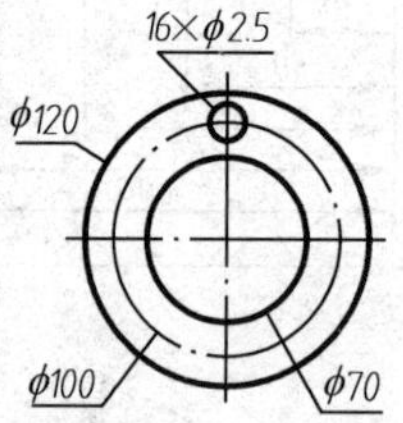 $16\times\phi2.5$ $\phi120$ $\phi100$ $\phi70$	标注尺寸时,也可采用不带箭头的指引线,但指引线必须指向圆心

11.5　表面粗糙度、镀涂和热处理代(符)号及其标注

　　表面粗糙度是指加工表面所具有的较小间距和微小峰谷不平度。这种微观几何形状一般是由零件的加工过程(加工方法、设备、加工纹理方向、加工余量等)决定的。它对零件的配合性质、耐磨性、抗腐蚀性、疲劳强度、密封性等有密切的关系,它影响零件、机器的工作性能和使用寿命。

　　为了满足零件的互换性要求,国家标准对表面粗糙度的定义、术语、代(符)号及标准都作了统一的规定(详见 GB/T 131—1993),它能较全面地反映零件的表面质量。

1. 表面粗糙度的常用术语

　　(1) 基准线 OX:用以评定表面粗糙度参数的给定线,采用被测表面轮廓的中线作为基准线。

　　(2) 轮廓偏距 Y:轮廓线上的点与基准线之间的距离。

　　(3) 取样长度 L:用于判别具有表面粗糙度特征的一段基准线长度。取样长度的值规

定在轮廓总的走向上量取。

（4）评定长度 l_n：评定轮廓所必需的长度。它包括一个或几个取样长度。

2．表面粗糙度的评定参数

规定了三项高度特性参数作为评定表面粗糙度的主要参数，现简介如下。

（1）轮廓算术平均偏差 Ra：取样长度 L 内轮廓偏距绝对值的算术平均值，如图 11-21 所示。

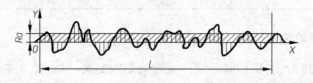

图 11-21　轮廓算术平均偏差

（2）轮廓微观不平度 10 点高度 Rz：取样长度 L 内 5 个最大的轮廓峰高 Yp 的平均值与 5 个最大的轮廓谷深 Yv 的平均值之和，如图 11-22 所示。

（3）轮廓最大高度 Ry：取样长度 L 内轮廓顶峰线和轮廓谷底线之间的距离，如图 11-23 所示。

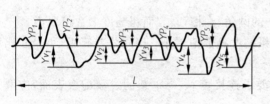

图 11-22　轮廓微观不平度 10 点高度

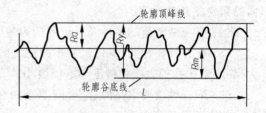

图 11-23　轮廓最大高度

规定轮廓算术平均偏差 Ra 为主参数，推荐优先采用。表 11-4 列出了 Ra 的数值，常用的参数值范围为 $0.025\sim6.3\mu m$。在测量 Ra 时，推荐表 11-5 选用相应的取样长度值。

表 11-4　轮廓算术平均偏差 Ra 的数值

第 1 系列	第 2 系列	第 1 系列	第 2 系列	第 1 系列	第 2 系列	第 1 系列	第 2 系列
	0.008						
	0.010						
0.012			0.125		1.25	12.5	
	0.016		0.160	1.60			16.0
	0.020	0.20			2.0		20
0.025			0.25		2.5	25	
	0.032		0.32	3.2			32
	0.040	0.40			4.0		40
0.050			0.50		5.0	50	
	0.063		0.63	6.3			63
	0.080	0.80			8.0		80
0.100			1.00		10.0	100	

注：优先选用第 1 系列

214

表 11-5　**Ra 的取样长度 L 与评定长度 Lₙ 的选用值**

Ra/μm	L/mm	Lₙ(Lₙ = 5l)/mm
≥0.008～0.02	0.08	0.4
>0.02～0.1	0.25	1.25
>0.1～2.0	0.8	4.0
>2.0～10.0	2.5	12.5
>10.0～30.0	8.0	40.0

3. 表面粗糙度的选择

选择表面粗糙度时,主要是满足零件表面的功能要求,但也要考虑经济性。具体选择时,可参考一些成熟的产品,用类比法确定。

表面粗糙度的选择原则如下:

(1) 在满足表面功能要求的前提下,尽量选用较大的表面粗糙度参数值。

(2) 工作表面比非工作表面的表面粗糙度参数值要小。

(3) 摩擦表面比非摩擦表面的粗糙度参数值要小;滚动摩擦表面比滑动摩擦表面的粗糙度参数值要小;运动速度高、单位压力大的摩擦表面比运动速度低、单位压力小的摩擦表面的粗糙度参数值要小。

(4) 受交变载荷的零件及易引起应力集中的圆角、沟槽,其表面粗糙度参数值要小。

(5) 配合性质相同,零件尺寸小的比大的粗糙度参数值要小;相同公差等级,小尺寸比大尺寸、轴比孔的表面粗糙度参数值要小。

(6) 配合性质要求高的、配合间隙小的和要求连接可靠、受重载的过盈配合表面,应取较小的表面粗糙度参数值。

(7) 一般情况下,尺寸公差和表面形状精度高的表面,其表面粗糙度要求也高。但尺寸公差、形状公差之间并不存在确定的函数关系,只是有一定的对应关系。设表面形状公差值为 T,尺寸公差值为 IT,它们有如下的对应关系:

$T \cong 0.6$ IT, $\qquad Ra \leqslant 0.05$ IT;

$T \cong 0.4$ IT, $\qquad Ra \leqslant 0.025$ IT;

$T \cong 0.25$ IT, $\qquad Ra \leqslant 0.012$ IT;

$T < 0.25$ IT, $\qquad Ra \leqslant 0.15$ IT。

不同的加工方法可得到不同的 Ra 值,见表 11-6。

表 11-6　**表面粗糙度 Ra 值与加工方法的选择参考表**

主要分类	加工方法名称	Ra/μm													
		0.006	0.012	0.025	0.05	0.1	0.2	0.4	0.8	1.6	3.2	6.3	12.5	25	50
成形	砂型铸造												──	──	──
	压力铸造								──	──	──	──			
	精密铸造								──	──	──	──			
变形	模锻								──	──	──	──			
	挤压								──	──	──	──			
	辊压						──	──	──	──	──	──			

续表

主要分类	加工方法名称	Ra/μm												
		0.006	0.012	0.025	0.05	0.1	0.2	0.4	0.8	1.6	3.2	6.3	12.5	25	50
分割	车						▬▬▬▬▬▬▬▬▬▬▬▬▬▬								
	刨						▬▬▬▬▬▬▬▬▬▬▬▬								
	插							▬▬▬▬▬▬▬▬▬▬							
	刮						▬▬▬▬▬▬▬▬▬▬								
	钻							▬▬▬▬▬▬▬▬							
	镗					▬▬▬▬▬▬▬▬▬▬▬▬▬▬▬▬									
	铣						▬▬▬▬▬▬▬▬▬▬▬▬								
	拉削						▬▬▬▬▬▬▬▬▬▬								
	锉						▬▬▬▬▬▬▬▬								
	磨		▬▬▬▬▬▬▬▬▬▬▬▬▬▬												
	抛光		▬▬▬▬▬▬▬▬▬▬												
	滚光				▬▬▬▬▬▬▬▬										
	珩磨		▬▬▬▬▬▬▬▬▬▬▬												
	研磨		▬▬▬▬▬▬▬▬▬▬												
	火焰切割												▬▬▬▬▬▬		

4．表面粗糙度的代（符）号

图样上表示零件表面粗糙度的符号见表 11-7。

表 11-7 表面粗糙度的符号

符号名称	符 号	含 义
基本图形符号	$d'=0.35mm$ （d'—符号线宽） $H_1=3.5mm$ $H_2=7mm$	未指定工艺方法的表面，当通过一个注释解释时可单独使用
扩展图形符号		用去除材料方法获得的表面；仅当其含义是"被加工表面"时可单独使用
		不去除材料的表面，也可用于表示保持上道工序形成的表面，不管这种状况是通过去除或不去除材料形成的
完整图形符号	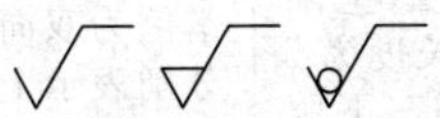	在以上各种符号的长边上加一横线，以便注写对表面结构的各种要求

注：表中 d'、H_1 和 H_2 的大小是当图样中尺寸数字高度选取 $h=3.5mm$ 时按 GB/T 131—2006 的相应规定给定的。表中 H_2 是最小值，必要时允许加大。

当在图样某个视图上构成封闭轮廓的各表面有相同的表面粗糙度要求时，在完整图形符号上加一圆圈，标注在图样中工件的封闭轮廓线上，如图 11-24 所示。

5. 表面粗糙度在图形符号中的注写位置

表面粗糙度数值及有关规定在符号中注写位置见图 11-25。

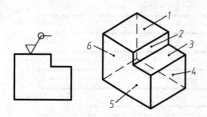

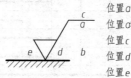

位置a　注写表面结构的单一要求。
位置a和b　a注写第一表面结构要求。
　　　　　　b注写第二表面结构要求。
位置c　注写加工方法，如"车"、"磨"、"镀"等。
位置d　注写表面纹理方向，如"="、"×"、"M"、
位置e　注写加工余量。

图 11-24　对图形中封闭轮廓的六个
　　　　　面的共同粗糙度要求（不
　　　　　包括前后面）

图 11-25　表面粗糙度要求的注写位置

6. 表面粗糙度的符号示例（见表 11-8）

表 11-8　表面粗糙度的符号示例

No.	代号示例	含义/解释	补充说明
1	$\sqrt{\text{Ra 0.8}}$	表示不允许去除材料，单向上限值，默认传输带，R 轮廓，算术平均偏差 $0.8\mu m$，评定长度为 5 个取样长度（默认），"16%规则"（默认）	参数代号与极限值之间应留空格（下同），本例未标注传输带，应理解为默认传输带，此时取样长度可由 GB/T 10610 和 GB/T 6062 中查取
2	$\sqrt{\text{Rzmax 0.2}}$	表示去除材料，单向上限值，默认传输带，R 轮廓，粗糙度最大高度的最大值 $0.2\mu m$，评定长度为 5 个取样长度（默认），"最大规则"	示例 No.1～No.4 均为单向极限要求，且均为单向上限值，则均可不加注"U"，若为单向下限值，则应加注"L"
3	$\sqrt{\text{0.008-0.8/Ra 3.2}}$	表示去除材料，单向上限值，传输带 0.008-0.8mm，R 轮廓，算术平均偏差 $3.2\mu m$，评定长度为 5 个取样长度（默认），"16%规则"（默认）	传输带"0.008-0.8"中的前后数值分别为短波和长波滤波器的截止波长（$\lambda_s \sim \lambda_c$），以示波长范围。此时取样长度等于 λ_c，即 $l_r = 0.8$mm
4	$\sqrt{\text{-0.8/Ra3 3.2}}$	表示去除材料，单向上限值，传输带：根据 GB/T 6062，取样长度 0.8mm（λ_c 默认 0.0025mm），R 轮廓，算术平均偏差 $3.2\mu m$，评定长度包含 3 个取样长度，"16%规则"（默认）	传输带仅注出一个截止波长值（本例 0.8 表示 λ_c 值）时，另一截止波长值 λ_s 应理解为默认值，由 GB/T 6062 中查知 $\lambda_s = 0.0025$mm
5	$\sqrt{\begin{array}{l}\text{U Ramax 3.2}\\\text{L Ra 0.8}\end{array}}$	表示不允许去除材料，双向极限值，两极限值均使用默认传输带，R 轮廓，上限值：算术平均偏差 $3.2\mu m$，评定长度为 5 个取样长度（默认），"最大规则"，下限值：算术平均偏差 $0.8\mu m$，评定长度为 5 个取样长度（默认），"16%规则"（默认）	本例为双向极限要求，用"U"和"L"分别表示上限值和下限值。在不致引起歧义时，可不加注"U"、"L"

7. 表面粗糙度的代（符）号在图样中的注法

（1）表面粗糙度要求对每一表面一般只注一次，并尽可能注在相应的尺寸及其公差的同一视图上。除非另有说明，所标注的表面粗糙度要求是对完工零件表面的要求。

（2）表面粗糙度的注写和读取方向与尺寸的读取方向一致。表面粗糙度要求可标注在轮廓线上，其符号应从材料外指向并接触表面（见图 11-26）。必要时，表面粗糙度也可用带箭头或黑点的指引线引出标注（见图 11-27）。

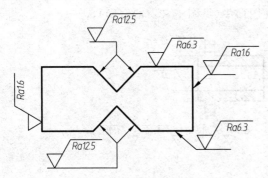

图 11-26　表面粗糙度要求在轮廓线上的标注　　　图 11-27　用指引线引出标注表面粗糙度要求

（3）在不致引起误解时，表面粗糙度要求可以标注在给定的尺寸线上（见图 11-28）。

（4）表面粗糙度要求可标注在形位公差框格的上方（见图 11-29）。

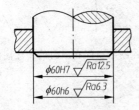 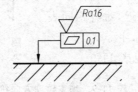

图 11-28　表面粗糙度要求标　　　　图 11-29　表面粗糙度要求标注
　　　　　注在尺寸线上　　　　　　　　　　　　在形位公差框格上方

（5）圆柱和棱柱表面的表面粗糙度要求只标注一次（见图 11-30）。如果每个棱柱表面有不同的表面粗糙度要求，则应分别单独标注（见图 11-31）。

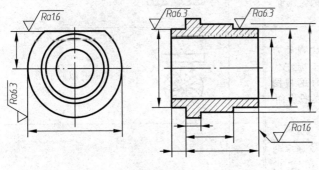 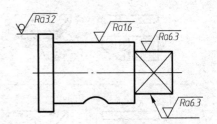

图 11-30　表面粗糙度要求标注在　　　图 11-31　圆柱和棱柱的表面粗糙度
　　　　　圆柱特征的延长线上　　　　　　　　　要求的注法

8．表面粗糙度要求在图样中的简化注法

1）有相同表面粗糙度要求的简化注法

如果在工件的多数（包括全部）表面有相同表面粗糙度要求时，则其表面粗糙度要求可

统一标注在图样的标题栏附近。此时,表面粗糙度要求的符号后面应有:

(1) 在圆括号内给出无任何其他标注的基本符号(见图 11-32(a));

(2) 在圆括号内给出不同的表面粗糙度要求(见图 11-32(b));

(3) 不同的表面粗糙度要求应直接标注在图形中(见图 11-32(a)、(b))。

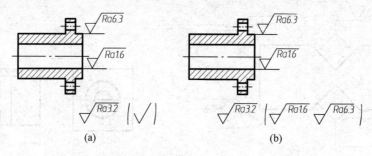

(a)   (b)

图 11-32   大多数表面有相同表面粗糙度要求的简化画法

2) 多个表面有共同表面粗糙度要求的注法

如图 11-33 所示,用带字母的完整符号,以等式的形式,在图形或标题栏附近,对有相同表面粗糙度要求的表面进行简化标注。

常用的加工纹理方向符号见表 11-9。

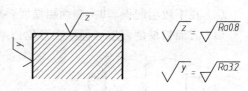

图 11-33   在图纸空间有限时的简化注法

表 11-9   加工纹理方向符号

符号	说 明	符号	说 明
=	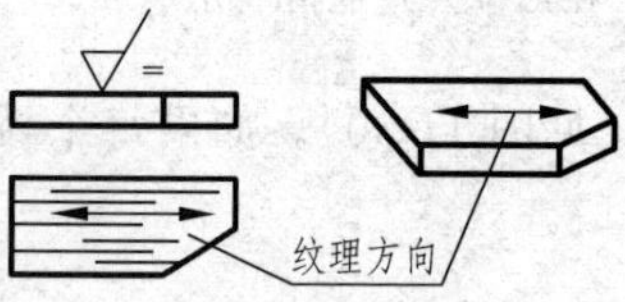 纹理平行于标注代号的视图的投影面	C	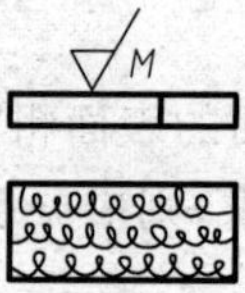 纹理呈近似同心圆
⊥	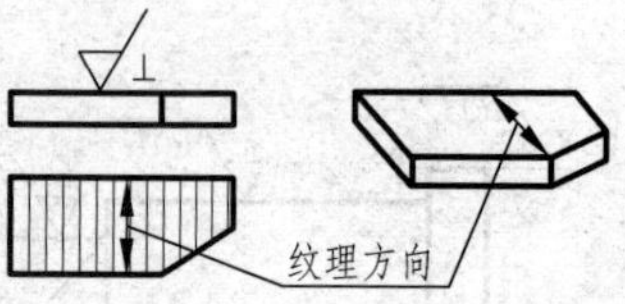 纹理垂直于标注代号的视图的投影面	R	 纹理呈近似放射形
×	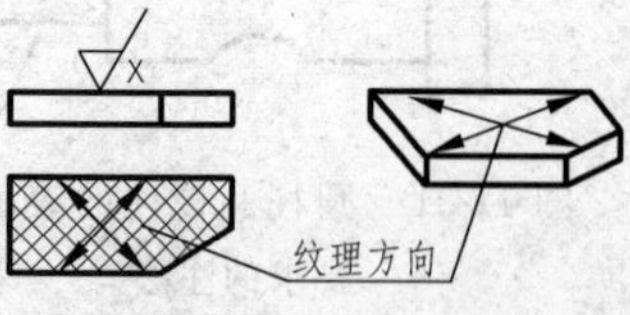 纹理呈两相交的方向	P	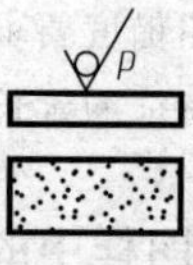 纹理无方向或呈凸起的细粒状
M	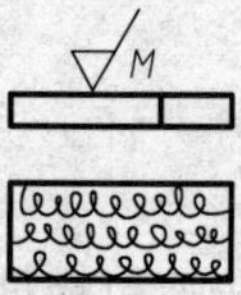 纹理呈多方向		

11.6　极限与配合

11.6.1　互换性

在机械制造业中,为了便于装配和维修,要求在按同一图样制造出的零、部件里任取一件,不经任何挑选或修配,就能装在机器上,并能达到设计规定的功能要求,这样的一批零、部件就称为具有互换性。

互换性生产对我国四个现代化的建设具有非常重大的意义。有了互换性,才有可能组织高效益的专业化生产,促进了自动化生产的发展,缩短生产周期,保证产品质量,降低生产成本。

零件的互换性主要由零件的尺寸、形状、位置和表面质量等几何参数决定,另外还受物理、化学、力学性能等参数的影响。

互换性要求尺寸的一致性,对于相互结合的零件,既要保证它们在尺寸之间形成一定的关系,又要在制造上考虑经济性,这就形成了新标准(GB/T 1800)极限与配合的概念。极限是平衡零件使用要求与制造经济性之间的矛盾,而配合则是反映零件结合时相互之间的关系。

新国标 GB/T 1800 系列是对尺寸的极限与配合进行标准化,构成极限制与配合制。这样,将标准的主标题定为"极限与配合",比旧国标的主标题"公差与配合"更贴切,而且与国际标准相一致。

11.6.2　有关的术语和定义

零件在加工过程中,由于机床精度、刀具磨损、测量误差等原因,不能把零件的尺寸做得绝对准确。为了保证零件的互换性要求,必须将零件尺寸的加工误差限制在一定的范围内,并规定出尺寸的变动量。国家标准对有关的定义、术语、符号及标注等作了统一的规定(详见 GB/T 1800.1—1997、GB/T 1800.2—1998、GB/T 1800.3—1998 和 GB/T 1804—1992)。

下面就有关的术语及它们之间的关系作一介绍。

1) 基本尺寸

通过基本尺寸应用上、下偏差可算出极限尺寸的尺寸。基本尺寸可以是一个整数或一个小数值。

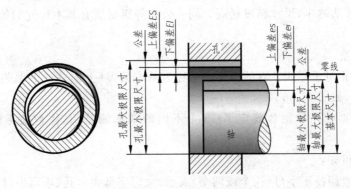

图 11-34　尺寸公差术语图

2）实际尺寸

通过测量获得的某一孔、轴的尺寸，称为实际尺寸。

3）极限尺寸

一个孔或轴允许的尺寸的两个极端称为极限尺寸。实际尺寸应位于其中，也可达到极限尺寸。极限尺寸有大、小两个。

（1）最大极限尺寸：孔或轴允许的最大尺寸；

（2）最小极限尺寸：孔或轴允许的最小尺寸。

4）偏差

某一尺寸减其基本尺寸所得的代数差，称为偏差。

5）极限偏差

上偏差和下偏差（见图 11-35）详见附录表 E-4、表 E-5。

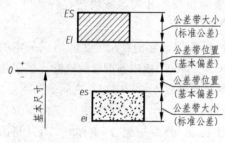

图 11-35　公差带图

（1）上偏差（孔用 Es、轴用 es 表示）：最大极限尺寸减其基本尺寸所得的代数差；

（2）下偏差（孔用 EI、轴用 ei 表示）：最小极限尺寸减其基本尺寸所得的代数差。

上、下偏差可以是正值、负值，也可为零。

6）公差

最大极限尺寸减最小极限尺寸之差（或上偏差减下偏差之差）称为公差，它是允许尺寸的变动量。尺寸公差一定是正值。

7）公差带和公差带图

在图 11-34 中，代表基本尺寸的水平线称为零线，在零线的上、下方，画出表示公差大小的两条水平线（为了便于分析，一般将尺寸公差与基本尺寸的关系按放大比例画），其左右长短可任意定，此即公差带图。一般用斜线表示孔的公差带，加点表示轴的公差带。

8）公差等级

国家标准将公差等级分为 20 级（见附录表 E-1），精度由高到低依次为 IT01、IT0、IT1、IT2、…、IT18。字母"IT"为"国际公差"的符号。

9）标准公差

标准中所规定的任一公差称为标准公差，是基本尺寸的函数。同一基本尺寸，公差等级越高，标准公差数值越小，尺寸精度越高。同一公差等级对所有基本尺寸的每组公差被认为精密程度相同。

10）基本偏差

确定公差带相对于零线位置的极限偏差称为基本偏差（上偏差或下偏差），一般是靠近零线的那个偏差，如图 11-36 所示。

国家标准分别对孔和轴各规定了 28 个不同的基本偏差，具体数值见附录表 E-2 和表 E-3。

从图 11-36 可知：

（1）基本偏差用拉丁字母（一个或两个）表示，大写字母表示孔、小写字母表示轴。

（2）轴的基本偏差 a～h 为上偏差，j～ZC 为下偏差，js 为上偏差或下偏差（它的标准公

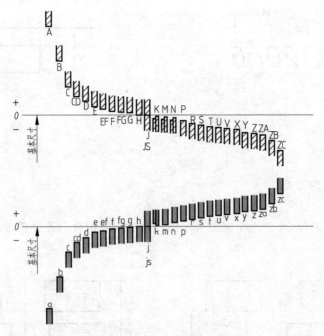

图 11-36　轴孔基本偏差图

差对称分布在零线两侧,即上偏差＝＋IT/2,下偏差＝－IT/2)。

(3) 孔的基本偏差 A～H 为下偏差,J～ZC 为上偏差,JS 为上偏差或下偏差(它的标准公差对称分布在零线两侧,即上偏差＝＋IT/2,下偏差＝－IT/2)。

轴和孔的另一偏差,可按以下代数式计算而得:

$$轴的另一偏差(上偏差或下偏差)ei = es - IT 或 es = ei + IT$$

$$孔的另一偏差(上偏差或下偏差)ES = EI + IT 或 EI = ES - IT$$

11) 孔、轴公差带代号

公差带由基本偏差和公差等级所组成,其代号也如此,如图 11-37 所示。此公差带的含意是:基本尺寸为 $\phi50$,公差等级为 7 级,基本偏差为 H 的孔的公差带。

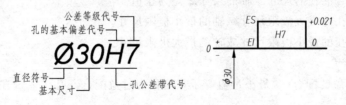

图 11-37　孔公差带图

又如图 11-38 所示。此公差带的含意是:基本尺寸为 $\phi20$,公差等级为 6 级,基本偏差为 g 的轴的公差带。

11.6.3　配合的有关术语

基本尺寸相同的、相互结合的孔和轴公差带之间的关系,称为配合。

图 11-38　轴公差带图

1. 配合类别

国标将配合分为三类。

1) 间隙配合

保证具有间隙的配合(含最小间隙等于零),称为间隙配合。孔公差带在轴公差带之上,如图 11-39(a)所示。

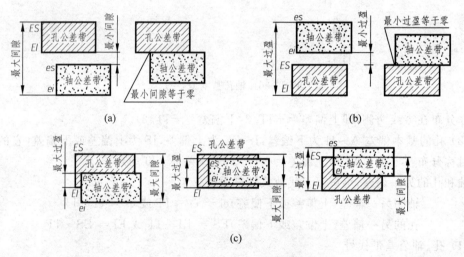

图 11-39　孔轴配合公差带图

间隙:相结合的孔的尺寸减轴的尺寸之差为正值。

最大间隙:孔的最大极限尺寸减轴的最小极限尺寸。

最小间隙:孔的最小极限尺寸减轴的最大极限尺寸。

2) 过盈配合

保证具有过盈的配合(含最小过盈等于零),称为过盈配合。孔公差带在轴公差带之下,如图 11-39(b)所示。

过盈:相结合的孔的尺寸减轴的尺寸之差为负值。

最大过盈:孔的最小极限尺寸减轴的最大极限尺寸。

最小过盈:孔的最大极限尺寸减轴的最小极限尺寸。

3) 过渡配合

可能具有间隙或过盈的配合,称为过渡配合。孔、轴公差带相互交叠,如图 11-39(c)所示。

综上所述,最大间隙存在于间隙配合和过渡配合中,最大过盈存在于过盈配合和过渡配合中。

4）配合公差

相互结合的孔和轴，不管是哪种配合，其间隙或过盈也有一个允许的变动范围，这个变动量就是配合公差。其数值就是组成配合的孔、轴公差值之和。

2. 配合的基准制

国家标准规定了两种基准制。

1）基孔制

基本偏差为一定的孔的公差带，与不同基本偏差的轴的公差带形成各种配合的一种制度，称为基孔制。此时的孔，其最小极限尺寸即孔的基本尺寸，下偏差为零。这种制度是将孔的公差带位置固定，通过变动轴的公差带位置，得到各种不同的配合，如图 11-40 所示。基孔制配合中的孔称为基准孔，"H"为基准孔的基本偏差，也是基准孔的代号。

2）基轴制

基本偏差为一定的轴的公差带，与不同基本偏差的孔的公差带形成各种配合的一种制度，称为基轴制。此时的轴，其最大极限尺寸即轴的基本尺寸，上偏差为零。这种制度是将轴的公差带位置固定，通过变动孔的公差带位置，得到各种不同的配合，如图 11-41 所示。基轴制配合中的轴称为基准轴，"h"为基准轴的基本偏差，也是基准轴的代号。

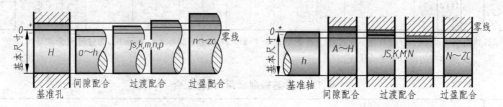

图 11-40　基孔制配合　　　　　　　图 11-41　基轴制配合

基孔制（基轴制）配合中，a～h（A～H）用于间隙配合，j～zc（J～ZC）用于过渡配合和过盈配合。

11.6.4　公差与配合的选用

1. 选用优先公差带和优先配合

国标根据产品需要和经济效益，考虑到定值刀具、量具规格的统一，规定了公差带分一般用途、常用和优先，从中选出常用的孔公差带 47 种，轴公差带为 59 种，它们的优先配合各 13 种（见表 11-10），详见表 11-11 和表 11-12。

表 11-10　孔、轴公差带数量

	总数	一般	常用	优先
孔	543	109	47	13
轴	544	119	59	13

表 11-11　基孔制常用、优先配合

基准孔	轴																				
	a	b	c	d	e	f	g	h	js	k	m	n	p	r	s	t	u	v	x	y	z
	间隙配合								过渡配合				过盈配合								
H6						$\frac{H6}{f5}$	$\frac{H6}{g5}$	$\frac{H6}{h5}$	$\frac{H6}{js5}$	$\frac{H6}{k5}$	$\frac{H6}{m5}$	$\frac{H6}{n5}$	$\frac{H6}{p5}$	$\frac{H6}{r5}$	$\frac{H6}{s5}$	$\frac{H6}{t5}$					
H7						$\frac{H7}{f6}$	$\mathbf{\frac{H7}{g6}}$	$\mathbf{\frac{H7}{h6}}$	$\frac{H7}{js6}$	$\mathbf{\frac{H7}{k6}}$	$\frac{H7}{m6}$	$\mathbf{\frac{H7}{n6}}$	$\mathbf{\frac{H7}{p6}}$	$\frac{H7}{r6}$	$\mathbf{\frac{H7}{s6}}$	$\frac{H7}{t6}$	$\mathbf{\frac{H7}{u6}}$	$\frac{H7}{v6}$	$\frac{H7}{x6}$	$\frac{H7}{y6}$	$\frac{H7}{z6}$
H8					$\frac{H8}{e7}$	$\mathbf{\frac{H8}{f7}}$	$\frac{H8}{g7}$	$\mathbf{\frac{H8}{h7}}$	$\frac{H8}{js7}$	$\frac{H8}{k7}$	$\frac{H8}{m7}$	$\frac{H8}{n7}$	$\frac{H8}{p7}$	$\frac{H8}{r7}$	$\frac{H8}{s7}$	$\frac{H8}{t7}$	$\frac{H8}{u7}$				
H8				$\frac{H8}{d8}$	$\frac{H8}{e8}$	$\frac{H8}{f8}$		$\frac{H8}{h8}$													
H9			$\frac{H9}{c9}$	$\mathbf{\frac{H9}{d9}}$	$\frac{H9}{e9}$	$\frac{H9}{f9}$		$\mathbf{\frac{H9}{h9}}$													
H10			$\frac{H10}{c10}$	$\frac{H10}{d10}$				$\frac{H10}{h10}$													
H11	$\frac{H11}{a11}$	$\frac{H11}{b11}$	$\mathbf{\frac{H11}{c11}}$	$\frac{H11}{d11}$				$\mathbf{\frac{H11}{h11}}$													
H12		$\mathbf{\frac{H12}{b12}}$						$\frac{H12}{h12}$													

注：① H6/n5 和 H7/p6 在基本尺寸小于或等于 3mm 和 H8/r7 在小于或等于 100mm 时，为过渡配合；

② 黑体字的配合符号为优先配合。

表 11-12　基轴制常用、优先配合

基准轴	孔																				
	A	B	C	D	E	F	G	H	Js	K	M	N	P	R	S	T	U	V	X	Y	Z
	间隙配合								过渡配合				过盈配合								
h5						$\frac{F6}{h5}$	$\frac{G6}{h5}$	$\frac{H6}{h5}$	$\frac{Js6}{h5}$	$\frac{K6}{h5}$	$\frac{M6}{h5}$	$\frac{N6}{h5}$	$\frac{P6}{h5}$	$\frac{R6}{h5}$	$\frac{S6}{h5}$	$\frac{T6}{h5}$					
h6						$\frac{F7}{h6}$	$\mathbf{\frac{G7}{h6}}$	$\mathbf{\frac{H7}{h6}}$	$\frac{Js7}{h6}$	$\mathbf{\frac{K7}{h6}}$	$\frac{M7}{h6}$	$\mathbf{\frac{N7}{h6}}$	$\mathbf{\frac{P7}{h6}}$	$\frac{R7}{h6}$	$\mathbf{\frac{S7}{h6}}$	$\frac{T7}{h6}$	$\mathbf{\frac{U7}{h6}}$				
h7					$\frac{E8}{h7}$	$\mathbf{\frac{F8}{h7}}$		$\mathbf{\frac{H8}{h7}}$	$\frac{Js8}{h7}$	$\frac{K8}{h7}$	$\frac{M8}{h7}$	$\frac{N8}{h7}$									
h8				$\frac{D8}{h8}$	$\frac{E8}{h8}$	$\frac{E8}{h8}$		$\frac{H8}{h8}$													
h9				$\mathbf{\frac{D9}{h9}}$	$\frac{E9}{h9}$	$\frac{F9}{h9}$		$\mathbf{\frac{H9}{h9}}$													
h10				$\frac{D10}{h10}$				$\frac{H10}{h10}$													
h11	$\frac{A11}{h11}$	$\frac{B11}{h11}$	$\mathbf{\frac{C11}{h11}}$	$\frac{D11}{h11}$				$\mathbf{\frac{H11}{h11}}$													
h12		$\frac{B12}{h12}$						$\frac{H12}{h12}$													

2. 配合制的选择

一般情况下应优先采用基孔制,这样可减少定值刀具和量具规格的数量,既便于加工,又比较经济。基轴制通常仅用于有比较明显经济效果的场合和结构设计要求不适合采用基孔制的场合。例如:与冷拔圆钢轴的配合;同一基本尺寸的轴上装有不同配合要求的零件,应采用基轴制,轴可不必另行加工达到不同的配合要求。与标准件配合时,应按标准件确定配合制,例如与滚动轴承配合的轴应按基孔制,与滚动轴承配合的孔应按基轴制。

3. 标准公差等级的选用

标准公差等级的高低将直接影响产品的使用性能和加工经济性,选用时可参考表 11-13,一般使用的配合可选用 IT5～IT11。表 11-14 列出了具体应用场合。另外,考虑到同级的孔比轴加工困难,当标准公差≤IT8 时,国家标准推荐孔比轴低一级配合,但对标准公差＞IT8 或基本尺寸＞500mm 的配合,推荐孔、轴采用同级配合。

表 11-13　标准公差等级的选用

应用	公差等级(IT)																	
	01	0	1	2	3	4	5	6	7	8	9	10	11	12	13	14	15	16	17	18
量块	—	—	—															
量规		—	—	—	—	—	—	—	—	—								
配合尺寸					—	—	—	—	—	—	—	—	—	—	—			
特精件配合			—	—	—	—	—											
原材料公差									—	—	—	—	—	—	—	—	—	—

表 11-14　常用的配合尺寸中标准公差等级的选用

公差等级	IT5	IT6(轴) IT7(孔)	IT8、IT9	IT10～IT11	举例
精密机械	常用	次要处			仪器、航空机械
一般机械	重要处	常用	次要处		机床、汽车制造
非精密机械		重要处	常用	次要处	矿山、农业机械

4. 配合种类的选择

间隙配合:主要用于结合件有相对运动(包括旋转运动和轴向滑动),也可用于一般的定位配合。

过盈配合:主要用于结合件没有相对运动的配合。过盈不大时,用键连接传递扭矩;过盈大时,靠孔轴结合力传递扭矩。前者可以拆卸,后者不可拆卸。

过渡配合:一般用于定位精确并要求能拆卸的场合。

选用配合时,可参考表 11-15 和表 11-16。

表 11-15　各基本偏差的配合特性

配合	基本偏差	配合特性及应用
间隙配合	a,b	可得到特别大的间隙,应用很少
	c	可得到很大间隙,一般适用于缓慢、松弛的动配合。用于工作条件较差(如农业机械),受力变形较大,或为了便于装配,而必须有较大间隙时,推荐配合为 H11/c11。较高等级的配合,如 H8/c7,适用于轴在高温工作的紧密动配合,例如内燃机排气阀和导管
	d	一般用于 IT7～IT11 级。适用于松弛的转动配合,如密封盖、滑轮、空转带轮等与轴的配合。也适用于大直径滑动轴承配合,如透平机、球磨机、轧滚成型和重型弯曲机及其他重型机械中的一些滑动支承
	e	多用于 IT7～IT9 级。通常适用于要求有明显间隙,易于转动的支承配合,如大跨距支承、多支点支承等配合。高等级的 e,适用于大的、高速、重载支承,如涡轮发电机、大的电动机的支承等。也适用于内燃机主要轴承,凸轮轴支承、摇臂支承等配合
	f	多用于 IT6～IT8 级的一般转动配合。当温度差别不大,对配合基本上没影响时,被广泛用于普通润滑油(或润滑脂)润滑的支承,如齿轮箱、小电动机、泵等的转轴与滑动支承的配合
	g	多用于 IT5～IT7 级。配合间隙很小,制造成本高,除很轻载荷的精密装置外,不推荐用于转动配合。最适合不回转的精密滑动配合,也用于插销等定位配合,如精密连杆轴承、活塞及滑阀、连杆销等
	h	多用于 IT4～IT11 级。广泛用于无相对转动的零件,作为一般的定位配合。若没有温度、变形影响,也用于精密滑动配合
过渡配合	js	要求间隙比 h 轴配合时小,并允许略有过盈的定位配合,如联轴器、齿圈与钢制轮毂,一般可用手或木槌装配
	k	平均起来没有间隙的配合,适用于 IT4～IT7 级。推荐用于要求稍有过盈的定位配合,例如为了消除振动用的定位配合。一般用木槌装配
	m	平均起来具有不大过盈的过渡配合,适用于 IT4～IT7 级。一般可用木槌装配,但在最大过盈时,要求相当的压入力
	n	平均过盈比用 m 时稍大,很少得到间隙,适用于 IT4～IT7 级。用锤或压力机装配。通常推荐用于紧密的组件配合。H6/n5 为过盈配合
过盈配合	p	与 H6 或 H7 孔配合时是过盈配合,而与 H8 孔配合时为过渡配合。对非钢铁类零件,为较轻的压入配合,当需要时易于拆卸。对钢、铸铁或铜-钢组件装配是标准压入配合。对弹性材料,如轻合金等,往往要求很小的过盈,可采用 p 配合
	r	对钢铁类零件,为中等打入配合,对非钢铁类零件,为轻的打入配合,当需要时,可以拆卸。与 H8 孔配合,直径在 100mm 以上时为过盈配合,直径小时为过渡配合
	s	用于钢和铁制零件的永久性和半永久性装配,过盈量充分,可产生相当大的结合力。当用弹性材料,如轻合金时,配合性质与钢铁类零件的 p 轴相当。例如套环压在轴上、阀座等配合。尺寸较大时,为了避免损伤配合表面,需用热胀或冷缩法装配
	t,u,v, x,y,z	过盈量依次增大,除 u 外,一般不推荐

227

表 11-16 配合的选用

间隙配合	H11/c11,C11/h11	间隙非常大,用于转动很慢、要求装配方便和低精度的很松的动配合
	H9/d9,D9/h9	间隙很大,用于大温差、高转速或大轴颈压力时的自动配合
	H8/f7,F8/h7	间隙不大,用于中等转速与轻轴颈压力的精确转动,或自由装配的中等定位配合
	H7/g6,G7/h6	间隙很小,用于可自由移动和滑动并精密定位的配合,而不希望自由转动
	H7/h6,H8/h7,H9/h8,H11/h11	均为间隙定位配合,零件可自由装拆,工作时一般相对静止不动
过渡配合	H7/k6,K7/h6	过渡配合,用于精密定位
	H7/n6,N7/h6	过渡配合,允许有较大过盈的精密定位
过盈配合	H7/p6,P7/h6	小过盈配合,用于定位精度特别重要的,并用以达到部件的刚性及对中性要求,不能传递摩擦负荷,当尺寸≤3mm时,H7/p6为过渡配合
	H7/s6,S7/h6	中等压入配合,用于一般钢件,薄壁件的冷缩配合,铁铸件的最紧配合
	H7/u6,U7/h6	压入配合,用于可承受大压力的零件,或不宜承受大压入力的冷缩配合

11.6.5 标注与查表

1. 在装配图中的标注方法

配合的代号由两个相互结合的孔和轴的公差带代号组成,用分数形式表示:分子为孔的公差带代号,分母为轴的公差带代号。标注的通用形式如下:

$$基本尺寸\frac{孔的公差带代号}{轴的公差带代号}$$

或基本尺寸

孔的公差带代号/轴的公差带代号

具体标注如图 11-42 所示。

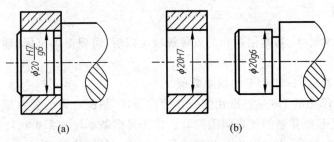

(a)   (b)

图 11-42 公差与配合标注方法(一)

(a) 装配图;(b) 零件图

2. 在零件图中的标注方法

在零件图中公差标注有 3 种标注形式。

(1) 标注公差带的代号,如图 11-42(b)所示。这种标注法和采用专用量具检验零件统一起来,以适应大批量生产的需要。因此不需要标注偏差数值。

（2）标注偏差数值，如图 11-43（b）所示。上偏差注在基本尺寸的右上方，下偏差注在基本尺寸的右下方，偏差的数字应比基本尺寸数字小一号。如果上偏差或下偏差数值为零时，可简写为"0"，另一偏差仍标在原来的位置上，如图 11-43（b）所示。如果上、下偏差的数值相同时，则在基本尺寸后标注"±"符号，再填写一个偏差数值，这时，数值字体高度与基本尺寸字体高度相同，如图 11-44 所示。这种标注法主要用于小批量生产或单件生产，以便加工和检验时减少辅助时间。

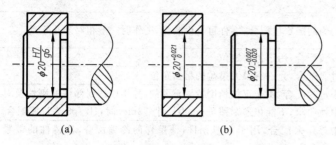

图 11-43　公差与配合标注方法（二）
（a）装配图；（b）零件图

图 11-44　上、下偏差相同的
公差的标注

（3）标注公差带代号和偏差数值，如图 11-45 所示。当产品的产量不定时，应同时注出公差带代号和上、下偏差数值。

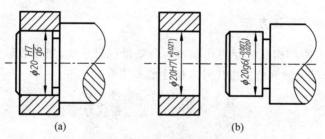

图 11-45　公差与配合标注方法（三）
（a）装配图；（b）零件图

3. 查表方法

当零件的基本尺寸、基本偏差和公差等级确定以后，可根据国家标准的有关规定中查出其极限偏差数。

【例 11-2】　确定 $\phi 1sHs/fT$ 的偏差数值。

解： $\phi 18H8/f7$ 中的 H8 是基准孔的公差带代号，f7 是配合轴的公差带代号。从表 11-11 中可知，H8/f7 是基准孔制的优先间隙配合。首先根据基本尺寸 $\phi 18$ 和公差带代号，分别查出标准公差和基本偏差，再计算出孔和轴的另一偏差。具体步骤如下：

（1）从附表 E-1 查得基本尺寸 18 的标准公差 IT8 为 $27\mu m$、IT7 为 $18\mu m$。

（2）从附录 E-3 查得基准孔的基本偏差为下偏差 EI＝0，上偏差 ES＝EI＋IT＝（0＋27）μm＝$27\mu m$。

（3）从附表 E-2 查得配合轴的基本偏差为上偏差 es＝－16，下偏差 ei＝es－IT＝（－16－18）μm＝$-34\mu m$。

基准孔 $\phi 18H8$ 可写成 $\phi 18^{+0.27}_{0}$；配合轴 $\phi 18f7$ 可写成 $\phi 18^{-0.016}_{-0.034}$。由 $\phi 18H8/f7$ 的公差带

图 11-46(a)中,可以看出最大间隙(X_{max})为$+0.061$,最小间隙(X_{min})为$+0.016$。

【例 11-3】 确定$\phi 14N7/h6$的偏差数值。

解: 由表 11-12 可知,$\phi 14N7/h6$是基轴制的优先过渡配合。

(1)从附表 E-1 查得基本尺寸 14 的标准公差 IT7 为 $18\mu m$,IT6 为 $11\mu m$。

(2)从附表 E-2 查得基准轴的基本偏差为上偏差 es=0,下偏差 ei＝es－IT＝(0－11)μm＝$-11\mu m$。因此,基准轴$\phi 14h6$可写成$\phi 14_{-0.011}^{\ 0}$。

(3)从附表 E-3 查得配合孔的基本偏差为偏差 ES＝$-12+\Delta$＝$(-12+7)\mu m$＝$-5\mu m$,下偏差 EI＝ES－IT＝$(-5-18)\mu m$＝$-23\mu m$。因此,配合孔$\phi 14N7$可写成$\phi 14_{-0.023}^{-0.005}$。

在$\phi 14N7/h6$的公差带图 11-46(b)中,可以看出最大间隙(X_{max})是$+0.006$,最大过盈(Y_{max})是-0.023。

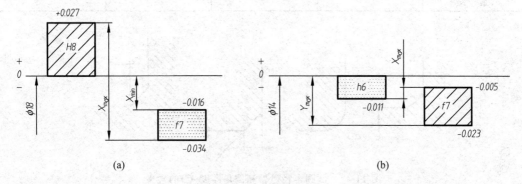

图 11-46 公差带图

11.6.6 一般公差的概念和作用(GB/T 1804—1992)

一般公差(自由公差或未注公差)是指在普通工艺条件下,加工能力可自然保证的公差,一般可不作检验。其范围有:线性尺寸、角度尺寸、形状和位置等要素。

采用一般公差的要素在图样上不单独注出公差,只是在图样上、技术文件或标准中加以说明。

线性尺寸的一般公差主要用于较低精度的非配合尺寸。当功能上允许的公差等于或大于一般公差时,均应采用一般公差。对线性尺寸,从 0.5～4000mm 划分为 8 个尺寸段,给出了 4 个公差等级的极限偏差数值,如表 11-17 所示。

表 11-17 线性尺寸的极限偏差数值   mm

公差等级	尺寸分段							
	0.5～3	>3～6	>6～30	>30～120	>120 ～400	>400～ 1000	>1000～ 2000	>2000～ 4000
f(精密级)	±0.05	±0.05	±0.1	±0.15	±0.2	±0.3	±0.5	—
m(中等级)	±0.1	±0.1	±0.2	±0.3	±0.5	±0.8	±1.2	±2
c(粗糙级)	±0.2	±0.3	±0.5	±0.8	±1.2	±2	±3	±4
v(最粗级)	—	±0.5	±1	±1.5	±2.5	±4	±6	±8

倒圆半径和倒角高度尺寸的极限偏差数值,从 0.5~30mm 划分为 4 个尺寸段,给出了 4 个公差等级,如表 11-18 所示。图 11-47 表示倒圆半径和倒角高度的含义,α 角一般采用 45°,倒圆半径 R 和倒角高度 C 的数值,按《零件倒圆和倒角》(GB 6403.4—1986)规定的尺寸系列选用,见表 11-19。

表 11-18　倒圆半径与倒角高度尺寸的极限偏差数值　　mm

公差等数	尺寸分段			
	0.5~3	>3~6	>6~30	>30
f(精密级)	±0.2	±0.5	±1	±2
m(中等级)				
c(粗糙级)	±0.4	±1	±2	±4
v(最粗级)				

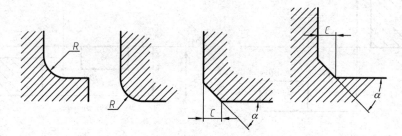

图 11-47　倒圆半径(尺)和倒角高度(C)的含义

表 11-19　倒圆半径与倒角高度尺寸系列　　mm

R					0.5	0.6	0.8	1.0	1.2	1.6	2.0	2.5	3.0
C	4.0	5.0	6.0	8.0	10	12	16	20	25	32	40	50	—

这部分在过去标准中是没有的,现认为倒圆半径和倒角高度的一般公差不宜按线性尺寸的一般公差选取,既不合理,也不经济。为此单独规定了 R 和 C 的一般公差。

标准对线性尺寸一般公差的表示方法作了规定,在图样上、技术文件中用本标准国标号(GB/T 1804),和公差等级代号之间用一短划线隔开表示,如 GB/T 1804—m(中等级)、GB/T 1804—c(粗糙级)等。

11.7　形状和位置公差

11.7.1　形状和位置公差的概念

在零件的加工过程中,合格的零件不仅要保证其尺寸,而且还应保证其形状和位置公差,才能满足使用要求和装配时的互换性。由于工件、刀具、机床的变形和各种频率的振动,以及定位不准确等原因,都会使零件各几何要素的形状和相互位置产生误差。如图 11-48(a) 所示,该轴虽满足尺寸公差要求,但其形状(直线度)有误差。又如图 11-48(b)所示,该轴套左端面对轴线有位置(垂直度)误差。这些误差的产生,都会影响装配和使用。

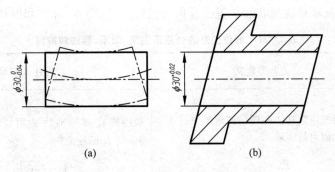

图 11-48　形状和位置误差

1. 形状公差

被测单一要素的实际形状对其理想形状的变动量,称为该要素的形状误差。实际要素的形状所允许的变动全量称为形状公差。

2. 位置公差

被测相关要素间的实际位置对基准要素位置的变动量,称为该被测要素的位置误差。实际要素的位置对基准所允许的变动全量称为位置公差。

3. 公差带

限制被测实际要素允许变动的区域,称为公差带。被测要素要在公差带所规定的区域内,零件才合格。公差带有平面区域和空间区域两类。

11.7.2　形位公差的项目、符号和标注

1. 项目和符号

国家标准(GB/T 1182—1996、GB/T 1184—1996、GB/T 4249—1996 和 GB/T 16671—1996 等标准)规定有 14 种形位公差。其名称和符号见表 11-20。

表 11-20　形位公差项目及符号

分类	项目	符号	分类		项目	符号
形状公差	直线度	—	位置公差	定向	平行度	//
	平面度	▱			垂直度	⊥
	圆度	○			倾斜度	∠
	圆柱度	⌭		定位	同轴(同心)度	◎
	线轮廓度	⌒			对称度	=
	面轮廓度	◠			位置度	⊕
				跳动	圆跳动	↗
					全跳动	↗↗

不同公差特征项目的形状和位置公差的公差带定义、图示、标注和解释见表 11-21。

表 11-21 形位公差的公差带定义、图示、标注和解释

公差特征及符号	公差带定义	标注及解释
直线度 —	如在公差值前加注 ϕ,则公差带是直径为 t 的圆柱面内的区域 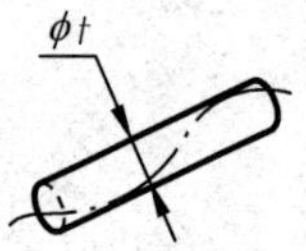	被测圆柱面的轴线必须位于直径为公差值 $\phi 0.08$ 的圆柱面内 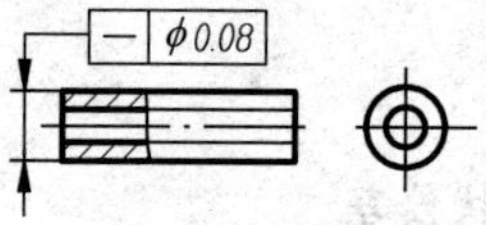
平面度 ▱	公差带是距离为公差值 t 的两平行平面之间的区域 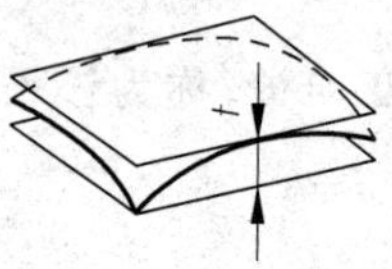	被测表面必须位于距离为公差值 0.08 的两平行平面内 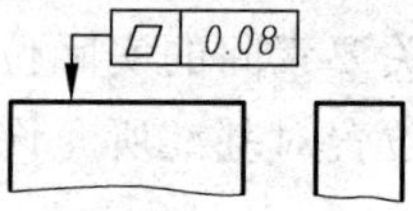
圆度 ○	公差带是在同一正截面上,半径差为公差值 t 的两同心圆之间的区域 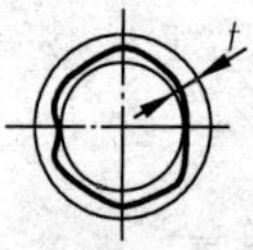	被测圆柱面任一正截面的圆周必须位于半径差为公差值 0.03 的两同心圆之间 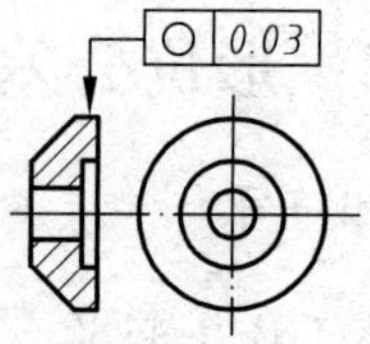 被测圆锥面任一正截面上的圆周必须位于半径差为公差值 0.1 的两同心圆之间 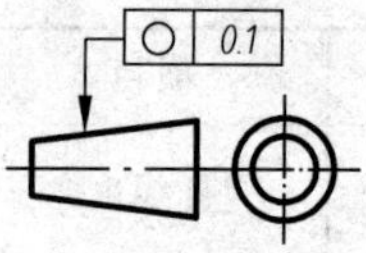
圆柱度 ⌀	公差带是半径差为公差值 t 的两同轴圆柱面之间的区域 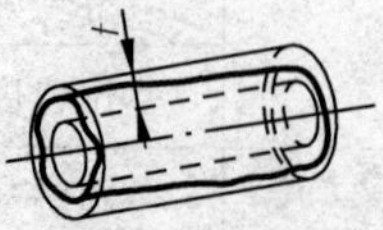	被测圆柱面必须位于半径差为公差值 0.1 的两同轴圆柱面之间 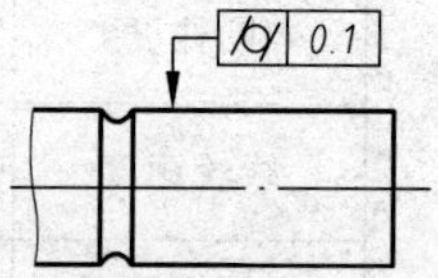

公差特征及符号	公差带定义	标注及解释
线轮廓度　⌒	公差带是包括一系列直径为公差值 t 的圆的两包络线之间的区域。诸圆的圆心位于具有理论正确几何形状的线上 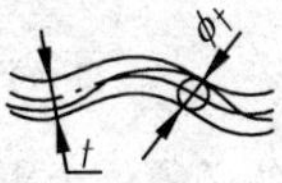 无基准要求的线轮廓度公差见图(a)(属于形状公差);有基准要求的线轮廓度公差见图(b)(属于位置公差)	在平行于图样所示投影面的任一截面上,被测轮廓线必须位于包括一系列直径为公差值 0.04 且圆心位于具有理论正确几何形状的线上的两包络线之间 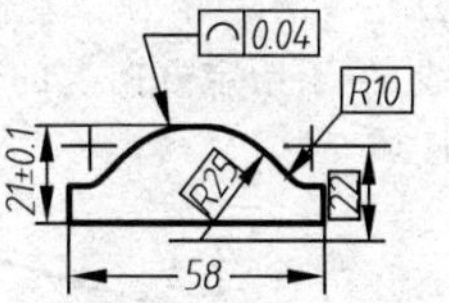 (a) 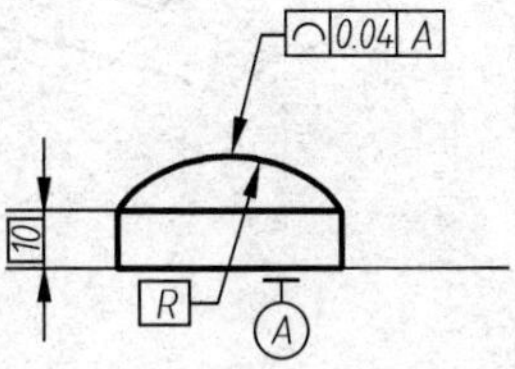 (b)
面轮廓度　⌓	公差带是包络一系列直径为公差值 t 的球的两包络面之间的区域。诸球的球心应位于具有理论正确几何形状的面上 无基准要求的面轮廓度公差见图(a)(属于形状公差);有基准要求的面轮廓度公差见图(b)(属于位置公差)	被测轮廓面必须位于包络一系列球的两包络面之间,诸球的直径为公差值 0.02,且球心位于具有理论正确几何形状的面上的两包络面之间 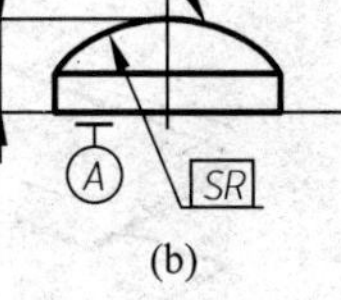 (a) (b)

公差特征及符号	公差带定义	标注及解释
平行度 //	1. 线对线平行度公差	
	公差带是距离为公差值 t 且平行于基准线、位于给定方向上的两平行平面之间的区域。  基准线	被测轴线必须位于距离为公差值 0.1 且在给定方向上平行于基准轴线的两平行平面之间 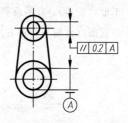 被测轴线必须位于距离为公差值 0.2,且在给定方向上平行于基准轴线的两平行平面之间
	如在公差值前加注 ϕ,公差带是直径为公差值 t 且平行于基准线的圆柱面内的区域 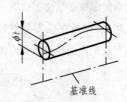 基准线	被测轴线必须位于直径为公差值 0.03 且平行于基准轴线的圆柱面内 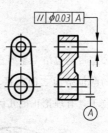
	2. 面对面的平行度公差	
	公差带是距离为公差值 t 且平行于基准面的两平行平面之间的区域  基准平面	被测表面必须位于距离为公差值 0.01 且平行于基准表面 D(基准平面)的两平行平面之间

续表

公差特征及符号	公差带定义	标注及解释
垂直度 ⊥	**1. 线对面垂直度公差** 如公差值前加注ϕ，则公差带是直径为公差值t且垂直于基准面的圆柱面内的区域 基准平面	被测轴线必须位于直径为公差值$\phi 0.01$且垂直于基准面A(基准平面)的圆柱面内
	2. 面对线垂直度公差 公差带是距离为公差值t且垂直于基准线的两平行平面之间的区域 基准线	被测表面必须位于距离为公差值0.08且垂直于基准线A(基准轴线)的两平行平面之间
	3. 面对面垂直度公差 公差带是距离为公差值t，且垂直于基准面的两平行平面之间的区域 基准平面	被测面必须位于距离为公差值0.08且垂直于基准平面A的两平行平面之间
倾斜度 ∠	**1. 线对面的倾斜度公差** 公差带是距离为公差值t，且与基准成一给定角度的两平行平面之间的区域 基准平面	被测轴线必须位于距离为公差值0.08且与基准面A(基准面平)成理论正确角度$60°$的两平行平面之间

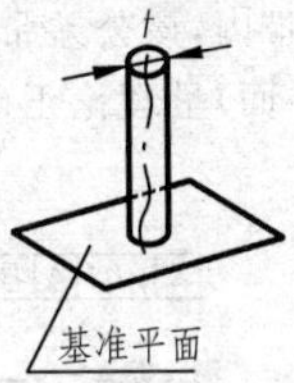

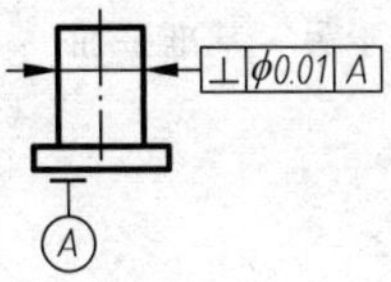

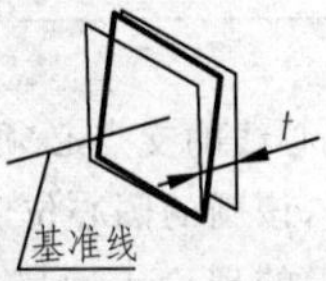

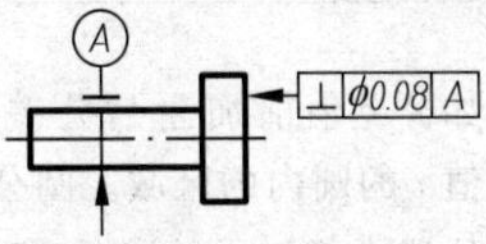

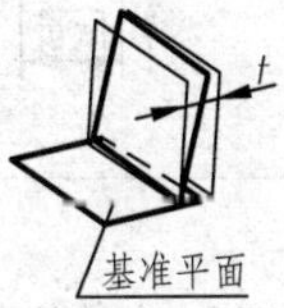

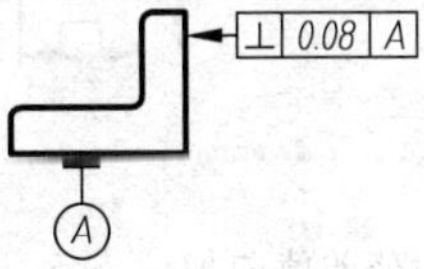

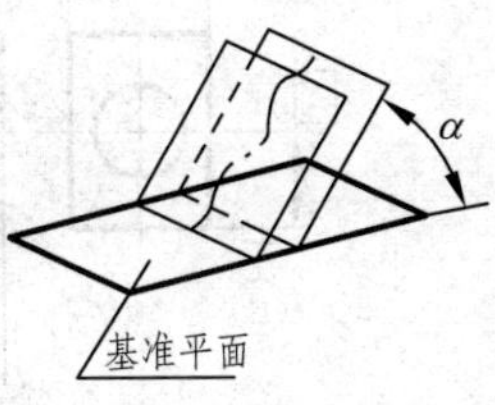

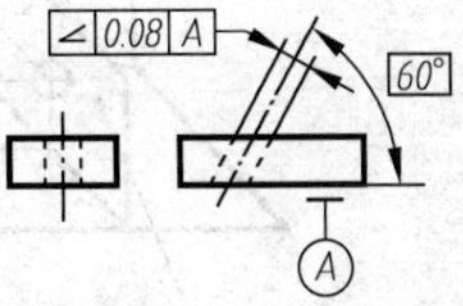

236

公差特征及符号	公差带定义	标注及解释
倾斜度 ∠	2. 面对线的倾斜度公差 如在公差值前加注 ϕ，则公差带是直径为公差值 t 的圆柱面内的区域，该圆柱面的轴线应与基准平面呈一给定的角度并平行于另一基准平面 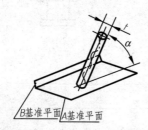	被测轴线必须位于直径为公差值 $\phi0.1$ 的圆柱面公差带内，该公差带的轴线应与基准表面 A（基准平面）呈理论正确角度 $60°$ 并平行于基准平面 B 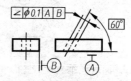
位置度 ⊕	1. 点的位置度公差 如公差值前加注 ϕ，公差带是直径为公差值 t 的圆内的区域。圆公差带的中心点的位置由相对于基准 A 和 B 的理论正确尺寸确定 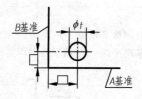	两个中心线的交点必须位于直径为公差值 0.3 的圆内，该圆的圆心位于由相对基准 A 和 B（基准直线）的理论正确尺寸所确定的点的理想位置上 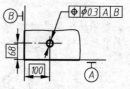
	如公差值前加注 $S\phi$，公差带是直径为公差值 t 的球内的区域。球公差带的中心点的位置由相对于基准 A、B 和 C 的理论正确尺寸确定 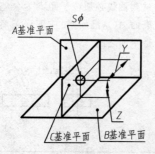	被测球的球心必须位于直径为公差值 0.3 的球内。该球的球心位于由相对基准 A、B、C 的理论正确尺寸所确定的理想位置上 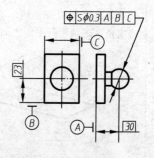

续表

公差特征及符号	公差带定义	标注及解释
位置度 ⊕	2. 线的位置度公差 如在公差值前加注ϕ,则公差带是直径为t的圆柱面内的区域。公差带的轴线的位置由相对于三基准面体系的理论正确尺寸确定 ϕt　A基准平面　90°　B基准平面　C基准平面	被测轴线必须位于直径为公差值$\phi 0.08$且以相对于C、A、B基准表面(基准平面)的理论正确尺寸所确定的理想位置为轴线的圆柱面内 A　⊕ $\phi 0.08$ C A B　C　68　100　B 每个被测轴线必须位于直径为公差值$\phi 0.1$,由以相对于C、A、B基准表面(基准平面)的理论正确尺寸所确定的理想位置为轴线的圆柱面内 $8\times$　⊕ $\phi 0.1$ C A B　B　15　30　30　30　A　C
同轴度 ◎	1. 点的同心度公差 公差带是直径为公差值ϕt且与基准圆心同心的圆内的区域 ϕt　基准点	外圆的圆心必须位于直径为公差值$\phi 0.01$且与基准圆心同心的圆内 ϕ　◎ $\phi 0.01$ A　A
	2. 轴线的同轴度公差 公差带是直径为公差值ϕt的圆柱面内的区域,该圆柱面的轴线与基准轴线同轴 ϕt　基准轴线	大圆柱面的轴线必须位于直径为公差值$\phi 0.08$且与公共基准线$A—B$(公共基准轴线)同轴的圆柱面内 ◎ $\phi 0.08$ $A—B$　A　B

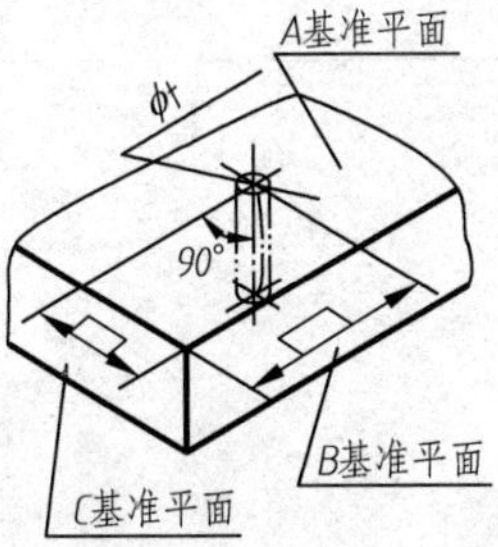

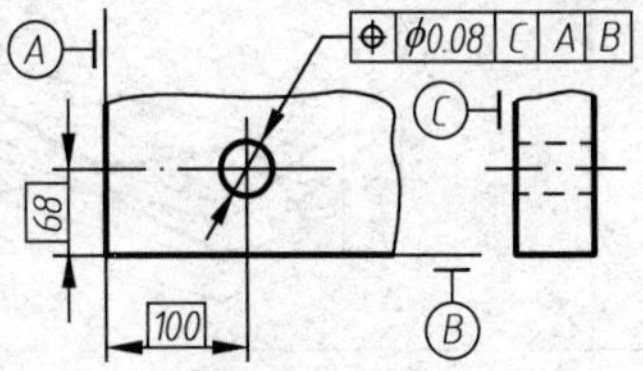

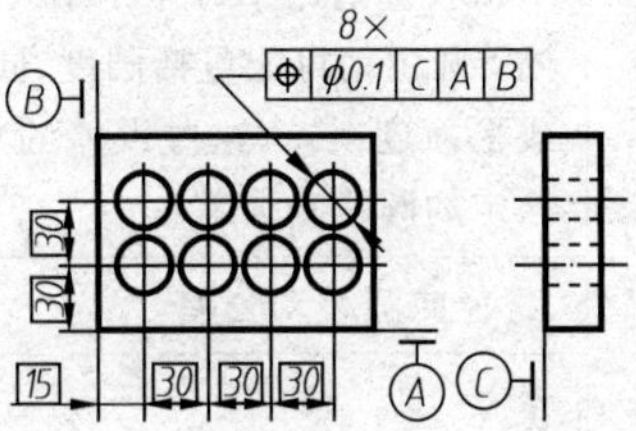

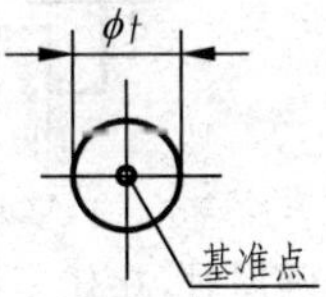

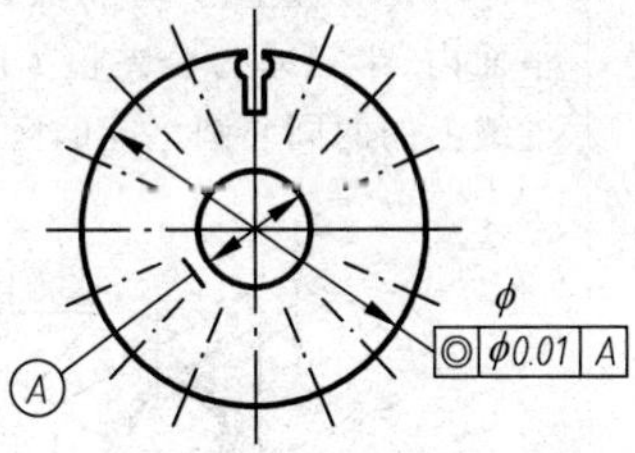

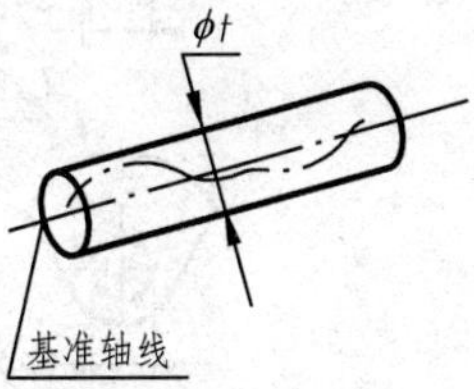

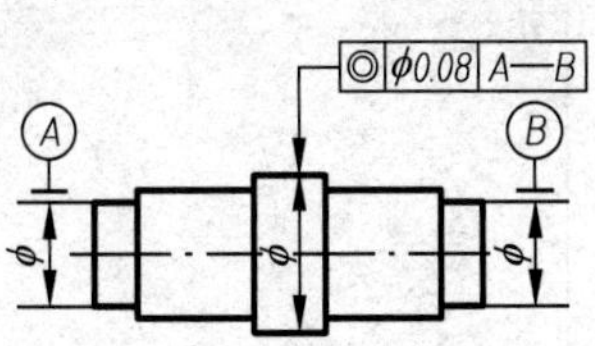

238

公差特征及符号	公差带定义	标注及解释
对称度 =	中心平面的对称度公差 公差带是距离为公差值 t 且相对基准的中心平面对称配置的两平行平面之间的区域 基准平面	被测中心平面必须位于距离为公差值 0.08 且相对于基准中心平面 A 对称配置的两平行平面之间 A　≡ 0.08 A
圆跳动 ↗	圆跳动公差是被测要素某一固定参考点围绕基准轴线旋转一周时(零件和测量仪器间无轴向位移)允许的最大变动量 t,圆跳动公差适用于每一个不同的测量位置。 注:圆跳动可能包括圆度、同轴度、垂直度或平面度误差,这些误差的总值不能超过给定的圆跳动公差	
	1. 径向圆跳动公差	
		当被测要素围绕基准线 A(基准轴线)并同时受基准表面 B(基准平面)的约束旋转一周时,在任一测量平面内的径向圆跳动量均不得大于 0.1 ↗ 0.1 A B A B
	公差带是在垂直于基准轴线的任一测量平面内、半径差为公差值 t 且圆心在基准轴线上的两同心圆之间的区域 基准轴线 测量平面 圆跳动通常是围绕轴线旋转一整周,也可对部分圆周进行限制	被测要素绕基准线 A(基准轴线)旋转一个给定的部分圆周时,在任一测量平面内的径向圆跳动量均不得大于 0.2 ↗ 0.2 A A ↗ 0.2 A A

续表

公差特征及符号	公差带定义	标注及解释
圆跳动 ↗	**2. 端面圆跳动公差** 公差带是在与基准同轴的任一半径位置的测量圆柱面上距离为 t 的两圆之间的区域 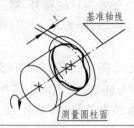	被测面围绕基准线 D（基准轴线）旋转一周时，在任一测量圆柱面内轴向的跳动量均不得大于 0.1 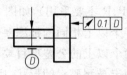
	3. 斜向圆跳动公差 公差带是在与基准同轴的任一测量圆锥面上距离为 t 的两圆之间的区域。 除另有规定，其测量方向应与被测面垂直 	被测面绕基准线 C（基准轴线）旋转一周时，在任一测量圆锥面上的跳动量均不得大于 0.1 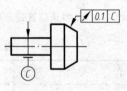
全跳动 ↗↗	**1. 径向全跳动公差** 公差带是半径差为公差值 t 且与基准同轴的两圆柱面之间的区域 	被测要素围绕公共基准线 $A—B$ 作若干次旋转，并在测量仪器与工件间同时作轴向的相对移动时，被测要素上各点间的示值差均不得大于 0.1。测量仪器或工件必须沿着基准轴线方向并相对于公共基准轴线 $A—B$ 移动 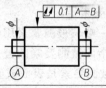
	2. 端面全跳动公差 公差带是距离为公差值 t 且与基准垂直的两平行平面之间的区域 	被测要素围绕基准轴线 D 作若干次旋转，并在测量仪器与工件间作径向相对移动时，在被测要素上各点间的示值差均不得大于 0.1。测量仪器或工件必须沿着轮廓具有理想正确形状的线和相对于基准轴线 D 的正确方向移动 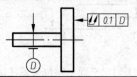

2．形位公差标注

1）公差框格

形位公差框格用细实线画出，框格高度为图样中尺寸数字高度的两倍，框格中字母和数字高度与图样中尺寸数字高度相同。长度按实际需要而定，分成两格或多格，一般将框格水平放置(也有垂直放置的)，自左至右第一格填写形位公差项目的符号，第二格填写形位公差的数值和有关符号，第三格和以后各格填写基准代号的字母(为不致引起误解，字母 E、F、I、J、L、M、O、P、R 不要采用)，如图 11-49 所示。

当有多个以上相同的被测要素时，应在框格上方标明，如图 11-50(a) 所示。如对同一被测要素有两个以上的公差项目要求时，可采用如图 11-50(b) 所示的形式标注。如要求在公差带内有限定被测要素的形状，则应在公差值后面加注有关符号，如表 11-22 所示。

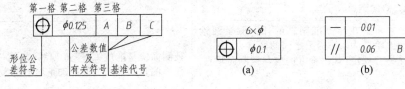

图 11-49　形状位置公差框格图　　　　　　图 11-50　公差框格

表 11-22　形位公差值后的加注符号

含　义	符　号	举　例
只许中间向材料内凹下	(−)	— | t | (−)
只许中间向材料外凸起	(+)	▱ | t | (+)
只许从左至右减小	(▷)	⌀ | t | (▷)
只许从右至左减小	(◁)	⌀ | t | (◁)

2）被测要素

框格的一端与被测要素用带箭头的指引线相连，指引线应该从框格一端的中间位置引出。箭头应指向被测要素的公差带宽度或直径方向。可有以下几种情况：

(1) 当被测要素是表面或直线时，箭头应指在轮廓线或其延长线上，并应明显地与该尺寸线错开，如图 11-51 和图 11-52 所示。

(2) 当被测要素为中心要素，如轴线、球心或对称平面时，指引线的箭头应与该要素的尺寸线对齐，如图 11-53 和图 11-54 所示。当被测要素为圆锥体轴线时，指引线的箭头应与圆锥体大端(或小端)的直径尺寸线对齐，如图 11-55 所示。

图 11-51　平面上形位公差注法　　图 11-52　回转面形位　　11-53　回转体轴线形位
　　　　　　　　　　　　　　　　　　　公差注法　　　　　　　公差注法

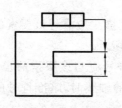

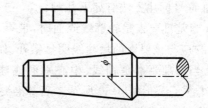

图 11-54 对称度形位公差注法　　　　图 11-55 圆锥体轴线形位公差注法

（3）当指向实际表面时,箭头可置于带点的参考线上(带水平线的指引线),如图 11-56 所示。

3）基准要素

图 11-57 所示是基准符号,圆的直径与框格高度相同,表示基准的字母相应注在公差框格内。不论基准符号是水平还是竖直放置,基准字母应水平书写。若由两个要素组成公共基准,则在框格的第三格内,应使用横线隔开的两个大写字母表示,如图 11-58 所示。另一种基准符号可采用粗短画线表示,该线上的指引线与框格的另一端相连,如图 11-59 所示。

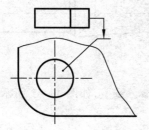

图 11-56 指向实际表面的标注　　　　图 11-57 基准符号

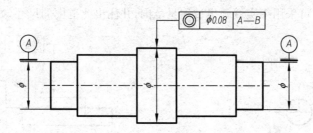

图 11-58 公共基准的标注

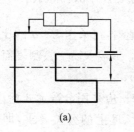

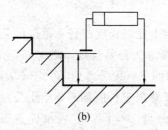

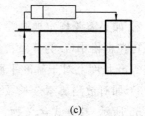

（a）　　　　　　　　（b）　　　　　　　　（c）

图 11-59 平面上基准符号注法

基准符号标注方法有如下几种：

（1）当基准要素是轮廓线或面时，带有基准字母的短横线应靠近该要素的轮廓线或其延长线，并应与该要素的尺寸线明显错开，如图 11-59(b) 所示。

（2）当基准要素是轴线、中心平面或球心时，基准符号应与该要素的尺寸线对齐，如图 11-59(a)、(c) 和图 11-60 所示。当基准要素为圆锥体的轴线时，基准符号应与圆锥体的大端（或小端）的直径尺寸线对齐，如图 11-61 所示。

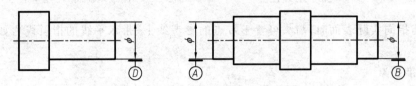

图 11-60　中心要素基准符号注法

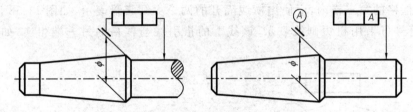

图 11-61　圆锥体轴线基准符号注法

（3）基准符号还可置于用圆点指向实际表面的参考线上，如图 11-62 所示。

4）公差数值

（1）形位公差的数值如无特殊说明，一般是指被测要素全长上的公差值。例如：平面的平面度在全长上不大于 0.05mm，其标注方法如图 11-51 所示。如果被测部位仅为被测要素某一局部范围时，可采用细实线画出被测量范围，并注出此范围的尺寸，如图 11-63 所示。

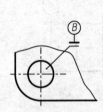

图 11-62　用圆点指向实际表面的注法

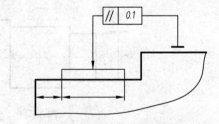

图 11-63　被测表面用指引线表示

（2）如果需要规定被测要素上任意长度或任意范围的公差值时，可采用 $L:d$ 的比例形式，注写在框格中（L 为任意范围，δ 为公差值），如图 11-64 所示。其含义为：被测表面上任意 100mm 长度上对于基准平面的平行度公差值不大于 0.01mm。

（3）如对被测要素全长及任意限定长度都需要给出公差值时，应采用分数形式标注，如图 11-65 所示，其分式含义为：分母 100：0.05 表示任意限定长度上的公差要求，即任意 100mm 长度上对基准 A 面的平行度公差不大于 0.05mm；分子表示全长上的公差值，即被测量表面对基准 A 面的平行度不大于 0.07mm。

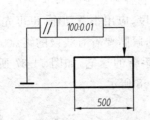

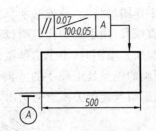

图 11-64　公差限制值的标注　　　　　图 11-65　公差限制值的标注

5）标注示例

【例 11-4】　在图 11-66 中标注的各形位公差代号的含义说明列于表 11-23。

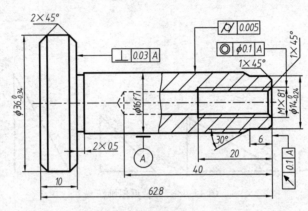

图 11-66　形位公差标注综合举例

表 11-23　综合标注示例说明

标注代号	含义说明
Ⓐ	以 $\phi16f7$ 圆柱的轴心线为基准
⌀ 0.005	$\phi16f7$ 圆柱面的圆柱度公差为 0.005mm，其公差带是半径差为 0.005mm 的两同轴圆柱面，是该圆柱面纵向和正截面形状的综合公差
◎ $\phi0.1$ A	$M8\times1$ 的轴线对基准 A 的同轴度公差为 0.1mm，其公差带是与基准 A 同轴、直径为公差值 0.1mm 的圆柱面
↗ 0.1 A	$\phi14_{-0.24}^{0}$ 端面对基准 A 的端面圆跳动公差为 0.1mm，其公差带是与基准轴线同轴的任一直径位置的测量圆柱面上，沿母线方向宽度为公差值 0.1mm 的圆柱面区域
⊥ 0.03 A	$\phi36_{-0.34}^{0}$ 的右端面对基准 A 的垂直度公差为 0.03mm，其公差带是垂直于基准轴线的距离为公差值 0.03mm 的两平行平面内

11.8　零件草图与测绘

开始练习画草图时，可使用方格纸。横线、竖线尽可能沿着格子线画出，这样画出的线条较直，且易控制图形的大小、方向及投影关系。经过若干数量的练习后，应逐渐培养脱离方格纸，在空白图纸上徒手画出线条平直、比例匀称、图面整洁的图样。

244

要掌握徒手作图的技能,首先必须掌握徒手绘制各种线条的基本手法。

画较短的直线段,用手腕动作。画较长的直线段,应用小臂动作,也可先分作几段画,然后把几段连接起来。画图时,小手指稍微接触纸面,眼睛要看着线段的终点。画草图时可以转动图纸,使所画的线条处于顺手的方向,以适应手臂的运笔,如图 11-67 所示。画一些特殊角度时,可根据斜度比例关系近似画出,如图 11-68 所示。

图 11-67　徒手画直线

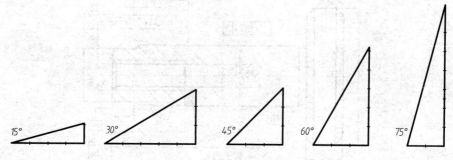

图 11-68　角度近似画法

徒手绘图时,应认真仔细目测所绘物体各部分的大小和相对位置,使画出的图形比例匀称,符合物体实际形状。在可能情况下,使其与实物大小相近。图 11-69 所示为一机件三视图的草图。

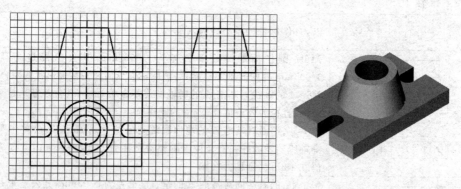

图 11-69　机件三视图草图

1. 画零件草图的方法和步骤

(1) 分析零件,首先应进行结构和工艺分析,包括材料、各结构的作用、加工表面等。

(2) 确定表达方案。

(3) 绘制图样。

(4) 标注尺寸及有关技术要求,填写标题栏。

2．零件测绘的基本方法及常用量具

常用测量工具有直尺(钢板尺)，内、外卡钳，游标卡尺，千分尺，螺纹规及圆角规等。其中用内、外卡钳测量时，必须借助直尺方能读出零件尺寸的数值。零件上全部尺寸的测量应集中进行，以提高工作效率。测量尺寸的方法很多，现将其基本方法叙述如下。

(1) 直线尺寸的测量，可用钢板尺直接量取，如图 11-70 所示。

(2) 测量一般回转面的内、外直径，可分别使用内、外卡钳测定，如图 11-71 所示。

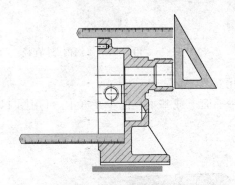
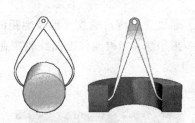

图 11-70　用钢板尺直接测量　　　　　　图 11-71　用内、外卡钳测轴、孔

(3) 测量孔间中心距，孔径相同时，可直接用钢板尺或卡钳量出，如图 11-72(a) 所示；孔径不等时，按图 11-72(b) 所示方法测量。

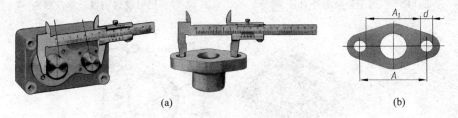

(a)　　　　　　　　　　　　　　　(b)

图 11-72　用游标卡尺测孔心距

(4) 测量壁厚，可以综合使用钢板尺和内、外卡钳间接加减计算，得出要测定的尺寸，如图 11-73 所示。

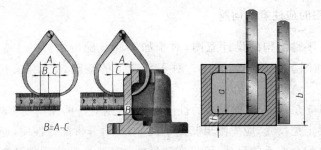

图 11-73　壁厚测量

(5) 测量孔的轴心线到基准面的距离，一般可按图 11-74 的方法量出尺寸 A 和 D，通过计算得出 H 的数值。

（6）测量经切削加工后回转面的内、外直径以及深度等，可用比较精密的量具——游标卡尺（见图 11-75），以及千分尺（见图 11-76）。

图 11-74　测量孔的轴心线到底面距离　　　　图 11-75　用游标卡尺测内、外直径

（7）螺纹规是测量螺纹牙形及螺距的专用量具，如图 11-77 所示。

（8）拓印法：如被测件上曲线轮廓在同一平面上或基本在同一平面上，可用图 11-78 所示的拓印法。

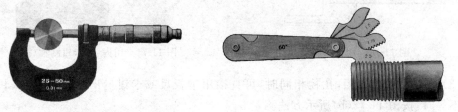

图 11-76　用于分尺测外直径　　　　　　图 11-77　用螺纹规测量牙形及螺距

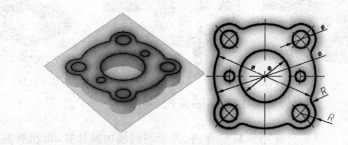

图 11-78　拓印法

3. 画零件草图时应注意的问题

（1）注意分析零件结构的设计意图，对于加工和装配所需要的工艺结构，如圆角、倒角、退刀槽、凸台和凹坑等都必须画出。对于制造上的缺陷，如砂眼、气孔和刀痕等则不应画出。

（2）在尺寸测量方面，应根据尺寸的性质，采取区别对待的原则妥善处理。对于零件上的配合尺寸和重要定位尺寸，应先测出其基本尺寸，然后分析配合性质，查阅手册，确定其公差数值。对于没有配合关系的尺寸，可将实测尺寸数值进行适当圆整到整数。

对于零件上某些标准结构，如螺纹、键槽、齿轮的轮齿等尺寸，应把测量的结果与标准数值核对，当有明显差距时，应以标准数值为准。

（3）画完草图后，应将被测的零部件清理组装，并检查其性能是否完好，零件有无丢损。

11.9 读零件图

在生产中,读零件图是一项经常而又非常重要的工作。读零件图应全面地了解零件的结构形状及各部分的尺寸大小,同时还要弄清该零件制造、检验的技术要求,考虑并研究制造零件的工艺过程。

现以图 11-72 所示的油压阀中的油压缸为例来说明读零件图的方法和步骤。

1. 读标题栏和视图

首先读零件图的标题栏,从中了解零件的名称,并包括其功用及形状。从制造零件所用的材料可想到零件制造的工艺要求,从图的比例和图形的大小可以估计出零件的实际大小。例如,图 11-72 零件的名称是油压缸,其材料是铸铁,由此可想到这是圆筒形状的铸造件,在该零件上必有满足铸造工艺要求的铸造圆角及拔模斜度等结构。如果是不熟悉的零件,就需要进一步参考有关技术资料,如装配图和技术说明书等文字资料,来了解零件在机器或设备中的功用及与相关零件的配合和装配关系,然后再判断零件的结构形状。

找出主视图,分析各视图的投影方向,确定各视图之间的关系,明确各剖视图及断面图的剖切位置以及各视图的表达目的。如油压缸零件图,采用了主视图、俯视图、左视图、A 向视图及断面图。主视图采用了半剖视图,既表达了油压缸的外部形状,同时又表达了内腔形状;左视图采用了局部剖视,可显示油压缸的供油(排油)口、凸缘上螺孔以及填料函处等结构。

2. 分析视图,构思零件的结构形状

在搞清楚各视图关系的基础上,要根据零件的功用及视图的特征,运用形体分析和结构分析的方法将零件分解成几部分,并在各视图上找出其相应的部位,进一步运用视图间的投影对应关系想象出各部分的结构,最后综合在一起构思出零件的整体形状。

在分析想象过程中,可先构思出大致的轮廓,即先分析零件的主要组成部分的形状,然后再分析细小的局部结构形状。

构思油压缸零件的形状可按下列步骤进行:

(1) 由主视图、俯视图及左视图可知该油压缸主要由缸体、支撑立柱、连接圆盘三部分组成。

(2) 由 A 向视图和主视图可知该油压缸密封处填料函的结构形状。由断面图可知连接缸体与连接圆盘间的两条支撑立柱是 T 形筋。

(3) 按装配要求分析可知,连接圆盘上 4 个和前后对称成 $45°$ 角的孔 $4-\phi18$ 是供装配螺栓用的,该圆盘的底部凸台 $\phi125^{-0.043}_{-0.083}$ 是与另外一零件装配时的定位止口。

(4) 综合想象零件的整体形状,便可构思出该油压缸的形状。

3. 分析尺寸,弄清零件的大小

零件图上的尺寸是加工制造零件的依据。因此,必须对零件的每一个尺寸逐步而又仔细地分析。分析时可以从两个方面考虑:一个是分析标注尺寸的起点,从而找出尺寸的基

准；另一方面要结合公差和表面粗糙度来阅读尺寸，从而找出重要尺寸以及确定被加工面的加工方法和要求。

由图 11-79 可见，油压缸高度方向的主要基准是顶面，如尺寸 140、28、128、18 都是从这一顶面的尺寸界线注起。长度和宽度方向尺寸的主要基准是该油缸的轴线，如 $\phi75$、$\phi82$、$\phi42$、$\phi24$、$\phi36$、$\phi125$ 等。这些尺寸都是以轴线为基准注出。读尺寸 $\phi75^{+0.03}_{0}$、$\phi24^{+0.021}_{0}$、$\phi125^{-0.043}_{-0.083}$ 可知它们是重要的配合尺寸，不仅受到尺寸公差的限制，而且还受到形位公差的限制，它们直接影响到零件的精度或者说是影响油压阀的功能。油压缸零件被铸造出毛坯后，即按这些基准划线，然后再进行加工达到所要求的尺寸。

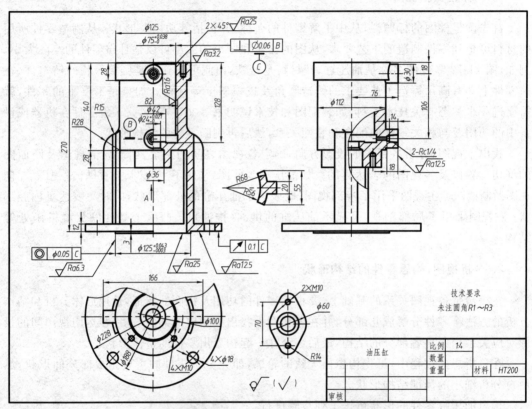

图 11-79　油压缸零件图

4．看技术要求，进一步明确制造及检验的要求

零件图中的技术要求是制造零件的质量指标，其加工过程必须采取相应的工艺措施予以保证。因此，看图时对表面粗糙度、尺寸偏差、形位公差以及其他技术要求等项目都要逐项分析，然后考虑合理的工艺过程及方法。

如在图 11-79 中，$\frac{16}{\sqrt{}}$ 表示该油压缸缸体的内腔面需要进行必要的精加工，在考虑加工工艺时必须要保证 $\phi24^{+0.021}_{0}$ 及 $\phi125^{-0.043}_{-0.083}$ 对基准 C 的同轴度，$\phi75^{+0.03}_{0}$ 对中间凸台 B 面的垂度。读用汉字表明的技术要求可知该油压缸零件对铸造工艺上的具体要求。

读图能力对每个工程技术人员都极为重要，只有熟悉各类零件的视图表达特点和尺寸标注方法及典型零件的加工方法，才能不断提高读图能力和阅读图样的速度。

第12章

零件的连接与连接件

在机器中，零件间的连接方式可分为两大类：可拆卸连接和不可拆卸连接。可拆卸连接有螺纹连接、键连接和销连接等；不可拆卸连接有铆接和焊接等。在机械工程中，可拆卸连接应用广泛，它通常是利用连接件将两个和多个零件连接起来。常用的连接件有螺栓、螺柱、螺钉、螺母、垫圈、键、销等。这些零件由于应用极为广泛，往往需要成批或大量生产。为了适应生产的需要，提高劳动生产率，降低生产成本，将这些零件的结构及尺寸实行了标准化，这样的零件通称为标准件。标准件的结构与尺寸可按其规定标记从有关标准中查得。

12.1 螺纹

12.1.1 螺纹的形成

如图 12-1 所示，当动点 A 沿圆柱的轴线方向作等速运动，同时，又绕圆柱的轴线作等速旋转运动，则动点 A 在圆柱面上的运动轨迹，称为圆柱螺旋线。动点 A 旋转一周，沿圆柱轴线方向移动的距离，称为圆柱螺旋线的导程。

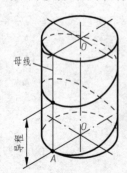

图 12-1　圆柱螺旋线

螺旋线按动点的旋转方向不同，可分为右旋和左旋两种。当圆柱轴线成铅垂线位置时，螺旋线的可见部分自左向右升高，为右旋，如图 12-1 所示；反之，其可见部分自右向左升高，即为左旋。

螺纹是圆柱轴向剖面上的一个平面图形（如三角形、梯形或矩形等）绕圆柱轴线作螺旋运动所形成的螺旋体。在圆柱外表面上形成的螺纹，称为外螺纹；在圆柱孔内表面上形成的螺纹，称为内螺纹。

螺纹可以采用不同的加工方法制成。可用成形刀具（如板牙、丝锥等）加工，也可用车削的方法加工。图 12-2 为在车床上加工外螺纹和内螺纹的方法。图 12-3 为丝锥加工内螺纹的方法。

在圆柱表面上加工形成的螺纹，称为圆柱螺纹。也可以在圆锥表面上加工形成，称为圆锥螺纹。

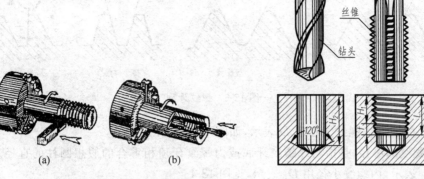

图 12-2 车床上加工外、内螺纹的方法
（a）车外螺纹；（b）车内螺纹

图 12-3 丝锥加工内螺纹

12.1.2 螺纹的要素

螺纹的结构和尺寸是由牙型、大径和小径、螺距和导程、线数、旋向等要素确定的。当内、外螺纹相互连接时，其要素必须相同，如图 12-4 所示。

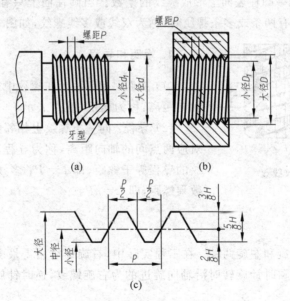

图 12-4 螺纹的要素
（a）外螺纹；（b）内螺纹；（c）螺纹的中径

1. 螺纹牙型

螺纹的牙型是指通过螺纹轴线剖切螺纹所得到的断面形状，常见的螺纹牙型有三角形、梯形、锯齿形和矩形等。常用标准螺纹牙型如图 12-5 所示。

2. 螺纹的大径、小径、中径和公称直径

（1）螺纹的大径，是指与外螺纹牙顶或内螺纹牙底相重合的假想圆柱的直径。外螺纹

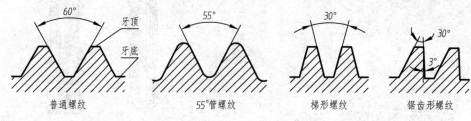

图 12-5　螺纹牙型

的大径用 d 表示,内螺纹大径用 D 表示,如图 12-4 所示。

(2)螺纹的小径,是指与外螺纹牙底或内螺纹牙顶相重合的假想圆柱的直径。外螺纹小径用 d_1 表示,内螺纹小径用 D_1 表示,见图 12-4。

(3)螺纹的中径是一假想圆柱的直径,该圆柱的母线通过牙形上沟槽与凸起宽度相等处。外螺纹的中径用 d_2 表示,内螺纹的中径用 D_2 表示,见图 12-4(c)。

(4)螺纹的公称直径,是代表螺纹尺寸的直径,对于普通螺纹指螺纹的大径。

3. 螺纹的线数 n

螺纹线数是指同一圆柱表面上形成螺纹的条数。当圆柱面上只有一条螺纹时,称为单线螺纹;当圆柱面上有两条或多条螺纹时,称为双线或多线螺纹,如图 12-6 所示。

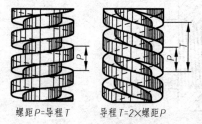

螺距P=导程T　　导程T=2×螺距P

图 12-6　螺纹线数

4. 螺距和导程

(1)螺距:相邻两牙在螺纹中径线上对应两点间的轴向距离,称为螺距,用 P 表示。

(2)导程:同一条螺纹上相邻两牙在螺纹中径线上对应两点间的轴向距离,称为导程,用 L 表示。单线螺纹的导程等于螺距,即 $L=P$;多线螺纹的导程等于线数乘螺距,即 $L=nP$。

5. 旋向

螺纹的旋向分右旋和左旋两种。在工程实际中,右旋螺纹用得最多。是右旋还是左旋螺纹的分辨方法是:顺时针旋转时沿轴向旋进的为右旋螺纹,逆时针旋转时沿轴向旋进的为左旋螺纹。

改变上述五项要素中的任何一项,就会得到不同规格的螺纹。为了便于设计计算和加工制造,国家标准对有些螺纹的牙型、直径和螺距,都作了一系列规定。凡是牙型、直径和螺距符合标准的螺纹,称为标准螺纹。而牙型、直径、螺距一项不符合标准的,称为非标准螺纹。

12.1.3　螺纹的规定画法

螺纹的真实投影是比较复杂的,为了简化作图,国家标准《机械制图》(GB 4459.1—1984)对螺纹的画法作了如下规定。

1. 外螺纹的规定画法

外螺纹的大径（牙顶）用粗实线表示，小径（牙底）用细实线表示。小径通常画成大径的 0.85 倍，即 $d_1=0.85d$。螺纹终止线（表示完整螺纹的界线）用粗实线表示。在垂直于螺纹轴线的视图中，大径用粗实线圆表示，表示小径的细实线圆只画 3/4 圈，此时倒角省略不画。当需要表示螺纹收尾时，螺尾部分的牙底用与轴线成 30°角的细实线绘制，一般情况可不画收尾线。外螺纹的画法如图 12-7 所示。

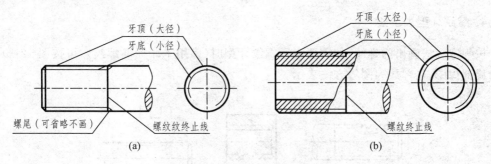

图 12-7　外螺纹的规定画法

2. 内螺纹的规定画法

内螺纹未剖切时，其大径（牙底）、小径（牙顶）和螺纹终止线均用虚线表示。

在剖视图中，内螺纹的大径用细实线绘制，小径用粗实线绘制，螺纹终止线用粗实线绘制，其剖面线必须终止于粗实线，螺纹收尾部分的画法与外螺纹相同。

在垂直于螺纹轴线的视图中，表示大径的细实线，也只画约 3/4 圈，倒角也省略不画。

对于不通的螺孔，钻孔深度比有螺纹部分深 $0.2d\sim0.5d$。由于钻头的锥角约等于 120°，因此，钻孔底部圆锥孔的锥角应画成 120°。内螺纹的画法如图 12-8 所示。

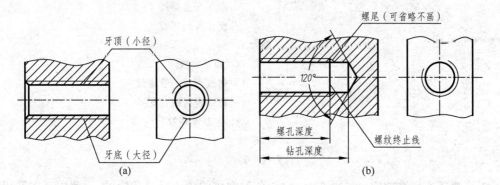

图 12-8　内螺纹的规定画法

3. 螺纹连接的规定画法

在剖视图中，内、外螺纹的旋合部分应按外螺纹的画法绘制，其余部分应按各自的画法绘制。要注意表示内、外螺纹的大、小径的粗、细实线应分别对齐，剖面线要画到粗实线处，如图 12-9 所示。

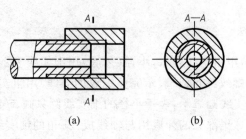

图 12-9　螺纹连接规定画法

4．螺纹牙型表示法

按规定画法画出的螺纹,如需要表示螺纹牙型时(多用于非标准螺纹),可按图 12-10 所示的局部视图、局部放大图等方法表示。

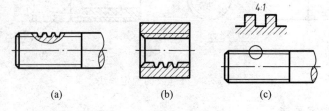

图 12-10　螺纹牙型画法

表 12-1 所示的是在视图、剖视图和断面图中,内、外螺纹的各种画法。

12.1.4　螺纹的种类和标注方法

螺纹按用途不同,分为连接螺纹和传动螺纹两类,前者起连接作用,后者用作传递动力和运动。常用标准螺纹分类如下:

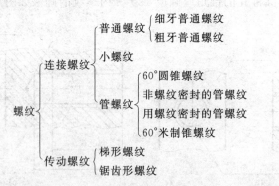

螺纹按国家标准规定画法画出后,由于各种螺纹的画法都是相同的,因此国家标准规定在图上要注出相应的螺纹代号或标记,以区别不同种类的螺纹。现分别介绍各种螺纹的规定标注方法。

1．普通螺纹

普通螺纹分为粗牙、细牙两种,即同一公称直径的普通螺纹,其螺距分为一种粗牙和一种或一种以上的细牙,其具体数值可查阅有关螺纹标准(见附表 A-1)。因此在标注细牙普

表 12-1　内、外螺纹的画法

各种表达情况	外螺纹的画法	内螺纹的画法	
		穿通的纹螺内	不穿通的纹螺内
不剖时	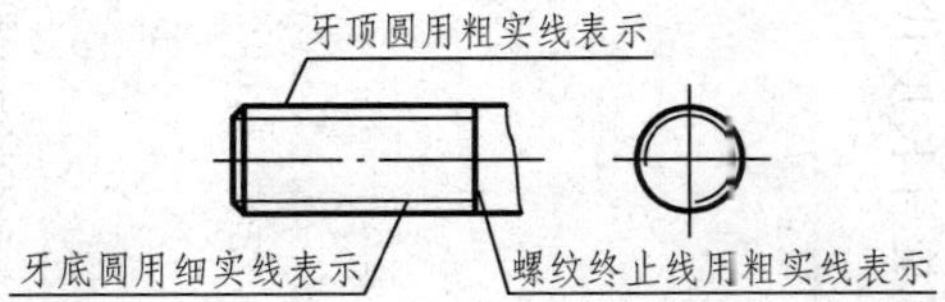	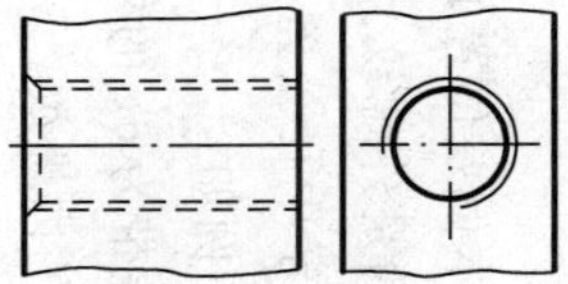	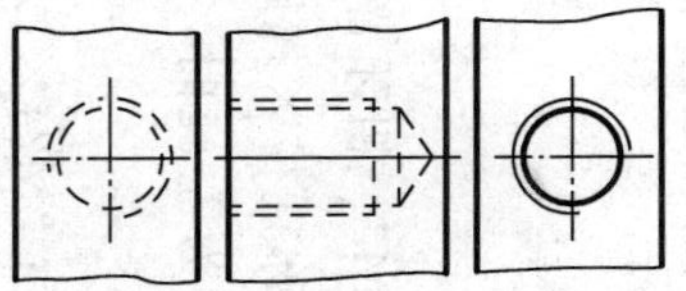
剖切时			

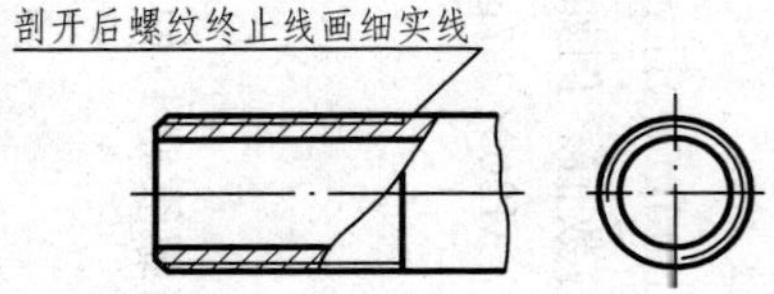

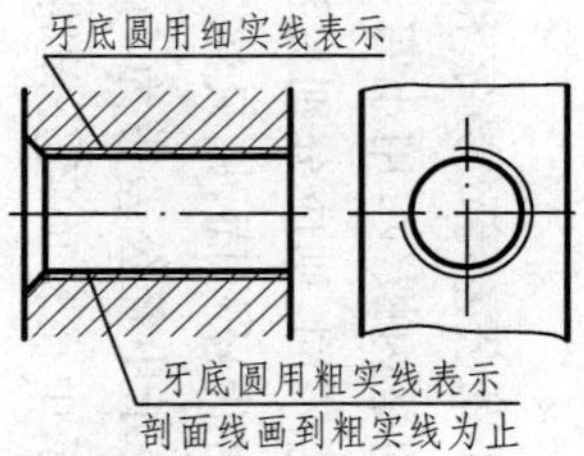

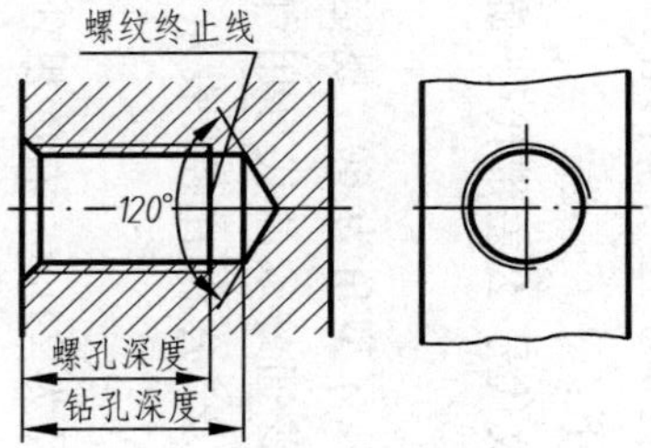

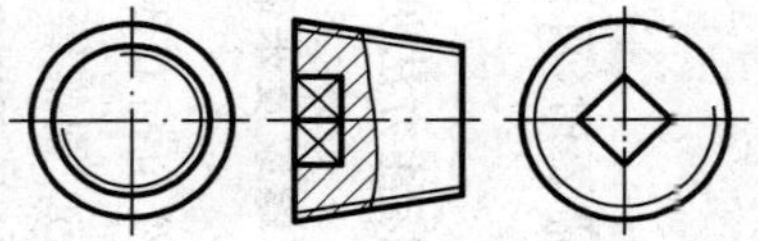

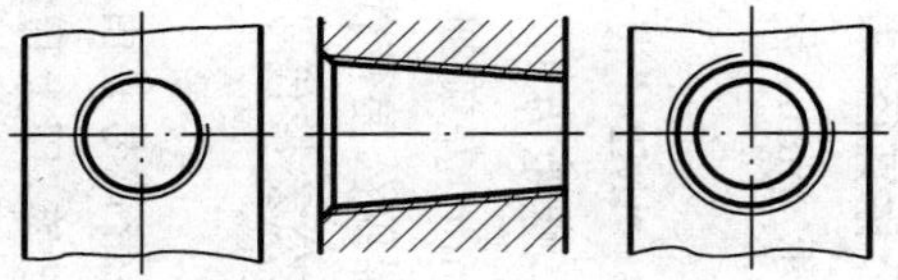

通螺纹时,必须注出螺距。

完整标注一个普通螺纹应包括下述三个内容:螺纹代号、螺纹公差带代号和螺纹旋合长度代号。它们的标注顺序如下:

螺纹代号-公差带代号-旋合长度代号

1) 螺纹代号

普通螺纹的牙型为三角形,牙型角为 60°,规定符号为"M"。粗牙普通螺纹的代号用"M"及"公称直径"表示;细牙普通螺纹的代号用"M"及"公称直径×螺距"表示。小螺纹(直径小于 3mm)代号用"S"及"公称直径"表示。当螺纹为左旋时,在螺纹代号后加"LH"字。

例如:"M24"表示公称直径为 24mm,右旋粗牙普通螺纹;"M24×1.5"表示公称直径为 24mm,螺距为 1.5mm,右旋细牙普通螺纹;"M24×1.5LH"表示公称直径为 24mm,螺距为 1.5mm,左旋细牙普通螺纹。

2) 螺纹公差带代号

螺纹公差带代号包括中径公差带代号和顶径(指外螺纹的大径或内螺纹的小径)公差带代号。

公差带代号是由表示其大小的公差等级数字和表示其基本偏差位置的字母所组成。例如 6H、5g 等,用大写字母表示的是内螺纹,用小写字母表示的是外螺纹。如果螺纹的中径公差带代号和顶径的公差带代号不同,则应分别标注,前者表示中径公差带,后者表示顶径公差带。如果中径和顶径公差带代号相同,则只注一个代号。例如:

M16-5g6g,其公差带代号表示中径公差带为 5g、顶径公差带为 6g 的外螺纹。

M16-6H,其公差带代号表示中径和顶径公差带均为 6H 的内螺纹。

内、外螺纹装配在一起时,其公差带代号用斜线分开,左边为内螺纹公差带代号,右边为外螺纹公差带代号。例如:M24×1.5-6H/6g;M24IH-6H/5g6g。

3) 螺纹旋合长度代号

螺纹旋合长度规定为短(S)、中(N)、长(L)三种。中等旋合长度代号 N 不必注出。例如:

M10-5g6g-S;M10-7H-L。

特殊需要时,可注明旋合长度的数值。例如:

M20×2-7g6g-40。

图中标注方法见表 12-2。

2. 管螺纹及米制管螺纹

管螺纹包括 GB 7306—1987 用螺纹密封的管螺纹和 GB 7307—1987 非螺纹密封的管螺纹以及 60°圆锥管螺纹两个标准。

管螺纹的牙型角为 55°。

管螺纹的标注只标注螺纹代号和旋向代号。螺纹代号由该种螺纹的特征代号和尺寸代号组成。当螺纹为左旋时,在螺纹代号后加注"LH",右旋螺纹不标注旋向代号。具体标注方法分述如下。

表 12-2 螺纹种类代号与标注

螺纹类别		外形图	螺纹种类代号	标记方法	标注图例	说明
连接螺纹	粗牙普通螺纹	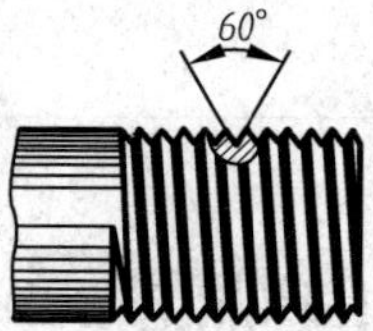	M	M12－6h－S 螺纹种类代号 公称直径(大径) 外螺纹中径和顶径(大径)公差带代号 短螺纹合长度代号	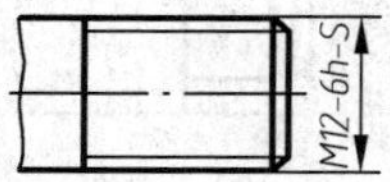 M12-6h-S	粗牙普通螺纹不标注螺距
	细牙普通螺纹			M20×2LH－6H 螺纹种类代号 公称直径(大径) 螺距 左旋 内螺纹中径和顶径(小径)公差带代号	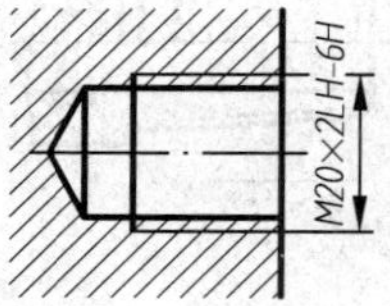 M20×2LH-6H	细牙普通螺纹必须注明螺距
	非螺纹密封管螺纹	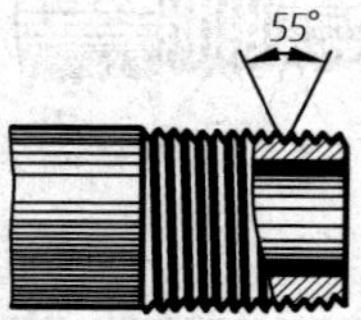	G	G1A 螺纹种类代号 尺寸代号 外螺纹公差等级代号	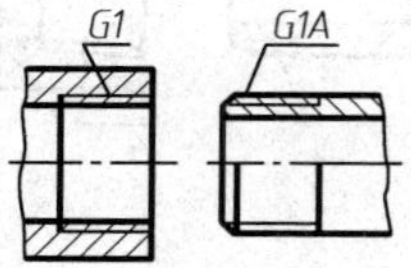 G1A G1	外螺纹公差等级代号有 A、B 两种，内螺纹公差等级仅一种，不必标注其代号

续表

螺纹类别		外形图	螺纹种类代号	标记方法	标注图例	说　明
连接螺纹	螺纹密封管螺纹	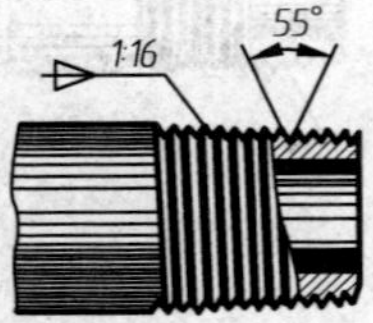 (55°, 1:16)	R_c R_p R	$R1/2$ └ 尺寸代号 └ 螺纹种类代号	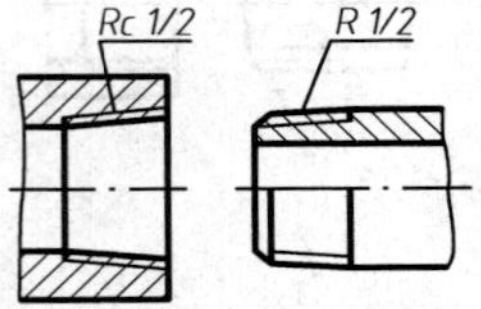 R 1/2 / Rc 1/2	圆锥内螺纹，螺纹种类代号——R_c 圆柱内螺纹，螺纹种类代号——R_p 圆锥外螺纹，螺纹种类代号——R
	60°圆锥管螺纹	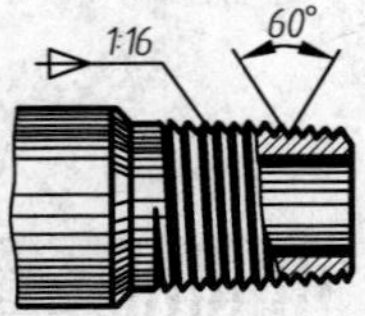 (60°, 1:16)	NPT	$NPT3/4$ └ 尺寸代号 └ 螺纹种类代号	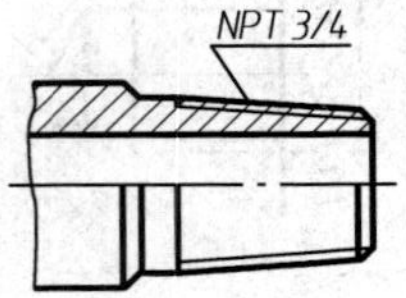 NPT 3/4	
传动螺纹	梯形螺纹	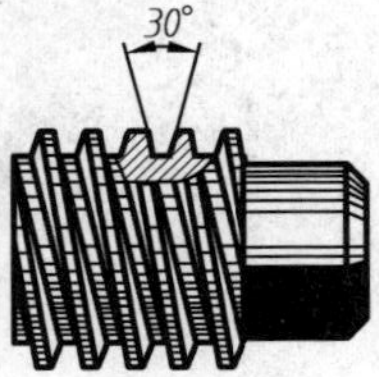 (30°)	Tr	$Tr22×10(P5)-7e-L$ └ 长旋合长度代号 └ 外螺纹中径公差带代号 └ 导程 └ 螺距 └ 公称直径(大径) └ 螺纹种类代号	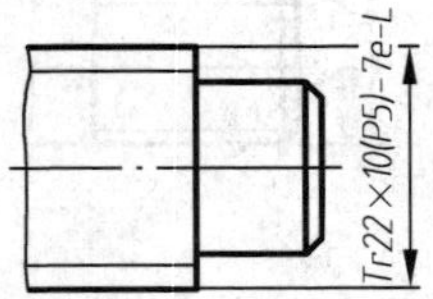 $Tr22×10(P5)-7e-L$	梯形螺纹螺距或导程必须注明

1）用螺纹密封的管螺纹

这类管螺纹有圆锥外螺纹"R"、圆锥内螺纹"Rc"和圆柱内螺纹"Rp"三种。内、外螺纹的连接有圆锥内螺纹与圆锥外螺纹配合以及圆柱内螺纹与圆锥外螺纹配合两种形式。标注示例如下（以尺寸代号为 $1\frac{1}{2}$ 螺纹为例）：

圆锥外螺纹 $R1\frac{1}{2}$、圆锥内螺纹 $R1\frac{1}{2}$、圆柱内螺纹 $Rp1\frac{1}{2}$。

当螺纹为左旋时，在螺纹代号后加"LH"，如 $R1\frac{1}{2}$—LH。

内、外螺纹装配在一起时，内、外螺纹的标注用斜线分开，左边表示内螺纹，右边表示外螺纹。其标注示例如下：$Rc1\frac{1}{2}/R1\frac{1}{2}$；$Rp1\frac{1}{2}/R1\frac{1}{2}$；$Rc1\frac{1}{2}/R1\frac{1}{2}$—LH。

2）非螺纹密封的管螺纹

这类螺纹都是圆柱管螺纹"G"，其标注方法为，螺纹特征代号、尺寸代号和公差等级代号及旋向代号。

公差等级代号，外螺纹分 A、B 两级，内螺纹不标注。

标注示例如下（以尺寸代号为 $\frac{1}{2}$ 螺纹为例）：

A 级外螺纹 $G\frac{1}{2}A$；B 级外螺纹，$G\frac{1}{2}B$；内螺纹 $G\frac{1}{2}$。当螺纹为左旋时，在公差等级代号后加"LH"，如 $G\frac{1}{2}$—LH、$G\frac{1}{2}A$—LH。

内、外螺纹装配在一起时，内、外螺纹的标注用斜线分开，左边表示内螺纹，右边表示外螺纹。例如：$G\frac{1}{2}/G\frac{1}{2}A$；$G\frac{1}{2}/G\frac{1}{2}B$；$G\frac{1}{2}/G\frac{1}{2}A$—LH。

3）60°圆锥管螺纹

60°圆锥管螺纹也称为布锥管螺纹，其牙型角 60°、锥度 1∶16，所规定的标记由螺纹特征代号和螺纹尺寸代号组成，内、外螺纹标记相同。如：

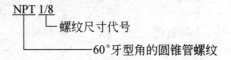

4）米制锥螺纹

米制锥螺纹牙型角 60°、锥度 1∶16，用于气体、液体管路系统，依靠螺纹密封的连接，内、外螺纹标记相同。如：

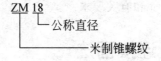

3．梯形螺纹

梯形螺纹一般用来传递动力，如机床的丝杠等。梯形螺纹的标注与普通螺纹的标注相似，按如下形式标注：

螺纹代号-公差带代号-旋合长度代号

1）螺纹代号

梯形螺纹的牙型符号为"Tr"。螺纹代号包括牙型符号和规定尺寸两个组成部分。当螺纹为左旋时，需在规格尺寸之后加注"LH"。单线螺纹的规格尺寸用"公称直径×螺距"表示；多线螺纹用"公称直径×导程（P 螺距）"表示。

例如："Tr40×7"表示公称直径为 40mm,导程为 7mm 的单线右旋梯形螺纹;"Tr40×14(P7)—LH"表示公称直径为 40mm,导程为 14mm,螺距为 7mm 的双线左旋梯形螺纹。

2)公差带代号

梯形螺纹公差带代号,只标注中径公差带代号。标注方法与普通螺纹相同。

3)旋合长度代号

梯形螺纹的旋合长度分为中等旋合长度(N)和长旋合长度(L)两组:当旋合长度为中等时,不注旋合长度代号;当为长旋合长度时,应将代号 L 写在公差带代号之后,用"—"隔开。

例如："Tr40×7—7H"表示公称直径为 40mm,导程为 7mm 的单线右旋梯形内螺纹,中径公差带为 7H,中等旋合长度;"Tr40×14(P7)LH—8e—L"表示公称直径为 40mm,导程为 14mm,螺距为 7mm 的双线左旋梯形外螺纹,中径公差带为 8e,长旋合长度。

内、外螺纹旋合时,其公差带要分别注出。如 Tr40×7—7H/7e,左边的是内螺纹公差带代号,右边的是外螺纹公差带代号,中间用斜线分开。

4.锯齿形螺纹

锯齿形螺纹的牙型符号为"B"。

锯齿形螺纹用来传递单向动力,如千斤顶中的螺杆。

锯齿形螺纹的标记顺序是:牙型、公称直径、×导程或螺距-公差带代号,如:

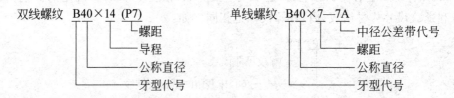

5.非标准螺纹

牙型、直径、螺距有一项不符合标准的为非标准螺纹。绘制非标准牙型螺纹时,应画出螺纹的牙型,并注出所需要的尺寸和有关要求。

12.2 螺纹紧固件及连接画法

螺纹紧固件种类很多,其中最常见的如图 12-11 所示,有螺栓、双头螺柱、螺钉、螺母、垫圈等。这类零件一般都是标准件,其结构型式和尺寸均已标准化。只要给出它们的规定标记,就可在相应的标准中查出其全部尺寸及有关技术数据。

12.2.1 螺纹紧固件的规定标记

1.标记内容

螺纹紧固件的完整标记由名称、标准编号、型式、规格和精度型式与尺寸的其他要求

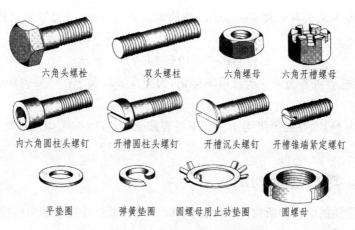

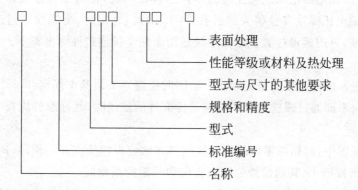

图 12-11　常见的螺纹紧固件

（型式、规格、精度的其他要求）、性能等级或材料及热处理以及表面处理组成，排列顺序如下：

- 表面处理
- 性能等级或材料及热处理
- 型式与尺寸的其他要求
- 规格和精度
- 型式
- 标准编号
- 名称

2．标记的简化原则

（1）名称和标准年代允许省略。

（2）当产品标准中只规定一种型式、精度、性能等级或材料、热处理及表面处理时，允许省略。

（3）当产品标准中规定两种以上型式、精度、性能等级或材料、热处理及表面处理时，可规定省略其中的一种（如在产品标准的标记示例中规定简化的标记）。

3．标记示例（详见附表 B-1～表 B-9）

螺纹规格为 M12、公称长度 $l=80$ mm、性能等级为 8.8 级、镀锌钝化、A 级的六角头螺栓的标记为：

$$螺栓 \ GB \ 5782—1986 \ M12×80—8.8—Zn·D$$

螺纹规格为 M12×1.5、公称长度 $l=80$ mm、性能等级为 8.8 级、表面氧化、A 级的六角头螺栓的标记为（省略名称、标准年代号及前面的短划、性能等级及表面处理）：

$$GB \ 5782 \ M12×1.5×80$$

螺纹规格为 M5、公称长度 $l=20$mm、性能等级为 5.8 级、不经表面处理的开槽盘头螺钉的标记为：

螺钉 GB 67—1985 M5×20—5.8

此例中,性能等级若为 4.8 级就可不标记,因为 4.8 级属于在产品的标记示例中规范简化的标记。

螺纹规格为 M12、性能等级为 10 级、不经表面处理、A 级的 1 型六角螺母的标记为：

螺母 GB 6170—1986 M12

12.2.2 螺纹连接画法

按照被连接件的结构和所使用螺纹紧固件的不同,螺纹连接可分为螺栓连接、双头螺柱连接和螺钉连接等。

1. 螺栓连接

用螺栓、螺母和垫圈把两个被连接的零件连接在一起,称为螺栓连接。连接前,先在被连接的零件上钻出比螺栓直径稍大的通孔($\approx 1.1d$)。装配时,使螺栓穿过通孔,并在螺栓的端部套上垫圈,再用螺母拧紧。螺栓连接适用于两个被连接件厚度都不太大,并能钻成通孔的场合。

图 12-12 表示螺栓连接的装配画法。绘图时应遵守下列基本规定：

(1) 当剖切平面通过螺栓、螺母、垫圈等标准件的轴线时,其标准件应按未剖切绘制,即只画出其外形。

(2) 在剖视图中,两相邻零件的剖面线倾斜方向应当相反或方向相同、间距不同。但同一零件在各个剖视图中,其剖面线的倾斜方向和间距应当相同。

(3) 两零件的接触面应画成一条线,不接触的表面则要画出各自的轮廓线。

绘制螺栓连接的装配图时,可按螺栓、螺母、垫圈的规定标记,从有关标准中查得绘图所需的尺寸。但为了简化作图,通常可按各部分尺寸与螺纹大径 d 的近似比例关系绘图,见图 12-12。另外,在六角头螺栓的头部和六角螺母的端面上,由于有圆锥形的倒角而使 6 个棱面与圆锥面相交,而形成双曲线形状的截交线。为了简化作图,可用圆弧代替双曲线,具体画法如图 12-12 所示。螺母的画法与螺栓头部的画法基本相同,只是厚度不同而已。

螺栓的长度 l 应通过计算后查表选定。由图 12-12 可知：

螺栓长度　　　　　　　　　　$l=\delta_1+\delta_2+h+m+a$

式中,δ_1、δ_2 为被连接件的厚度;h 为垫圈的厚度,按 d 从相应标准中查出;m 为螺母的厚度,按 d 从相应标准中查出;a 为螺栓伸出螺母的长度,一般取 $(0.2\sim0.3)d$。

计算出 l 后,还需从螺栓的标准长度系列中选取与 l 相近的标准值。

2. 双头螺柱连接

如图 12-13 所示,双头螺柱连接是用双头螺柱、螺母和垫圈配合使用,把两个零件连接起来。双头螺柱的两端都加工有螺纹,螺纹较短的一端(旋入端)用来旋入较厚的被连接件的螺孔中;螺纹较长的一端(紧固端)穿过另一被连接件的通孔(孔径 $\approx1.1d$)后,套上垫圈,

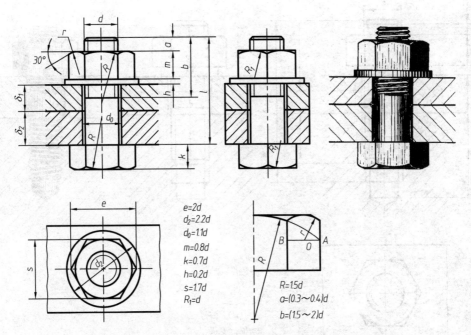

$e=2d$
$d_2=2.2d$
$d_0=1.1d$
$m=0.8d$
$k=0.7d$
$h=0.2d$
$s=1.7d$
$R_1=d$

$R=1.5d$
$a=(0.3\sim0.4)d$
$b=(1.5\sim2)d$

图 12-12　螺栓连接的装配图画法

再用螺母拧紧。双头螺柱连接经常用在被连接零件中有一个由于太厚而不宜钻成通孔或是没有必要钻成通孔的场合。

双头螺柱连接的装配画法如图 12-13 所示。作图时应注意以下几点：

(1) 双头螺柱的旋入端长度 l_1 与被旋入零件的材料有关。国家标准按 l_1 的不同，把双头螺柱分成 4 种：

$l_1=d$(GB 897—1988)

$l_1=1.25d$(GB 898—1988)

$l_1=1.5d$(GB 899—1988)

$l_1=2d$(GB 900—1988)

被旋入零件的材料为钢或青铜时，可选用 l_1-d；对于铸铁，可选用 $l_1=1.25d$ 和 $l_1=1.5d$；对于铝合金，可选用 $l_1=2d$。

(2) 双头螺柱的规格尺寸是螺纹大径 d 和长度 l，其他尺寸可按规定标记从相应标准中查出(见附表 B-2)。

(3) 双头螺柱的旋入端应画成全部旋入螺孔内，即螺纹终止线与被旋入零件表面平齐。螺孔的螺纹深度应大于旋入端的螺纹长度 l_1，一般螺孔的螺纹深度可取 $\approx l_1+0.5d$，而钻孔深度则可取 $\approx l_1+d$。

(4) 从图 12-13 中可知，双头螺栓的长度 l 为

$$l=\delta+S+m+a$$

式中：δ 为被连接穿通孔零件厚度；S 为垫圈厚度；m 为螺母厚度；a 为螺柱伸出螺母的长度 $\approx(0.2\sim0.3)d$。

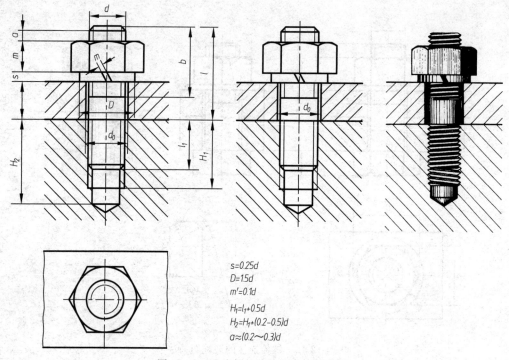

$$s=0.25d$$
$$D=1.5d$$
$$m'=0.1d$$
$$H_1=l_1+0.5d$$
$$H_2=H_1+(0.2-0.5)d$$
$$a\approx(0.2\sim0.3)d$$

图 12-13　双头螺柱连接的装配图画法

3．螺钉连接

螺钉种类很多,按用途分为连接螺钉和紧定螺钉两类。前者用来连接零件,后者主要用来固定零件。

1）连接螺钉

连接螺钉用于连接不经常拆卸,并且受力不大的零件。图 12-14 所示为开槽沉头螺钉和圆柱头一字槽螺钉连接的装配画法。由图可见,螺钉自上而下地穿过上部零件的通孔(孔径 $\approx1.1d$),而与下部零件的螺孔相旋合。旋入螺孔的深度与被旋入零件的材料有关。与

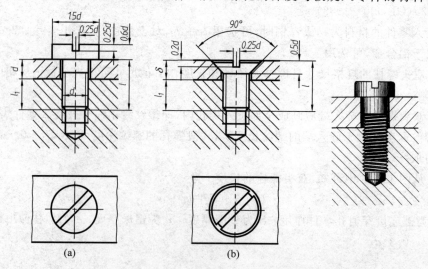

(a)　　　　　　　　(b)

图 12-14　螺钉连接的装配图画法

双头螺柱不同,螺杆螺纹长度要比旋入深度大,一般取其长度≈2d。还应指出,螺钉头槽口在俯视图上应画成沿顺时针方向旋转与水平线倾斜45°的位置,当图形较小时,可用两倍粗实线宽的粗线来表示开槽。在反映螺钉轴线的视图上钻孔深度可省略不画,仅按螺纹深度画出螺孔。

螺钉的规格长度 l 可按下式计算:

$$l = \delta + l_1$$

式中,δ 为上部零件的厚度;l_1 为螺钉旋入螺孔的长度。

l 算出后,需从标准长度系列中选取相近的标准值。

2)紧定螺钉

紧定螺钉是用来固定零件,防止两个相配合零件产生相对运动。图 12-15 表示用锥端紧定螺钉限止轮和轴的相对位置,使它们之间不能产生轴向移动。

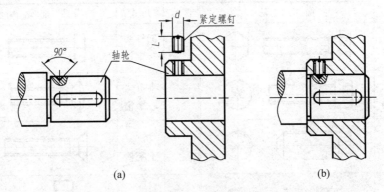

图 12-15 紧定螺钉连接的装配图画法

(a) 连接前;(b) 连接后

在绘制上述各种螺纹紧固件的连接画法时的正确画法与常见错误见表 12-3。

表 12-3 螺纹紧固件连接图中的正确画法与常见错误画法

名称	正确画法	错误画法	说　明
六角头螺栓连接			① 螺栓长度选择不当,螺纹末端应超出螺母$(0.3\sim0.4)d$。 ② 螺纹漏画,终止线漏画。 ③ 通孔部分漏画连接零件之间的分界线
双头螺柱连接			① 螺纹长度 b 太短,螺母不能把被连接零件并紧,必须使 $l-b<\delta$。 ② 双头螺柱必须将拧入金属端的螺纹拧到底,螺纹终止线与螺孔顶面投影线对齐。 ③ 螺孔画错。 ④ 120°锥坑应画在钻孔直径上。 ⑤ 弹簧垫圈开口槽方向画错

续表

名称	正 确 画 法	错 误 画 法	说　明
螺钉连接	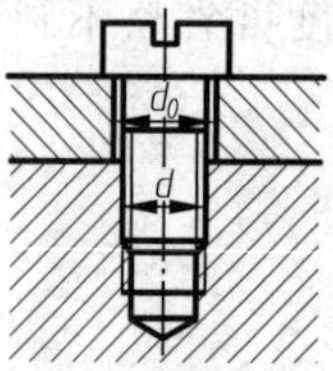	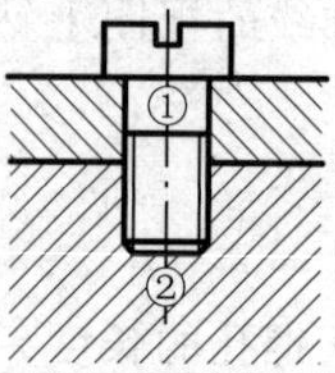	① 通孔直径要大于螺纹大径，$d_0 = 1.1d$，这样便于装配，不会损伤螺纹。图上漏画通孔的投影。 ② 螺孔深度不够，并漏画钻孔

在装配图中螺纹紧固件的工艺结构如倒角、退刀槽、缩颈、凸肩等均可省略不画。常用螺栓、螺钉的头部及螺母等也可进一步采用如表 12-4 所列的简化画法。

表 12-4　螺栓、螺钉头部及螺母的简化画法

序号	形式	简 化 画 法	序号	形式	简 化 画 法
1	六角头	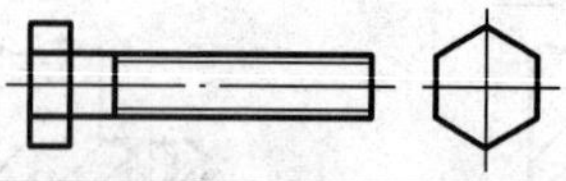	6	圆柱头一字槽	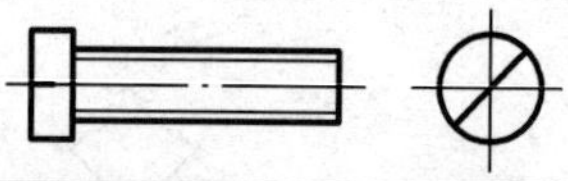
2	圆柱头内六角	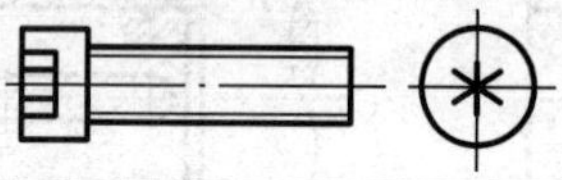	7	半沉头一字槽	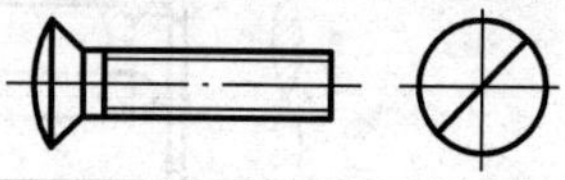
3	无头内六角	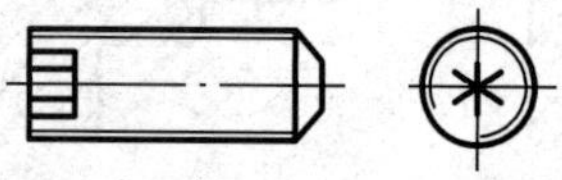	8	沉头十字槽	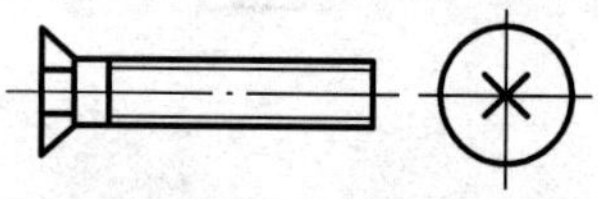
4	无头一字槽	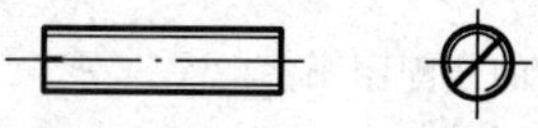	9	六角形	
5	沉头一字槽	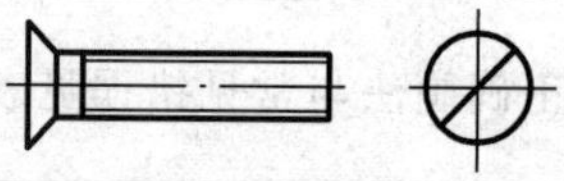	10	开槽六角形	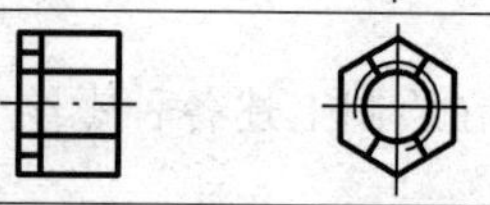

螺栓连接简化画法示例：

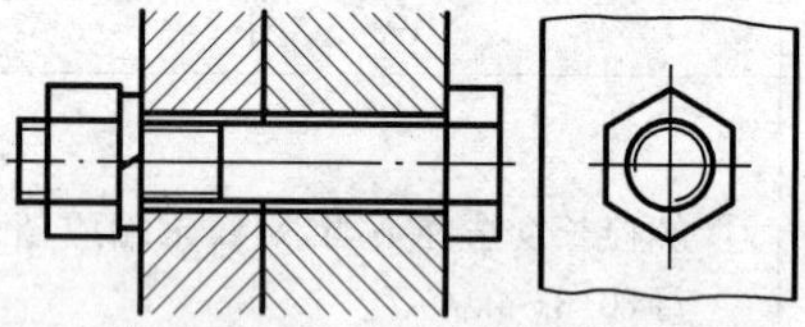

螺钉连接简化画法示例：

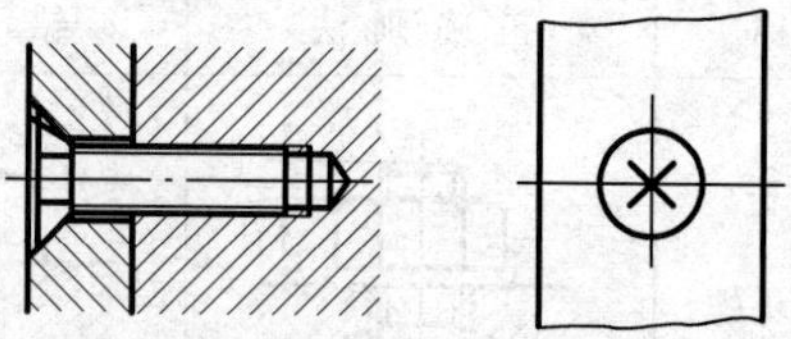

12.3　键连接和销连接

在机器和设备上，除了螺纹连接以外，键连接和销连接也是常用的可拆卸连接。

12.3.1　键连接

键通常用来连接轴和装在轴上的转动零件(如齿轮、皮带轮等)，起传递转矩的作用。用键连接时，在轴和轮毂上都开有键槽，键的一部分装进轴的键槽中，另一部分装在轮毂键槽内，传动时使轮和轴一起转动。

常用的键有普通平键、半圆键、钩头楔键和花键等，如图 12-16 所示，其中最常用的是普

通平键。

键是标准件,键的尺寸和键槽尺寸以及有关技术要求可从相应的标准中查得。

平键　　半圆键　　钩头楔键　　花键

图 12-16　几种常用的键

1．平键连接

平键有普通平键、薄型平键及导向平键三种,这里只介绍普通平键连接。

普通平键的型式有 A 型(圆头)、B 型(平头)、C 型(单圆头)三种(见图 12-17),其形状、尺寸见 GB 1096—1979(见附表 C-1)。在标记时,A 型平键省略 A 字,而 B 型和 C 型应当写出 B 或 C 字。

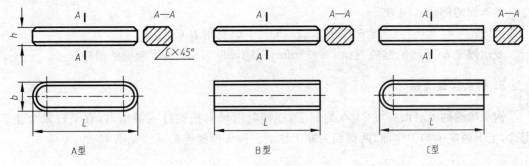

A型　　　　　　　　　B型　　　　　　　　　C型

图 12-17　常用的普通平键

例如:键宽 $b=18$mm,键高 $h=11$mm,键长 $L=100$rnm 的圆头普通平键,则标记为

键 18×100 GB 1096—1979

又如键宽 $b=18$mm,键高 $h=11$mm,键长 $L=100$mm 的单圆头普通平键,则应标记为

键 C18×100 GB 1096—1979

普通平键的两个侧面是工作面,上下两底是非工作面。连接时,平键的两侧面与轴和轮毂的键槽侧面相接触,上底面与轮毂键槽的顶面之间则留有一定间隙。图 12-18 表示一轮毂与轴用普通平键连接时的画法。普通平键连接的键与键槽剖面尺寸见 GB 1095—1979(见附表 C-1)。

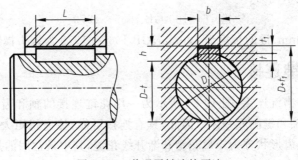

图 12-18　普通平键连接画法

268

2．半圆键连接

半圆键连接的情况与平键相似,键的侧面与键槽侧面接触,上底面留有间隙,其装配画法如图 12-19 所示。

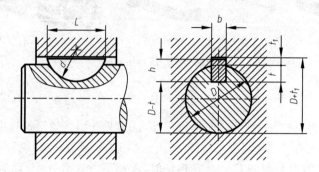

图 12-19　半圆键连接画法

半圆键的标记示例为

键 6×25 GB 1099—1979(见附表 C-2)

表示键宽 $b=6\mathrm{mm}$、键的直径 $d_1=25\mathrm{mm}$,GB 1099—1979 为半圆键的国标代号。

3．钩头楔键连接

钩头楔键的上底面有 1:100 的斜度,连接时沿轴向把键打入键槽内,直至打紧为止。因此,上下两底面为工作面,两侧面为非工作面。钩头楔键连接画法见图 12-20。

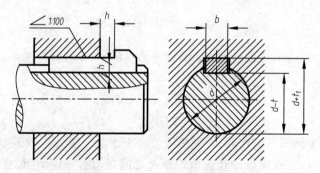

图 12-20　钩头楔键连接画法

钩头楔键的标记示例为

键 16×100 GB 1565—1979

表示键宽 $b=16\mathrm{mm}$、键的长度为 100mm,GB 1565—1979 为钩头楔键的国标代号。

12.3.2　花键连接

花键连接又称多槽键连接,图 12-21 所示为一用花键连接的轴和齿轮。它的特点是键和键槽的数目较多,轴和键制成一体。因此,具有连接可靠、传递扭矩大、对中性好、导向性好等特点。花键按键齿形状分为矩形花键和渐开线花键,其中最常用的是矩形花键。

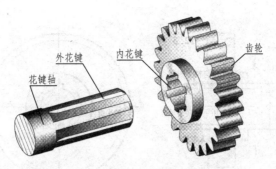

图 12-21　常用的矩形花键

花键轴称为外花键,花键孔称为内花键。绘制花键时,不是按花键的真实投影画图,在 GB 4459.3—1984《机械制图》中规定了花键的画法。

1. 外花键的规定画法

外花键在平行于花键轴线的投影面的视图中,大径 D 用粗实线画出,小径 d 用细实线绘制。工作长度 L 的终止线和尾部末端用细实线画出,尾部一般用倾斜于轴线 30°的细实线绘制,并用一断面图画出一部分或全部齿形,如图 12-22 所示。

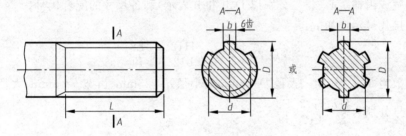

图 12-22　外花键的规定画法

2. 内花键的规定画法

内花键在平行于花键轴线的投影面的视图中,大径 D 及小径 d 均用粗实线绘制,并用一局部视图画出一部分或全部齿形,如图 12-23 所示。

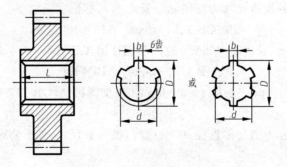

图 12-23　内花键的规定画法

3. 花键连接的画法

图 12-24 所示为一矩形花键连接的画法,其连接部分按外花键的规定画法绘制。

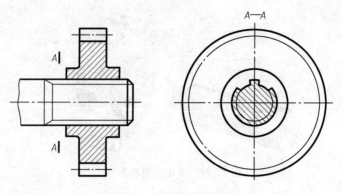

图 12-24 花键连接画法

4．矩形花键的标注方法

内、外花键的标注方法有两种：一种是在图中注出大径 D、小径 d、键宽 b 和齿数 z 的一般尺寸注法，如图 12-22 和图 12-23 所示；另一种是采用由大径处引线，并写出花键代号，代号的写法为 $Z\text{-}D{\times}d{\times}b$，例如 6-28×23×6（代号中 D、d、b 的数字后均应加注公差带代号）。

在矩形花键连接视图中应注矩形花键连接代号，代号中需注明定心方式（大径定心、小径定心和齿宽或齿槽定心三种，分别以 D、d 和 b 表示）和各尺寸的配合代号。

花键连接代号示例如下：

$$6D\text{-}28\ \frac{H7}{g6}\times23\ \frac{H12}{b12}\times6\ \frac{E8}{f9}$$

表示齿数为 6、大径定心、大径 $D=28\text{mm}$、小径 $d=23\text{mm}$、齿宽 $b=6\text{mm}$，大径、小径、齿宽的配合代号分别为 $\dfrac{H7}{g6}$、$\dfrac{H12}{b12}$、$\dfrac{E8}{f9}$。

12.3.3 销连接

销在机器上起零件间的定位和连接作用，常用的有圆柱销、圆锥销和开口销等，它们都是标准件。它们的型式、尺寸见图 12-25（见附表 C-3、附表 C-4、附表 C-5）。

其中圆柱销有 A、B、C、D 四种型式，图中 m6、h8、h11、u8 为销直径 d 的公差带代号。

圆柱销和圆锥销的规格尺寸为直径 d 和长度 l，其标记示例如下：

销 GB 119—1986 A10×100

表示直径 $d=10\text{mm}$、长度 $l=100\text{mm}$ 的 A 型圆柱销，GB 119—1986 为圆柱销的国标代号。

销 GB 117—1986 A10×100

表示小端直径 $d=10\text{mm}$、长度 $l=100\text{mm}$ 的 A 型圆锥销，GB 117—1986 为圆锥销的国标代号。

开口销的规格尺寸为销公称直径 d 和长度 l，销孔直径 d_0 等于公称直径 d，其标记示例如下：

销 GB 91—1986 3×20

表示销公称直径 $d=3\text{mm}$、长度 $l=20\text{mm}$ 的开口销，GB 91—1986 为开口销的国标代号。

销连接的画法见图 12-26。当剖切平面通过销的基本轴线时，销作为不剖处理。

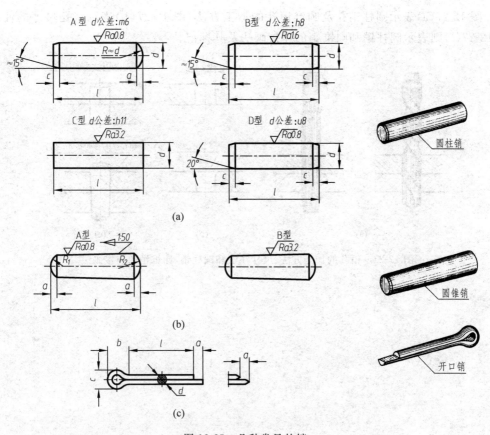

图 12-25 几种常见的销

（a）圆柱销；（b）圆锥销；（c）开口销

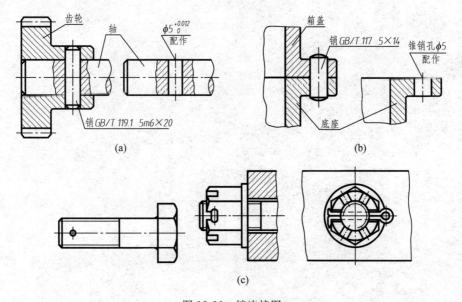

图 12-26 销连接图

（a）圆柱销；（b）圆锥销；（c）开口销

272

图 12-27(a)表示圆柱销孔及圆锥销孔的加工方法,图 12-27(b)表示销孔尺寸的注法,图 12-27(c)则表示圆柱销和圆锥销的连接画法及其标记。

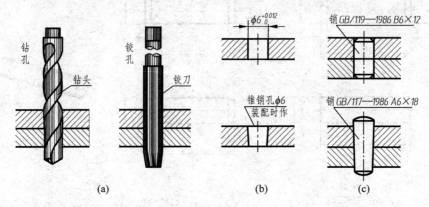

图 12-27　销孔的加工方法、尺寸注法和圆柱销、圆锥销的连接画法

第13章

齿轮、滚动轴承和弹簧

　　齿轮、滚动轴承和弹簧是广泛应用于机器中的零件。齿轮和弹簧是常用件,国家标准对它们的部分结构、尺寸作了统一的规定,滚动轴承则属于标准件。本章将介绍这三种零件的基本知识和规定画法。

13.1　齿轮

　　齿轮是应用于机器中的传动零件,它的主要作用是传递动力、改变转速和旋转方向。

　　齿轮有三种常用类型,如图 13-1 所示。

 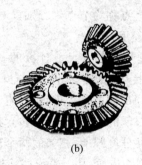 

(a)　　　　　　　　　(b)　　　　　　　　　(c)

图 13-1　齿轮的类型

　　(1) 圆柱齿轮:用于平行轴之间的传动,见图 13-1(a)。

　　(2) 圆锥齿轮:用于两相交轴之间的传动,见图 13-1(b)。

　　(3) 蜗轮与蜗杆:用于两交叉轴之间的传动,见图 13-1(c)。

　　齿轮的齿廓曲线有渐开线、摆线和圆弧等形式,渐开线最为常用。轮齿的方向有直齿、斜齿、人字齿或弧形齿。

13.1.1　直齿圆柱齿轮

　　直齿圆柱齿轮的外形为圆柱形,齿向与齿轮轴线平行。

1. 直齿圆柱齿轮各部分的名称、代号

图 13-2 是两个相互啮合的直齿圆柱齿轮各部分的名称及代号。

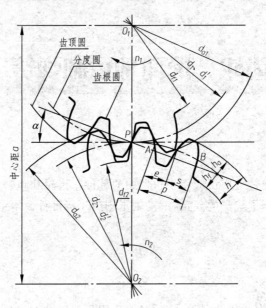

图 13-2　齿轮各部分名称、代号

（1）节圆直径 d' 和分度圆直径 d：O_1、O_2 分别是两啮合齿轮的中心，两齿轮的齿廓在 O_1O_2 连线上的啮合接触点为 P，P 点称为节点。分别以 O_1、O_2 为圆心，O_1P、O_2P 为半径作圆，所得的两个圆称为节圆，其直径用 d' 表示。

分度圆是设计、制造齿轮时进行各部分尺寸计算的基准圆，其直径用 d 表示。对于标准齿轮而言，分度圆与节圆重合，且在此圆周上，齿厚与齿间相等。

（2）齿顶圆直径 d_a：过轮齿顶部的圆称为齿顶圆，直径用 d_a 表示。

（3）齿根圆直径 d_f：过轮齿根部的圆称为齿根圆，直径用 d_f 表示。

（4）齿距 p、齿厚 s、齿间 e：在分度圆上，相邻的两个齿对应点之间的弧长称为齿距，用 p 表示；一个轮齿齿廓间的弧长称为齿厚，用 s 表示；一个齿槽齿廓间的弧长称为齿间，用 e 表示。对于标准齿轮，$s=e$，$p=s+e$。

（5）齿高 h、齿顶高 h_a、齿根高 h_f：齿顶圆与齿根圆的径向距离称为齿高，用 h 表示；齿顶圆与分度圆的径向距离称为齿顶高，用 h_a 表示；分度圆与齿根圆的径向距离称为齿根高，用 h_f 表示。$h=h_a+h_f$。

（6）中心距 a：两啮合齿轮轴线之间的距离，用 a 表示。中心距与两节圆之间的关系为

$$a = \frac{d'_1 + d'_2}{2}$$

（7）传动比 i：主动齿轮的转速 n_1 与从动齿轮转速 n_2 之比，用 i 表示，$i=n_1/n_2$。由于转速与齿数成反比，所以：

$$i = \frac{n_1}{n_2} = \frac{z_2}{z_1}$$

2．直齿圆柱齿轮的基本参数

（1）齿数 z：根据传动比计算确定。

（2）模数 m：分度圆周长等于所有齿距之和，即 $\pi d = zp$ 则 $d = \dfrac{p}{\pi} z$。

上式中的 π 是一个无理数，不便于计算和标准化，为此令 $\dfrac{p}{\pi} = m$ 为有理数，m 称为齿轮的模数，则 $d = mz$。

因为两啮合齿轮的齿距 p 必须相等，所以它们的模数也一定相等。模数是计算齿轮的重要参数。模数大，齿距 p 也大，随之齿厚 s 也增大，因而齿轮的承载能力增强。为了减少加工齿轮的刀具数量，GB 1357—1988 对齿轮的模数作了统一的规定，如表 13-1 所示。

表 13-1　齿轮模数系列　　　　　　　　　　　　　　　　　　mm

第一系列	1　1.25　1.5　2　2.5　3　4　5　6　8　10　12　16　20　25　32　40　50
第二系列	1.75　2.25　2.75　（3.25）　3.5　（3.75）　4.5　5.5　（6.5）　7　9　（11）　14　18　22　28　36　45

注：（1）应优先采用第一系列，其次是第二系列，括号内的数值尽可能不用。

（2）对斜齿轮是指法向模数。

（3）压力角 α（啮合角）：两相啮合齿轮齿廓在节点 P 处的公法线与两节圆的公切线所夹的锐角称为啮合角或节点 P 的压力角，用 α 表示。我国采用的压力角一般为 $20°$。

3．直齿圆柱齿轮各部分尺寸的计算公式

齿轮的基本参数 m、z、α 确定之后，齿轮的各部分尺寸的计算公式如表 13-2 所示。

表 13-2　直齿圆柱齿轮各部分尺寸的计算公式

名称及代号	公　式	名称及代号	公　式
模数 m	$m = p/\pi$（大小按设计需要而定）	齿根圆直径 d_f	$d_{f_1} = m(z_1 - 2.5)$；$d_{f_2} = m(z_2 - 2.5)$
分度圆直径 d	$d_1 = mz_1$；$d_2 = mz_2$	齿距 p	$p = \pi m$
齿顶高 h_a	$h_a = m$	齿厚 s	$s = p/2$
齿根高 h_f	$h_f = 1.25m$	槽宽 e	$e = p/2$
全齿高 h	$h = h_a + h_f = 2.25m$	中心距 a	$a = (d_1 + d_2)/2 = m(z_1 + z_2)/2$
齿顶圆直径 d_a	$d_{a_1} = m(z_1 + 2)$；$d_{a_2} = m(z_2 + 2)$	传动比 i	$i = n_1/n_2 = z_2/z_1$

注：以上 d_a、d_f、a 的计算公式适用于外啮合直齿圆柱齿轮传动。

4．直齿圆柱齿轮画法

1）单个直齿圆柱齿轮画法（见图 13-3）

轮齿部分应按下列规定绘制：

名　称	在投影为圆的视图上	在通过轴线的剖视图上
分度圆和分度线	点画线	点画线
齿顶圆和齿顶线	粗实线	粗实线
齿根圆和齿根线	细实线（但一般可省略不画）	轮齿部分按不剖处理，齿根应画粗实线 若不画成剖视，则齿根线可省略不画

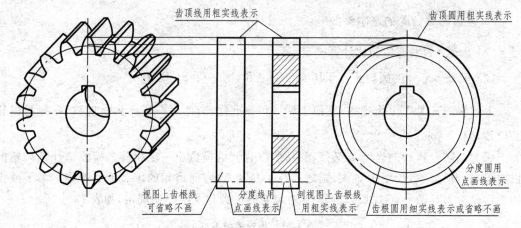

齿顶线用粗实线表示　　　　　　　　　　　齿顶圆用粗实线表示

视图上齿根线　　分度线用　　剖视图上齿根线　　分度圆用
可省略不画　　　点画线表示　　用粗实线表示　　点画线表示

齿根圆用细实线表示或省略不画

图 13-3　单个直齿圆柱齿轮画法

有时,在齿轮工作图上需画出一个或两个齿形,以标注尺寸,这时可用近似画法画出,如图 13-4 所示。

2) 直齿圆柱齿轮的啮合画法(见图 13-5)

在投影为圆的视图上的画法见图 13-5(a):两齿轮啮合时,其节圆(或分度圆)相切,用点画线绘制;啮合区内的齿顶圆均用粗实线绘制(必要时允许省略);齿根圆均用细实线绘制(一般可省略不画)。在通过轴线的剖视图上的画法见图 13-5(b):轮齿的啮合部分两分度线重合,用点画线画出;齿根线均画成粗实线。齿顶线的画法为:一个齿轮(常为主动轮)的齿顶线画粗实线;另一个齿轮的齿顶线画虚线(见图 13-6),或省略不画。在外形视图上的画法见图 13-5(c):啮合圆内的齿顶线和齿根线不必画出;分度线用粗实线绘制。

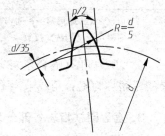

图 13-4　齿形的近似画法

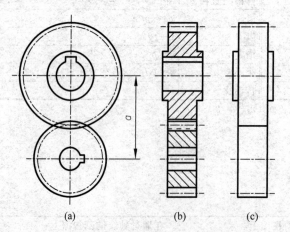

(a)　　　　　(b)　　　　　(c)

图 13-5　直齿圆柱齿轮的啮合画法

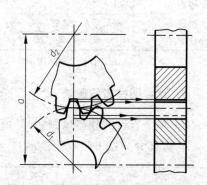

图 13-6　轮齿在剖视图上的啮合画法

图 13-7 所示为齿轮、齿条啮合的画法。齿条可以看成是直径无限大的齿轮,这时齿顶圆、分度圆、齿根圆和齿廓都是直线。

5. 直齿圆柱齿轮的测绘与零件图

根据测量齿轮来确定其主要参数并画出零件工作图的过程称为齿轮测绘。测绘时应首先确定模数,今以测绘直齿圆柱齿轮为例,说明齿轮测绘的一般方法和步骤。

(1) 数出齿数 $z=40$。

(2) 对齿数为偶数的齿轮可直接量得齿顶圆直径,如 $d_a=41.9\text{mm}$。

当齿轮的齿数为奇数时,可先测出孔径 d_z 和孔壁到齿顶间的距离 $H_顶$(见图 13-8),再计算出齿顶圆直径 d_a:

$$d_a = 2H_顶 + d_z$$

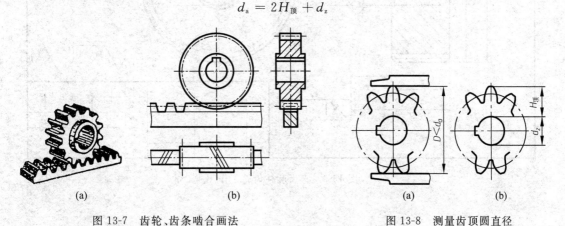

图 13-7 齿轮、齿条啮合画法   图 13-8 测量齿顶圆直径

(3) 根据 d_a 计算模数 m:

$$m = \frac{d_a}{z+2} = \frac{41.9}{40+2} \approx 0.998\text{mm}$$

对照表 13-1 取标准值 $m=1$。

(4) 根据表 13-2 所示的公式计算齿轮各部分尺寸:

$$d = mz = 1 \times 40 = 40\text{mm}$$
$$d_a = m(z+2) = 1 \times (40+2) = 42$$
$$d_f = m(z-2.5) = 1 \times (40-2.5) = 37.5\text{mm}$$

(5) 测量其他部分尺寸,并绘制该齿轮工作图(见图 13-9)。其尺寸标注如图 13-9 所示,齿根圆直径一般在加工时由其他参数控制,故可以不标注。齿轮的模数、齿数等参数要列表说明。

13.1.2 斜齿圆柱齿轮

斜齿圆柱齿轮的轮齿做成螺旋形状,这种齿轮传动平稳,适用于较高速度的传动。

1. 斜齿圆柱齿轮的尺寸计算

斜齿轮的轮齿倾斜以后,它在端面上的齿形和垂直轮齿方向法面上的齿形不同。图 13-10 所示的斜齿轮,它的分度圆柱面的展开图如图 13-11 所示,图中 πd 为分度圆周长;β 为螺旋角,表示轮齿的倾斜程度。垂直轴线的平面上的齿距和模数称为端面齿距 p_t 和端面模数 m_t;垂直于轮齿螺旋线方向法面上的齿距和模数称为法面齿距 p_n 和法面模数 m_n。

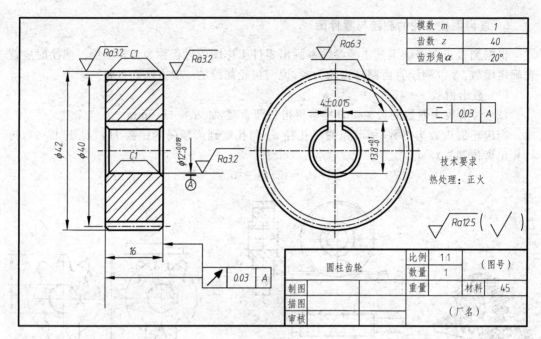

图 13-9　直齿圆柱齿轮工作图

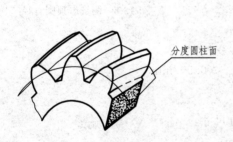

图 13-10　斜齿圆柱齿轮的分度圆柱面

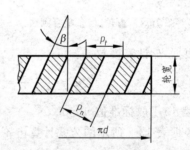

图 13-11　斜齿圆柱齿轮分度圆柱面的展开图

从图 13-11 可知 $p_n = p_t \cos\beta$，因此有 $m_n = m_t \cos\beta$。

法面模数 m_n 是斜齿圆柱齿轮的主要参数，应取标准值（见表 13-1）。标准的法面齿形角 $\alpha = 20°$。

斜齿圆柱齿轮各部分尺寸计算公式见表 13-3。

2. 斜齿圆柱齿轮画法

1）单个斜齿圆柱齿轮画法（见图 13-12）

斜齿圆柱齿轮的画法基本上与直齿圆柱齿轮的画法相同。反映斜齿轮轴线的视图常采用半剖视或局部剖视，当需要表示齿轮的轮齿方向时，可在未剖处用三条平行的细实线表示。

2）斜齿圆柱齿轮的啮合画法（见图 13-13）

相互外啮合的一对斜齿轮，旋向应该相反（如一为右旋，则另一为左旋），但模数、螺旋角应分别相等。其啮合部分的画法也与直齿圆柱齿轮相同。

表 13-3 斜齿圆柱齿轮的尺寸计算

名称及代号	公 式	名称及代号	公 式
端面齿距 p_t	$p_t = \pi d/z$	齿顶圆直径 d_a	$d_{a_1} = d_1 + 2m_n = m_n\left(\dfrac{z_1}{\cos\beta} + 2\right)$
法面齿距 p_n	$p_n = p_t\cos\beta$		$d_{a_2} = d_2 + 2m_n = m_n\left(\dfrac{z_2}{\cos\beta} + 2\right)$
端面模数 m_t	$m_t = p_t/\pi$		
法面模数 m_n	$m_n = p_n/\pi = m_t\cos\beta$	齿根圆直径 d_f	$d_{f_1} = d_1 - 2.5m_n = m_n\left(\dfrac{z_1}{\cos\beta} - 2.5\right)$
分度圆直径 d	$d_1 = m_t z_1 = \dfrac{m_n z_1}{\cos\beta}$; $d_2 = m_t z_2 = \dfrac{m_n z_2}{\cos\beta}$		$d_{f_2} = d_2 - 2.5m_n = m_n\left(\dfrac{z_2}{\cos\beta} - 2.5\right)$
齿顶高 h_a	$h_a = m_n$		
齿根高 h_f	$h_f = 1.25m_n$	中心距 a	$a = \dfrac{1}{2}(d_1 + d_2) = m_n(z_1 + z_2)/2\cos\beta$
全齿高 h	$h = h_a + h_f = 2.25m_n$		

注：以上 d_a、d_f、a 的计算公式适用于外啮合斜齿圆柱齿轮传动。

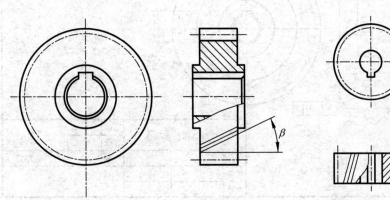

图 13-12 单个斜齿圆柱齿轮画法

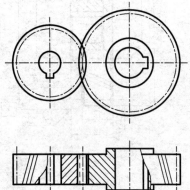

图 13-13 斜齿圆柱齿轮的啮合画法

3．斜齿圆柱齿轮的测绘

测绘斜齿圆柱齿轮与测绘直齿圆柱齿轮不同的地方在于确定斜齿轮的螺旋角。下面举例说明测绘的一般方法和步骤。

（1）数出齿数 $z = 21$。

（2）量出齿顶圆直径 d_a 和齿根圆直径 d_f：

$$d_a = 79.86\text{mm}; \quad d_f = 65.40\text{mm}$$

（3）计算法面模数 m_n。由于

$$d_a - d_f = 4.5m_n, \quad \text{所以} \quad m_n = \frac{d_a - d_f}{4.5} = \frac{79.86 - 65.40}{4.5} = 3.21\text{mm}$$

对照表 13-1，取最接近的标准模数 $m_n = 3.25\text{mm}$。

（4）数出与之啮合的另一齿轮的齿数为 48，测出两齿轮的中心距为 120.75mm。

（5）计算螺旋角 β：

$$\cos\beta = \frac{m_n(z_1 + z_2)}{2a} = \frac{3.25(21 + 48)}{2 \times 120.75} = 0.9286$$

得 $\beta=21°47'12''$

当测绘单个斜齿轮或中心距无法测量时,可应用测得的齿顶圆直径计算其螺旋角 β。

$$\cos\beta = \frac{m_n z}{d} = \frac{m_n z}{d_a - 2m_n}$$

但由于齿顶圆直径的精度不高,因此计算出来的 β 角不够精确。

(6) 根据 β、m_n 按表 13-3 计算各部分尺寸(略)。

(7) 测量其他部分尺寸,并绘制该齿轮的工作图(见图 13-14),其尺寸标注如图 13-14 所示。

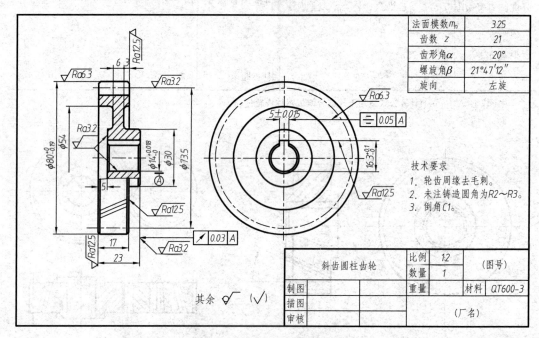

法面模数 m_n	3.25
齿数 z	21
齿形角 α	20°
螺旋角 β	21°47'12''
旋向	左旋

技术要求
1. 轮齿周缘去毛刺。
2. 未注铸造圆角为R2~R3。
3. 倒角C1。

斜齿圆柱齿轮		比例	1:2	(图号)
		数量	1	
	制图		重量	材料	QT600-3
	描图			
	审核			(厂名)

图 13-14　斜齿圆柱齿轮工作图

13.1.3　直齿圆锥齿轮

直齿圆锥齿轮主要用于垂直相交的两轴之间的传动。由于圆锥齿轮的轮齿分布在圆锥面上,所以轮齿的一端大、一端小,沿齿宽方向轮齿大小均不相同。故轮齿全长上的模数、齿高、齿厚等都不相同。

1. 直齿圆锥齿轮的尺寸计算

规定以大端的模数和分度圆来决定其他各部分的尺寸。因此一般所说的直齿圆锥齿轮的齿顶圆直径 d_a、分度圆直径 d、齿顶高 h_a、齿根高 h_f 等都是对大端而言(见图 13-15)。直齿圆锥齿轮各部分尺寸计算见表 13-4。圆锥齿轮大端的模数系列与圆柱齿轮模数系列(见表 13-1)相似,仅增加了三个模数 1.125、1.375、30(不分第一、第二系列)。

2. 直齿锥齿轮画法

1) 单个直齿锥齿轮画法(见图 13-16)

主视图常采用全剖视,在投影为圆的视图上规定用粗实线画出大端和小端的齿顶圆;

用点画线画出大端分度圆。根圆及小端分度圆均不必画出。

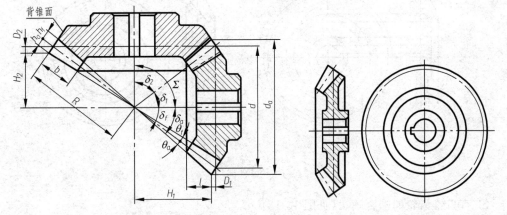

图 13-15　直齿圆锥齿轮各部分名称　　　　图 13-16　单个直齿圆锥齿轮画法

表 13-4　两轴交角为 90°直齿圆锥齿轮的尺寸计算

名称及代号	公　式	名称及代号	公　式
顶锥角：δ_1（小齿轮）；δ_2（大齿轮）	$\tan\delta_1 = z_1/z_2$；$\tan\delta_2 = z_2/z_1$（$\delta_1 + \delta_2 = 90°$）	齿根角 θ_f	$\tan\theta_f = 2.4\sin\delta/z$
分度圆直径 d	$d = mz$	顶锥角 δ_a	$\delta_a = \delta + \theta_a$
齿顶圆直径 d_a	$d_a = m(z + 2\cos\delta)$	根锥角 δ_f	$\delta_f = \delta - \theta_f$
齿顶高 h_a	$h_a = m$	齿宽 b	$b \leqslant R/3$
齿根高 h_f	$h_f = 1.2m$	齿顶高的投影 n	$n = m\sin\delta$
全齿高 h	$h = h_a + h_f = 2.2m$	齿面宽的投影 l	$l = b\cos\delta_a/\cos\theta_a$
锥距 R	$R = mz/2\sin\delta$	从锥顶到大端顶圆的距离 H	$H_1 = \dfrac{mz_2}{2} - n_1$； $H_2 = \dfrac{mz_1}{2} - n_2$
齿顶角 θ_a	$\tan\theta_a = 2\sin\delta/z$		

注：除 δ_1、δ_2、H_1、H_2 外，大小齿轮的计算方法相同。

单个直齿锥齿轮的作图步骤如图 13-17 所示：首先定出分度圆直径和分锥角（见图 13-17(a)）；其次画出齿顶线（圆）和齿根线，并定出齿宽 b（见图 13-17(b)）；第三步作出其他投影轮廓（见图 13-17(c)）；最后加深，画剖面线，擦去作图线。

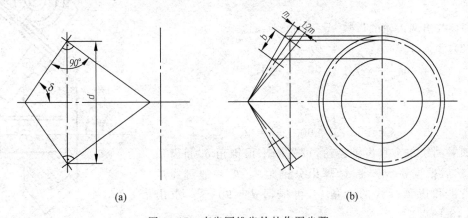

(a)　　　　　　　　　　　　　　　(b)

图 13-17　直齿圆锥齿轮的作图步骤

282

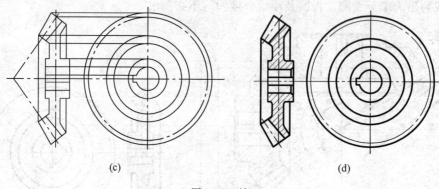

(c)　　　　　　　　　　　　　(d)

图 13-17(续)

2) 直齿锥齿轮的啮合画法(见图 13-18)

直齿锥齿轮轮齿部分和啮合区的画法与直齿圆柱齿轮的画法雷同。

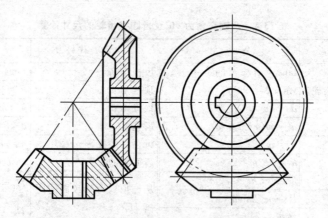

图 13-18　直齿圆锥齿轮的啮合画法

3. 直齿锥齿轮的测绘

如图 13-1(b)中一对直角相交的直齿圆锥齿轮的测绘步骤如下：

(1) 数出两齿轮的齿数 $z_1 = 30$；$z_2 = 21$。

(2) 计算分锥角：

$$\tan\delta_1 = z_1/z_2 = 30/21 = 1.429$$

得

$$\delta_1 = 55°$$

$$\delta_2 = 90° - \delta_1 = 90° - 55° = 35°$$

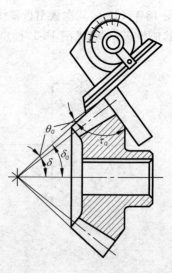

如果测绘单个直齿锥齿轮,可先测出顶锥角 δ_a 和齿顶角 θ_a,然后根据 $\delta = \delta_a - \theta_a$ 计算出分锥角 δ。θ_a 一般可通过测量背锥和齿顶母线的夹角 τ_a,再根据 $\theta_a = 90° - \tau_a$ 求出 (见图 13-19)。

(3) 测量大端齿顶圆直径 $d_{a1} = 62.3\text{mm}$；$d_{a2} = 45.28\text{mm}$。

图 13-19　测量 θ_a 的方法

（4）计算大端模数 m：

$$m = \frac{d_{a1}}{z_1 + 2\cos\delta_1} = \frac{62.3}{30 + 2\cos50°} = \frac{62.3}{30 + 2 \times 0.5736} = 2\text{mm}$$

由表 13-1 查得标准模数亦为 2。

（5）按表 13-4 计算轮齿各部分尺寸（略）。

（6）测量其他部分尺寸，画出该齿轮工作图（见图 13-20），其尺寸标注如图 13-20 所示。

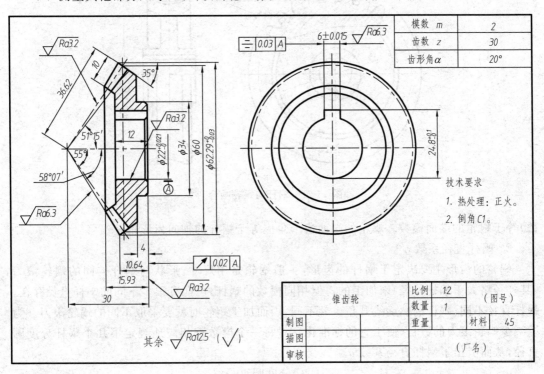

图 13-20　直齿圆锥齿轮工作图

13.1.4　蜗轮、蜗杆

蜗杆、蜗轮用于垂直交叉轴间的传动，如图 13-1(c)所示。这种传动的特点是：传动比大、机构紧凑、传动平稳，但传动效率较低。最常见的蜗杆是圆柱形蜗杆。一个轮齿沿圆柱面上一条螺旋线运动即形成单头蜗杆；如将多个轮齿沿圆柱面上不同的螺旋线运动则形成多头蜗杆。蜗轮与斜齿轮类同，为了改善蜗轮与蜗杆的接触情况，常将蜗轮表面做成内环面（见图 13-21）。蜗杆、蜗轮传动常用于降速，即蜗杆为主动件。当蜗杆为单头时，蜗杆转一圈蜗轮转过一个齿。因此蜗杆、蜗轮传动的传动比是：

$$i = \frac{\text{蜗杆转速 } n_1}{\text{蜗杆转速 } n_2} = \frac{\text{蜗轮齿数 } z_2}{\text{蜗杆齿数 } z_1}$$

1. 蜗杆、蜗轮的主要参数和尺寸计算

除了蜗杆头数 z_1 和蜗轮齿数 z_2 根据传动要求选定外，还有下列一些主要参数。

1）模数 m 和齿形角 α

蜗轮模数规定以端面模数为标准模数，蜗杆的轴向模数（蜗杆通过轴线截面中轮齿的模

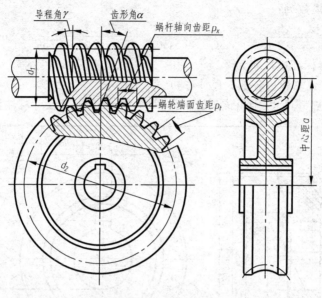

图 13-21　蜗杆与蜗轮啮合

数)等于蜗轮的端面模数。蜗轮的端面齿形角应等于蜗杆的轴向齿形角。

2）蜗杆直径系数 q

蜗轮的齿形主要决定于蜗杆的齿形，一般蜗轮是用尺寸、形状与蜗杆类同的蜗轮滚刀（其外径略大于蜗杆外径）来加工的。但相同模数的蜗杆，可能有很多不同的蜗杆直径存在，蜗杆直径不同，蜗杆的螺旋线升角也就不同，因而加工蜗轮时就要采取不同的蜗轮滚刀。为了减少蜗轮滚刀的数目（便于它的标准化），对每一个模数都相应地规定了几个蜗杆分度圆直径，从而引出了蜗杆直径系数 q。

$$q = \frac{蜗杆分度圆直径\ d_1}{模数\ m}$$

蜗杆传动中的标准模数和相应的蜗杆直径系数见表 13-5。

表 13-5　标准模数和蜗杆的直径系数（摘录）

模数 m	1	1.25	1.6	2	2.5	3.15	4	5	6.3	8	10	12.5	16
蜗杆的直径系数 q		16.000	12.500	9.000	8.960	8.889	7.875	8.000	7.936	7.875	7.100	7.200	7.000
	18.000			11.200	11.200	11.270	10.000	10.000	10.000	10.000	9.000	8.960	8.750
		17.920	17.500	14.000	14.200	14.286	12.500	12.600	12.698	12.500	11.200	11.200	11.250
				17.750	18.000	17.778	17.750	18.000	17.778	17.500	16.000	16.000	15.625

3）导程角 γ

由图 13-22 可知导程角 γ（即蜗杆分度圆柱面上的螺旋线升角）为

$$\tan\gamma = \frac{导程\ T}{分度圆周长\ \pi d_1} = \frac{z_1 p_x}{\pi d_1} = \frac{z_1 \pi m}{\pi d_1} = \frac{z_1 m}{mq} = \frac{z_1}{q}$$

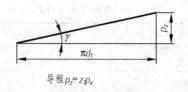

导程 $p_z = z_1 p_x$

图 13-22　导程角和导程、分度圆直径的关系

一对互相啮合的蜗杆、蜗轮,蜗轮的螺旋角和蜗杆的导程角 γ 大小相等,螺旋的方向相同,即 $\beta = \gamma$。为了便于计算,将 z_1、q、γ 之间的关系列于表 13-6。

表 13-6　蜗杆导程角 γ 和 z_1、q 的对应值

z_1	1	2	4	6	z_1	1	2	4	6
7.000	8°07′48″	15°56′43″	29°44′42″		12.500	4°34′26″	9°05′25″	17°44′41″	
7.100	8°01′02″	15°43′55″	29°23′46″		12.600	4°32′16″	9°01′10″	17°36′45″	
7.200	7°54′26″	15°31′27″	29°03′17″		12.698	4°30′10″	8°57′02″	17°29′04″	
7.875	7°14′13″	14°15′00″	26°55′40″		14.000	4°05′08″	8°07′48″	15°56′43″	
7.936	7°10′53″	14°08′39″	26°44′53″		14.200	4°01′42″	8°01′02″	15°43′55″	
8.000	7°07′30″	14°02′10″	26°33′54″		14.286	4°00′15″	7°58′11″	15°38′32″	
8.750	6°31′11″	12°52′30″	24°34′02″		15.625	3°39′43″			
8.889	6°25′08″	12°40′49″	24°13′40″		15.750	3°37′59″			
8.960	6°22′06″	12°34′59″	24°03′26″		16.000	3°34′35″			
9.000	6°20′25″	12°31′44″	23°57′45″	33°41′24″	17.500	3°16′14″			
10.000	5°42′38″	10°18′36″	21°48′05″	30°57′50″	17.750	3°13′28″			
11.200	5°06′08″	10°07′29″	19°39′14″	28°10′43″	17.778	3°13′10″			
11.250	5°04′47″	10°04′50″	19°34′23″		17.920	3°11′38″			
11.270	5°04′15″	10°03′48″	19°32′29″	28°01′50″	18.000	3°10′47″			

4)中心距 a

蜗杆和蜗轮两轴的中心距 a 和模数 m、蜗杆直径系数 q、蜗轮齿数 z_2 的关系为

$$a = \frac{m}{2}(z_2 + q)$$

蜗杆、蜗轮各部分尺寸(见图 13-23)的计算公式见表 13-7、表 13-8。

表 13-7　蜗杆的尺寸计算

名称及代号	公　式	名称及代号	公　式
分度圆直径 d_1	$d_1 = mq$	轴向齿距 p_x	$p_x = \pi m$
齿顶高 h_a	$h_a = m$	导程 p_z	$p_z = z_1 p_x$
齿根高 h_f	$h_f = 1.2m$	导程角 γ	$\tan\gamma = \dfrac{z_1 m}{d_1} = \dfrac{z_1}{q}$
全齿高 h	$h = h_a + h_f = 2.2m$	轴向齿形角 α	$\alpha = 20°$
齿顶圆直径 d_{a_1}	$d_{a_1} = d_1 + 2h_a = m(q+2)$	蜗杆螺纹部分长度 L	当 $z = 1 \sim 2, L \geqslant (11 + 0.06z_2)m$
齿根圆直径 d_{f_1}	$d_{f_1} = d_1 - 2h_f = d_1 - 2.4m$ $= m(q - 2.4)$		当 $z_1 = 3 \sim 4, L \geqslant (12.5 + 0.09z_2)m$

表 13-8　蜗轮的尺寸计算

名称及代号	公　式	名称及代号	公　式
分度圆直径 d_2	$d_2 = mz_2$	外径 D_H	当 $z_1 = 1$，$D_H \leqslant d_{a_2} + 2m$
齿顶圆直径 d_{a_2}	$d_{a_2} = d_2 + 2m = m(z_2 + 2)$		当 $z_1 = 2 \sim 3$，$D_H \leqslant d_{a_2} + 1.5m$
齿根圆直径 d_{f_2}	$d_{f_2} = d_2 - 2.4m = m(z_2 - 2.4)$		当 $z_1 = 4$，$D_H \leqslant d_{a_2} + m$
中心距 a	$a = \dfrac{1}{2}(d_1 + d_2) = \dfrac{m(q + z_2)}{2}$	宽度 b	当 $z_1 \leqslant 3$，$b \leqslant 0.75 d_{a_1}$
			当 $z_1 = 4$，$b \leqslant 0.67 d_{a_1}$
齿顶圆弧面半径 r_g	$r_g = \dfrac{d_{f_1}}{2} + 0.2m = \dfrac{d_1}{2} - m$	蜗轮齿宽角 $2\gamma'$	$2\gamma' = 45° \sim 130°$
齿根圆弧面半径 r_f	$r_f = \dfrac{d_{a_1}}{2} + 0.2m = \dfrac{d_1}{2} + 1.2m$		

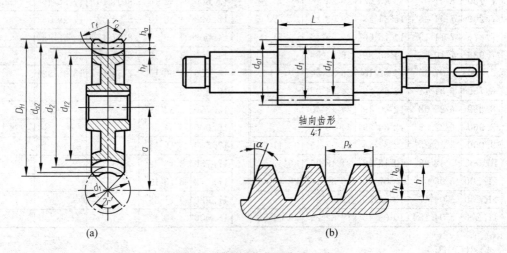

图 13-23　蜗轮、蜗杆的主要尺寸

2．蜗杆、蜗轮的画法

蜗轮通常用剖视图来表示，如图 13-23(a)所示。蜗杆一般用一个主视图和表示轴向齿形的剖面来表示，如图 13-23(b)所示。蜗杆、蜗轮轮齿部分的画法均与圆柱齿轮类同。图 13-24(a)为蜗杆、蜗轮啮合的剖视画法，当剖切平面通过蜗轮轴线并与蜗杆轴线垂直时，蜗杆齿顶用粗实线绘制，蜗轮齿顶用虚线绘制或省略不画。图 13-24(b)为蜗杆、蜗轮啮合的外形视图画法。

3．蜗杆、蜗轮的测绘

测绘蜗杆、蜗轮时，首先要确定下列一些参数：模数 m、蜗杆直径系数 q、蜗杆导程角 γ、蜗轮螺旋角 β 及中心距 a。今以测绘图 13-1(c)中的一对蜗杆、蜗轮为例，说明其测绘的一般方法和步骤。

(1) 数出蜗杆头数 $z_1 = 1$，蜗轮齿数 $z_2 = 26$。量得蜗杆齿顶圆直径 $d_{a_1} = 32\text{mm}$，用钢皮尺测得 $4p_x = 25\text{mm}$（见图 13-25），即 $p_x = 25/4 = 6.25\text{mm}$。

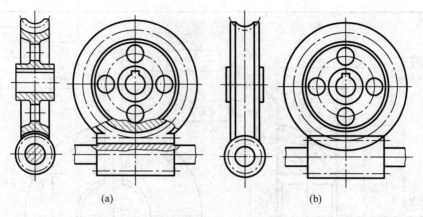

图 13-24　蜗杆、蜗轮的啮合画法

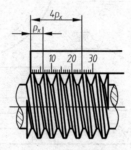

图 13-25　测量轴向齿距

（2）确定模数 m：

$$m = \frac{p_x}{\pi} = \frac{6.25}{3.14} = 1.99$$

对照表 13-5 取标准模数为 2。

（3）确定蜗杆直径系数 q：

$$q = \frac{d_{a_1}}{m} - 2 = 14$$

再查表 13-5，当 $m=2$ 时，$q=14.000$，这与计算结果相同，故该蜗杆为标准蜗杆。

（4）确定蜗杆的导程角 γ 和蜗轮的螺旋角 β。

根据 $z_1=1$，$q=14$，由表 13-6 查得 $\gamma=\beta=4°05'08''$。

（5）计算中心距 a：

$$a = \frac{m}{2}(q + z_2)$$

$$= \frac{2}{2}(14 + 26)$$

$$= 40\text{mm}$$

（6）根据以上参数计算轮齿各部分尺寸（略）。

（7）测量其他部分尺寸，画出该蜗轮、蜗杆的工作图（见图 13-26 和图 13-27），其尺寸标注如图所示。

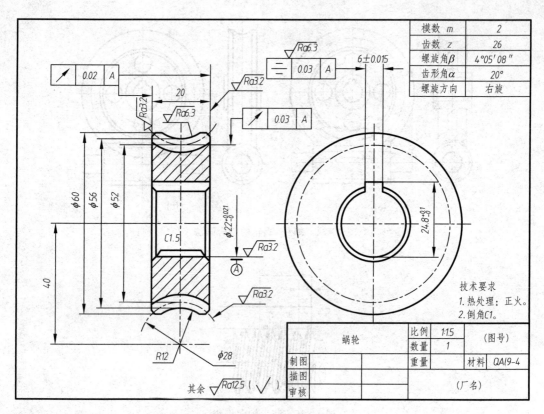

图 13-26 蜗轮工作图

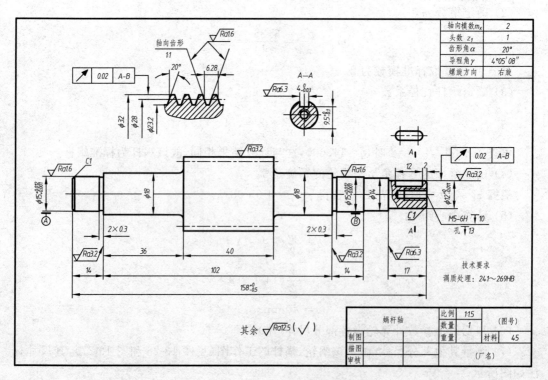

图 13-27 蜗杆工作图

13.2　滚动轴承

滚动轴承的作用是支承轴进行旋转运动,是标准组件。由于滚动轴承摩擦阻力小,结构紧凑,旋转精度高,所以在机器或部件中被广泛使用。

1. 滚动轴承的种类和结构

按可承受载荷的方向,滚动轴承分为三类。

(1) 向心轴承:主要承受径向载荷,如深沟球轴承。

(2) 推力轴承:只承受轴向载荷,如平底推力球轴承。

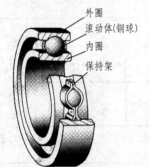

图 13-28　滚动轴承结构

(3) 向心推力轴承:同时承受径向和轴向载荷,如圆锥滚子轴承。

滚动轴承的结构一般由外圈、内圈、滚动体及保持架组成,如图 13-28 所示。

通常外圈装在机座孔内,固定不动;内圈套在轴上,随轴一起转动;保持架将滚动体隔开,并使其沿圆周方向均匀分布。

2. 滚动轴承的画法

在装配图中,轴承是根据其代号,从国标中查出外径 D、内径 d 和宽度 B 等几个主要尺寸来进行绘图的。当需要较详细地表达滚动轴承的主要结构时,可采用简化画法;如果只需简单地表达滚动轴承的主要结构时,可采用示意画法。

表 13-9 列出了三种常用轴承的简化画法及示意画法。

表 13-9　常用滚动轴承的型式和规定画法

轴承名称及代号	结构型式	规定画法	特征画法	应用
深沟球轴承 GB/T 276—93 6000 型	外圈 滚动体(钢球) 内圈 保持架			主要承受径向力

续表

轴承名称及代号	结构型式	规定画法	特征画法	应用
圆锥滚子轴承 GB/T 297—1993 3000 型	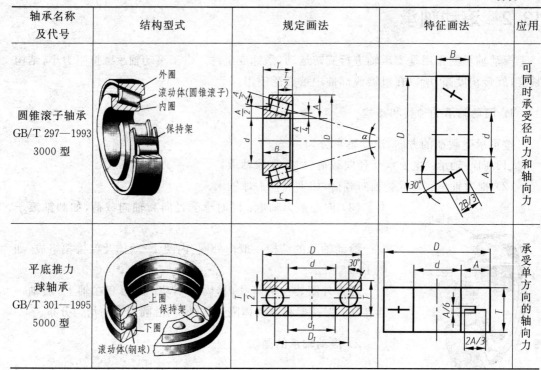			可同时承受径向力和轴向力
平底推力球轴承 GB/T 301—1995 5000 型				承受单方向的轴向力

3. 滚动轴承的代号表示方法（GB/T 272—1993）

滚动轴承的代号由基本代号、前置代号和后置代号构成,其排列如下:

前置代号　基本代号　后置代号

1）基本代号

基本代号是滚动轴承代号的基础,用以表示滚动轴承的基本类型、结构和尺寸,其排列如下:

类型代号　尺寸系列代号　内径代号

（1）类型代号用数字或字母按表 13-10 表示。

表 13-10　滚动轴承类型代号

代号	轴 承 类 型	代号	轴 承 类 型
0	双列角接触球轴承	7	角接触球轴承
1	调心球轴承	8	推力圆柱滚子轴承
2	调心滚子轴承和推力调心滚子轴承	N	圆柱滚子轴承
3	圆锥滚子轴承		双列或多列用字母 NN 表示
4	双列深沟球轴承	U	外球面球轴承
5	推力球轴承	QJ	四点接触球轴承
6	深沟球轴承		

注: 在表中代号后或前加字母或数字表示该类轴承中的不同结构。

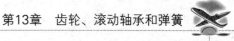

（2）尺寸系列代号由滚动轴承的宽（高）度系列代号和直径代号组合而成。向心轴承、推力轴承尺寸系列代号按表 13-11 表示。

表 13-11 向心轴承、推力轴承尺寸系列代号

直径系列代号	向心轴承								推力轴承			
	宽度系列代号								高度系列代号			
	8	0	1	2	3	4	5	6	7	9	1	2
	尺寸系列代号											
7	—	—	17	—	37	—	—	—	—	—	—	—
8	—	08	18	28	38	48	58	68	—	—	—	—
9	—	09	19	29	39	49	59	69	—	—	—	—
0	—	00	10	20	30	40	50	60	70	90	10	—
1	—	01	12	21	31	41	51	61	71	91	11	—
2	82	02	12	22	32	42	52	62	72	92	12	22
3	83	03	13	23	33	—	—	—	73	93	13	23
4	—	04	—	24	—	—	—	—	74	94	14	24
5	—	—	—	—	—	—	—	—	—	95	—	—

（3）内径代号表示轴承公称内径，按表 13-12 表示。

表 13-12 滚动轴承内径代号及其示例

轴承公称内径 mm		内径代号	示例
0.6～10（非整数）		用公称内径毫米数直接表示，在其与尺寸系列代号之间用"/"分开。	深沟球轴承 618/2.5 $d=2.5$mm
1～9（整数）		用公称内径毫米数直接表示，对深沟及角接触球轴承 7,8,9 直径系列，内径与尺寸系列代号之间用"/"分开。	深沟球轴承 625 618/5 $d=5$mm
10～17	10 12 15 17	00 01 02 03	深沟球轴承 6200 $d=10$mm
20～480（22,28,32 除外）		公称内径除以 5 的商数，商数为个位数，需在商数左边加"0"，如 08。	调心滚子轴承 23208 $d=40$mm
大于和等于 500 以及 22,28,32		用公称内径毫米数直接表示，但在与尺寸系列之间用"/"分开。	调心滚子轴承 230/500 $d=500$mm 深沟球轴承 62/22 $d=22$mm

例 调心滚子轴承 23224，其中 2 为类型代号；32 为尺寸系列代号；24 为内径代号，$d=120$mm。

再如：

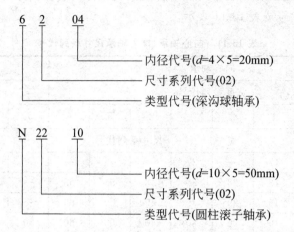

2）前置、后置代号

前置、后置代号是轴承在结构形状、尺寸、公差、技术要求等有改变时，在其基本代号左右添加的补充代号。

（1）前置代号用字母表示，如：

前置代号L　表示可分离轴承的可分离内圈或外圈，示例：LN207

R　表示不带可分离内圈或外圈的轴承。示例：RNU207

（2）后置代号用字母（或加数字）表示，如：

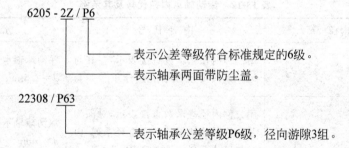

13.3　弹簧

弹簧是一种广泛应用的零件，其主要作用是减震、夹紧、测力、储存或输出能量等。

弹簧的种类很多，常见的有圆柱螺旋弹簧、蜗卷弹簧、板簧和片弹簧等，如图 13-29 所示。在圆柱螺旋弹簧中，按其受力形式又分为压缩弹簧、拉伸弹簧和扭转弹簧。这里只介绍螺旋压缩弹簧的有关尺寸和画法。其他弹簧的画法，可参阅 GB 4459.4—1984 的有关规定。

1．弹簧的规定画法

（1）弹簧在平行于轴线的投影面的视图中，各圈的轮廓画成直线，以代替螺旋线，如图 13-30 所示。

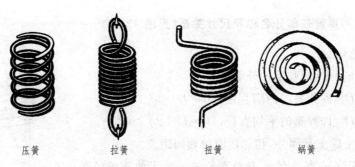

| 压簧 | 拉簧 | 扭簧 | 蜗簧 |

图 13-29　常见的弹簧

（2）有效圈数在 4 圈以上的螺旋弹簧，中间部分可以省略，用表示簧丝中心的点画线相连即可，如图 13-30 所示。中间部分省略后，可适当缩短图形长度。

（3）螺旋弹簧均可画成右旋，但左旋弹簧不论画成左旋或右旋，一律要注出旋向"左"字。

（4）在装配图中，被弹簧挡住的结构一般不画，可见部分应从弹簧的外轮廓或簧丝中心线画起，如图 13-31（c）所示。

（5）在装配图中弹簧被剖切时，如果簧丝剖面直径在图中等于或小于 2mm 时，剖面可以涂黑表示，如图 13-31（a）所示；剖面直径在图中小于 1mm，可用示意画法，如图 13-31（b）所示。

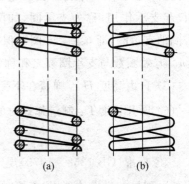

| (a) | (b) |

图 13-30　圆柱螺旋压缩弹簧的画法

（a）全剖；（b）不剖

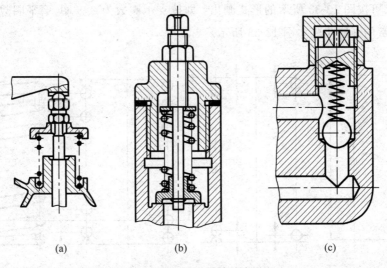

| (a) | (b) | (c) |

图 13-31　装配图中弹簧的表示方法

（a）涂黑画法（$d \leqslant 2$）；（b）示意画法（$d < 1$）；（c）被弹簧挡住结构的画法

2. 螺旋压缩弹簧各部分名称及尺寸关系（见图 13-32）

（1）簧丝直径 d。

（2）弹簧外径 D，即弹簧的外圈直径。

弹簧内径 D_1，即弹簧的内圈直径，$D_1 = D - 2d$。

弹簧中径 D_2，即弹簧的平均直径，$D_2 = D - d$。

（3）节距 t：除支承圈外，相邻两圈的轴向距离。

（4）有效圈数 n、支承圈 n_0 和总圈数 n_1。为了使压缩弹簧在工作时受力均匀，支承平稳弹簧两端面需磨平、并紧。磨平、并紧的各圈仅起支承作用，称为支承圈，如图 13-29 所示的弹簧，两端各有 $1\frac{1}{4}$ 圈的支承圈，即 $n_0 = 2.5$ 圈。保持相等节距的圈数，称为有效圈数 n。有效圈数与支承圈数之和称为总圈数，$n_1 = n + n_0$。

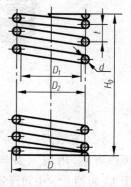

图 13-32　压缩弹簧的尺寸代号

（5）自由高度 H_0：弹簧在不受外力作用下的高度（或长度）。

（6）展开长度 L：制造弹簧时的簧丝长度。

$$L \approx n_1 \sqrt{(\pi D_2)^2 + t^2}$$

国家标准（GB 1358—1978）规定了弹簧材料的直径 d、中径 D_2、有效圈数 n、自由高度 H_0 的系列尺寸供设计选用，需要时可查阅有关标准。

3. 压缩弹簧画法举例

对于两端并紧、磨平的压缩弹簧，不论支承圈的圈数多少和端部并紧情况如何，以及螺旋的旋向，都可按图 13-33 所示的形式画出：即按支承圈数为 2.5 圈，磨平圈数为 1.5 的形式表示。弹簧的画法步骤如图 13-33 所示。

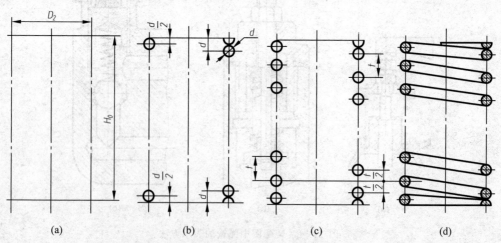

图 13-33　弹簧的画图步骤

（a）以自由高度 H_0 和弹簧中径 D_2 作矩形；（b）根据 d 画出两端支承圈的小圆；

（c）再根据 t 从支承圈画出几个有效圈的小圆；（d）按右旋作相应的外公切线，再画剖面线一张正式的弹簧工作图,除了正确绘制图形和标注尺寸外,还需将弹簧的性能及有关技术要求等填写清楚,如图 13-34 和图 13-35 所示为一些完整的压缩弹簧零件工作图的格式和内容。

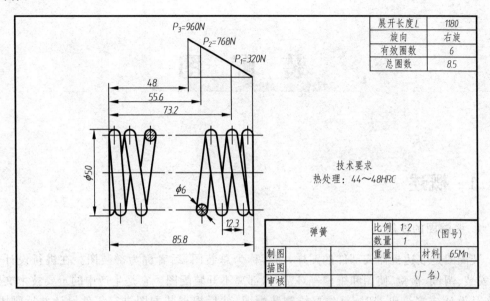

图 13-34 压缩弹簧工作图

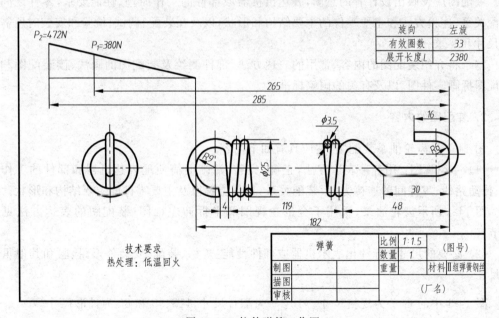

图 13-35 拉伸弹簧工作图

第14章

装 配 图

14.1 概述

1. 装配图的作用

装配图是表达机器或部件的图样,前者称为总装图,后者称为部装图。在进行设计、装配、安装、调试、检验、使用和维修等环节时,都离不开装配图。它是生产中的重要技术文件。在产品设计或测绘机器时,首先要绘制装配图,然后根据装配图进行零件设计并拆画零件图。装配图应反映出设计者的意图,表达出机器或部件的工作原理、性能要求,零件之间的装配关系、连接方式和主要零件的主要结构和形状,以及在装配、调试、检验和安装时所需要的尺寸和要求。

本章将介绍装配图的内容、常用的表达方法、部件测绘及装配图的画法、读装配图和由装配图拆画零件图,以及有关的国家标准。

2. 装配图的内容

图 14-1 是齿轮油泵装配图,它应具有如下内容。

(1) 一组视图:用各种表达方法,正确、完整、清晰而简便地表达机器和部件的工作原理、传动路线、零件间的连接方式、装配关系、相对位置以及主要零件的主要结构和形状。

图 14-1 所示齿轮油泵,采用了全剖主视图和半拆卸左视图(装配图的表达方法见下一节)。

(2) 必要的尺寸:标注出表示机器或部件性能、规格、装配、安装外形、检验和其他重要的尺寸。

图 14-1 中的 $G\frac{3}{8}$ 为规格尺寸、$\phi16\frac{H7}{h6}$ 为配合尺寸、118、95 和 85 为外形尺寸等。

(3) 技术要求:用文字或符号说明机器或部件的性能及在装配、调试、检验、使用等方面的要求。

图 14-1 中用文字注明了两点技术要求。

(4) 零、部件的序号、明细表和标题栏:根据生产组织和管理上的需要,按一定的格式编写零部件的序号,并填写明细表和标题栏。

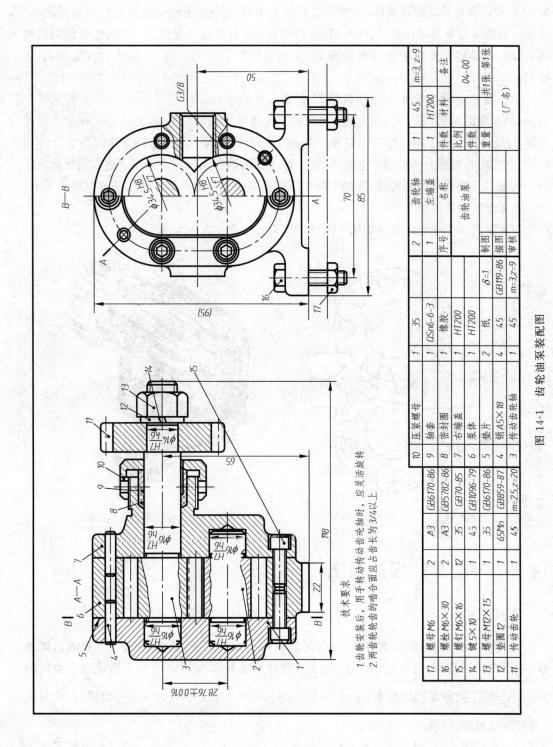

图 14-1 齿轮油泵装配图

泵体 6 是齿轮泵中的主要零件之一,它的内腔可以容纳一对吸油和压油的齿轮。将齿轮轴 2、传动齿轮轴 3 装入泵体,两侧有左端盖 1,右端盖 7 支承这一对齿轮轴的旋转运动。由销 4 将端盖与泵体定位后,再用螺钉 15 将端盖与泵体连接成整体。为了防止泵体与端盖结合面处以及传动齿轮轴 3 伸出端漏油,分别用垫片 5 及密封圈 8、轴套 9、压紧螺母 10 密封。

齿轮轴 2、传动齿轮轴 3、传动齿轮 11 是油泵中的运动零件。当传动齿轮 11 按逆时针方向(从左视图观察)转动时,通过键 14,将扭矩传递给传动齿轮轴 3,经过齿轮啮合带动齿轮轴 2,从而使后者作顺时针方向转动。如图 14-2 所示,当一对齿轮在泵体内作啮合传动时,啮合区内右边压力降低而产生局部真空,油池内的油在大气压力作用下进入油泵低压区内的吸油口。随着齿轮的转动,齿槽中的油不断沿箭头方向被带至左边的压油口把油压出,送至机器中需润滑的场合。

该齿轮泵的工作原理简述如图 14-2 和图 14-3。

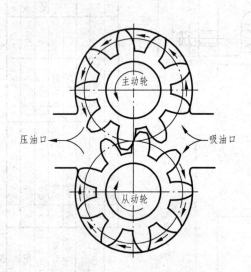

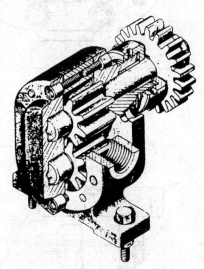

图 14-2　齿轮油泵工作原理　　　　　图 14-3　齿轮油泵装配轴测图

14.2　装配图的表达方法

1. 规定画法

(1) 两相邻零件的接触面和配合面,规定只画一条轮廓线;但基本尺寸不相同的两相邻零件间的非接触面,即使间隙很小,也必须画出两条轮廓线。如图 14-1 齿轮油泵装配图中 $\phi16\frac{H7}{h6}$ 件 7 与件 3 的结合面,销 A5×18 与件 1 的结合面都画了一条线;而螺钉 15 与件 7 孔的非接触面,则画成了两条线。

(2) 在剖视图中,相邻两金属零件的剖面线方向应相反。三个或三个以上金属零件相接触时,除其中两个零件的剖面线倾斜方向不同外,第三个零件应采用不同的剖面线间隔或相互错开,应特别注意,在各个视图中,同一零件的剖面线方向与间隔必须一致。

（3）在剖视图中,对一些标准件(如螺栓、螺母、键、销等)以及轴、连杆、钩子、球等实心零件,若按纵向剖切,剖切平面通过其轴线或对称面时,按不剖绘制。如图14-1主视图中的螺钉15、销4等,就是按不剖绘制的。

当这些零件上有需要表达的局部结构,可采用局部剖视。如图14-1所示左视图中的吸油孔和主视图中的两齿轮啮合处,都是这样表达的。

2. 特殊表达方法

（1）拆卸画法：在装配图的某一视图中,当所要表达部分被一个或几个零件遮住而无法表达清楚时,可假想将其拆去,在该视图中只画出所要表达部分的视图。采用拆卸画法时,一般在该视图上方注明"拆去零件××"等字样。

（2）沿结合面剖切画法：为了表达内部结构,可采用沿结合面剖切画法。如图14-1所示的齿轮油泵左视图是沿左端盖和泵体的结合面剖切后画出的。

（3）单独表示某个零件：在装配图中,当某个零件的形状未表达清楚而又对理解装配关系有影响时,可另外单独画出该零件的某一视图,如转子油泵装配图中单独画出了件6泵盖的两个视图(图14-4中的 B 向视图)。

（4）夸大画法：在画装配图时,有时会遇到薄片零件、细丝零件、微小间隙等。对这些零件或间隙,无法按其实际尺寸画出,或者虽能如实画出,但不能明显地表达其结构(如圆锥销及锥形孔的锥度甚小时),均可采用夸大画法,即可把垫片厚度、簧丝直径及锥度都适当夸大画出。齿轮油泵装配图(图14-5中件5)及图14-6中的垫片就是夸大画出的。

（5）假想画法：为了表示与本部件有装配关系但又不属于本部件的其他相邻零部件时,可采用假想画法,并将其他相邻零、部件用双点画线画出,如图14-1中用双点画线画出的机架。

为了表示运动零件的运动范围或极限位置时,可在一个极限位置上画出该零件,再在另一个极限位置上用双点画线画出其轮廓。如图14-5中传动机构手柄的表达。

（6）展开画法：为了表达某些重叠的装置关系(如多级齿轮传动变速箱),为了表示齿轮传动顺序和装配关系,可以假想将空间轴系按其传动顺序展开在一个平面上,画出剖视图。这种画法称为展开画法。如图14-5所示的传动机构装配图就是采用了展开画法。

（7）简化画法：

① 在装配图中,零件的工艺结构如小圆角、倒角、退刀槽、凹坑、滚花等允许不画。

② 在装配图中螺母和螺栓头允许采用简化画法,如图14-6所示。当遇到螺纹连接件等相同的零件组时,在不影响理解的前提下,允许只画出一处,其余只用点画线表示其中心位置。如图14-6所示。

③ 在装配图中的滚动轴承需要进行剖视时,允许画出对称图形的一半,另一半画出其轮廓,并用粗实线在轮廓内画"十"字形。如图14-6所示。

④ 在装配图中,当不致引起误解时,剖切平面后面不需表达的部分可省略不画。

⑤ 当剖面厚度小于2mm时,允许将剖面涂黑,以代替剖面线,如图14-1中的垫片5。

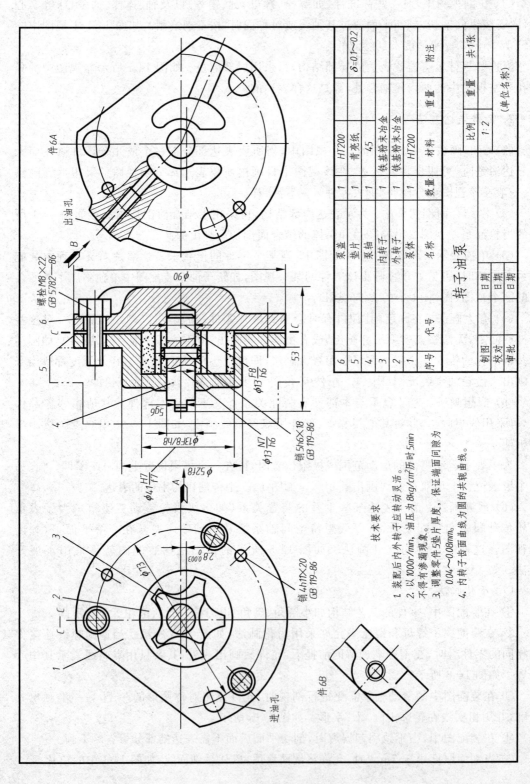

序号	代号	名称	数量	材料	附注
6		泵盖	1	HT200	δ=0.1~0.2
5		垫片	1	青壳纸	
4		泵轴	1	45	
3		内转子	1	铁基粉末冶金	
2		外转子	1	铁基粉末冶金	
1		泵体	1	HT200	
				重量	

转子油泵

制图		日期		比例	1:2	重量	共1张
校对		日期					
审批		日期			(单位名称)		

件6A

出油孔

螺栓 M8×22
GB 5782-86

φ90

53

φ13 F8/h6

销 5h6×18
GB 119-86

5g6

φ13F8/h8

φ13 N7/h6

φ52r8

φ41 H7/f7

A

销 4h1×20
GB 119-86

φ73

28₀⁰·⁰⁰³

C—C

进油孔

件6B

技术要求

1. 装配后内外转子应转动灵活。
2. 以1000r/min，油压为8kg/cm²历时5min
   不得有渗漏现象。
3. 调整零件5垫片厚度，保证端面同隙为
   0.04~0.08mm。
4. 内转子齿面曲线为圆的共轭曲线。

图14-4 转子油泵装配图

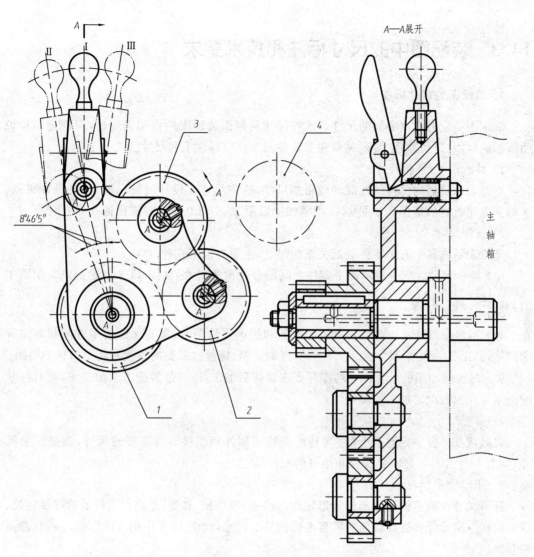

图 14-5　三星齿轮传动机构的假想和展开画法

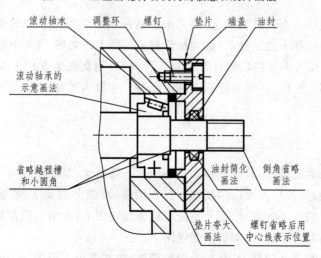

图 14-6　夸大画法和简化画法

14.3 装配图中的尺寸标注和技术要求

1．装配图的尺寸标注

装配图中应标注出必要的尺寸。这些尺寸是根据装配图的作用确定的,应能进一步说明机器的性能、工作原理、装配关系和安装等要求。应标注下列尺寸。

1) 性能尺寸(规格尺寸)

它是表示机器或部件的性能和规格的尺寸,这些尺寸在设计时就已确定,是设计机器、了解和选用机器的依据。如图 14-1 中两轴中心距 28.76±0.016 和进出油孔 G3/8。

2) 装配尺寸

通常表示机器上有关零件装配关系的尺寸,主要有以下几种:

(1) 配合尺寸。它是表示两个零件之间配合性质的尺寸,如图 14-1 齿轮油泵装配图中的 $\phi16\frac{H7}{h6}$、$\phi14\frac{H7}{k6}$ 等。

(2) 相对位置尺寸。它是表示装配机器和拆画零件图时,需要保证的零件间相对位置的尺寸,如图 14-4 中的尺寸 $\phi73$,$2.8^{+0.05}_{0}$,以确定销、螺栓在泵盖的位置和转子与轴心偏距。

(3) 装配时加工的尺寸。有的零件要先装配后加工,以满足装配工艺的要求,此时在装配图中需注出装配时加工的尺寸。

3) 安装尺寸

机器或部件安装在地基上时,与其他机器或部件相连接时所需要的尺寸,就是安装尺寸,如图 14-4 中 $\phi73$ 是安装螺栓和销钉的安装尺寸。

4) 外形尺寸

外形尺寸为表示机器或部件外形轮廓的尺寸,即总长、总宽、总高。当机器或部件包装、运输以及厂房设计和安装机器时需要考虑的外形尺寸,如图 14-4 中的 53(总长)、$\phi90$(总高和总宽)。

5) 其他尺寸

它是在设计过程中由计算而确定,但又未包括在以上几类尺寸中的重要尺寸。这些尺寸在拆画零件图时也是不能改变的,必须标注在装配图上。如图 14-4 中销轴 5g6 尺寸。

必须指出:装配图中某些尺寸有时兼有几种含义,而每张装配图上并不一定同时具备以上几种尺寸内容。因此,一张装配图上标注哪些尺寸较为适宜,应该根据具体情况进行具体分析。

2．技术要求

不同性能的机器或部件,其技术要求也不同。一般说来,装配图应对该机器或部件在装配、试验、调整、检验和使用方面提出技术指标和措施、性能上的要求,或就其中某些项目提出要求。技术要求的各项内容,除了公差配合标注在视图上,其余一般都用文字和表格的形式写在图纸的空白处,也可以另编技术文件附上。

技术要求涉及知识面较宽,且往往专业性较强,故本课程不做进一步介绍。

14.4 装配图的零、部件序号及明细表和标题栏

装配图上对每个零件或部件都必须编注序号或代号,并填写明细表,以便统计零件数量,进行生产的准备工作。同时,在看装配图时,也是根据序号查阅明细表,以了解零件的名称、材料和数量等,有利于看图和图样管理。

1. 零、部件的序号

(1) 序号(或代号)应注在图形轮廓线的外边,并填写在带指引线的横线上或圆内,横线或圆用细实线画出。指引线应从所指零件的可见轮廓线内引出,并在末端画一小圆点,如图 14-7 所示。序号字体要比尺寸数字大一号,如图 14-7(a)所示;也可用图 14-7(b),字高应大二号。若在所指部分内不宜画圆点时(很薄的零件或黑的剖面),可在指引线末端画出指向该部分轮廓的箭头,如图 14-8 所示。

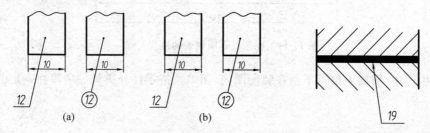

图 14-7 装配图序号画法   图 14-8 指引线用箭头表示情况

(2) 指引线尽可能分布均匀且不要彼此相交,也不要过长。指引线通过有剖面线的区域时,要尽量不与剖面线平行,必要时可画成折线,但只允许弯折一次,如图 14-9 所示。同一连接件组成装配关系清楚的零件组,允许采用公共指引线,如图 14-10 所示。

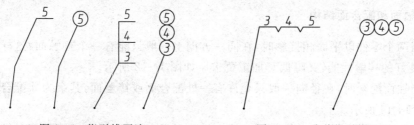

图 14-9 指引线画法   图 14-10 公共指引线画法

(3) 每一种零件在各视图上只编一个序号。对同一标准件(如油杯、滚动轴承、电机等),在装配图上只编一个序号。

(4) 要沿水平或垂直方向按顺时针或逆时针次序排列整齐,如图 14-1 和图 14-4 所示。

(5) 编注序号通常有两种方法:一种是一般件与标准件混合一起编排(见图 14-1);另一种是将一般件编号填入明细栏中,而标准件直接在图上标注规格、数量和国标号(见图 14-4),或另列专门表格。

2. 明细表和标题栏

装配图的明细表接在标题栏上方,外框为粗实线,内框为细实线。填写明细表时,按零

件序号自下而上依次书写,不得间断或交错。当幅面不够不能往上画时,可画在标题栏左侧,再不够时,可再往左移,但各排间不得留有间隙。明细表和标题栏格式统一规定如图 14-11 所示。

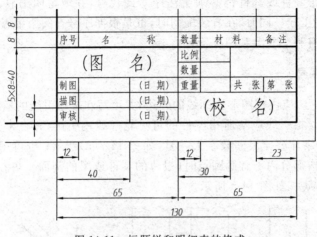

图 14-11　标题栏和明细表的格式

在实际生产中,明细表也可不画在装配图内,而单独按零件分类统一填写在一定的格式表内。

14.5　装配图的常见工艺结构

为使零件装配成机器(或部件)后能达到性能要求,拆卸、安装方便,对装配结构要求有一定的合理性。本节讨论几种常见的装配结构,并讨论其合理性。

1. 接触面和配合面结构

(1)当两个零件以平面相接触时,在同一方向上一般只能有一个接触面,这样既保证了两零件间良好的接触性能,又降低了加工要求。如图 14-12 所示。

(2)当柱面配合时,在径向一般只允许有一处配合面或接触面,其余为非配合面或非接触面,如图 14-13 所示。

(3)当两锥面配合时,由于锥面同时确定轴向和径向位置,因此锥体顶部和锥孔底部间必须留有空隙,如图 14-14 所示。

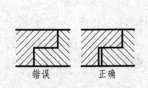

图 14-12　两个零件以平面接触时,同方向只有一个接触面

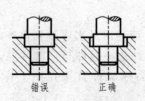

图 14-13　柱面配合时,径向一般只允许有一处配合面

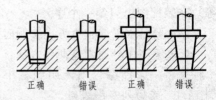

图 14-14　两锥面配合时,锥体顶部和锥孔底部间必须有空隙

（4）两配合零件在转角处应有间隙，以防止装配时发生干涉现象。如图 14-15 中所设计的几种形式。

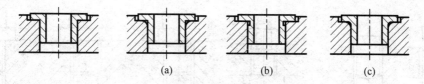

图 14-15　留倒角、越程槽、圆角情况

（a）孔口有倒角；（b）轴上开越程槽；（c）采用不同的圆角半径(孔口圆角半径大,轴径圆角半径小)

（5）为了保证接触良好，接触面需经机械加工。因此，合理地减少加工面积，不但可以降低加工费用，而且可以改善接触情况。

① 为了保证连接件（螺栓、螺母、垫圈）和被连接件间的良好接触，在被连接件上作出沉孔、凸台等结构，如图 14-16 所示。沉孔的尺寸，可根据连接件的尺寸，从有关手册中查取。

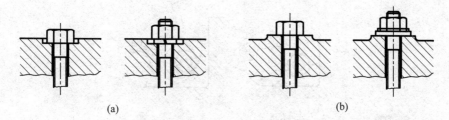

图 14-16　沉孔和凸台

（a）沉孔；（b）凸台

② 图 14-17 所示的轴承，为了减少接触面，轴承底座与下轴衬的接触面上，分别在轴承和底座的底部上挖一凹槽。下轴衬凸肩处有退刀槽是为了改善两个互相垂直表面的接触情况。

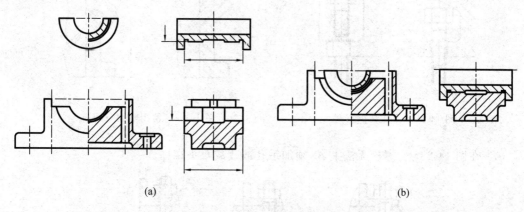

图 14-17　减少接触面的结构

2．螺纹连接的合理结构

（1）被连接件通孔的尺寸应比螺纹大径或螺杆直径稍大，以便装配，如图 14-18 所示。

305

（2）为了保证拧紧，要适当加长螺纹尾部、在螺杆上加工出退刀槽、在螺孔上作出凹坑或倒角，如图 14-19 所示。

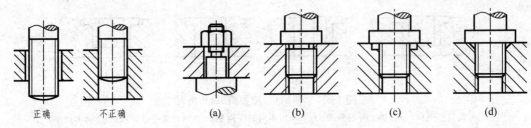

图 14-18　螺纹连接装配图画法

图 14-19　螺纹连接装配图结构
（a）尾部加长；（b）退刀槽；（c）凹坑；（d）倒角

（3）为了便于拆装，必须留出扳手的活动空间（见图 14-20）以及装、拆螺栓和零件活动的空间（见图 14-21 和图 14-22）。

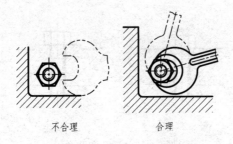

图 14-20　装拆工艺结构

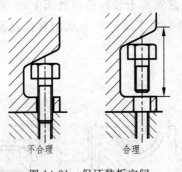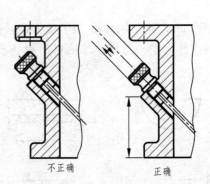

图 14-21　保证装拆空间　　　　　　图 14-22　留出活动空间

（4）在图 14-23 上，螺栓无法上紧，须加手孔或改成双头螺柱。

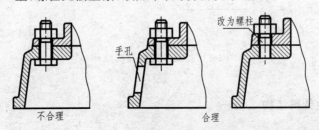

图 14-23　零件上加手孔结构

3．销孔的合理结构

采用圆柱销或圆锥销定位时，考虑孔加工和销子拆卸方便，可将销孔做成通孔，如图 14-24(a)所示。图 14-24(b)的结构是不合理的。

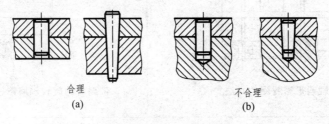

图 14-24　销孔的合理结构

(a) 通孔；(b) 盲孔

4．密封装置的结构

在机械传动中，为了防止外界灰尘、铁屑等进入滚动轴承或机件内部，常使用密封装置，这种装置也能防止漏油等现象。图 14-25(a)所示的毡圈密封就是常见的一种形式。

在使用阀类、泵类零件时，为防止气、液体渗漏，常用浸油石棉、棉纱等作填料，从而达到密封的目的，见图 14-25(b)。

滚动轴承中常用的密封方法有皮碗、毡圈、

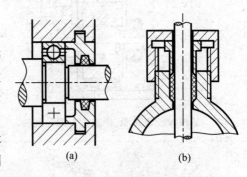

图 14-25　密封装置的结构图

毡圈槽、油沟等，它们都有标准。表 14-1 所列为密封圈、防尘圈的规定画法和简化画法。图 14-26 所示为几种密封结构。

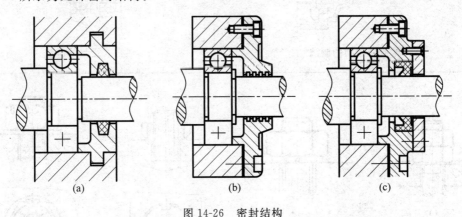

图 14-26　密封结构

(a) 毡圈式密封；(b) 间隙相油沟式密封；(c) 骨架式橡胶密封

5．防松结构

机器运转时，常有振动或冲击，此时紧固体连接部分会逐渐松动，影响连接质量，甚至造成事故。因此，在这些机构中必须考虑防止松动的问题。图 14-27 所示是常用的几种防松装置。

表 14-1　密封圈、防尘圈的规定和简化画法

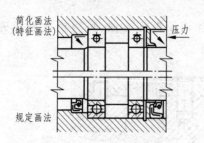

旋转轴唇形密封圈的画法

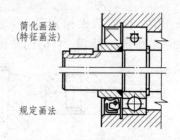

带副唇的旋转轴唇形密封圈的画法

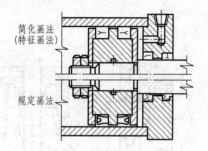

Y 形橡胶密封圈、橡胶防尘圈的画法

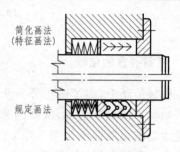

V 形橡胶密封圈的画法

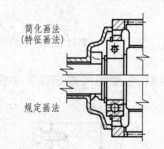

橡胶防尘圈的画法

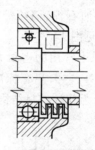

迷宫式密封的画法

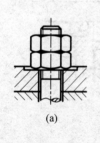

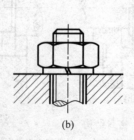

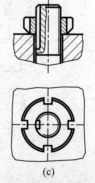

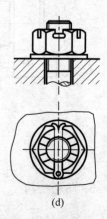

图 14-27　防松装置

(a) 用双螺母；(b) 用弹簧垫圈；(c) 用圆螺母和止动垫圈；(d) 用开口销和六角开槽螺母

图 14-28 所示是滚动轴承中使用止动垫圈防止松动的实例。

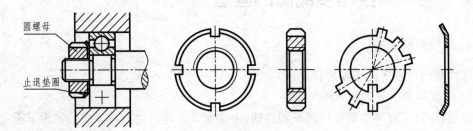

圆螺母

止退垫圈

图 14-28　滚动轴承内圈双向固定

6. 滚动轴承的固定

为了防止滚动轴承的轴向窜动,必须设计适当的结构形式来固定滚动轴承的内、外圈。其方法诸如采用轴肩、孔肩、端盖、弹性挡圈、可拆式挡圈、轴端挡圈、锁紧螺母、圆螺母及止退垫圈等,其方式可采用单向或双向固定轴承内、外圈。而挡圈、螺母均是标准件,如图 14-29 所示。

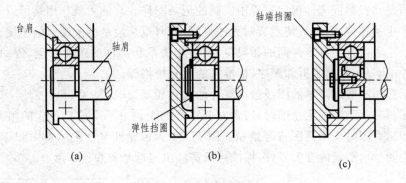

台肩　　　　　　　　　　　　　　　　　　　　　　　　轴端挡圈

轴肩

弹性挡圈

(a)　　　　　　　　　　(b)　　　　　　　　　　(c)

图 14-29　滚动轴承的固定

(a) 用轴肩固定轴承内外圈;(b) 用弹性挡圈固定轴承内圈;(c) 用轴端挡圈固定轴承内圈

在设计安装轴承的轴与孔时,还需注意轴承在维修时拆卸的方便性,如用孔肩及轴肩来定轴承的外圈与内圈时,孔肩的高度应小于外圈的厚度,轴肩的高度应小于内圈的厚度,如图 14-30 所示。

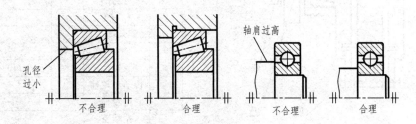

孔径过小

轴肩过高

不合理　　　　合理　　　　不合理　　　　合理

图 14-30　滚动轴承轴向定位

14.6　部件测绘和装配图的画法

1.部件测绘

部件测绘可按下述步骤进行。

1）对部件全面了解和分析

首先,应该了解测绘部件的任务和目的,决定测绘工作的内容和要求。如为了设计新产品提供参考图样,测绘时可进行修改;如为了补充图样或制作备件,测绘时必须正确、准确,不得修改。

其次,通过阅读有关技术文件、资料和同类产品图样,以及直接向有关人员广泛了解使用情况,分析部件的构造、功用、工作原理、传动系统、大体的技术性能和使用运转情况,并检测有关的技术性指标和一些重要的装配尺寸,如零件间的相对位置尺寸、极限尺寸以及装配间隙等,为下一步拆装工作和测绘工作打下基础。

2）拆卸部件并画装配示意图

在对机器或部件进行全面了解和分析后,可着手拆卸机器或部件,并画出装配示意图。装配示意图是在机器或部件拆卸过程中所画的记录图样。它的主要作用是可以避免部件拆开后可能产生的零件错乱,致使重装时无法复原,同时也是绘制装配图时的依据。装配示意图所表达的主要内容是各零件间的相对位置、装配关系和部件的工作原理、传动路线等,并记录各零件的名称、数量及拆卸顺序、标准件的尺寸规格等。

装配示意图一般用简单的图线画出零件的大致轮廓,国家标准《机械制图》规定了一些零件的简图符号。画装配示意图时,通常对各零件的表达可不受前后层次的限制。画机构传动部分的示意图时应用简图符号绘制。图14-31为齿轮油泵装配示意图和零件的名称、数量以及需测绘出图纸的有关零件,标准件只需注出国标号和规格即可。

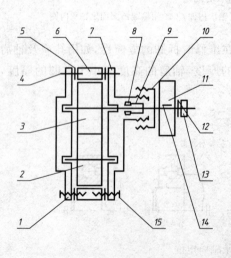

15	螺钉		GB 65—1985
14	键槽		GB 1096—1979
13	螺母		GB 6170—1986
12	垫圈		GB 97.1—1985
11	传动齿轮		—
10	压紧螺母		—
9	轴套		—
8	密封圈		—
7	右端盖		—
6	泵体		—
5	垫片		—
4	销		GB 119—1986
3	传动齿轮轴		—
2	齿轮轴		—
1	左端盖		—
序号	名称	数量	备注

图 14-31　齿轮油泵装配示意图

3）画零件草图

测绘工作往往受时间和工作场地的限制，因此，必须习惯徒手画出除标准件以外的全部零件草图，根据零件草图和装配示意图画出装配图，再由装配图拆画零件图。零件草图的内容要求见第 11 章。

此外，画零件草图时要注意以下几点：

（1）对于非标准件的草图，应将所有的工艺结构，如倒角、圆角、凸台、退刀槽等详细画出。但由于制造误差或缺陷，如不对称、砂眼、缩孔、裂纹等不应画出。

（2）测量尺寸的处理：对于非配合表面尺寸和非主要尺寸，一般应圆整成整数，并尽可能采用标准系列数值；重要尺寸要进行复核或计算；对于标准结构要素（螺纹、键槽、销孔等）的尺寸，要在测量的基础上，查阅相应标准，核对确定。

（3）零件的配合尺寸，装配、安装时涉及相关零件或部件的尺寸，一定要协调一致。为防止遗漏、相互矛盾等错误，可在测得此类尺寸后，同时标注在相关零件的草图上。

（4）在测绘旧设备时，必须考虑磨损、碰伤等原因给结构和尺寸带来的影响，应正确予以处理。

（5）对于零件的表面粗糙度、公差配合、形位公差、热处理等技术要求的确定可以参考类同产品图样或资料，用类比方法确定。

2．装配图的画法

1）拟定表达方案

表达方案包括选主视图、确定视图数量和表达方法。

（1）选主视图：一般按部件的工作位置选择，并使主视图能表示机器（或部件）的工作原理、传动系统、零件间主要的或较多的装配关系和连接方式、零件间的相对位置以及主要零件的结构形状。

（2）确定视图数量和表达方法：根据部件的结构特点，在选用各种表达方法时，应同时确定视图数量。其他视图主要补充表达主视图上尚未表达清的内容。其数目多少和配置方案应视部件的难易程度而定。但所选视图必须有针对性，方案力求简练、重点突出，避免不必要的重复。

机器（或部件）上都存在一些装配干线，如齿轮油泵装配图中，多数零件具有的共同轴线为装配干线。为了清楚地表示这些装配关系，一般都通过装配干线的轴线选取剖切平面，画出剖视图。为便于看图，各视图的配置应尽可能符合投影关系。

2）画装配图的步骤

图 14-32 是齿轮油泵装配图的绘图步骤：

（1）根据表达方案画主视图的主要基准线，即传动齿轮轴件 3 和齿轮轴件 2，如图 14-32(a)所示。

（2）画左、右端盖件 1 和件 7 及件 9、10，如图 14-32(b)所示。

（3）画件 12、13、14、5、4 和 15，如图 14-32(c)所示。

（4）经检查，完成全图，如图 14-1 所示。

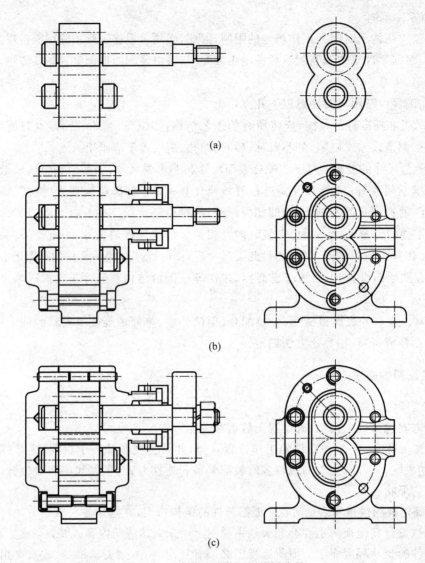

(a)

(b)

(c)

图 14-32　齿轮油泵装配图绘图步骤

14.7　读装配图和拆画零件图

在生产实践中,无论是设计还是仿造过程都需要从装配图拆画出零件图。在技术交流时,也是通过读各种装配图来了解机器的用途、工作原理和结构等。在装配或维修机器时,也必须先读懂装配图,然后按照装配图的要求进行工作。因此,掌握阅读装配图的要求和方法是很重要的。

1. 读装配图的要求

(1) 了解机器或部件的名称、用途和工作原理;

(2) 了解各零件间的装配关系以及机器或部件的拆装顺序;

(3) 读懂各零件的主要结构形状和作用,并了解它们的名称、数量、材料。

2．读装配图的步骤和方法

现以图 14-33 所示减速箱装配图为例,分 5 个步骤简述如下。

1) 概括了解并分析视图

从标题栏和有关的说明书中,了解机器或部件的名称和用途。从零件的明细表和图上的零件编号中,了解各零件的名称、数量、材料和其位置,以及各标准件的规格、标记等。

图 14-33 所示减速箱为单级传动的圆柱齿轮减速箱,是在传动系统中供减速用的。它的中心距规格为 70±0.08mm,该减速箱共有 31 种零件,其中标准件有 10 种。其主要零件为齿轮、轴、箱盖和箱座等。

在分析视图时,应了解该装配图采用了哪几个视图和剖视,搞清各视图之间的投影关系,明确每个视图所表达的主要内容。

从对减速箱装配图的视图进行初步的分析中,了解到该装配图用了三个基本视图:主视图、俯视图和左视图。按工作位置选择的主视图表达了整个部件的外形特征和几个重要尺寸,并且通过几处局部剖视,反映了油尺、通气塞、螺栓、圆锥销、放油孔、螺塞等部位的装配关系和各零件间的相对位置。俯视图为沿箱盖和箱座结合面剖切的剖视图,清楚地表示出了减速箱主动轴和被动轴两条主要的装配干线。它集中反映了减速箱的工作原理和装配关系。左视图主要是补充表达箱盖和箱座的外部形状,并在箱盖和箱座的螺栓连接、底面安装孔等处采用了局部剖视。

2) 了解工作原理和装配关系

先从反映工作原理的视图着手,分析机器或部件中零件的运动情况,从而了解工作原理。然后根据投影规律分析各条装配干线,了解零件相互之间的配合要求,以及零件的定位、连接方式。此外,再了解运动零件的润滑、密封形式等内容。

减速箱是通过一对或数对齿数不同的齿轮啮合传动来达到降低输出轴速度的,这时小齿轮轴应作为输入轴,大齿轮轴为输出轴。从图 14-33 减速箱装配图的俯视图中可以看出,运动自齿轮轴 23 输入,带动大齿轮 16,通过键 17 由轴 20 输出。

下面按轴系来分析装配关系,轴通常应支承在轴承上,轴承安装在机体中。一般来说,减速箱内的轴只能旋转,而不允许有轴向窜动。齿轮轴 23 支承在滚动轴承 25 上,配合尺寸为 $\phi20$js6。滚动轴承 25 装在箱座 1 中,配合尺寸为 $\phi47$H7。滚动轴承 25 的内圈通过挡油环 24 靠在齿轮轴 23 的轴肩上。端盖 21 与调整环 22 和端盖 26 分别在轴向顶住两端滚动轴承 25 的外圈,从而使齿轮轴 23 在轴向定位与固定。

减速箱中的各运动零件为减少磨损而需要有润滑,有润滑油存在,则必定会有防漏的装置和结构。因此,润滑和密封问题也是读减速箱装配图时要注意的内容。图 14-33 主视图上反映出减速箱的箱座内装有润滑油,大齿轮浸在油中,其深度一般在 1~3 个全齿高的范围,可用油尺 3 测定。这是一种飞溅润滑方式。从俯视图上可看到挡油环 24,端盖 18、21、26、29,毡圈 19、27 等都能防止润滑油沿轴的表面向外渗漏,从而保证减速箱的密封性。润滑油须定期更换,脏油通过放油孔排出,平时用螺塞 14、密封圈 15 堵住。

圆锥销 12 是使箱盖 2 与箱座 1 在装配时能准确对中,箱盖 2、箱座 1 用螺栓 9 和 13、垫圈 10 和螺母 11 连接。

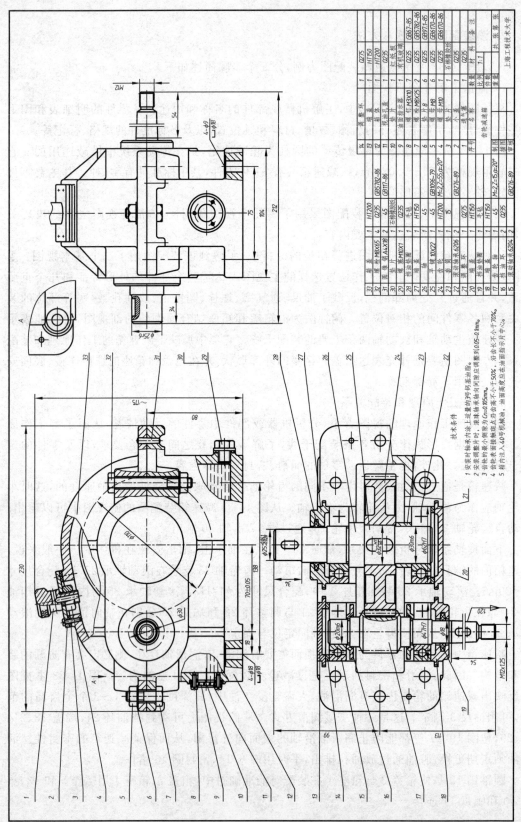

图 14-33 减速箱装配图

技术条件

1. 安装时轴承内定上重量的3号基油脂。
2. 安装调整片时，滚珠轴承内侧向间隙应调整到0.05~0.1mm。
3. 齿轮的最小侧隙 $C_n=0.105mm$。
4. 齿轮表面接触斑点，沿齿高不小于50%，沿齿长不小于70‰。
5. 箱内注入40号机械油，油面高度应在油面指示片中心。

33	箱盖		1	Q275				14	调整垫		1	Q275	
32	螺栓 M8X65		4	Q235	GB5782-86			13	箱体		1	HT150	
31	圆 垫片		1	石棉橡胶纸	GB117-86			12	放油塞垫		1	HT200	
30	调整垫 M10X1		1	Q235				11	垫 片		1	红纸板	
29	垫圈 M10X1		1	HT150				10	放油螺塞		1	Q235	
28	挡油垫圈		1	HT150				9	油面指示片		1	Q235	GB67-85
27	调整垫		1	45				8	螺钉 M3X10		7	Q235	GB578Z-86
26	端盖		1	HT200				7	螺母 M8X25		2	Q235	G8971-85
25	平键 10X27		1	45	GB1096-79			6	垫片 8		6	Q235	G8670-86
24	齿 轮		1	45	$M=2,z=55,\alpha=20°$			5	螺母 M8		4	Q235	G8670-86
23	滚动轴承 6206		2		GB276-89			4	垫片 M10		2	Q235	
22	挡油环		2					3	垫 片		1	石棉橡胶纸	
21	调整垫		2	HT150				2	放油塞		1	Q235	
20	小齿轮轴		1	45				1	小齿轮		1		
19	挡油盘		1	毛毡				序号	名称		数量	材料	备注
18	端油盖		1	HT150									
17	挡 油 环		2	Q235	$M=2,z=15,\alpha=20°$				齿轮减速箱				比例 1:1
16	滚动轴承 6204		2		GB276-89			制图					共 张 第 张
15								描图			齿轮减速箱		上海工程技术大学
								审核					

通气塞 7 用螺母 8 固定在视孔盖 5 上,视孔盖 5 依靠 4 个螺钉 6 并加垫片 4 固定在箱盖 2 上。

3)分析尺寸

分析装配图上所注的尺寸,可以了解部件的规格、外形大小、零件间的配合性质和公差值的大小、装配时要求保证的尺寸,以及安装时所需要的一些尺寸等。

如图 14-33 所示,其主视图上注出的尺寸 70 ± 0.08,即为该减速箱的中心距规格尺寸。主视图上尺寸 103、俯视图上尺寸 230、左视图上尺寸 212,即为该减速箱的外形尺寸。主视图上尺寸 80 ± 0.1、$\phi30$、$\phi110$ 为重要尺寸。主视图上尺寸 135、左视图上尺寸 78、$4-\phi9$ 沉孔、$\phi15$ 深 2 等为安装尺寸。

4)分析零件形状

分析零件的目的是弄清楚每个零件的结构形状。根据部件或机器的工作情况,了解零件的作用,对看懂每个零件的结构形状是有一定帮助的。一台机器或部件通常是由标准件、常用件和一般零件组成的,前两者的形状清晰易懂,故应着重分析一般零件,而且要先从一般零件中的主要零件开始分析。当主要零件一时难以看懂,则可以交错看与它有关的零件,然后再回过来看这个主要零件。在分析零件形状时,首先要分离零件的视图,即把该零件的投影轮廓从装配图各视图中分离出来,这可以从标注序号的视图着手,用对线条、找投影关系,以及根据剖面线方向和间距的不同,在各视图上找到该零件的相应投影,然后综合运用形体分析和面线分析法,进行分析想象,彻底看懂其形状。

例如减速箱箱座在三个视图中都有其相应的投影,根据序号 1 及剖面线方向和间距,先在主视图上分离出箱座的投影轮廓,接着按投影关系分离出箱座在俯视图和左视图上的投影轮廓。综合箱座在各视图上的投影,就能想象出箱座的整个结构形状。

对于减速箱的其他零件,如箱盖等,可用同样方法进行分析,以看懂它们的形状结构。

5)总结归纳

进一步分析机器或部件的设计意图、工作原理、零件间的传动路线、装配关系、部件的装拆顺序、安装方法、技术要求、装配图视图表达特点,以及所注尺寸的意义等,以加深对整个部件的认识,从而获得对整台机器或部件的完整概念。

3. 由装配图拆画零件图

根据装配图拆画零件图是一项重要的、生产前的准备工作。它是在彻底读懂装配图的基础上,进行零件设计并画出零件图的。由于在装配图上某些零件的结构形状,并不一定表达完全,此时就需要根据零件的作用和装配关系来进行设计。对装配图上省略的一些工艺结构,如小圆角、倒角、退刀槽等,绘制零件图时必须补全。所画的零件图应符合设计和工艺要求。

拆零件图时,首先是了解该零件的作用,再根据它在装配图中的投影轮廓,结合和它有装配、连接关系的其他零件,分析出它的结构和想象其空间形状,并补齐投影,然后根据零件结构本身表达的需要,重新选择视图表达方案,画出零件图。

由装配图拆画的零件图,必须保证各零件的结构形状合理,并使尺寸、配合性质和技术要求等协调一致。

零件图的内容和要求详见第 11 章。由装配图拆画零件图时,需要注意的方面归纳如下。

1）零件分类

先将装配图上所有零件分类，以便区别对待，利于拆图工作的进行。

（1）标准件：大多属于外购件，因此不必拆画零件图，只需按明细表中的规定标记代号，列出标准件表即可。

（2）借用零件：借用定型产品上的零件。对此类零件可利用已有的图样，不必另行画图。

（3）特殊零件：设计时确定的重要零件。在设计说明书中均附有这类零件的图样或重要数据，应按这些图样或数据绘制零件图。

（4）一般零件：拆画零件图的主要对象。这类零件原则上应按照装配图中所表达的形状、大小和有关技术要求进行绘制，对装配图上未表达清的结构形状等，可自行设计。

2）视图处理

拆画零件图时，零件的表达方案是根据零件的结构和形状特点考虑的，不强求与装配图中的该零件一致。在多数情况下，壳体、箱座类零件主视图所选取的位置可以与装配图一致。这样做，装配机器时便于对照，如减速器箱座、箱盖。对于轴套类零件，一般按加工位置选取主视图，所以主视图选取轴线处于水平位置，这对加工时看图较为方便。

3）对零件结构形状的处理

在装配图中，对零件上某些次要结构（见图 14-34 和图 14-35）往往未作肯定，对零件上某些工艺结构（如倒角、倒圆、退刀槽等）也未完全表达。拆画零件图时，应结合考虑工艺要求，补画出这些结构。如零件上某部分需要与某零件装配后一起加工，则应在零件图上注明，如图 14-36 所示。

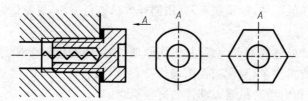

图 14-34　零件结构形状的处理（一）

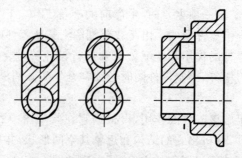

图 14-35　零件结构形状的处理（二）

当零件上采取弯曲或卷边等变形方法连接时，应画出其连接前的形状，如图 14-37、图 14-38 所示。

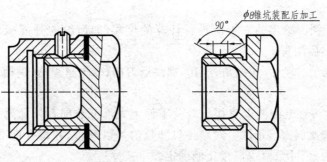

图 14-36　零件结构形状的处理（三）

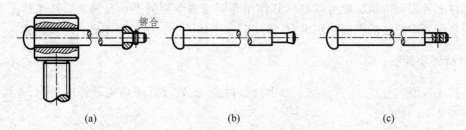

（a）　　　　　　　　　　　（b）　　　　　　　　　　　（c）

图 14-37　零件结构形状的处理（四）

（a）装配图；（b）零件的不正确形状；（c）零件的正确形状

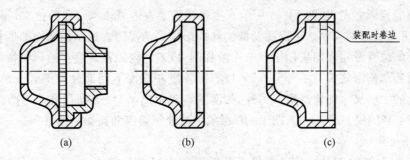

（a）　　　　　　　　　　　（b）　　　　　　　　　　　（c）

图 14-38　零件结构形状的处理（五）

（a）装配图；（b）零件的不正确形状；（c）零件的正确形状

在考虑零件的结构形状时，一定要满足设计和工艺的要求，合理性与经济性要统筹兼顾，有关零件与装配图的典型工艺结构，可参阅 11.3 节和 14.5 节。

4）零件图上尺寸的处理

装配图上的尺寸不多，但各零件结构形状的大小，已经过设计人员的考虑，虽未注尺寸数字，但基本上是合适的。因此，根据装配图画零件图，可以直接从图形上量取尺寸。尺寸的注法应按零件图尺寸注法中讨论过的要求进行。尺寸数字必须根据不同情况分别处理：

（1）装配图上已注出的尺寸，在有关的零件图上直接注出。对于配合尺寸，要查表，注出偏差数值或公差带代号。

（2）与标准件相连接或配合的有关尺寸，如螺纹尺寸、滚动轴承的内、外径和销孔直径等，要从相应标准中查取。

（3）非标准件，但已在明细表中给定了尺寸的，如弹簧尺寸、垫片厚度等，要按给定尺寸注写。

（4）根据装配图所给定的数据应进行计算的尺寸，如齿轮的分度圆、齿顶圆直径尺寸等，要经过计算，然后注写。

（5）有标准规定的尺寸，如倒角、沉孔、螺纹退刀槽、砂轮越程槽、键槽等，要从有关手册中查取。

（6）一般尺寸可在装配图上直接量取。零件上大部分非配合尺寸属于这类尺寸，一般均可在装配图上按比例直接量取。对量得尺寸数值加以圆整，并符合标准系列。零件上自行设计的局部结构，尺寸数值也需按比例确定。

5）关于零件图的技术要求

零件上各表面的粗糙度可以根据其作用和要求或参照同类产品确定；其他技术要求，可参照装配图中标注的内容分别确定，并注写在零件图上。本课程不做进一步阐述。

4. 拆画零件图举例

绘制零件图的方法，在零件图一章中已经讨论，此处以拆画减速器箱座为例，介绍拆画应处理的几个问题。

1）视图选择

根据零件序号（零件1）和剖面符号，在装配图上有关视图中找到箱座的投影。考虑到装配工作和箱座主要加工工序（与箱盖一起加工（镗削）轴承孔）时看图的方便，按加工位置选择主视图的投影方向，如图14-39所示。主视图除了表达两轴承座孔的位置、箱体的整体布局外，还采用局部剖视表达了沉孔及放油孔的结构。俯视图表达了结合面的形状、螺栓孔和定位销孔的位置及左视图采用了 $A—A$ 阶梯剖，以表达内腔在高度上的形状特征（其左半部分还利用局部剖形式保留了部分外形，以表示箱座左端面下面部分处于同一平面），并使轴线方向上的一些尺寸配置清晰。另外，为清楚地表示出吊耳、螺栓孔端面的结构形状，还使用一个 $B—B$ 剖视。图14-39、图14-40所示为减速箱箱座和箱盖的零件图。

2）标注尺寸

装配图上已注出的尺寸，应直接移注到有关的零件图上，如图14-39减速箱箱座中的高度80，底面长度182、宽度104，总长230等。对于配合尺寸、某些相对位置尺寸要注出偏差数值，如图中的 70 ± 0.05、$\phi47^{+0.014}_{-0.011}$、$\phi62^{+0.018}_{-0.012}$ 等。

对于零件上标准化的结构尺寸，如螺栓通孔、倒角、退刀槽、沉孔、键槽等，则应查阅有关手册予以确定，如图中的 $6-\phi9$、锪平 $\phi18$ 等。

在拆画齿轮零件图时，关于齿轮的分度圆、齿顶圆、齿根圆等直径尺寸，则需根据装配图中给出的齿轮参数（模数 m，齿数 z）进行计算确定，然后注写在图样上。

零件上大部分不重要的或非配合的自由尺寸，一般均由装配图上按比例直接量取。量得的尺寸数字应尽量化整，并符合标准系列。

相邻两零件接触面的有关尺寸及连接件的有关定位尺寸必须保证一致。如图14-39减速箱箱座零件图上，总长230、宽度104、螺栓孔定位尺寸158等，应与图14-40减速箱箱盖零件图上的对应部分相一致。孔 $\phi47^{+0.014}_{-0.011}$、$\phi62^{+0.018}_{-0.012}$ 处将装配滚动轴承，为保证圆度，加工时必须将箱座与箱盖装配在一起作最后的圆整加工。因此，在箱座、箱盖零件图上的半圆均应以直径尺寸 ϕ 注出。

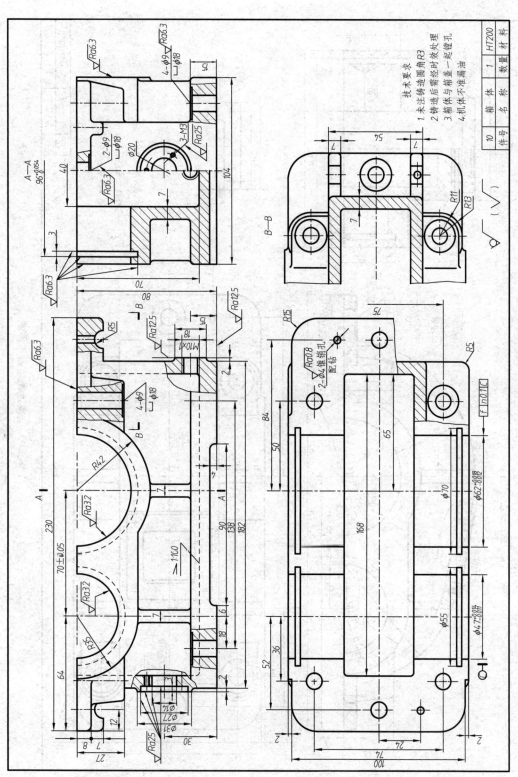

图 14-39　减速箱箱座零件图

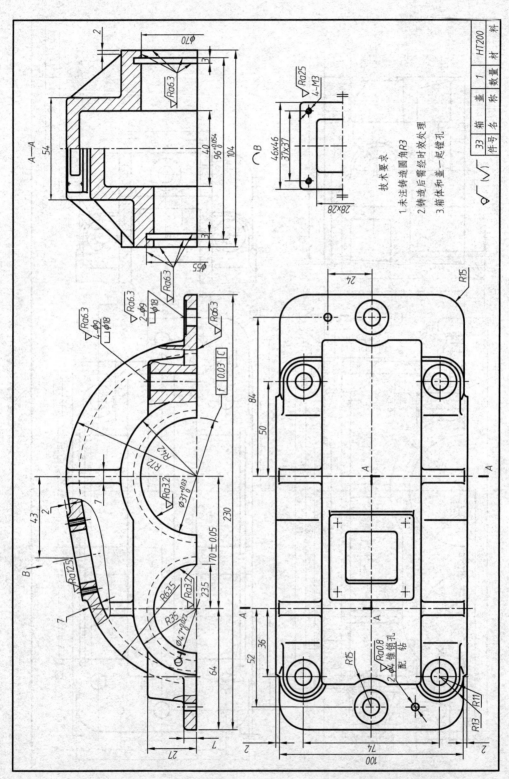

图 14-40 减速箱箱盖零件图

当有些结构需两个零件装配在一起同时加工时,则应在该两零件图上加以注明,如图 14-39 箱座零件图上标注的"2-ϕ3 圆锥销孔装配时作"。同样,在箱盖的零件图上也需相应地同样标注,如图 14-40 所示。

3)标注技术要求

表面粗糙度、形状和位置公差以及一些热处理和表面处理等技术要求,一般可以参考同类型产品的图样加以确定。

零件上各表面的粗糙度和形位公差,是根据其作用和要求确定的。如图 14-39、图 14-40 所注:孔 $\phi47^{+0.014}_{-0.011}$、$\phi62^{+0.018}_{-0.012}$ 处需与滚动轴承 25、31 配合,精度较高,故其表面粗糙度选用 $\frac{1.6}{\sqrt{}}$;螺栓孔要求低,选用 $\frac{12.5}{\sqrt{}}$;为保证一对齿轮能全齿均匀啮合,齿轮轴 23 轴线与轴 20 轴线的平行度公差为 0.1,见标注符号 $\boxed{// \mid \phi 0.1 \mid C}$ 处。

第15章

焊　接

焊接是在工业生产中广泛使用的一种连接方式,它是将需要连接的零件在连接部分利用电流或火焰产生的热量,将其加热到熔化或半熔化状态后,用压力使其连接起来,或在其间加入其他熔化状态的金属,使它们冷却后连成一体。用这种方式形成的零件称为焊接结构件。焊接是一种不可拆的连接,它具有连接可靠、节省材料、工艺简单和便于在现场操作等优点。常用的焊接方法有手工电弧焊、气焊等。

焊接形成的被连接件熔接处称为焊缝。常见的焊接接头有对接接头(见图 15-1(a))、搭接接头(见图 15-1(b))、T 形接头(见图 15-1(c))、角接接头(见图 15-1(d))等。焊缝形式主要有对接焊缝(见图 15-1(a))、点焊缝(见图 15-1(b))和角焊缝(图 15-1(c)、(d))等。

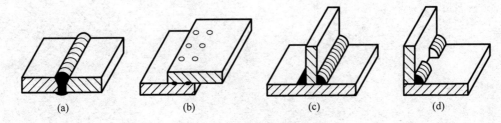

图 15-1　焊接接头和焊缝形式

15.1　焊缝符号

绘制焊接图时,为了使图样简化,一般都用焊缝符号来标注焊缝,必要时也可采用技术制图方法表示。本章介绍的焊缝符号的国家标准摘自《技术制图 焊缝符号的尺寸、比例及简化表示法》(GB/T 1221—1990)和《机械制图 焊缝符号表示法》(GB/T 324—1988)。焊缝符号一般由基本符号与指引线组成,必要时还可以加上辅助符号、补充符号和焊缝尺寸符号等。

1. 基本符号

基本符号是表示焊缝横截面形状的符号,常用焊缝的基本符号及标注示例见表 15-1。

表 15-1 常用焊缝的基本符号及标注示例

焊缝名称	基本符号	焊缝形式	一般图示法	符号表示法标注示例
I 形焊缝	 ‖		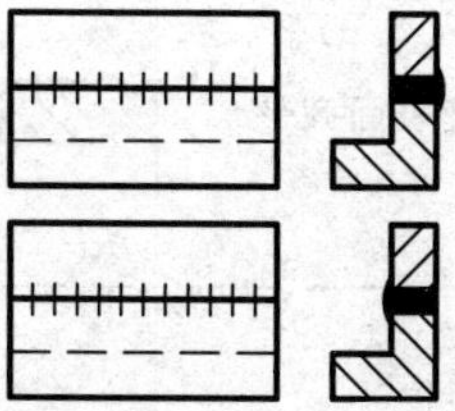	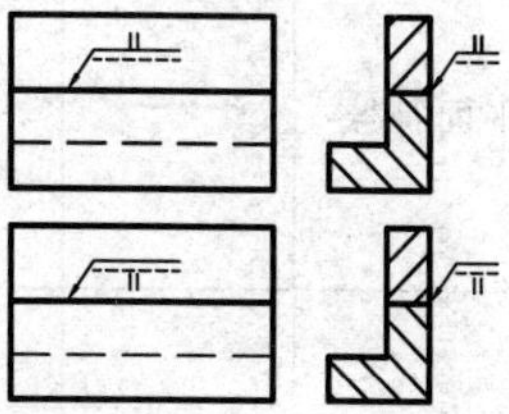
V 形焊缝	 ∨		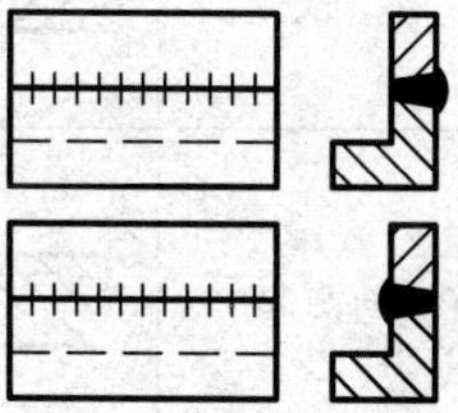	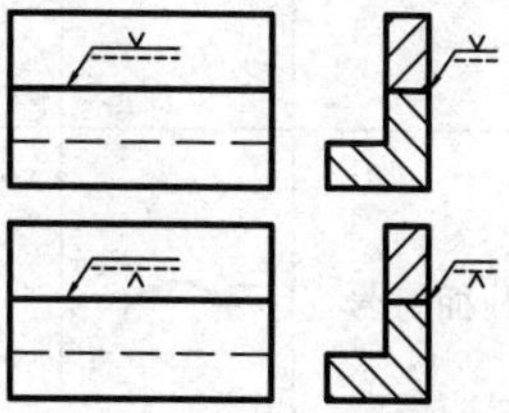
角焊缝	 ◺	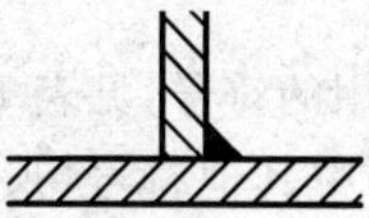	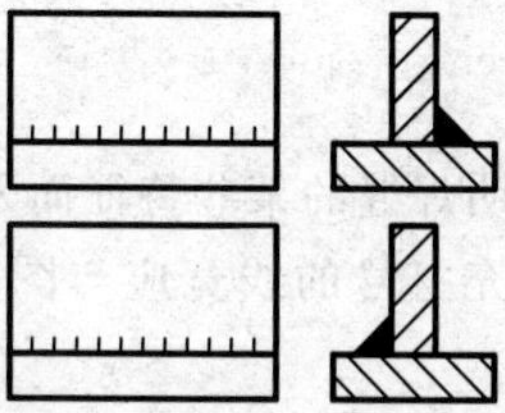	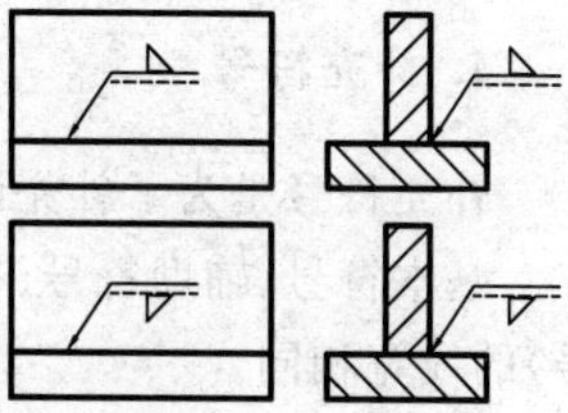
点焊缝	 ○	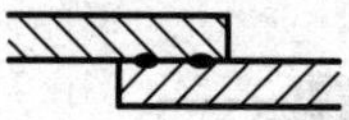	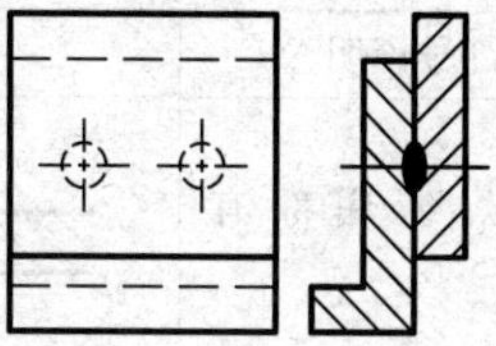	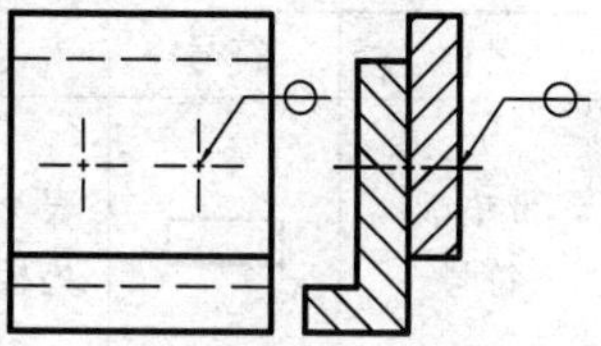

2. 指引线

指引线一般由带有箭头的指引线(简称箭头线)和两条基准线(一条为实线,另一条为虚线)组成,指引线全部为细线(见图 15-2)。必要时,允许箭头线弯折一次。需要时可在基准线(实线)末端加一尾部,作其他说明之用(如焊接方法、相同焊缝数量等)。基准线的虚线可以画在基准线的实线下侧或上侧。基准线一般应与图样的底边相平行,但在特殊条件下也可与底边相垂直。

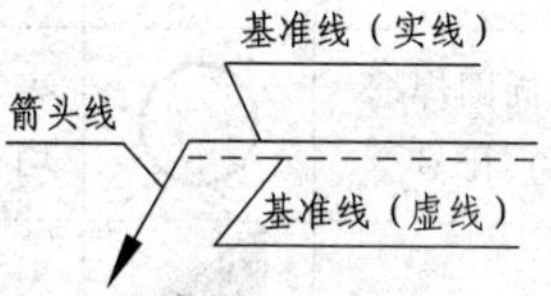

基准线(实线)
箭头线
基准线(虚线)

图 15-2 指引线

3. 辅助符号

辅助符号是表示焊缝表面形状的符号,见表 15-2。在不需要确切地说明焊缝表面形状时,可以不用辅助符号。

表 15-2　辅助符号及标注示例

名称	符号	符号说明	焊缝形式	标注示例及其说明
平面符号	———	焊缝表面齐平		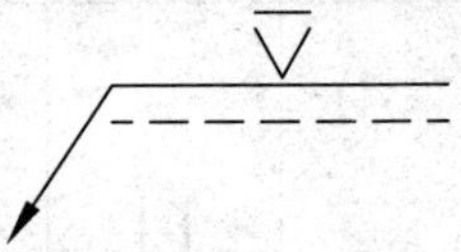 平面 V 形对接焊缝
凹面符号	⌣	焊缝表面凹陷	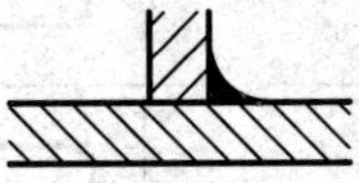	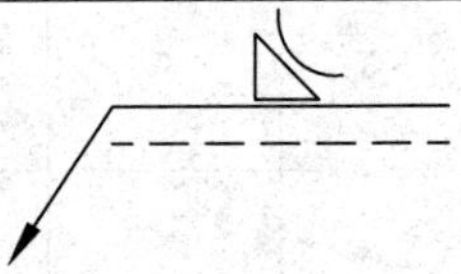 凹面角焊缝
凸面符号	⌢	焊缝表面凸起		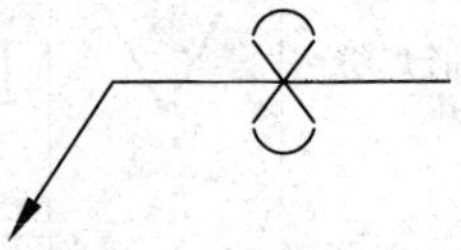 凸面 X 形对接焊缝

4. 补充符号

补充符号是为了补充说明焊缝的某些特征而采用的符号,见表 15-3。

基本符号、辅助符号、补充符号的线宽应与图样中其他符号(尺寸符号、表面粗糙度符号)的线宽相同。

表 15-3　补充符号及标注示例

名称	符号	符号说明	一般图示法	标注示例及其说明
带垫板符号	▭	表示焊缝底部有垫板		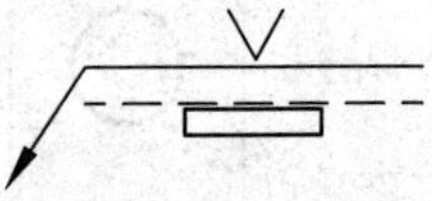 V 形焊缝的背面底部有垫板
三面焊缝符号	⊏	表示三面带有焊缝,开口的方向应与焊缝开口的方向一致	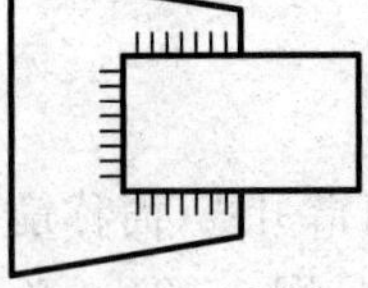	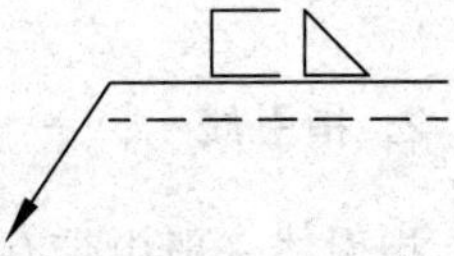 工件三面带有焊缝
周围焊缝符号	 ○	表示环绕工件周围均有焊缝	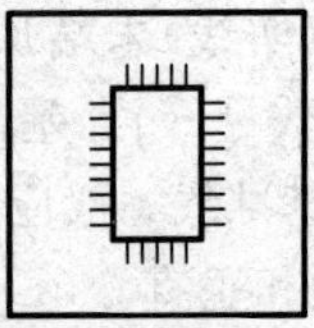	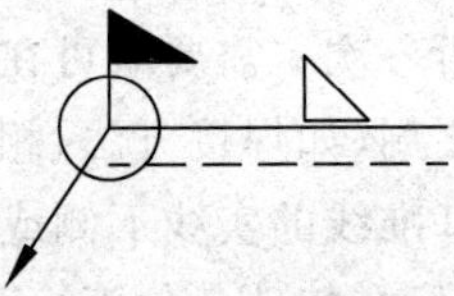
现场符号	 ◣	表示在现场或工地上进行焊接		表示在现场沿工件周围施焊
交错断续焊接符号	 Z	表示焊缝由一组交错断续的相同焊缝组成	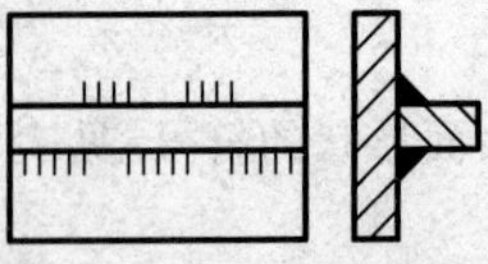	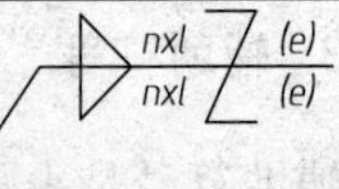 表示有 n 段,长度为 l,间距为 e 的交错断续角焊缝

5．焊缝尺寸符号

如设计或生产需要，基本符号必要时可附带有尺寸符号及数据。常用的焊缝尺寸符号见表 15-4。

表 15-4　常用的焊缝尺寸符号

符号	名称	示意图	符号	名称	示意图	符号	名称	示意图
δ	工件厚度		K	焊角尺寸		c	焊缝宽度	
α	坡口角度		l	焊缝长度		h	余高	
P	钝边		e	焊缝间距		S	焊缝有效厚度	
b	根部间隙		n	焊缝段数		H	坡口深度	
R	根部半径		d	熔核直径		β	坡口面角度	

15.2　焊缝标注的有关规定

1．基本符号相对基准线的位置

图 15-3 表示指引线中箭头线和接头的关系。图 15-4 表示基本符号相对基准线的位置，如果焊缝在接头的箭头侧（见图 15-3(a)），则将基本符号标在基准线的实线侧（见图 15-4(c)）。如果焊缝在接头的非箭头侧（见图 15-3(b)），则将基本符号标在基准线的虚线侧（见图 15-4(b)）。标对称焊缝及双面焊缝时，基准线可以不加虚线（见图 15-4(c)、(d)）。

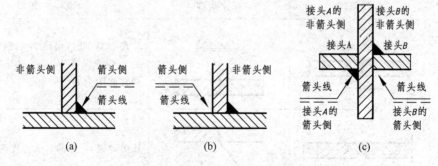

图 15-3　箭头线和接头的关系

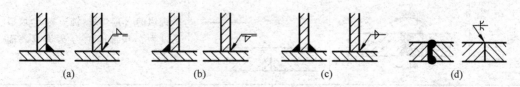

图 15-4　基本符号相对基准线的位置

2. 焊缝尺寸的标注位置

焊缝尺寸符号及数据的标注原则如下(见图 15-5):

(1) 焊缝横截面上的尺寸如钝边 P、坡口深度 H、焊角尺寸 K、焊缝宽度 c 等标在基本符号的左侧。

(2) 焊缝长度方向的尺寸如焊缝长度 l、焊缝间距 e、相同焊缝段数 n 等标在基本符号的右侧。

(3) 坡口角度 α、坡口面角度 β、根部间隙 b 等尺寸标注在基本符号的上侧或下侧。

(4) 相同焊缝数量 N 标在尾部。

当需要标注的尺寸数据较多又不易分辨时,可在数据前面增加相应的尺寸符号。若在基本符号的右侧无任何标注,且又无其他说明时,意味着焊缝在工件的整个长度上是连续的。若在基本符号的左侧无任何标注,且又无其他说明时,表示对接焊缝要完全焊透。

当若干条焊缝的焊缝符号相同时,可使用公共基准线进行标注(见图 15-6)。

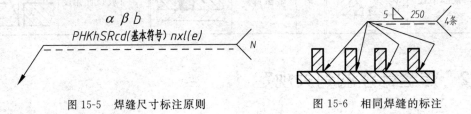

图 15-5 焊缝尺寸标注原则   图 15-6 相同焊缝的标注

15.3 焊缝标注的示例

常见焊缝的标注示例见表 15-5。

表 15-5 常见焊缝标注示例

接头形式	焊缝示例	标注示例	说　明
对接接头			V 形焊缝,坡口角度为 α,根部间隙为 b,焊缝段数为 n,焊缝长度为 l,焊缝间距为 e
			II 形焊缝,焊缝的有效厚度为 S
			带钝边的 X 形焊缝,钝边为 P,坡口角度为 α,根部间隙为 b,焊缝表面齐平

续表

接头形式	焊缝示例	标注示例	说　明
T形接头	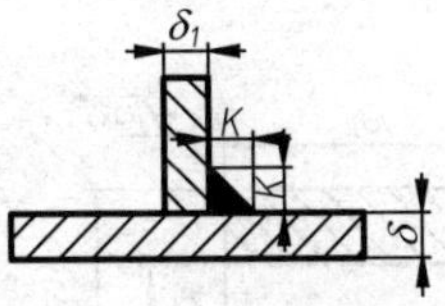	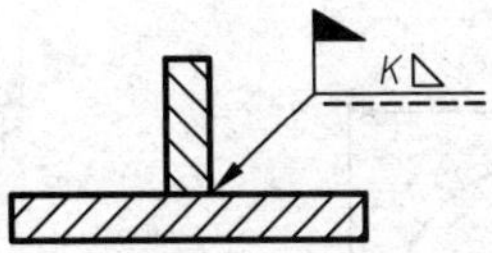	在现场装配时焊接,焊角尺寸为 K
	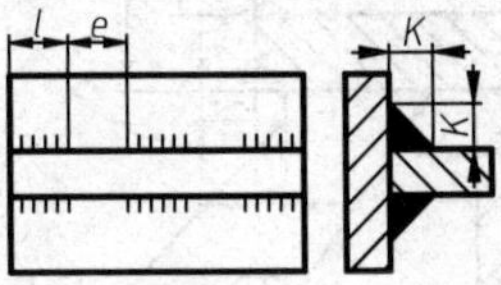	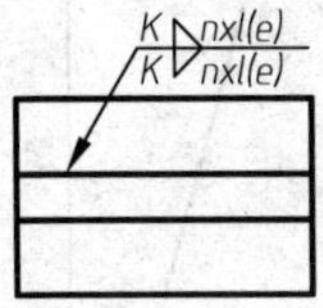	焊缝段数为 n 的双面断续链状角焊缝,焊缝长度为 l,焊缝间距为 e,焊角尺寸为 K
	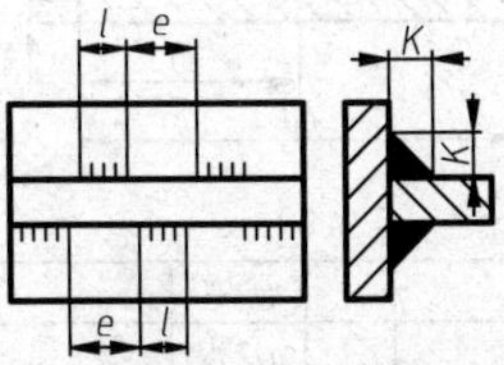	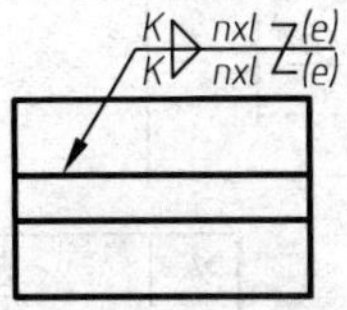	焊缝段数为 n 的交错断续角焊缝,焊缝长度为 l,焊缝间距为 e,焊角尺寸为 K
	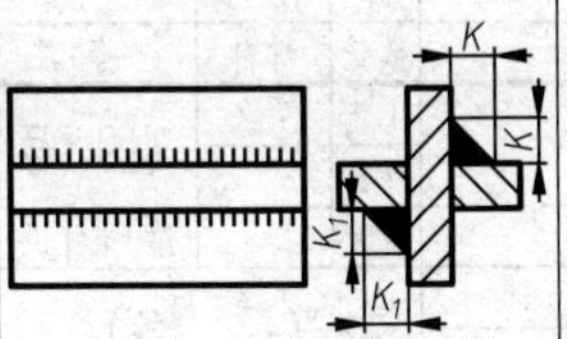	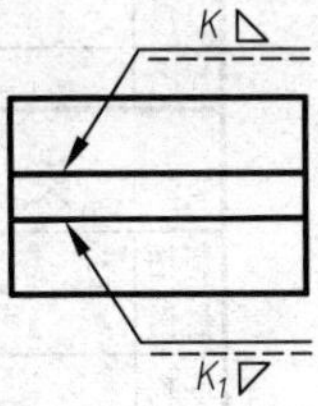	有对角的双面焊缝,焊角尺寸为 K 和 K_1
角接接头	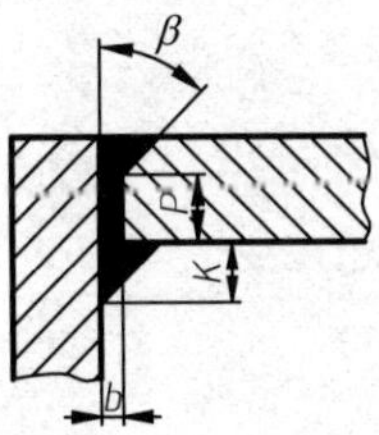	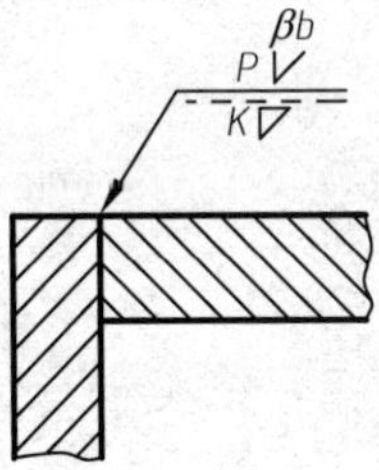	双面焊缝,上面为单边 V 形焊缝,坡口面角度为 β,钝边为 P,根部间隙为 b;下面为角焊缝,焊角尺寸为 K
搭接接头	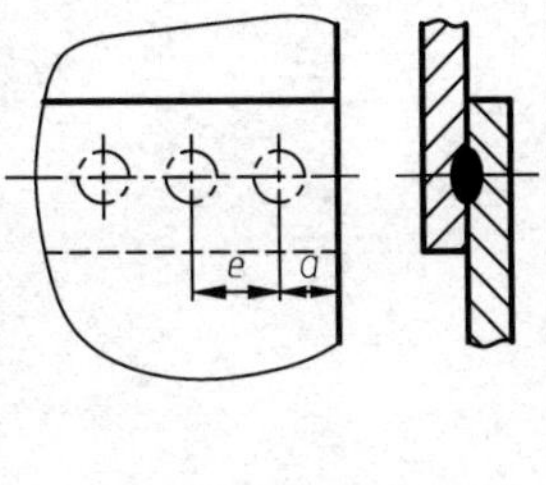	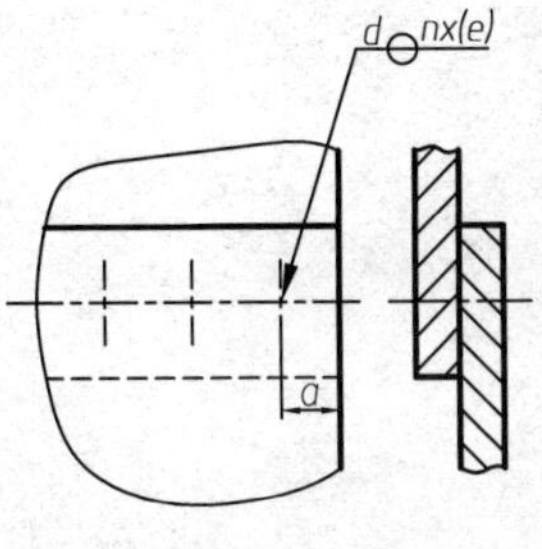	点焊,熔核直径为 d,共 n 个焊点,焊点间距为 e

图 15-7 为一焊接件实例——支座的焊接图。图中的焊缝标注表明了各构件连接处的接头形式、焊缝符号及焊缝尺寸。焊接方法在技术要求中统一说明。

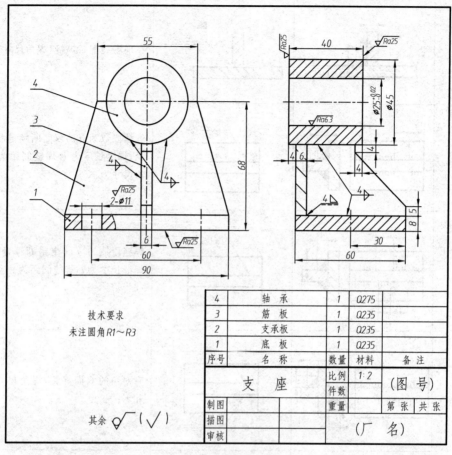

图 15-7　支座焊接图

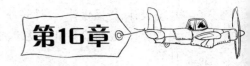

第16章

工业设计概述

16.1 工业设计基本知识

工业设计是人类对工业化物质生产成果所进行的一种能动创造,也是人类按照美的规律进行的造型活动。它既区别于传统的手工艺品制作,也不同于纯艺术品的创作,它是建立在现代化大工业生产基础上的工业产品制造,是现代科学技术与艺术有机结合的产物。

1980年,国际工业设计协会联合会在法国巴黎举行的第11次年会上将工业设计的定义修订为:"就批量生产的产品而言,凭借训练、技术知识、经验及视觉感受,赋予产品的材料、结构、形态、色彩、表面加工及装饰以新的品质和规格,并解决宣传展示、市场开发等方面的问题,称为工业设计。"产品设计是工业设计的核心,或者称为狭义的工业设计。从广义上说,工业设计的范畴包括产品设计(product design)、视觉设计(visual design)和环境设计(environmental design)三大领域,它们之间是相互区别又相互联系的。在现代化设计领域,需专业互融,同时还不可避免地要进行更为广泛的学科交叉,经过综合研究与实践,逐步树立"大设计"(grand design)概念,才能达到工业设计的理想境界。

如今,工业设计已经成为标榜一个国家或地区振兴经济、扩大出口、提高产品竞争力、增加社会物质生产力的重要角色。随着我国加入世贸组织和全球市场竞争的不断加剧,受国内外各种纷繁复杂因素的渗入和影响,工业设计的内涵和一系列相关问题都发生了相应的改变。首先,工业设计不再只是定义在工业上的设计;其次,工业设计不再只是关注工业产品的设计方法;再次,工业设计在生产模式(大批量生产、小批量研制产品和定制高端产品及特殊产品多种生产模式并存)、规范标准(国际标准、国家标准、企业标准等)和发展观念上都将寻求更深刻的变革。

工业设计应该是一个开放的概念。它从根本上改变了人们的生活形态,并且还在不断预见未来的生活方式,使人类得到了超越自身生理能力的生活体验,得到了物质和精神上的双重满足,还需要弹性地适应当前和未来社会的需求。工业设计肩负着使人类长远和谐发展的重任,是推进人类文明发展的催化剂。

工业设计的价值在于创新,在于拥有自己的知识产权。在这个过程中,我们可以大量接受外来的设计思想和方法,但一定要发展具有我国文化特征的产品,走自主研发之路,从根本上提高产品开发能力和国际竞争力。

工业设计以工学、美学、经济学为基础对工业产品进行设计。工业设计分为产品设计、环境设计、传播设计、设计管理；包括造型设计、机械设计、电路设计、服装设计、环境规划、室内设计、建筑设计、UI 设计、平面设计、包装设计、广告设计、动画设计、展示设计、网站设计等。

工业设计被称为"创造之神"、"富国之源"。工业设计一直被经济发达国家或地区作为核心战略予以普及与推广。工业设计创意产业助产业经济结构转型升级，从源头上助推低碳经济，实现节能减排任务。产品设计产品研发一直为中国的薄弱环节，提升中国综合国力之软实力必须确立研发设计战略。中国设计创意产业中，工业设计是最具潜力领域之一，同时最需迫切发展的也是工业设计。

16.2　工业设计分类

1．传统工业设计

工业设计真正为人们所认识和发挥作用是在工业革命爆发之后，以工业化大批量生产为条件发展起来的。当时大量工业产品粗制滥造，已严重影响了人们的日常生活，工业设计作为改变当时状况的必然手段登上了历史的舞台。传统的工业设计是指对以工业手段生产的产品所进行的规划与设计，使之与使用的人之间取得最佳匹配的创造性活动。从这个概念分析工业设计的性质：第一，工业设计的目的是取得产品与人之间的最佳匹配。这种匹配，不仅要满足人的使用需求，还要与人的生理、心理等各方面需求取得恰到好处的匹配，这恰恰体现了以人为本的设计思想。第二，工业设计必须是一种创造性活动。工业设计的性质决定了它是一门覆盖面很广的交叉融汇的科学，涉足了众多学科的研究领域，有如工业社会的粘合剂，使原本孤立的学科诸如：物理、化学、生物学、市场学、美学、人体工程学、社会学、心理学、哲学等，彼此联系、相互交融，结成有机的统一体，实现了客观地揭示自然规律的科学与主观、能动地进行创造活动的艺术的再度联手。

2．现代工业设计

传统工业设计的核心是产品设计。伴随着历史的发展，设计内涵的发展也趋于更加广泛和深入。现在，人类社会的发展已进入了现代工业社会，设计所带来的物质成就及其对人类生存状态和生活方式的影响是过去任何时代所无法比拟的，现代工业设计的概念也由此应运而生。现代工业设计可分为两个层次：广义的工业设计和狭义的工业设计。

1）广义工业设计

广义工业设计(Generalized Industrial Design)是指为了达到某一特定目的，从构思到建立一个切实可行的实施方案，并且用明确的手段表示出来的系列行为。它包含了一切使用现代化手段进行生产和服务的设计过程。

2）狭义工业设计

狭义工业设计(Narrow Industrial Design)单指产品设计，即针对人与自然的关联中产生的工具装备的需求所作的响应。包括为了使生存与生活得以维持与发展所需的诸如工具、器械与产品等物质性装备所进行的设计。产品设计的核心是产品对使用者的身、心具有良好的亲和性与匹配。

狭义工业设计的定义与传统工业设计的定义是一致的。由于工业设计自产生以来始终是以产品设计为主的,因此产品设计常常被称为工业设计。

随着工业设计领域的日益拓宽,不同领域又具有各自的特点,我们可以从不同的角度对工业设计的领域进行划分:产品设计、环境设计、传播设计、设计管理;包括造型设计、机械设计、电路设计、服装设计、环境规划、室内设计、建筑设计、UI设计、平面设计、包装设计、广告设计、动画设计、展示设计、网站设计等。

按照艺术的存在形式进行分类,工业设计可分为:

(1) 一维设计,泛指单以时间为变量的设计;

(2) 二维设计,亦称平面设计,是针对在平面上变化的对象,如图形、文字、商标、广告的设计等;

(3) 三维设计,亦称立体设计,如产品、包装、建筑与环境等;

(4) 四维设计,是三维空间伴随一维时间(即 3+1 的形式)的设计,如舞台设计等。

从人、自然与社会的对应关系出发,按照学科形成的本质含义上分类,人、自然、社会组成了最基本的关系圈,其分类的对应关系大致是:

(1) 产品设计,相当于狭义工业设计,是以三维设计为主的;

(2) 环境设计,包括各类建筑物的设计、城市与地区规划、建筑施工计划、环境工程等;

(3) 传播设计,是对以语言、文字或图形等为媒介而实现的传递活动所进行的设计。根据媒介的不同可归为两大类:以文字与图形等为媒介的视觉传播;以语言与音响为媒介的听觉传播。

随着科技的发展和现代化技术的运用,工业设计与工艺美术设计的界限正在变得日益模糊,一些原属于工艺美术设计领域的设计活动兼具了工业设计的特点,如家具设计与服装设计。工业设计作为连接技术与市场的桥梁,迅速扩展到商业领域的各个方面。

(1) 广告设计:包括报纸、杂志、招贴画、宣传册、商标等;

(2) 展示设计:包括铺面、橱窗、展示台、招牌、展览会、广告塔等;

(3) 包装设计:包括包装纸、容器、标签、商品外包装等;

(4) 装帧设计:包括杂志、书籍、插图、卡通与版面设计等。

即便是在自成体系的建筑领域中,工业设计也发挥出越来越重要的作用。

16.3 工业设计的内容

工业设计在企业中有着广阔的应用空间。因此,从企业对工业设计的需求层次角度来分析工业设计的内容,对企业更好地运用工业设计,创造更大的价值,将提供极大的便利。

1. 产品设计

产品设计是工业设计的核心,是企业运用设计的关键环节,它实现了将原料的形态改变为更有价值的形态。工业设计师通过对人生理、心理、生活习惯等一切关于人的自然属性和社会属性的认知,进行产品的功能、性能、形式、价格、使用环境的定位,结合材料、技术、结构、工艺、形态、色彩、表面处理、装饰、成本等因素,从社会的、经济的、技术的角度进行创意设计,在企业生产管理中保证设计质量实现的前提下,使产品既是企业的产品、市场中的商品又是老百姓的用品,达到顾客需求和企业效益的完美统一。

2. 企业形象设计

企业识别系统由统一的企业理念、规范的企业行为及一致的视觉形象所构成。即通过CIS设计,使企业具有视觉上的冲击力,可以鲜明地显示企业的个性,是企业力量和信心的体现。一个成功的企业一定是对内有凝聚力,对外可使消费者产生信赖感和认同感,从而提高企业知名度,实现企业的经营目标与发展目标。

3. 环境设计

工业设计是作为沟通人与环境之间的界面语言来介入环境设计的。通过对人的不同的行为、目的和需求的认知,来赋予设计对象一种语言,使人与环境融为一体,给人以亲切方便、舒适的感觉。环境设计着重解决城市中人与建筑物之间的界面的一切问题,从而也参与解决社会生活中的重大问题。

4. 设计管理

设计管理即将设计活动作为企业运作中重要的一部分,在项目管理、界面管理、设计系统管理等产品系列发展的管理中,善于运用设计手段,贯彻设计导向的思维和行为,并将之与战略或技术成果转化为产品或服务的过程。设计管理是企业迈向成功的必不可少的要素,企业要依循设计的原则和策略在企业开发生产经营活动中对各部门进行指导,以实现设计目标,使产品增值。成功的运用设计管理,可使企业在战略策划阶段就蕴含了经营的策略,同时,策略上的优势也为产品和企业在竞争中奠定良好的基础。

工业设计的最终目的是满足人的生理与心理多方面的最大需求。工业产品是满足手工艺时人们生产和生活的需要,无疑工业设计就是为现代人服务的,它要满足现代人们的要求。所以它首先要满足人们的生理需要——产品功能。一个杯子必须能用于喝水,一支钢笔必须能用来写字,一辆自行车必须能代步,一辆卡车必须能载物等。工业设计的第一个目的,就是通过对产品的合理规划,而使人们能更方便地使用它们,使其更好地发挥效力。在研究产品性能的基础上,工业设计还通过合理的造型手段,使产品能够富有时代精神,符合产品性能、与环境协调的产品形态,使人们得到美的享受。

工业设计是工业现代化和市场竞争的必然产物,其设计对象是以工业化方法批量生产的产品,工业设计对现代人类生活有着巨大的影响,同时又受制于生产与生活的现实水平。

16.4　工业设计的企业价值

1. 设计是企业与市场的桥梁

一方面将生产和技术转化为适合市场需求的产品,一方面将市场信息反馈到企业促进企业的发展。

设计理念决定了工业设计的核心价值和对于用户的承诺,而设计战略则体现了企业对于工业设计的愿景和规划。目前中国企业大多数处于制造导向和成本导向的阶段,即

OEM 阶段,工业设计只是一种战术,还远未达到将工业设计作为一种打造企业品牌战略的阶段,即 OBM 阶段。没有设计战略,企业就失去了前进的方向。

2. 设计是企业的一项重要资源

好的设计会使企业具有更好的信誉,使得企业更具有活力,成为公司发展工具。

3. 设计是建立完整的企业视觉形象的手段

企业视觉形象是公司建立品牌形象最好的外观,也就是公司一种特有的风格。

工业设计创造性是一件好的产品设计最重要的前提,简洁是好设计的重要标志,适用性是衡量产品设计另一条重要的标准,人机关系合理,人机界面和谐,产品自身语言应善于自我注释,精心处理每一个细部,注重地域民族特色,蕴含文化特征,注意生态平衡,利于保护环境,注重产品设计的永恒性。

工业设计要注意遵循以下原则:创造性原则;市场需求原则;使用者优先原则;企业目标原则;易于掌握原则;美观性原则;保护生态环境原则。

工业设计涉及到心理学,社会学,美学,人机工程学,机械构造,摄影,色彩学,方法学等。

第17章

产品构型设计的方法

在进行产品整体形状和表面形状设计时,设计者总希望设计出新颖、美观的产品,为此,应该掌握构型设计的基本方法。

17.1 基本形体变形的构型设计

对基本形体进行分割、挖切、渐变、挤压与扭曲、弯曲等变换,可设计出各具特色的产品。

1. 分割

在某一基本形体(母型)中分割出一个或多个子形体。其分割原则为:必须有基本形体(母型);母型和子型必须同时存在;母型和子型必须各自具有相应的功能;可以只进行一次分割,也可以进行多次分割。分割时,可以从多个方位进行。分割应按比例,常用黄金比进行分割。图 17-1(a)所示的家具,在母体中分割出 4 个子体,分别用作 4 个沙发,并可重新组合;图 17-1(b)所示的调料碟,在母体中分割出 5 个子体,并可重新组合。

2. 挖切

对基本形体的局部加以切割,使形体表面形状产生变化。由于挖切时采用的切割面的形状(平面或曲面)、大小、数量不同,基本形体表面产生的截交线、相贯线可使造型千变万化。变换原则:在挖切过程中要充分运用形式美的法则,既考虑面的对比效果,又追求整体的统一,才不会显得零乱琐碎,如图 17-2 所示的是经过挖切的储物架。

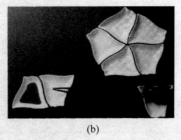

(a)　　　　　　　　(b)

图 17-1　母体和子体　　　　　　　图 17-2　挖切
(a)家具;(b)餐具

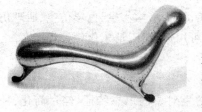

图 17-3　渐变

3. 渐变

由不同的基本形体逐渐融合形成新的造型。如基本形体由方至圆的渐变、由曲至直的渐变、由大至小的渐变等。渐变原则：至少有两个不同的基本形体；两个基本形体的形态明确；有明显的相融的部分；过渡部分有阶段性变化(图 17-3)。

4. 挤压与扭曲

对基本形体的局部施加各种不同的力，使其表面产生美观的变形。如图 17-4(a)所示的塑料座椅，对其各部分施加不同的力，使其分别变形，产生非常优美的造型。图 17-4(b)所示的街椅，可接受各种各样的坐姿，无论何种姿势，这个扭曲的形状都会给其留下一个深刻印象，享受各种舒适的坐姿和躺姿。

(a)　　　　　　　　　　　　　　　　　(b)

图 17-4　挤压与扭曲

(a) 塑料座椅；(b) 街椅

5. 弯曲

对初始形状为板状或棒(管)状的形体进行弯曲，形成新的造型。如图 17-5 所示的天使椅，一对夸张的翅膀同时也是椅子的支撑。这一设计正是人们对时尚的追求以及自我个性的张扬。

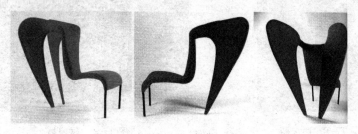

图 17-5　弯曲

17.2　仿生构型设计

仿生学是生物学、数学和工程技术相结合的一门新兴边缘科学，而仿生设计学是生物学、数学与工业设计的交叉作用下的结果。

产品仿生设计是工业设计和仿生学这两个边缘科学相结合的产物。

产品仿生设计方法按其应用分主要有形态仿生、功能仿生、结构仿生、色彩仿生、肌理仿生等。按其设计理念分主要有师法自然设计、绿色设计、可用性设计、情感化设计等。

1. 产品形态仿生设计

产品形态仿生设计指在产品设计过程中,设计师将仿生对象的形态特征,经过简化、抽象、夸张等设计手法应用到产品外观设计中去,使产品外观和仿生对象产生某种呼应和关联性,最终实现设计目标的一种设计手法,在工业产品设计中得到广泛的应用。

图 17-6 所示为以向日葵和莲蓬为仿生对象的花洒设计。

(a)　　　　　　　　　　　　(b)

图 17-6　花洒设计

(a) 向日葵；(b) 花洒

图 17-7 所示为丹麦阿兰·沙夫(Allan Scharff)设计的小鸟香水瓶,该香水瓶晶莹剔透的曲线勾勒出轻盈的小鸟形态,透露出童话般的梦幻。

图 17-8 所示为日本当代著名设计师雅则梅田所设计的玫瑰椅,其直接以花朵的常态造型为原型,重现自然美。

图 17-7　香水瓶　　　　　　　　图 17-8　玫瑰椅

工业产品构型一般采用抽象的形态仿生,其具有以下特征:形态高度的简化性和概括性;形态丰富的联想性和想象性;同一具象形态的抽象形态的多样性。

仿生构型的要点:

(1) 必须深入生活,了解各种动植物的形态特点;

(2) 在表现手法上,既概括表现其大的形象特征,舍弃其繁琐细节,夸张其造型的韵律,

使几何造型富有装饰性,又可在更高层次进行组合变形,按其自然形象特征高度概括成抽象的几何形体,造成一种更大的美学效果。

图17-9所示为德国设计师英戈·毛雷尔(Ingo Maurer Gmbh)设计的"飞鸟"吊灯,只是在低瓦特灯泡上加上了羽毛翅膀,以金属和红色丝线缠绕于灯架,勾勒出希望挣脱绳索的小鸟形象,给人以神话般的古典诗意,可谓匠心独具,富有浪漫色彩。

图17-9　"飞鸟"吊灯

图17-10所示为乔治·尼尔森(George Nelson)受到裂开的椰子的启发,设计的椰壳椅,其有机的造型尽现椰壳的形态,同时实现了纤细的椅腿与壳体的可行性结合。

图17-10　椰壳椅

图17-11所示为埃罗·沙里宁(Eero Saarinen)设计的"胎"椅,其设计构想源自对人体舒适度与现代美感之间最默契的结合。后来设计师又以此为基础推出"郁金香"椅,也获得了成功(图17-12)。

图17-11　"胎"椅　　　　　　　　　　　图17-12　"郁金香"椅

1）绿色设计

产品仿生设计实现绿色、可持续发展理念模仿仿生对象的优良性能，实现绿色设计理念。

图 17-13 所示为中国水立方国家游泳中心的结构设计，其仿生对象为矿物质的结晶构造和自然形成的肥皂泡。之所以选择其作为仿生对象，主要是因为气泡和水滴是仿生结构的最捷路径和最小表面，是分割三维空间的最优方案。另外，充气结构是所有生命体的基本条件，胞体中最小的细胞是在充气结构的保护下吸收营养而得以生长。因其具有的高度承载力以及节能、保温、隔热功能，已应用到了户外帐篷的设计中（图 17-14），且各受瞩目。

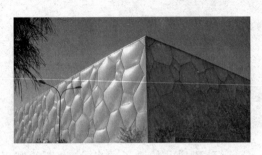

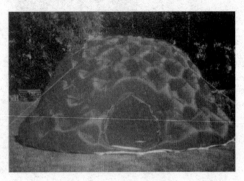

图 17-13　中国水立方国家游泳中心　　　　　图 17-14　户外帐篷

2）可用性设计

可用性设计是指产品在特定使用环境下为特定用户用于特定用途时所具有的有效性（effectiveness）、效率（efficiency）和用户主观满意度（satisfaction）。

如图 17-15 所示的鳄鱼夹、鲨鱼夹设计以"咬"的动作特征示意"夹"的功能。同时，选择鳄鱼和鲨鱼作为仿生对象，也暗喻了"夹"这个动作的力量感。

3）情感化设计

情感化设计是指在设计中以产品的物质功能为基础，充分实现产品的精神功能，向消费者传达情感，在使用中让消费者体验情感的设计理念。

图 17-15　鳄鱼夹、鲨鱼夹

意大利阿莱西品牌的生活用品，以艳丽、活泼的色彩及充满趣味的设计样式，使人们在使用过程中体验到轻松愉悦的生活情趣，满足了人们的情感需求（图 17-16）。这种产品自然历久弥新，具有更长久的生命力。

如图 17-17 所示的迷你音响产品，形态时尚且充满童趣，如同一只正等着人们和它嬉戏的可爱的精灵鼠小弟。当消费者看它的第一眼，便产生一种轻松和愉快的情绪反应，从而深深被它吸引。

如图 17-18 所示飞利浦公司 1996 年的"Philishave Reflex Action"剃须刀设计，其产品形态以男性下颚的结构特征为设计原点，同时表面材质也模仿了肌肤质感。产品不仅以其特有的形态暗示了产品的消费目标人群，同时也提高了产品的亲和力。

(a)

(b)

图 17-16 生活用品

（a）水杯；（b）餐具

图 17-17 迷你音响

图 17-18 飞利浦剃须刀

2. 产品功能仿生设计

产品功能仿生设计是指通过研究生物体和自然界物质存在的功能原理，并使用这种原理去改进现有的或者建造新的技术系统，以促进产品的更新换代或新产品的开发。

图 17-19 所示为以露兜作为仿生对象的锯条设计。

(a)

(b)

图 17-19 锯条设计

（a）露兜；（b）锯条

图 17-20 所示的火箭,其设计应用了水母的反冲原理。

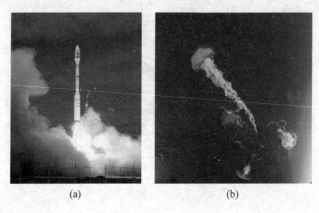

（a）　　　　　　　　　　　　　（b）

图 17-20　火箭设计

（a）火箭；（b）水母

图 17-21 所示的游标卡尺的设计仿造了手的测量功能。

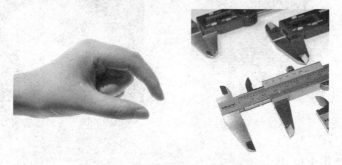

图 17-21　手与游标卡尺（测量功能）

3. 产品结构仿生设计

工业设计师结合不同的设计目的,寻求生物结构与产品的潜在相似性进而对其模仿,将其应用于产品设计中,从而形成了产品的结构仿生设计。

图 17-22 所示的奔驰 Smart 汽车采用了仿蜂窝结构的蜂窝复合板。

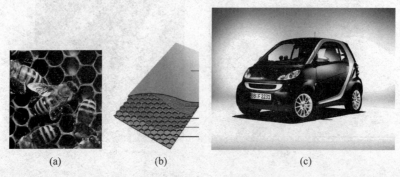

（a）　　　　　　　　　　（b）　　　　　　　　　　　（c）

图 17-22　蜂窝-蜂窝复合板-奔驰 Smart 汽车

（a）蜂窝；（b）蜂窝复合板；（c）奔驰 Smart 汽车

图 17-23 所示为以蜻蜓翅膀为仿生对象的人造板材桌子设计。

图 17-23　仿蜻蜓翅膀人造板材桌子设计

4. 产品色彩仿生设计

总结色彩在仿生对象中的作用,探索和发现其特定的功能和形式规律,吸取大自然色彩的优点,将其运用于产品的色彩设计中,使产品的色彩既适应产品的功能又具有和谐的美感。

人们常常用红色呼唤生命的激情,显示、炫耀自己的勇敢与力量。图 17-24 所示的法拉利跑车经典红色的运用便是对速度与激情的渲染。

图 17-24　篝火与法拉利跑车

很多自然生物都有斑斓的色彩,其本身映衬着色彩的各种对比与调和关系。这些色彩组合是出于物种生存需要,或警示天敌,或隐藏自己,从而达到保护自己的目的。例如,黄蜂身上的黄黑配色就是警戒色。人类在日常生活经验中就积累了这样的经验,通常将这种色彩搭配应用在机械产品的操作界面设计中,用来警戒其产品操作过程中具有的危险性,以提示用户注意操作安全。图 17-25 所示为以黄蜂为仿生对象的机械产品配色设计。

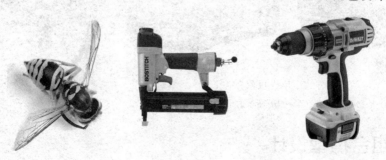

图 17-25　以黄蜂为仿生对象的机械产品配色设计

5．产品肌理仿生设计

借鉴和模拟自然物表面的纹理质感和组织结构特征属性，发挥产品的实用性，以及表面纹理的审美、情感体验，即为产品的肌理仿生设计。

图17-26所示为以海豚的外皮组织结构为仿生对象的泳衣设计。

图17-26 以海豚的外皮组织结构为仿生对象的泳衣设计

17.3 变异构型设计

变异设计是现代产品设计的重要手段之一。变异设计在原有产品的基础上，按市场需求进行结构重组，它的实现过程可以最大限度地重用企业已有的成熟产品资源，具有很强的灵活性和适应性。例如图17-27所示新版的甲壳虫汽车与早期的甲壳虫汽车在功能上虽然有很大的改进，但在形态上有明显的关联，这也是要延续企业的品牌特征。进行新产品设计时，如安全测试失败，将会造成极大的损失（如模具费用、加工费用、测试费用及开发周期等损失）。这时可采用变异设计的方式进行设计，在不改变原型座椅力学结构的前提下，设计出不同外形的产品。

变异设计有数量变元、形状变元、材料变元、位置变元、连接变元、尺寸变元、工艺变元等不同的变异方式。

在产品设计中变异设计的例子还可以举出很多，如改变座椅扶手的形状可设计出不同的新产品，如图17-28所示。

（a）　　　　　　　　　　　（b）

图17-27 甲壳虫汽车

（a）早期的甲壳虫汽车；（b）新版的甲壳虫汽车

图17-28 变异座椅

17.4 组合构型设计

组合设计是现代设计的重要手段。组合方式一般分为外形组合、性能组合、原理组合、功能组合、模块组合和系统组合等。由给定形状的多个形体按不同的方式组合在一起的构型称为组合构型。

图 17-29 所示为以城市景观为仿生对象的"纽约的日落"组合沙发设计。

图 17-29 组合沙发设计

17.5 反转构型设计

反转构型在工程、艺术领域的应用很广,如铸造工艺中的砂型型腔和木模、模具中的凹模和凸模、篆刻中的阴文和阳文、平面设计艺术中的反转(正负)形和图像处理中的蒙版技术等。

图 17-30 所示为运用平面设计艺术中的反转(正负)形技术设计的沙发,其不仅给人以舒适的坐姿,还给人美的享受。

图 17-30 反转构型组合沙发设计

第18章

产品设计创意表达方法——设计速写

所谓"产品设计创意表达",就是将产品的形状（大都是在头脑中朦胧的设计概念）在极短的时间内迅速地用视觉形式反映出来。通常,我们也称这种快速表达的形式为"设计草图",也称"设计速写"。它对于设计师来说是表达设计意图、思考问题、收集资料的辅助工具和记录手段。设计草图就是"图形语言化"和"语言化图形"的交互过程,其根本点是形象化的思维和分析。设计者把大脑中抽象的思维活动通过图形延伸到可视的纸面等媒介上,并使之逐渐具体化,从而能够通过视觉图形很直观地去发现问题和分析问题,进而解决问题。而发现问题和分析问题是创造性思维的根本点。

18.1 设计草图的作用

设计草图是设计过程中不可分割的组成部分,它记录着设计师头脑中闪现的设计轨迹和创意构思,是激发设计灵感的有力工具。此外,设计草图还是锻炼设计者观察能力、思维能力和表现能力的一种较好方法,是丰富设计思想和扩大艺术知识范围的一种特殊形式。

1. 积累创意资料

草图是运用图示的形式来推进思维的活动,即用图示来发现问题,这是创造性思维的第一步。在设计的前期尤其是方案设计的开始阶段,运用徒手草图的方式,把一些模糊的、不确定的想法从抽象思维中延伸出来,将其图示化,这样非常便于在最初形成的、天马行空式的想象中发现问题,把设计过程中随机的、偶发的灵感抓住,捕捉具有创新意义的思维火花,一步一步实现对设计目标的不断趋近。设计的过程是发现问题和解决问题的过程,设计师尤其要培养个人对事物的独特感受能力。设计草图的积累和绘制可以培养设计师敏锐的感受力和想象力,从而充实创意资料库,不断提高设计能力。

2. 分析、比较、推敲设计构思

产品设计者不断设计出优秀的设计方案,这些方案的产生往往是设计者就形态与功能进行反复的分析与比较而最终完成的,这其中设计草图起着关键的作用。

3．交流传递信息

设计师在设计创意最终成为产品之前，要不断地与有关人员——企业决策者、工程技术人员、销售人员及使用者与消费者进行信息沟通，从而征询并获得各种反馈意见，以完善设计方案。设计草图形象直观且形成快速，是设计者与有关部门交流信息的重要手段。

图 18-1 和图 18-2 所示为一些设计实例，从中我们可以看到，设计师为了寻找一个富有创意的方案，需要进行深入的构思，在这一过程中，伴随的必定是大量设计草图的出现。

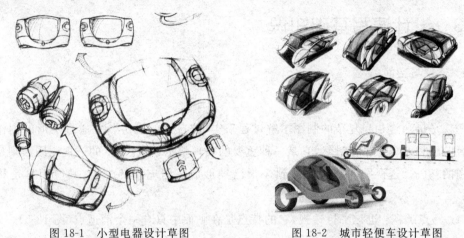

图 18-1　小型电器设计草图　　　　　图 18-2　城市轻便车设计草图

18.2　设计速写的含义及基本学习方法

1．设计速写的含义

设计速写是根据工业产品造型设计的特点及需要形成的一种快速、简捷、准确的表现造型的基本技法。它是记录造型形象、表现造型设计构思的重要手段（图 18-3、图 18-4）。

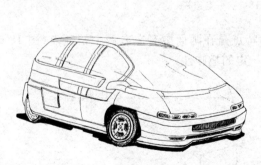

图 18-3　汽车的造型构思　　　　　　图 18-4　手机的造型构思

设计速写能力是一切视觉艺术的基础。在产品形态的快速表达中是以快速地表达产品形态特征和基本结构为目的的，因此产品设计创意表达离不开对速写基本功的掌握。

2．设计速写的基本学习方法

首先是临摹，临摹别人的作品是最直接和有效地学习别人的经验、观察及表现的一种方法。

其次是写生,写生是检验个人所学美术知识的基本实践方法,多去实践可以为自己的绘画打下坚实的造型基础。

最后是默写,默写可以增强个人记忆和对物体形体结构的理解,是一种很有必要的训练手段。平时多画多练多记住物体的表现特征,这对现场用手绘跟客户沟通是很有帮助的。

18.3 设计速写基础知识

1. 透视与空间

1) 透视

透视是指通过相当复杂的制图求解过程来实现"自然的模仿",并通过图形的创作来传达作者的思想及概念。很显然,它是一种重要的表现技术,掌握基本的透视制图法则是画好表现图的基础。透视图的技法发展到今天已经形成一门完整的学科,其应用也是相当广泛的。

(1) 一点透视:也称平行透视,它的特点是在画面中只有一个消逝点(图 18-5)。

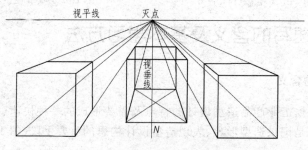

图 18-5 一点透视

(2) 两点透视:也称成角透视,它的特点是在画面中有左右两个消逝点(图 18-6)。两点透视给人的感觉是构图灵活、生动,有一定的趣味性。

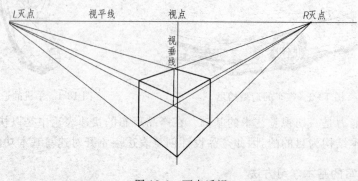

图 18-6 两点透视

347

2）空间

在二维的画纸上表达三维的立体效果，对于产品的空间表达是必不可少的。

空间是实在的，也是虚幻的；是具体的，也是抽象的。空间表现是调节人的视觉感受与图面效果关系的重要手段。古画论中就如何丰富画面效果已做过精辟论述，即所谓："欲作结密，先以疏落点缀（笔顺的疏密安排）；欲作平远，先以峭拔陡绝（笔法的对比与丰富）；欲作虚灭，先以显实爽直（形态与空间的虚实关系）"。深刻地道出了空间关系的艺术效果与章法布局的关系。

空间表达不仅仅可以通过透视技法完成，还可以通过以明暗、浓淡、虚实来表示产品的空间关系，以线条粗细对比、线条前后穿插、色彩的冷暖关系等视觉感觉来实现（图18-7）。

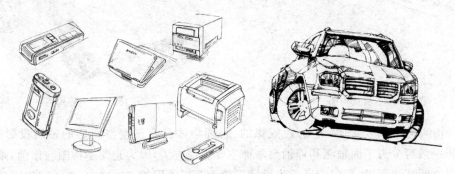

图18-7　产品的空间表达

2. 构图与表现

1）构图

构图也称布局。一幅画面的布局是一个设计过程，画面内的每个角落、每块色彩和形体等因素都应让其围绕主题发挥存在价值。

（1）形态构图：表现绘画中在限定的二维平面内，通过设计方案所限定的形状、结构等，进行一番分析、归纳、选择具有代表性的形态倾向特征，作为设计表现构图的理性原则（图18-8）。

（2）面积构图：设计表现构图中的另一种方法。在实际当中，主要是凭感觉来决定面积的大小、比例形状和相互之间的关系，寻找出一定的突出主题的秩序构图，增强作品的表现力（图18-9）。

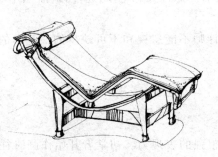

图18-8　形态构图

图18-9　面积构图

（3）视点构图：选择合适的视点与角度，是设计表现构图中一个十分有用的制图方法（图18-10）。主要有4种方法：①物体同视平面形成的角度（视点的水平横向运动观察）；②物体同视点的远近（视点的平行纵深运动观察）；③物体同视点的高低（视点的上下立体运动观察）；④物体正面同视平面平行。

（4）统筹构图：统筹意为"全息因素"的"设计"过程。这里的全息因素应该是指一切视觉造型语言，甚至包括表现作品完成之后的裁方等等（图18-11）。

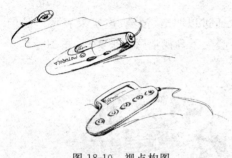

图18-10 视点构图

图18-11 统筹构图

（5）轴测构图：区别于一般透视规律的、表现物体具有三度空间感的轴测投影画法。轴测投影一般可分为平面轴测和等轴测两种主要表现方法，因为它便于构图与作画，画面又能给人以空间感。所以，目前它已成为设计师较为普遍使用的方法之一（图18-12）。

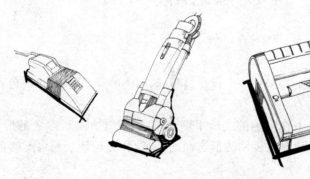

图18-12 轴测构图

2）表现

作为设计的语言，其表现的范围很广，其中主要有随意性灵感记录、速写、素描、草图、施工图、透视图、理性创意的表现及模型等。

熟练掌握设计的表现力，是作为一个优秀的设计师不能忽视和不可缺少的最基本的技能之一（图18-13）。

3. 线条与笔触（图18-14）

1）线条

这是表现图最基本的组成部分，线条本身具有很强的表现力。初学者开始作画时往往无从下手，不知道怎么画下第一笔线条，最容易出现的毛病就是容易琐碎，主次不太分明，这也是很多学生的共性。

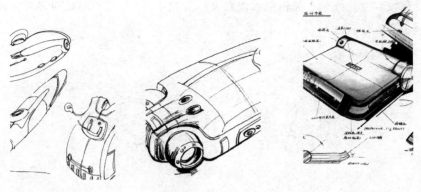

图 18-13 表现

　　速写是通过线的疏密与虚实来表现的一种艺术,当然,经营布局也是很重要的。在这里,很多同学是已经眼到,但是手不到。这就需要长时间反复的练习,这个过程是没有捷径可走的,要勤学苦练。

　　2）笔触

　　这是变化了的线条表现,笔触虽然有一定的技术因素,但也传达了具有个性化特征的线条反映。通过不同的运笔反映不同的线条感觉,反映出轻重、虚实、刚柔、强弱、宽窄、曲直等多种变化和对比的笔触。

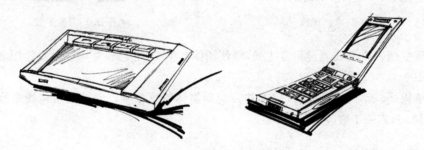

图 18-14 线条与笔触

　　以下是通过雕琢笔尖以及不同的运笔方式画出的各种类型线条。

　　（1）轻柔线条。轻柔线条边缘柔和、颜色轻浅,不同于颜色很深、轮廓分明的线条。事实上物体上并不存在线条。当作品完成时,轻柔的线条成了物体的一部分（图 18-15）。

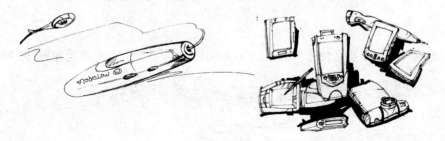

图 18-15 轻柔线条

（2）变化线。变化线是一条粗细深浅都发生变化的线，它使画面显得很有立体感和真实感（图18-16）。

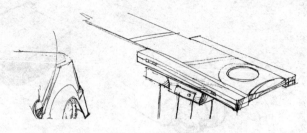

图18-16　变化线

（3）机械线。机械线是使用工具画出的，干净而利落，快速而精确（图18-17）。

（4）徒手线。徒手线柔和而富有生机，可以很快地勾勒出小尺度的物体。它能充分调动你的右脑，使你更富有创造力。但徒手线的缺点是比机械线费时（图18-18）。

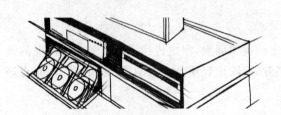

图18-17　机械线

图18-18　徒手线

（5）重复线。重复线通过重复主线，以使物体产生三维效果，并可以激发绘图者的创造力（图18-19）。

（6）结构线。结构线轻而细，用于初步勾勒物体轮廓框架。常使用结构线来推敲画面的整体布局，非常便于修改（图18-20）。

图18-19　重复线

图18-20　结构线

（7）连续线。连续线是快速绘出的、不停顿的线，用于快速勾勒物体的轮廓（图18-21）。

图18-21　连续线

（8）3D线。粗细两条线离得很近时会产生三维的效果,有助于提高画面的质量(图18-22)。

（9）强调线。强调线也叫轮廓线,用来强调物体的轮廓。由于强调线比较突出、随意,所以一般很少用在精细的作品中,但常用在产品平面、立面和剖面图中(图18-23)。

图18-22 3D线　　　　　　　　　　　　　图18-23 强调线

（10）顿-走-顿线。带有明确的起点和端点的线条,可以使画面更加生动,而且使人产生线条粗细一致的错觉(图18-24)。

（11）出头线。出头线使形体看上去更加方正、鲜明而完整。画出头线显然比画刚好搭接的线来得容易而快捷,并可以使绘图显得更加轻松而专业(图18-25)。

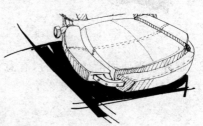

图18-24 顿-走-顿线　　　　　　　　　　图18-25 出头线

（12）专业点。快速绘图时经常产生专业点,它使线条产生动感与活力,同时表示一段线条的完成,有点儿类似于句子中句号的作用(图18-26)。

（13）专业沟。线条中的一小段中断可以用来表达物体上高光的效果,也有利于在画长线和曲线时自然过渡(图18-27)。

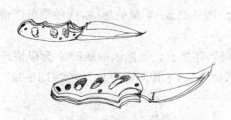
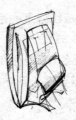

图18-26 专业点　　　　　　　　　　　　图18-27 专业沟

（14）轮廓线与色调线。物体的轮廓线常用粗线,稍微重一点,用来控制内部填充调子的线条。用来填充调子的线条一般细而轻(图18-28)。

（15）粗线。使用粗线可以产生均匀的表面,粗线有助于很快地完成大体画面,并产生光滑的效果(图18-29)。

（16）均匀线。现实生活中的物体是没有线条的,因此,使用均匀线可以使效果更加真实(图18-30)。

图 18-28　轮廓线与色调线

图 18-29　粗线

（17）细线。使用细而轻的线条可以使画面变得柔和而生动（图 18-31）。

图 18-30　均匀线

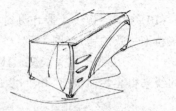
图 18-31　细线

（18）越界。当使用渐变效果时，有意让一些线条与物体的轮廓线交叉，这样可以使画面产生柔和而随意的效果（图 18-32）。

图 18-32　越界

（19）45°角短线。45°角短线就是一系列与绘图页面成 45°角的短线，这种线可以使画面产生统一、流畅的效果（图 18-33）。

（20）渐变。由于光的反射，渐变存在于任何物体之上。虽然人的眼睛不会很快地感受到渐变的存在，但我们仍然需要在绘图中体现这种效果，来使画面更加真实（图 18-34）。

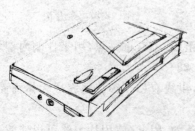
图 18-33　45°角短线

图 18-34　渐变

（21）条纹。条纹用来刻画趣味中心,表现高光、深度及动感,打破呆板,也可以用来表达阴影和斜坡。条纹也能使画面更加流畅(图18-35)。

（22）点。点用来刻画纹理和细节,同时还能产生渐变效果(图18-36)。

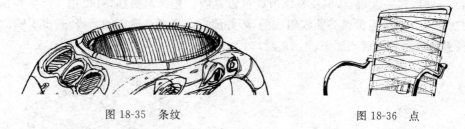

图 18-35　条纹　　　　　　　　　　　　　图 18-36　点

18.4　设计速写的基本技法

（1）徒手画线是最基本的表达语汇。线条的变化非常丰富,通过轻重、快慢、浓淡、粗细等变化,构成多姿多彩的线条世界。线条的变化取决于运笔,运笔快捷、自信而肯定的线条才能构成完美的整体(图18-37)。

图 18-37　徒手画线

（2）不同的工具有着不同的特点和技法。铅笔、炭笔线条变化多样、画面简洁、容易修改；钢笔线具有简洁明快、黑白对比强烈和自由生动等特点,是设计师用来快速表现设计创意的常用工具；针管笔可根据粗细要求自行调换各种型号的笔头,用针管笔画的线条粗细一致,具有特殊的韵味(图18-38、图18-39、图18-40)。

图 18-38　铅笔设计速写

图 18-39　钢笔设计速写

354

  (3)要把线画得准确到位首先要练习画直线,执笔方法是用画素描的方法。线不要画得太短,要以较快的速度运笔反复练习,练到画直为止。经过一段时间,同时再画较复杂的几何物体,等于在练透视和形体(图18-41)。

  (4)画曲线是一大难点,但反复练习就可以克服。先练习画圆,可以用4点定位法和8点定位法来画。圆是由圆弧等曲线组成的,画好圆后画半弧就等于画曲线,画多了感觉就有了,画任意曲线也就不成问题了(图18-42)。

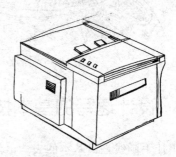

图 18-41 画直线练习

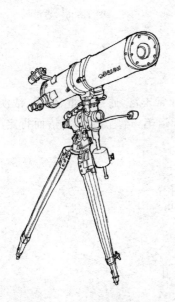

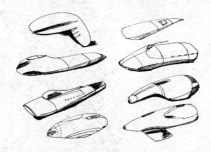

图 18-40 针管笔设计速写

图 18-42 画曲线练习

  (5)线条的疏密排列能展现独特的感人意境。这种排列不是简单的随意组合,而是根据产品的结构进行的。利用明暗调子与线条结合的速写,使画面更具有层次感和节奏感,也有利于表达光影关系(图18-43)。

  (6)色调、质感、光影这三者是附着于形体之上的,在形准的基础上要充分地表达产品的光影关系、色彩关系、空间关系等,有时甚至要表现一定的质感(图18-44)。

图 18-43 疏密线条设计速写作品

图 18-44 色调、质感、光影设计速写作品

18.5 设计速写的基本原则

（1）结构要准确无误：初学者首先要训练"形准"，这是一切绘画的基本点，只有把握产品的基本形体结构特征，才能进一步进行深入的刻画（图18-45）。

（2）表现立体空间感：也就是在把握形准的基础上要把透视画准，以及体现体积感的结构。在二维的画面上运用透视、笔触、线条、明暗、色彩等语汇充分表达出产品的空间感（图18-46）。

图 18-45　结构准确　　　　　图 18-46　表现立体空间感

18.6 几种常用的设计速写方法

1. 以线条为主的线描设计速写

由于线条是线描设计速写最主要的表现手段，所以以线条为主的线描速写风格各异，样式纷杂。由于工具不同，线条也各具特色：铅笔、炭笔线可有虚实、深浅变化；毛笔可有粗细、浓淡变化；而钢笔线最单纯，一般不可有虚实、粗细及深浅、浓淡变化（图18-47、图18-48）。

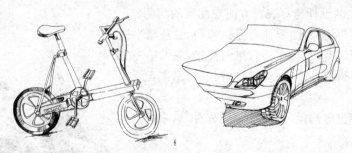

图 18-47　线描设计速写

以线条为主的表现性设计速写要注意的问题：

（1）用线要连贯、完整；忌断、忌碎。

（2）用线要中肯、朴实；忌浮、忌滑。

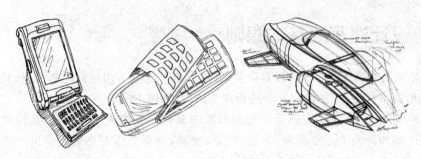

图 18-48 钢笔画线描设计速写

（3）用线要活泼、空灵；忌死、忌板。

（4）用线要有力度、结实；忌轻飘、柔弱。

（5）用线要有变化，刚柔相济，虚实相间。

（6）用线要有节奏，抑扬顿挫，起伏跌宕。

2. 以明暗为主的设计速写

运用明暗调子作为表现手段的设计速写，适宜于立体的表现光线照射下物象的形体结构，其长处有强烈的明暗对比效果。可以表现非常微妙的空间关系，有较丰富的色调层次变化，有生动的直觉效果，非常适于学生学习掌握（图 18-49）。

图 18-49 以明暗为主的设计速写

以明暗为主的设计速写表现方法应注意的问题：

（1）黑白要讲究对比，要注意黑白鲜明，忌灰暗平淡。

（2）黑白要讲究呼应，要注意黑白交错，忌偏坠一方。

（3）黑白要讲究均衡，要注意疏密相间，忌毫无联系。

（4）黑白要讲究韵律，要注意起伏节奏，忌呆板沉闷。

3. 以明暗为主的块面设计速写

有三种比较常用的块面明暗表现方法：

（1）用密集的线条排列，可以画得准确；用涂擦块面表现，可以画得生动而鲜明（图 18-50）。

图 18-50 用密集的线条排列涂擦成块面的设计速写

（2）用密集的线条和块面相结合表现，能兼顾两者之长（图18-51）。

（3）用毛笔蘸墨汁大面积的涂抹，并有浓淡与深浅的变化（图18-52）。

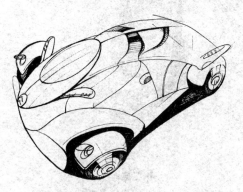

图18-51　用密集的线条和块面相结合表 现的块面设计速写

图18-52　用毛笔蘸墨汁大面积涂抹块面表现 的块面设计速写

画块面设计速写图时要注意的问题：

（1）用线面结合的方法，应用自然，防止线面分家。如先画轮廓最后不加分析地硬加些明暗，很为生硬。

（2）可适当减弱物体由光而引起的明暗变化，适当强调物体本身的组织结构关系，有重点地进行表现。

（3）用线条画轮廓，用块面表现结构，注意概括块面关系，抓住要点施加明暗，切忌不加分析选择地照抄明暗。

（4）注意物象本身的色调对比，有轻有重，有虚有寓。切忌平均，画哪哪实，没有重点。

（5）明暗块面和线条的分布既有变化，又协调统一，具有装饰审美趣味。抽象绘画非常讲究这点，我们在做速写时也可以从中汲取营养。

4. 记录性速写

记录性速与（图18-53）主要是设计师收集资料时绘制的，通过速写的方式把产品的结构、形态、色彩、材料等因素记录下来，用来分析、研究和学习他人的设计长处。

（1）准确再现：通过透视、比例、结构、色彩、质感及流畅肯定的线条表达产品的准确形态。记录性速写的最重要特征就是准确记录产品的各种特征。

（2）快速再现：有些事物只会在眼前一闪而过，要求设计人员在各种环境下凭借聪慧的头脑和娴熟的表现力，把市场上或资料上的产品信息（结构、比例、功能、色彩、材质等）及时地记录下来。

（3）美观再现：记录性速写虽不是纯艺术品，但必须有一定的艺术魅力。具有美感的速写具有视觉的冲击力，它体现了设计师品质与修养。优秀的记录性速写本身就应该是一件好的艺术品。

358

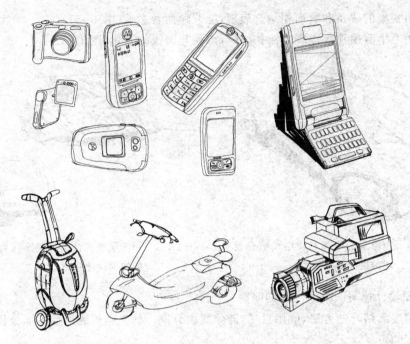

图 18-53　记录性速写

18.7　设计草图与效果图

设计草图与效果图（图 18-54）是设计师在设计时灵感记录、推敲方案、解决问题、展示设计效果时绘制的。

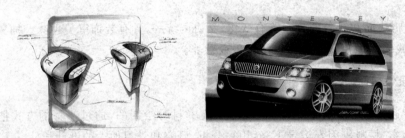

图 18-54　设计草图与效果图

（1）设计草图所提供的是可供评审的设计方案，在设计草图的画面上往往会出现文字的标示、尺寸的标定、颜色的推敲、结构的展示等。这种理解和推敲的过程是设计草图的主要功能（图 18-55）。

图 18-55　汽车手绘设计草图

（2）效果图是速度最快、表达程度很真实和完善的一种方法，被称为设计师的表达语言。根据类别和设计要求大致可分为方案效果图、展示效果图和三视效果图（图 18-56）。

图 18-56　效果图

第19章

产品设计创意表达——模型

19.1 产品设计模型的概念

众所周知,产品模型是产品设计开发过程中不可或缺的组成部分。与专业模型公司制作模型的目的不同,产品设计开发过程中设计人员制作实物模型主要是为了表达和交流设计思想,同时作为进一步改进设计的中间阶段。无论这些模型的形态如何,是粗糙的还是精致的,是概念性的还是具体的,它们始终是面向设计的调查研究与进一步的改进,因而都可以认为是设计的研究模型,在本书中就被称为产品设计模型。

产品设计模型作为一种研究工具,与手绘草图、三维数字建模一样都是用来辅助设计的。

虽然产品设计模型包括所有设计阶段制作的模型(草模、概念模型、研究模型、表现模型等),但对制作技术要求较高的模型仍然是一些表现模型。如图 19-1 所示为产品设计模型。

概念家具的草模　　　　坐具的造型研究模型

图 19-1　产品设计模型

19.2 模型在产品设计中所起的作用

实物模型可以为设计者提供必要的信息,协助设计者完成创意、实体探索与表现等诸多工作。模型制作是一个再设计的过程。因为平面的表现不如立体表现来得真实、直观,设计人员可以在 360°全方位观看后,再借助触觉来体验设计是否达到要求;同时在模型制作过程中还可以产生设计灵感,加深他们对设计的理解。模型在产品设计中的作用具体体现在以下几点。

（1）设计构思。在最初寻找设计灵感的时候，就可以借助简单的模型来启发思路。作为直观的视觉刺激物，模型可以帮助拓展想象空间，验证各种想法，进而完善设计构思。如图 19-2 所示为产品设计表现构思模型。

图 19-2　产品设计表现模型

（2）创意表达。将设计创意快速地表达出来，用于和他人进行探讨、交流；或是将自己设计想法中的核心内容用模型的形式明确下来，作为继续设计的参考依据，这样的模型称之为草模。

（3）造型评估。研究模型中有许多是用来评估、探讨设计造型的。通过制作、比对多个不同的造型，或直接观察实物模型来判断其造型的优劣，获得造型改进的方向。与观察计算机中的三维数字模型相比，实物模型的空间真实感更强，更重要的是它可以反映产品的体量感，甚至可以拿在手中把玩或亲身体验其现场感，因此其造型的视觉感受更为可靠。而且，观察实物让设计者对造型变得更敏感，更容易发现形式上的问题。如图 19-3 所示为产品设计造型研究模型。

（4）人机工程学测试。因为只有实物模型才能够被操作和使用，所以模型常被用于人机测试。如图 19-4 所示，为测试电动切割机把手的舒适度，设计者设计并制作了一系列不同造型的泡沫塑料把手，并安装在模拟机身上由不同的人进行操作，最后得出舒适度评分最高的把手造型。

图 19-3　产品设计造型研究模型　　　　图 19-4　切割机把手模型

（5）结构推敲。模型可以用来演示功能，研究结构的合理性。

（6）感官体验。模型可以反映出真实的质感、色彩感或操作感等，供设计者体验，并由此判断设计改进的方向。对于像样品这样几近真实的模型而言，感官体验更是丰富，从视觉、触觉，甚至到听觉、嗅觉、味觉，都有可能体验得到。

（7）材料实验。为找到符合设计要求的材料，或新颖的表现效果，也会通过制作模型小样来对材料进行实验。

（8）外观表现。很多精细的表现模型就是用来展现设计最终的外观效果的。可以通过制作 1∶1 模型，并且模拟真实产品的色彩与质感，以达到逼真的视觉效果。

（9）实物/情景/功能演示。有些模型是用来演示产品的使用方式、使用环境或特定功能的运作原理，所以会有各种各样的表现形式：把实物模型做成能够活动的，或布置一个使用场景让人理解设计的特点，或把内部结构件单独做成模型演示其工作原理等。

对于正在学习和实践设计的人来说，制作模型还能帮助他们提高造型能力，加深其对制造工艺的理解和对设计的理解。这就是为什么很多有经验的设计师设计的产品造型会如此的简洁，不仅是追求一种设计风格，也是他们深深了解制作的复杂性，把设计的重点转移到了别的地方，如材质、功能等。

19.3　模型的分类与制作

1. 模型的分类

产品设计模型可能的形式有许多，通常会根据模型的用途、材料分为以下这些类型。

1）按模型的用途分

根据用途分类的模型，其术语会在不同的场合有所区别，或定义相互涵盖。这里列出的分类名称既兼顾了行业内普遍的叫法，又可将"产品设计模型"这一概念进一步地明确。

（1）概念模型。概念模型是一种用来示意设计概念的草模，其形式简陋但仍需抓住设计的精髓，清晰地表达出设计想法。

（2）研究模型。严格来讲，"产品设计模型"都属于"研究模型"，因为它们都可用来推敲设计，以求改进。但相对于概念模型、表现模型和样品而言，这里提到的研究模型更侧重于对设计相关内容的研究。根据具体研究内容的不同可细分为造型研究模型、结构研究模型、人机研究模型等。

（3）表现模型。在设计的不同阶段都会用到表现模型，但表现的程度和内容会根据设计表现的需要而有所不同。一般来说，前期的表现模型提供的信息相对较少，有时会出现一些局部构件的表现模型，制作相对简便；而最终的表现模型往往会要求制作出仿真的视觉效果，因此制作要求高，制作起来比较烦琐。

（4）样机/样品。样机（或样品）有时也称为手板，是最接近真实产品的模型。像家具等结构简单的产品可以在模型工作室里自制样品，但对于拥有复杂结构和造型的产品，像手机，如果要做到真实可用，则需专业人士的协助。

用以展览或满足市场需要为目的制作的精细表现模型，对设计的帮助极为有限，且制作要求相当高，通常由专业的模型公司来完成，不属于"产品设计模型"范畴，故不作为本书主要讨论的内容。

2）按模型的材料分

能够用来制作模型的材料有许多，像纸、黏土、木材、金属、石膏等。以下列举的是使用典型材料（国内使用较为普遍且常用的材料）制作的模型：黏土模型；泡沫模型；石膏模型；塑料模型；油泥模型；木模型；金属模型；玻璃钢模型。

2.模型制作的方法

学习模型制作的过程是漫长的,不仅因为模型制作本身很耗费时间,也因为如果要熟练掌握制作技巧,做到灵活运用模型这项设计工具,需要大量的模型制作实践。学习模型制作最好的方法就是多做,要在设计当中制作模型,通过反复的实践才能真正将模型变成设计者一件强有力的工具。

这里提出几条建议来帮助大家更快、更有效地学习模型制作。

(1)预先制订制作计划。模型制作中是没有"undo"键的,也就是说一旦开始制作,很多操作就无法撤销,因此,没有任何思考就开始制作模型往往会导致失败或制作效果不佳。预先制订制作计划的目的就是要尽可能避免不必要的损失,找出最合理的制作步骤和最简便有效的制作方法。对于初学者来说,就是要养成制订计划的习惯,每次模型制作开始前先在纸上写下制作的步骤,标注出要点和难点、需注意的问题等,配上简单的图解,会使这份计划看起来更方便。

当然,计划会因为模型制作项目的不同以及制订者的不同而有所不同。它没有固定的格式或形式,内容可多可少,书写潦草点也没关系,只要说明清楚,方便制作者阅读就好。有一点值得注意,计划考虑周详是没错,但任何实际的制作过程中都有可能发生意料不到的情况,所以制订计划需掌握分寸,考虑不周不行,设想得过细也没必要。

(2)制作过程中随时做笔记。模型制作过程中做笔记是为了保存有价值的制作经验,供将来参考。它们可以是制作的心得、技巧、窍门,适用的工具和材料,以及经验教训等。

(3)必要时进行实验。在不确定制作方案的时候,需要通过实验来明确具体的做法,或通过实验来判断操作的可行性。这样做的好处之一是可以避免材料浪费,另外也可以节省时间。实验时可选用其他廉价的、易获取的替代材料,只要它能起到同样的实验效果即可。另外也可以使用较少的材料先制作一个样品,确定它有效后再制作正式的模型。

(4)不断地吸收与学习。通过不断地吸收、学习新工艺、新技巧、新材料的使用等,可以有效地提高模型制作技能。行业内新技术、新工具、新材料的出现势必会带来制作上的革新,同时,不同环境(国内外不同的院校、设计公司或工作室)下的设计者与专业的模型制作者也会有不同的模型制作经验,更多地了解这方面的信息将有助于大家开拓思路,灵活变通地开展模型制作实践。

第20章

产品设计规划

20.1 产品设计概述

工业设计师 victor Papanek 对产品设计的定义是：*产品设计是为构建有意义的秩序而付出的有意识的直觉上的努力。*其进一步解释是：第一，理解用户的期望、需要、动机，并理解业务、技术和行业上的需求和限制；第二，将这些所知道的东西转化为对产品的规划（或者产品本身），使得产品的形式、内容和行为变得有用、能用、令人向往，并且在经济和技术上可行。这也是设计的意义和基本要求所在。现代生活内容越来越丰富，随之遇到的问题也越来越多，随身配备这样一款小巧且可折叠的多用途工具（图 20-1），会在急需时刻带来雪中送炭的感觉，非常实用。

如图 20-2 所示的有趣的餐具设计可以一目了然地看出设计的实用性，不禁让人称赞设计师的细心和童心。

图 20-1　便携工具　　　　　　　　　　　　图 20-2　现代生活餐具

如图 20-3 所示的代步车非常适合老年人或残疾人使用。车身不高的安全性、座椅宽大的舒适性以及驱动方式的便捷性都非常人性化地考虑到了弱势群体的实际困难。

现在，健康饮食被越来越多的人所重视，因此烹制食物的技巧和方法如何能更多地保留食物的营养成分成为大家共同关心的问题。这套数字式烹调厨具（图 20-4）通过定时器的设置来提示人们何时翻动食物，显示食物有几分熟度，非常人性化。

时至今日，产品设计已经成为一门独立的学科，涉及众多领域问题，如人类学、社会学、美学、经济学、心理学、哲学等。设计的定义也因不同的阐述角度形成了更为多元的概念体系。

产品设计是工业设计的核心,是企业运作设计的关键环节,它实现了将原材料的形态改变为更有价值的形态这一目的。

图 20-3 代步工具

图 20-4 数码厨具

20.2 产品设计的过程

图 20-5 所示是产品设计流程的核心部分,具有一定共性。

1. 概念出现

当前主要有两种情况:一是侧重自主研发,(企业)根据早期市场调研信息寻找商机,改良某类产品和长时间针对某项技术或生活和工作中的某个问题而创新开发某类新产品;二是(独立设计公司)针对甲方(客户)指定的某类产品进行开发设计。以上两种情况的结果往往是产品设计概念出现,换言之,就是接受设计任务,确定基本概念,展开设计之前的准备工作。

2. 市场调研

市场调研是现代企业或设计公司都不敢怠慢的一个环节。对于产品设计而言,能够清晰准确地掌握同时期的市场动向和信息将决定产品设计开发过程的顺利与否以及设计结果的成与败。市场调研的目的是为自己的产品寻找准确的定位,确定突出的卖点,达到预期的收效。从产品市场角度说,调研内容主要分为两大部分:一是对企业已有产品(市场上正在销售的产品)进行各方面优势和劣势的信息收集,包括品质、服务、价格等,以便总结可行性报告,修改方案,改进设计;二是对同类产品中不同品牌、不同等级的产品进行广泛而深入的了解,从中获得一定的策略经验以及研究一定的商业对策。

除了对产品进行市场化的一般摸底外,现代产品研发还要非常重视用户调研,以真正的用户为中心,或者说有针对性地确定用户群,通过走访、问卷等方式分析用户的需求和渴望,也可能在调研过程中发觉某种潜在需求,用以日后研究。那么,文化走向、经济走向、政策走

图 20-5 产品设计流程

向、材料和技术趋势等也都应看做是市场调研的必要任务。调研工作准备充分，后续环节就会得到相应保障。

3．产品分析

得到第一手调研信息后，要在内部各部门人员（企划、设计、结构、销售等）之间进行大量的讨论和沟通。这里既要有直接的面对面交流，还要有大量的案头分析工作。这个过程将对调研结果产生更为实质性的结论，而且不同位置的人员会尽可能全面地补充意见，对缩短设计周期和提升设计品质有诸多益处。现在，很多企业研发部门或设计公司都设有专人，即项目经理来组织设计分析，这也是设计管理的一部分。产品分析是在产品设计具体实施前对市场和现有产品的研究与评估。其目的是在了解市场动态和产品竞争策略的基础上，进行全盘归纳研究，为新产品设计定位。

产品分析的主要内容包括：

（1）用户分析——在体验经济被推广的时代，以研究用户需求来寻找产品的价值机会，使产品的价值标准由以物为本转变为以人为本，使用户在使用产品的过程中获得可享受的消费体验。

（2）产品的使用环境和使用情境分析——包括场所、室内外环境因素以及社会、风俗、禁忌、流行等文化层面的因素。

（3）市场和商业竞争分析——包括产品与市场的相关性、产品的市场定位、市场动向、商业难题、成本与价格、显性与隐性的商业竞争。

（4）产品品质分析——包括人机界面的关系、产品操作与使用合理性、产品技能的安全性与灵活性以及产品形态、色彩、材质等构成因素。

（5）技术分析——包括提高生产效率、降低废品率、生产管理、制作方法、经济条件等。

在上述分析的基础上，我们还需要立足实际，总结该产品设计的可行性报告，发现问题，寻求突破，制定再设计方案，同时要说明各种风险和准备，从而生产更具竞争力的产品。

4．产品定位

产品设计定位，即在产品开发过程初始，运用商业化的思维方法把模糊的设计元素、市场需求或客户要求转化为具体的产品设计概念以及各种约束和界定，作为设计分析与综合的基准，为新产品的设计方式、方法设定一个恰当的方向，也就是产品的总体开发框架或规划，以使新产品在未来市场上更具有竞争力。

所谓产品设计概念的转化，是对一些零散、杂乱的现实素材，如用户的使用陈述、消费者对未来产品的描述、销售人员提供的销售业绩、维修部门整理的返修记录、同类成功产品的优势采集等信息进行提炼，用文字的形式精准地概括出来，此时需要设计师具有精确的概括能力和敏锐的感悟能力。当面对这些高度概括的文字信息时，设计师还需要具备丰富的想象力，能把概念视觉化的设计技术以多侧面、细节化的透视草图表现出来，并且可以使用这些草图与同事、领导和客户进行沟通。

在逐渐清晰的产品研发方向面前，设计人员开始进入主要角色，根据大量的文字分析报告和企业领导层或甲方的预期市场要求如等级、价格提出具体实施计划。此时，头脑风暴法是团队内设计师经常用到的交流方式。在一定时间内，设计人员聚集在一起，各自阐述自己的设计想象,相互促进,相互启发,针对种种问题提出各种解决方案,在几轮讨论过程中,相对优化的设计定位将会浮出水面。当然,这个过程可长可短,视设计项目的难易而定,但要严格按照时间计划或设计合同中双方签订的时间限制来完成。

总之,产品设计是一项系统工作,它的内容和要求还在不断增多,对它的品质要求还在不断提升,各个环节都在不断地修正和补充。产品设计在进入现代管理过程中时,一个周全而严谨的设计规划是必不可缺的。

5. 基础设计

在基础设计阶段,设计师要把对文字概念化的认识和相对朦胧的想象视觉化地表达出来,需要借助大量草图和计算机辅助设计,逐渐明晰设计外观样貌和重点部位。要求设计师不仅要有纵向设计思维能力,能把一个方案完整、兼具细节考虑的设计呈现出来,还要有横向设计思维能力,可以根据现有素材表达出尽可能多的设计方案,用以在团队、结构师、领导或客户间进行比较、筛选。

图 20-6 所示为餐具设计草图和效果图。分餐具生活方式是这款设计的主要构思,在刀、叉、勺的手柄顶端设有主人姓名或符号的小标签,嵌入式设计可以随情况变化进行更换。图中是从草图到效果图的表现方式。

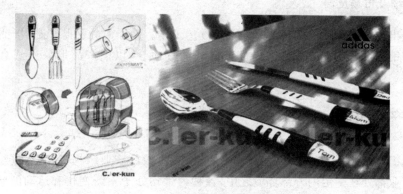

图 20-6　餐具设计草图和效果图

6. 设计讨论与评测

正如基础设计可能要反复进行一样,设计讨论在设计过程中也要反复进行。除主要设计人员参加外,还可以邀请负责结构等相关工作的人员加入,以便在早期提出一些设计问题和难点,适时地在过程中预想可能出现的问题和解决方案或修改方案。所以,这个过程从一定意义上说也是一个评测过程,因为现代产品设计不仅仅是孤立的外观设计,还必须考虑到产品的生产情况,也就是可行性问题以及产品"服役"期间任何情况下的使用状态。

7. 设计展开

在逐阶段讨论、评测、筛选后,设计展开,进行深入设计和完善,在保证功能合理、结构可行以及其他先期条件的同时,也不能忽视各个细节处理,如颜色、纹样、材质运用,界面、按键甚至是图标、标志的位置等。如图 20-7 所示的音箱模型,模型以真实的比例关系再现设计构想,其外观形态、色彩、细节处理都可以起到再验证、再设计的作用。

8. 设计表现（平面表现、立体表现）

设计表现是贯穿整个设计过程始终的，平面表现包括草图、2D 效果图、三视图或六视图等；立体表现包括 3D 效果图、草模型、模型和手板样机。在这个阶段，也要进行设计讨论和评测，验证设计的结果。

图 20-7　音箱模型

9. 生产监督与管理

新产品经过调研、讨论、分析、定位、反复修改和论证，最终以效果图、结构图的方式表现出来，再通过现代数控技术快速成形出来样机进行一系列的相关检测、评价和验证，就基本可以制作模具，组织生产了。但这并不意味着设计人员和结构人员可以完全退出后续环节，因为在生产的各个环节中还可能出现其他问题，尤其是在一些新产品的设计中可能出现以前的生产工艺从未遇到的情况，包括表面处理、色彩等细节问题，需要设计师和结构师及时与技术人员和生产人员进行面对面的探讨和沟通，以使生产过程顺利进行。

10. 市场及市场反馈

产品产出的同时还不能忽视产品的市场宣传工作。设计人员要提早提供产品的基本信息给宣传和销售人员，必要时要组织讲座形式的见面会，以使产品形象得到真实推广和展示。

20.3　产品设计规划

一个组织或企业要维持生存和发展，拥有合格、高效的产业结构，就必须进行规划。任何组织和企业都处在一定的外部环境之中，各种因素均处于不断变化和运动的状态。这些环境中政治的、经济的、技术的等一系列因素的变化，势必要求组织或企业作出相应的变化。

产品设计的内容和工作流程在我们以往的实施中处于相对单一和分散的状态，当时的企业目的也显单纯，仅是完成一件产品的外部造型而已，是整个产品输出过程中一个普通而具体的环节，没有受到特别的重视，更谈不上先期制定任何计划和开发手段。随着我国民族品牌产品止步国门，国际名牌产品又迅速无情地抢占国内市场份额，使本就步履艰难的国有企业雪上加霜，在这种内外环境压力的双重逼迫下，我们的产品设计要寻找内因，进行深刻改革。

产品是企业占领市场、击败对手的载体，是企业形象的集中体现，并且预示着企业未来的发展方向和兴衰成败。产品的打造要跟上时代的步伐，就要提早了解同类产品市场的第一手资料，要预见未来市场的战略战术，要树立和储备自身优势，要做好一切配套、跟踪反馈服务，还要考虑对应策略，安排人员、技术、资金、设备等相互配合，而以上工作需要循环往复，及时加入适时的观念和科学的方法，不断创新改进，这就是产品设计一定要进行系统规划的原因。

其实，设计就是一种规划性质的活动。规划(plan)是指比较长远、全面的发展计划。它具有长远性、全局性、战略性、方向性、概括性和鼓动性,是一定时期内执行与完成某项工作的方案,比计划更侧重现实性、针对性和可操作性。

没有全盘规划,产品设计与开发将带有一定的偶然性。反之,成功的规划方案,有的放矢,可以带领团队从项目导入到输出的每一个阶段运行畅通。即便有突发事件,总体规划也会启动应急措施进行及时调整,保证整体工作的有效性和损失的最小化。产品设计规划属于现代化企业管理模式和运作手段,它是增强新产品投放市场的"定心丸",是企业长期利益的基础和保障,是建立产品品牌的先决条件,更是我国困难企业摆脱现状、走出困境、实现飞跃的最佳选择。

1. 产品设计规划的定义

所谓产品设计规划,是指依据企业整体发展战略目标和现有情况,结合外部动态形势,合理地制定本企业产品的全面发展方向和实施方案以及一些关于周期、进度等的具体问题。产品设计规划在时间上要领先于产品开发阶段,它将直接指导和控制产品开发的全过程。

产品设计规划的主要内容包括:

(1) 产品项目的整体开发时间和阶段任务时间计划。

(2) 确定各个部门和具体人员各自的工作及相互关系与合作要求,明确责任和义务,建立奖惩制度。

(3) 结合企业长期战略,确定该项目具体产品的开发特性、目标、要求等内容:①市场调研;②产品名称、主要功能或改进情况(优势和差异性);③产品风格;④预期客户、用户;⑤产品级别与价位;⑥产品运输与回收;⑦产品售后服务等;⑧产品设计实施;⑨组织产品生产。

(4) 产品设计及生产监控和阶段评估。

(5) 产品风险承担预测和分布。

(6) 产品宣传与推广。

(7) 产品营销策略。

(8) 产品市场反馈及分析。

(9) 建立产品档案。

以上这些内容都应该在产品设计启动前有所安排和定位,虽然这些具体工作涉及不同的专业人员,但其工作的结果却是相互关联和相互影响的,最终将交集完成一个共同的目标,体现共同的利益。需要强调的是,在整个过程中,存在一定的标准化操作技巧,需要专职人员疏通各个环节,监控各个步骤,期间既包括具体事务管理,也包括具体人员管理。

2. 产品设计规划与企业

产品设计规划可以使企业的产品创新工作更稳健地进行,瞄准主要商业目标,避免设计周期的反复和延迟,提高工作效率,降低产品开发投入的风险。

但产品设计规划并不是企业的总体规划,更不能代替企业总体规划,企业还应该进行技术发展规划、人力资源规划等各类资源部署。

总结以上观点,产品设计规划应该包含的内容是基于企业或公司业务战略的规划,如设计产品总体架构(业务)、产品层次关系、产品的业务流程、产品的业务范围、产品的总体架构

（技术）、产品架构层次、产品的技术规范与标准等。此外,还要明确战略与规划之间的关系：企业业务战略规划高于一切,产品设计规划依赖于战略规划的结果,是战略规划的细化；而技术战略则应依赖于产品设计规划,是设计规划的延续与发展。

所谓战略规划,就是制定组织的长期目标并将其付诸实施,它是一个正式的过程和仪式。

制定战略规划一般分为三个阶段：第一个阶段是确定目标,即企业在未来的发展过程中要应对各种变化所要达到的目标；第二阶段是要制定这个规划,当目标确定以后,考虑使用什么手段、什么措施、什么方法来达到这个目标,这就是战略规划；最后,将战略规划形成文本,以备评估、审批,如果审批未能通过的话,那可能还需要多个更迭的过程,需要考虑怎么修正。

3. 产品设计规划与产品创新

企业产品创新一般分为三种类型：一是改进型产品设计,也称改良设计；二是创新型产品设计；三是概念型产品设计。产品设计规划要考虑企业长期的发展目标,做到设计一代,储备二代,发展三代。

产品设计规划在产品创新思路上下工夫的同时,还要逐步建立产品的品牌形象和企业形象。实际上,产品创新是沿着一条产品品牌路线发展的。凡是具有一定规模的企业,都应该在开发前期为自己的产品找准一条家族性的产品设计风格。产品虽然持续不断地更新换代,但其整体风格和品质要始终如一或始终保持在一定的高水平位置,从而形成一个固定的等级形象,即品牌形象。它的价值是潜在的、更为强大的,对产品领先于同类产品、长期占领市场份额、抓住消费者心理具有不可估量的作用。

20.4 产品设计案例

案例：旅游观光车设计

作品简介：作者通过市场调研,以旅游观光车为题,运用仿生学原理,模仿蜗牛的形态进行外部设计。这种承载人数较少,个性化、情趣化的家庭型、情侣型旅游观光交通工具在未来必将成为一种趋势。其设计不足之处是没有考虑动能与材料这两方面,如能结合新能源、新材料进行设计,作品会更加完善。

产品设计流程如下所示。

1. 市场调研

（1）旅游计划调查：据中国旅游网调查显示,绝大部分人在未来一年内都有外出旅游计划,数据如图 20-8 所示。

（2）市场上观光车的现状如图 20-9～图 20-12 所示。

（3）目标人群对观光车乘坐人数需求如图 20-13 所示。

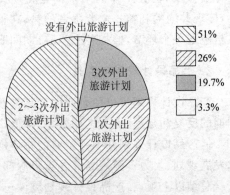

图 20-8　旅游计划比例

图 20-9　家用轿车型观光车

图 20-10　巴士型观光车

图 20-11　特定环境观光车

图 20-12　敞篷观光车

图 20-13　观光车乘坐人数需求

（4）目标人群对观光车造型的需求如图 20-14 所示。

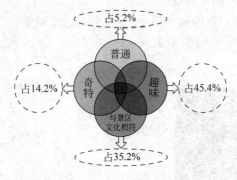

图 20-14　观光车造型的需求

（5）发展空间：旅游业逐步成为我国的支柱产业，而车辆是旅游景区内一道流动的风景线。一辆好的观光车不但能满足人们的旅游需求，推动当地旅游市场的发展，在同行业树立典范，进一步看，还可在一定基础上提升景区的文化品位。专家对我国未来 5 年旅游行业及其他方面的发展预测如图 20-15 所示。

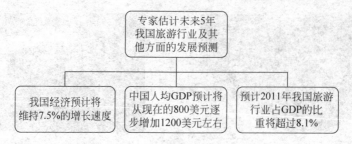

图 20-15　预计我国旅游行业占 GDP 的比重

（6）现状分析：通过从旅游观光车的承载人数、造型、旅游观念等方面对消费群体进行调查所得数据表明，现在人们需要的是一种承载人数较少，个性化、情趣化的家庭型、情侣型旅游观光交通工具的出现。

2．设计理念

针对目前城市景点旅游观光车的情况进行分析研究，采用仿生学的理念进行形态设计，并和旅游观光车的功能相结合。

3．设计构思过程

（1）初步构想：仿鱼的形态（图 20-16）。

图 20-16　仿鱼的形态自由、可爱

优点：形态小巧、可爱，操作灵活、方便。

缺点：车体高度受到限制，内部空间小，不符合人机工程学。

从最初的构思中选择了蜗牛形态进行分析归纳，因为蜗牛的形态亲切、稳重，如图 20-17～图 20-20 所示。

图 20-17　蜗牛的形态

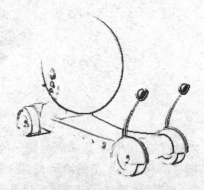

图 20-18　仿蜗牛的形态最初的草图

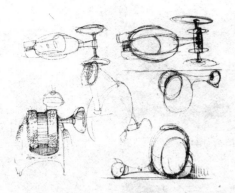

图 20-19　仿蜗牛草图一

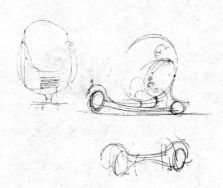

图 20-20　仿蜗牛草图二

（2）优化方案：以蜗牛变形的式样而设计的旅游观光车线条柔和，与大自然和谐统一，让现代人很好地融入大自然的怀抱。由此展开设计，图 20-21～图 20-24 所示为四组优化设计。

图 20-21　优化方案一（草图与计算机辅助设计图）

图 20-22　优化方案二（草图与计算机辅助设计图）

（3）设计定案：经过仔细研究，前三个方案在稳定性、形态的完整性上都有不足，因此选择第四套方案作为最终方案，并对最终方案的细节进行优化设计（图 20-25）。

（4）色彩分析：色彩是产品表现的一个重要因素，产品色彩的功能是向消费者传递某种商品信息，因此产品的色彩与消费者的生理和心理反应密切相关。这里以 6 种颜色进行色彩设计：红色热情、有朝气；黄色明快、亮丽；蓝色沉静、理智；粉色柔美、可爱；金色优美高雅、雍容华贵；绿色象征生命（图 20-26）。

图 20-23　优化方案三（草图与计算机辅助设计图）

图 20-24　优化方案四（草图与计算机辅助设计图）

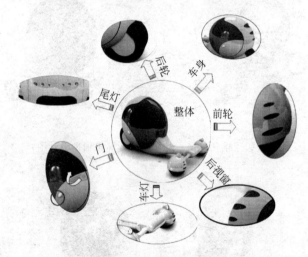

图 20-25　细节设计

图 20-26　配色方案

（5）最终色彩定案：色彩确定为金色。金色给人以尊贵典雅之感，把这种颜色巧妙地运用在此旅游观光车上更能提高观光车的品位和档次，因此选择金色为本观光车的主题色。

（6）设计表达：计算机辅助设计（图 20-27）。

（7）设计制图，见图 20-28。

（8）模型制作如图 20-29 和图 20-30 所示。

图 20-27　计算机辅助设计

4．总结

综上所述，作者运用仿生思维进行设计，不仅设计出一款造型美观、结构精巧且情趣化的旅游产品，而且赋予产品生命的象征，让设计回归自然，促进人类与自然和谐统一，同时也与当地的自然环境和人文景观紧密联系，从而促进我国的旅游行业进一步发展。

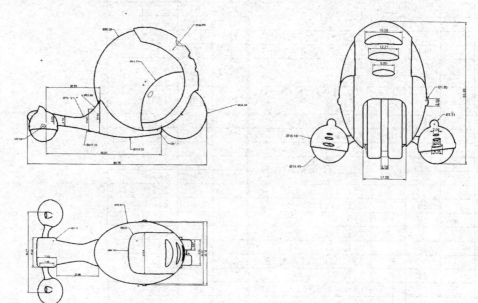

图 20-28　仿蜗牛观光车工程图

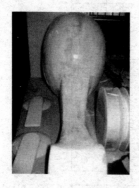

图 20-29　模型制作过程

图 20-30　模型展示

附录 A 螺　　纹

附表 A-1　普通螺纹直径与螺距系列（GB/T 193—2003）

第一系列	第二系列	第三系列	粗牙	细牙
3			0.5	0.35
	3.5		(0.6)	
4			0.7	0.5
	4.5		(0.75)	
5			0.8	
	5.5			
6		7	1	0.75,(0.5)
8			1.25	1,0.75,(0.5)
		9	(1.25)	
10			1.5	1.25,1,0.75,(0.5)
		11	(1.5)	1,0.75,(0.5)
12			1.75	1.5,1.25,1,(0.75),(0.5)
	14		2	1.5,(1.25),1,(0.75),(0.5)
		15		1.5,(1)
16			2	1.5,1,(0.75),(0.5)
		17		1.5,(1)
20	18		2.5	2,1.5,1,(0.75),(0.5)
	22			
24			3	2,1.5,1,(0.75)
		25		2,1.5,(1)
		26		1.5
	27		3	2,1.5,1,(0.75)
		28		2,1.5,1
30			3.5	(3),2,1.5,1,(0.75)
		32		2,1.5
	33		3.5	(3),2,1.5,(1),(0.75)
		35		(1.5)
36			4	3,2,1.5,(1)
		38		1.5
	39		4	3,2,1.5,(1)
		40		(3),(2),1.5
42	45		4.5	(4),3,2,1.5,(1)
48			5	
		50		(3),(2),1.5
	52		5	(4),3,2,1.5,(1)
		55		(4),(3),2,1.5
56			5.5	4,3,2,1.5,(1)
		58		(4),(3),2,1.5
	60		(5.5)	4,3,2,1.5,(1)
		62		(4),(3),2,1.5
64			6	4,3,2,1.5,(1)
		65		(4),(3),2,1.5
	68		6	4,3,2,1.5,(1)
		70		(6),(4),(3),2,1.5

第一系列	第二系列	第三系列	粗牙	细牙
72				6,4,3,2,1.5,(1)
		75		(4),(3),2,1.5
	76			6,4,3,2,1.5,(1)
		78		2
80				6,4,3,2,1.5,(1)
		82		2
90	85			6,4,3,2,(1.5)
100	95			
110	105			
125	115			
	120			
	130	135		
140	150	145		6,4,3,(2)
		155		
160	170	165		
180		175		
	190	185		
200		195		
		205		6,4,3
	210	215		
220		225		
		230		
	240	235		
250		245		
		255		
	260	265		
		270		
		275		6,4,(3)
280		285		
		290		
300		295		
		310		
320		330		6,4
	340	350		
360		370		
400	380	390		
	420	410		
	440	430		
450	460	470		6
	480	490		
500	520	510		
550	540	530		
	560	570		
600	580	590		

注：(1)优先选用第一系列，其次是第二系列，第三系列尽可能不用。(2)括号内尺寸尽可能不用。(3)M14×1.25仅用于火花塞。(4)M35×1.5仅用于滚动轴承锁紧螺母。

附表 A-2　用螺纹密封的管螺纹(摘自 GB/T 7306—1987)

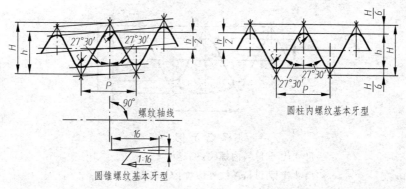

圆锥螺纹基本牙型

圆柱内螺纹基本牙型

标 记 示 例

$1\frac{1}{2}$圆锥内螺纹：$R_c 1\frac{1}{2}$；$1\frac{1}{2}$圆柱内螺纹：$R_p 1\frac{1}{2}$

$1\frac{1}{2}$圆锥外螺纹：$R 1\frac{1}{2}$；$1\frac{1}{2}$圆柱外螺纹；左旋：$R 1\frac{1}{2}\text{-LH}$

圆锥内螺纹与圆锥外螺纹的配合：$R_c 1\frac{1}{2}/R 1\frac{1}{2}$

圆柱内螺纹与圆锥外螺纹的配合：$R_p 1\frac{1}{2}/R 1\frac{1}{2}$

左旋圆锥内螺纹与圆锥外螺纹的配合：$R_c 1\frac{1}{2}/R 1\frac{1}{2}\text{-LH}$

尺寸代号	每25.4mm内的牙数 n	螺距 P /mm	牙高 h /mm	圆弧半径 $r\approx$/mm	基面上的基本直径/mm			基准距离/mm	有效螺纹长度/mm
					大径(基准直径)$d=D$	中径 d_2 $=D_2$	小径 d_1 $=D_1$		
1/16	28	0.907	0.581	0.125	7.723	7.142	6.561	4.0	6.5
1/8	28	0.907	0.581	0.125	9.728	9.147	8.566	4.0	6.5
1/4	19	1.337	0.856	0.184	13.157	12.301	11.445	6.0	9.7
3/8	19	1.337	0.856	0.184	16.662	15.806	14.950	6.4	10.1
1/2	14	1.814	1.162	0.249	20.95	19.793	18.631	8.2	13.2
3/4	14	1.814	1.162	0.249	26.441	25.279	24.117	9.5	14.5
1	11	2.309	1.479	0.317	33.249	31.770	30.291	10.4	16.8
11/4	11	2.309	1.479	0.317	41.910	40.431	38.952	12.7	19.1
11/2	11	2.309	1.479	0.317	47.803	46.324	44.845	12.7	19.1
2	11	2.309	1.479	0.317	59.614	58.135	56.656	15.9	23.4
21/2	11	2.309	1.479	0.317	75.184	73.705	72.226	17.5	26.7
3	11	2.309	1.479	0.317	87.884	86.405	84.926	20.6	29.8
31/2[1]	11	2.309	1.479	0.317	100.330	98.851	97.372	22.2	31.4
4	11	2.309	1.479	0.317	113.030	111.551	110.072	25.4	35.8
5	11	2.309	1.479	0.317	138.430	136.951	135.472	28.6	40.1
6	11	2.309	1.479	0.317	163.830	162.351	160.872	28.6	40.1

[1] 尺寸代号为 31/2 的螺纹,限用于蒸汽机车。

附表 A-3　非螺纹密封的管螺纹(摘自 GB/T 7307—2001)

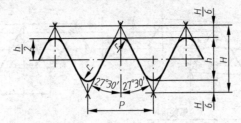

标 记 示 例

尺寸代号 1½,内螺纹:G1½

尺寸代号 1½,A 纹外螺纹:G1½A

尺寸代号 1½,B 纹外螺纹,左旋:G1½B-LH

螺纹装配标记:右旋　G1½/G1½A

　　　　　　　左旋　G1½/G1½A-LH

尺寸代号	每 25.4mm 内的牙数 n	螺距 P /mm	牙高 h /mm	圆弧半径 $r \approx$ /mm	基本直径/mm		
					大径 $d = D$	中径 $d_2 = D_2$	小径 $d_1 = D_1$
1/16	28	0.907	0.581	0.125	7.723	7.142	6.561
1/8	28	0.907	0.581	0.125	9.728	9.147	8.566
1/4	19	1.337	0.856	0.184	13.157	12.301	11.445
3/8	19	1.337	0.856	0.184	16.662	15.806	14.950
1/2	14	1.814	1.162	0.249	20.95	19.793	18.631
5/8	14	1.814	1.162	0.249	22.911	21.749	20.587
3/4	14	1.814	1.162	0.249	26.441	25.279	24.117
7/8	14	1.814	1.162	0.249	30.201	29.039	27.877
1	11	2.309	1.479	0.317	33.249	31.770	30.291
11/8	11	2.309	1.479	0.317	37.897	36.481	34.939
11/4	11	2.309	1.479	0.317	41.910	40.431	38.952
11/2	11	2.309	1.479	0.317	47.803	46.324	44.845
13/4	11	2.309	1.479	0.317	53.746	52.267	50.788
2	11	2.309	1.479	0.317	59.614	58.135	56.656
21/4	11	2.309	1.479	0.317	65.710	64.231	62.752
21/2	11	2.309	1.479	0.317	75.184	73.705	72.226
23/4	11	2.309	1.479	0.317	81.534	80.055	78.576
3	11	2.309	1.479	0.317	87.884	86.405	84.926
31/2	11	2.309	1.479	0.317	100.330	98.851	97.372
4	11	2.309	1.479	0.317	113.030	111.551	110.072
41/2	11	2.309	1.479	0.317	125.730	124.251	122.772
5	11	2.309	1.479	0.317	138.430	136.951	135.472
51/2	11	2.309	1.479	0.317	151.130	149.651	148.172
6	11	2.309	1.479	0.317	136.830	162.351	160.872

附表 A-4　梯形螺纹基本尺寸(摘自 GB/T 5796.3—2005)

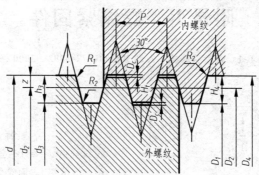

标 记 示 例

公称直径 40mm,导程 14mm,螺距为 7mm 的双线左旋梯形螺纹:

Tr40×14(P7)LH

mm

公称直径 d		螺距 P	中径 $d_2 = D_2$	大径 D_4	小径		公称直径 d		螺距 P	中径 $d_2 = D_2$	大径 D_4	小径	
第一系列	第二系列				d_3	D_1	第一系列	第二系列				d_3	D_1
8		1.5	7.25	8.30	6.20	6.50			3	24.50	26.50	22.50	23.00
	9	1.5	8.25	9.30	7.20	7.50		26	5	23.50	26.50	20.50	21.00
		2	8.00	9.50	6.50	7.00			8	22.00	27.00	17.00	18.00
10		1.5	9.25	10.30	8.20	8.50			3	26.50	28.50	24.50	25.00
		2	9.00	10.50	7.50	8.00	28		5	25.50	28.50	22.50	23.00
	11	2	10.00	11.50	8.50	9.00			8	24.00	29.00	19.00	20.00
		3	9.50	11.50	7.50	8.00			3	28.50	30.50	26.50	27.00
12		2	11.00	12.50	9.50	10.00		30	6	27.00	31.00	23.00	24.00
		3	10.50	12.50	8.50	9.00			10	25.00	31.00	19.00	20.00
	14	2	13.00	14.50	11.50	12.00			3	30.50	32.50	28.50	29.00
		3	12.50	14.50	10.50	11.00	32		6	29.00	33.00	25.00	26.00
16		2	15.00	16.50	13.50	14.00			10	27.00	33.00	21.00	22.00
		4	14.00	16.50	11.50	12.00			3	32.50	34.50	30.50	31.00
	18	2	17.00	18.50	15.50	16.00		34	6	31.00	35.00	27.00	28.00
		4	16.00	18.50	13.50	14.00			10	29.00	35.00	23.00	24.00
20		2	19.00	20.50	17.50	18.00			3	34.50	36.50	32.50	33.00
		4	18.00	25.00	15.50	16.00	36		6	33.00	37.00	29.00	30.00
		3	20.50	22.50	18.50	19.00			10	31.00	37.00	25.00	26.00
	22	5	19.50	22.50	16.50	17.00			3	36.50	38.50	34.50	35.00
		8	18.00	23.00	14.00	14.00		38	7	34.50	39.00	30.00	31.00
		3	22.50	24.50	20.50	21.00			10	30.00	39.00	27.00	28.00
24		5	21.50	24.50	18.50	19.00	40		3	38.50	40.50	36.50	37.00
		8	20.00	25.00	15.00	16.00			7	36.50	41.00	32.00	33.00
									10	35.00	41.00	29.00	30.00

附录 B 螺纹紧固件

附表 B-1 六角头螺栓—A 和 B 级（GB/T 5782—2000）摘编

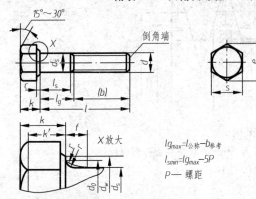

标记示例

螺纹规格 d＝M12、公称长度 l＝80mm、性能等级为 8.8 级、表面氧化、A 级的六角头螺栓：

螺栓 GB 5782—86 M12×80

$lg_{max}=l_{公称}-b_{参考}$

$l_{smin}=lg_{max}-5P$

P— 螺距

mm

螺纹规格 d			M3	M4	M5	M6	M8	M10	M12	M16	M20	M24	M30	M36	M42	M48	M56	M64
b 参考	$l\leqslant125$		12	14	16	18	22	26	30	38	46	54	66	78	—	—	—	—
	$125<l\leqslant200$		—	—	—	—	28	32	36	44	52	60	72	84	96	105	124	140
	$l>200$		—	—	—	—	—	—	—	57	65	73	85	97	109	121	137	153
c	min		0.15	0.15	0.15	0.15	0.15	0.15	0.15	0.2	0.2	0.2	0.2	0.2	0.3	0.3	0.3	0.3
	max		0.4	0.4	0.5	0.5	0.6	0.6	0.6	0.8	0.8	0.8	0.8	0.8	1	1	1	1
d_B	max		3.6	4.7	5.7	6.8	9.2	11.2	13.7	17.7	22.4	26.4	33.4	39.4	45.6	52.6	63	71
d_B		max	3	4	5	6	8	10	12	16	20	24	30	36	42	48	56	64
	min 产品等级	A	2.86	3.82	4.82	5.82	7.78	9.78	11.73	15.73	19.67	23.67	—	—	—	—	—	—
		B			4.70	5.70	7.64	9.64	11.57	15.57	19.48	23.48	29.48	35.38	41.38	47.38	55.26	63.26
d_w	min 产品等级	A	4.6	5.9	6.9	8.9	11.6	14.6	16.6	22.5	28.2	33.6	—	—	—	—	—	—
		B			6.7	8.7	11.4	14.4	16.4	22	27.7	33.52	42.7	51.1	60.6	69.4	78.7	88.2
e	min 产品等级	A	6.07	7.66	8.79	11.05	14.38	17.77	20.03	26.75	33.53	39.98	—	—	—	—	—	—
		B			8.63	10.89	14.20	17.59	19.85	26.17	32.95	39.55	50.85	60.79	72.02	82.6	93.56	104.86
f		max	1	1.2	1.2	1.4	2	2	3	3	4	4	6	6	8	8	10	13
k	公称		2	2.8	3.5	4	5.3	6.4	7.5	10	12.5	15	18.7	22.5	26	30	35	40
	产品等级 A	min	1.88	2.68	3.35	3.85	5.15	6.22	7.32	9.82	12.28	14.78	—	—	—	—	—	—
		max	2.12	2.92	3.65	4.15	5.45	6.58	7.68	10.18	12.72	15.22	—	—	—	—	—	—
	产品等级 B	min			3.26	3.76	5.06	6.11	7.21	9.71	12.15	14.65	18.26	22.08	25.58	29.58	34.5	39.5
		max			3.74	4.24	5.54	6.69	7.79	10.29	12.85	15.35	19.12	22.92	26.42	30.42	33.5	40.5
k'	min 产品等级	A	1.3	1.9	2.3	2.7	3.6	4.4	5.1	6.9	8.6	10.3	—	—	—	—	—	—
		B			2.3	2.6	3.5	4.3	5	6.8	8.5	10.2	12.8	15.5	17.9	20.9	24.2	27.6
r		min	0.1	0.2	0.2	0.25	0.4	0.4	0.6	0.6	0.8	0.8	1	1	1.2	1.6	2	2
s	max＝公称		5.5	7	8	10	13	16	18	24	30	36	46	55	65	75	85	95
	min 产品等称	A	5.32	6.78	7.78	9.78	12.73	15.73	17.73	23.67	29.67	35.38	—	—	—	—	—	—
		B			7.64	9.64	12.57	15.57	17.57	23.16	29.16	35	45	53.8	63.8	73.1	82.8	92.8
l(商品规格范围及通用规格)			20~30	25~40	25~50	30~60	35~80	40~100	45~120	55~160	65~200	80~240	90~300	110~360	130~400	140~400	160~400	200~400
l 系列			20,25,30,35,40,45,50,55,60,(65),70,80,90,100,110,120,130,140,150,160, 180,200,220,240,260,280,300,320,340,360,380,400															

注：A 和 B 为产品等级，A 级用于 $d\leqslant24$ 和 $l\leqslant10d$ 或 $l\leqslant150$mm（按较小值）的螺栓；B 级用于 $d>24$ 或 $l>10d$ 或 $l>150$mm（按较小值）的螺栓。尽可能不采用括号内的规格。

381

附表 B-2　双头螺柱

$b_m=1d$（GB/T 897—1988）　　$b_m=1.25d$（GB/T 898—1988）
$b_m=1.5d$（GB/T 899—1988）　　$b_m=2d$（GB/T 900—1988）摘编

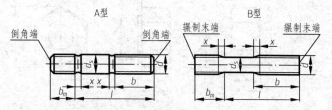

未端按 GB 2—85 的规定；$d_B\approx$螺纹中径（仅适用于 B 型）

标 记 示 例

两端均为粗牙普通螺纹，$d=10\text{mm}$、$l=50\text{mm}$、性能等级为 4.8 级、不经表面处理、B 型、$b_m=1d$ 的双头螺柱：

螺柱　GB 897—88　M10×50

旋入机件一端为粗牙普通螺纹，旋螺母一端为螺母 $P=1\text{mm}$ 的细牙普通螺纹，$d=10\text{mm}$、$l=50\text{mm}$、性能等级为 4.8 级、不级表面处理、A 型、$b_m=1d$ 的双头螺柱：

螺柱　GB 897—88　AM10—M10×1×50

mm

螺纹规格 d	b_m（公称）				l/b
	GB 897—88	GB 898—88	GB 899—88	GB 900—88	
M2			3	4	12～16/6、20～25/10
M2.5			3.5	5	16/8、20～30/11
M3			4.5	6	16～20/6、25～40/12
M4			6	8	16～20/8、25～40/14
M5	5	6	8	10	16～20/10、25～50/16
M6	6	8	10	12	20/10、25～30/14、35～70/18
M8	8	10	12	16	20/12、25～30/16、35～90/22
M10	10	12	15	20	25/14、30～35/16、40～120/26、130/32
M12	12	15	18	24	25～30/16、35～40/20、45～120/30、130～180/36
M16	16	20	24	32	30～35/20、40～50/30、60～120/38、130～200/44
M20	20	25	30	40	35～40/25、45～60/35、70～120/46、130～200/52
M24	24	30	36	48	45～50/30、60～70/45、80～120/54、130～200/60
M30	30	38	45	60	60/40、70～90/50、100～120/66、130～200/72、210～250/85
M36	36	45	54	72	70/45、80～110/60、120/78、130～200/84、210～300/97
M42	42	50	63	84	70～80/50、90～110/70、120/90、130～200/96、210～300/109
M48	48	60	72	96	80～90/60、100～110/80、120/102、130～200/108、210～300/121
l（系列）	12,16,20,25,30,35,40,45,50,60,70,80,90,100,110,120,130,140,150,160,170,180,190,200,210,220,230,240,250,260,280,300				

注：(1)尽可能不用括号内的规格。(2)GB 897—88 M24、M30 有括号(M24)、(M30)。(3)GB 898—88 (M14)、(M18)、(M22)、(M27)均无括号。

附表 B-3　1 型六角螺母—A 和 B 级（摘自 GB/T 6170—2000）

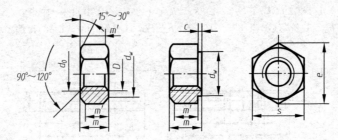

标 记 示 例

螺纹规格 D＝M12、性能等级为 10 级、不经表面处理、A 级的 1 型六角螺母：

螺母　GB 6170—86　M12

mm

螺纹规格 D		M1.6	M2	M2.5	M3	M4	M5	M6	M8	M10	M12
c	max	0.2	0.2	0.3	0.4	0.4	0.5	0.5	0.6	0.6	0.6
d_a	max	1.84	2.3	2.9	3.45	4.6	5.75	6.75	8.75	10.8	13
	min	1.6	2	2.5	3	4	5	6	8	10	12
d_w	min	2.4	3.1	4.1	4.6	5.9	6.9	8.9	11.6	14.6	16.6
e	min	3.41	4.32	5.45	6.01	7.66	8.79	11.05	14.38	17.77	20.03
m	max	1.3	1.6	2	2.4	3.2	4.7	5.2	6.8	8.4	10.8
	min	1.05	1.35	1.75	2.15	2.9	4.4	4.9	6.44	8.04	10.37
m'	min	0.8	1.1	1.4	1.7	2.3	3.5	3.9	5.1	6.4	8.3
m''	min	0.7	0.9	1.2	1.5	2	3.1	3.4	4.5	5.6	7.3
s	max	3.2	4	5	5.5	7	8	10	13	16	18
	min	3.02	3.82	4.82	5.32	6.78	7.78	9.78	12.73	15.73	17.73
螺纹规格 D		M16	M20	M24	M30	M36	M42	M48	M56	M64
c	max	0.8	0.8	0.8	0.8	0.8	1	1	1	1.2
d_a	max	17.3	21.6	25.9	32.4	38.9	45.4	51.8	60.5	69.1
	min	16	20	24	30	36	42	48	56	64
d_w	min	22.5	27.7	33.2	42.7	51.1	60.6	69.4	78.7	88.2
e	min	26.75	32.95	39.55	50.85	60.79	72.02	82.6	93.56	104.86
m	max	14.8	18	21.5	25.6	31	34	38	45	51
	min	41.1	16.9	20.2	24.3	29.4	32.4	36.4	43.4	49.1
m'	min	11.3	13.5	16.2	19.4	23.5	25.9	29.1	34.7	39.3
m''	min	9.9	11.8	14.1	17	20.6	22.7	25.5	30.4	34.4
s	max	24	30	36	46	55	65	75	85	95
	min	23.67	29.16	35	45	53.8	63.8	73.1	82.8	92.8

注：（1）A 级用于 $D \leqslant 16$ 的螺母；B 级用于 $D > 16$ 的螺母，本表仅按商品规格和通用规格列出。

　　（2）螺纹规格为 M8～M64、细牙、A 级和 B 级的 1 型六角螺母，请查阅 GB 6171—86。

383

附表 B-4　1 型六角开槽螺母—A 和 B 级（摘自 GB/T 6178—1986）

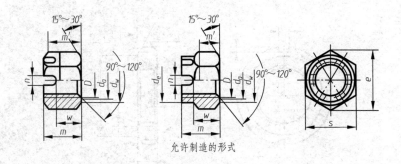

允许制造的形式

标 记 示 例

螺纹规格 D＝M5、性能等级为 8 级、不经表面处理、A 级的 1 型六角开槽螺母：

螺母　GB 6178—86　M5

mm

螺纹规格 D		M4	M5	M6	M8	M10	M12	M16	M20	M24	M30	M36
d_a	max	4.6	5.75	6.75	8.75	10.8	13	17.3	21.6	25.9	32.4	38.9
	min	4	5	6	8	10	12	16	20	24	30	36
d_c	max	—	—	—	—	—		—	28	34	42	50
	min	—	—	—	—	—		—	27.16	33	41	49
d_w	min	5.9	6.9	8.9	11.6	14.6	16.6	22.5	27.7	33.2	42.7	51.1
e	min	7.66	8.79	11.05	14.38	17.77	20.03	26.75	32.95	39.55	50.85	60.79
m	max	5	6.7	7.7	9.8	12.4	15.8	20.8	24	29.5	34.6	40
	min	4.7	6.4	7.34	9.44	11.97	15.37	20.28	23.16	28.66	33.6	39
m'	min	2.32	3.52	3.92	5.15	6.43	8.3	11.28	13.52	16.16	19.44	23.52
n	min	1.2	1.4	2	2.5	2.8	3.5	4.5	4.5	5.5	7	7
	max	1.8	2	2.6	3.1	3.4	4.25	5.7	5.7	6.7	8.5	8.5
s	max	7	8	10	13	16	18	24	30	36	46	55
	min	6.78	7.78	9.78	12.73	15.73	17.73	23.67	29.16	35	45	53.8
w	max	3.2	4.7	5.2	6.8	8.4	10.8	14.8	18	21.5	25.6	31
	min	2.9	4.4	4.9	6.44	8.04	10.37	14.37	17.17	20.88	24.98	30.38
开口销		1×10	1.2×12	1.6×14	2×16	2.5×20	3.2×22	4×28	4×36	5×40	6.3×50	6.3×63

注：A 级用于 D≤16 的螺母；B 级用于 D>16 的螺母。螺纹规格 D＝M14 的螺母尽可能不采用，本表未列入。

附表 B-5　圆螺母(GB/T 812—1988)

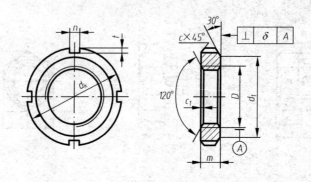

标 记 示 例

螺纹规格 D＝M16×1.5、材料为 45 钢、槽或全部热处理后硬度 35～45HRC、表面氧化的圆螺母：

螺母　GB/T 812　M16×1.5

mm

D	d_k	d_1	m	n min	t min	C	C_1	D	d_k	d_1	m	n min	t min	C	C_1
M10×1	22	16	8	4	2	0.5		M64×2	95	84	12	8	3.5	1.5	1
M12×1.25	25	19	8	4	2	0.5		M65×2*	95	84	12	8	3.5	1.5	1
M14×1.5	28	20	8	4	2	0.5		M68×2	100	88	12	8	3.5	1.5	1
M16×1.5	30	22	8	4	2	0.5		M72×2	105	93	15	10	4	1.5	1
M18×1.5	32	24	8	4	2	0.5		M75×2*	105	93	15	10	4	1.5	1
M20×1.5	35	27	8	4	2	0.5		M76×2	110	98	15	10	4	1.5	1
M22×1.5	38	30	8	5	2.5	0.5		M80×2	115	103	15	10	4	1.5	1
M24×1.5	42	34	8	5	2.5	0.5		M85×2	120	108	15	10	4	1.5	1
M25×1.5*	42	34	8	5	2.5	0.5		M90×2	125	112	18	10	4	1.5	1
M27×1.5	45	37	8	5	2.5	1		M95×2	130	117	18	12	5	1.5	1
M30×1.5	48	40	8	5	2.5	1		M100×2	135	122	18	12	5	1.5	1
M33×1.5	52	43	10	5	2.5	0.5		M105×2	140	127	18	12	5	1.5	1
M35×1.5*	52	43	10	5	2.5	0.5		M110×2	150	135	18	12	5	1.5	1
M36×1.5	55	46	10	5	2.5	0.5		M115×2	155	140	22	14	6	1.5	1
M39×1.5	58	49	10	6	3	0.5		M120×2	160	145	22	14	6	1.5	1
M40×1.5*	58	49	10	6	3	0.5		M125×2	165	150	22	14	6	1.5	1
M42×1.5	62	53	10	6	3	0.5		M130×2	170	155	22	14	6	1.5	1
M45×1.5	68	59	10	6	3	0.5		M140×2	180	165	22	14	6	1.5	1
M48×1.5	72	61	12	8	3.5	1.5		M150×2	200	180	26	16	7	2	1.5
M50×1.5*	72	61	12	8	3.5	1.5		M160×3	210	190	26	16	7	2	1.5
M52×1.5	78	67	12	8	3.5	1.5		M170×3	220	200	26	16	7	2	1.5
M55×2*	78	67	12	8	3.5	1.5		M180×3	230	210	26	16	7	2	1.5
M56×2	85	74	12	8	3.5	1		M190×3	240	220	30	16	7	2	1.5
M60×2	90	79	12	8	3.5	1		M200×3	250	230	30	16	7	2	1.5

注：(1) 槽数 n：当 D≤M100×2 时，n＝4；当 D≥M105×2 时，n＝6。

　　(2) 标有 * 者仅用于滚动轴承锁紧装置。

附表B-6 小垫圈—A级(GB/T 848—1985)、平垫圈—A级(GB/T 97.1—1985)
平垫圈 倒角型—A级(GB/T 97.2—1985)、大垫圈—A级(GB/T 96—1985)摘编

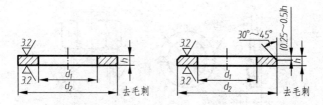

标 记 示 例

标准系列、公称尺寸 $d=8$mm、性能等级为140HV级、不经表面处理的平垫圈：

垫圈 GB 97.1—85 8—140HV

mm

公称尺寸（螺纹规格）d		1.6	2	2.5	3	4	5	6	8	10	12	14	16	20	24	30	36
内径 d_1 max	GB 848—85	1.84	2.34	2.84	3.38	4.48	5.48	6.62	8.62	10.77	13.27	15.27	17.27	21.33	25.33	31.33	37.62
内径 d_1 max	GB 97.1—85	1.84	2.34	2.84	3.38	4.48	5.48	6.62	8.62	10.77	13.27	15.27	17.27	21.33	25.33	31.33	37.62
内径 d_1 max	GB 97.2—85	—	—	—	—	—	5.48	6.62	8.62	10.77	13.27	15.27	17.27	21.33	25.33	31.39	37.62
内径 d_1 max	GB 96—85	—	—	—	3.38	4.48	5.48	6.62	8.62	10.77	13.27	15.27	17.27	22.52	26.84	34	40
内径 d_1 公称(min)	GB 848—85	1.7	2.2	2.7	3.2	4.3	5.3	6.4	8.4	10.5	13	15	17	21	25	31	37
内径 d_1 公称(min)	GB 97.1—85	1.7	2.2	2.7	3.2	4.3	5.3	6.4	8.4	10.5	13	15	17	21	25	31	37
内径 d_1 公称(min)	GB 97.2—85	—	—	—	—	—	5.3	6.4	8.4	10.5	13	15	17	21	25	31	37
内径 d_1 公称(min)	GB 96—85	—	—	—	3.2	4.3	5.3	6.4	8.4	10.5	13	15	17	22	26	33	39
外径 d_2 公称(max)	GB 848—85	3.5	4.5	5	6	8	9	11	15	18	20	24	28	34	39	50	60
外径 d_2 公称(max)	GB 97.1—85	4	5	6	7	9	10	12	16	20	24	28	30	37	44	56	66
外径 d_2 公称(max)	GB 97.2—85	—	—	—	—	—	10	12	16	20	24	28	30	37	44	56	66
外径 d_2 公称(max)	GB 96—85	—	—	—	9	12	15	18	24	30	37	44	50	60	72	92	110
外径 d_2 min	GB 848—85	3.2	4.2	4.7	5.7	7.64	8.64	10.57	14.57	17.57	19.48	23.48	27.48	33.38	38.38	49.38	58.8
外径 d_2 min	GB 97.1—85	3.7	4.7	5.7	6.64	8.64	9.64	11.56	15.57	19.48	23.48	27.48	29.48	36.38	43.48	55.26	64.8
外径 d_2 min	GB 97.2—85	—	—	—	—	—	9.64	11.56	15.57	19.48	23.48	27.48	29.48	36.38	43.48	55.26	64.8
外径 d_2 min	GB 96—85	—	—	—	8.64	11.57	14.57	17.57	23.48	29.48	36.38	43.38	49.38	58.1	70.1	89.8	107.8
厚度 h 公称	GB 848—85	0.3	0.3	0.5	0.5	0.5	1	1.6	1.6	1.6	2	2.5	2.5	2.5	3	4	5
厚度 h 公称	GB 97.1—85	0.3	0.3	0.5	0.5	0.8	1	1.6	1.6	2	2.5	2.5	3	3	4	4	5
厚度 h 公称	GB 97.2—85	—	—	—	—	—	1	1.6	1.6	2	2.5	2.5	3	3	4	4	5
厚度 h 公称	GB 96—85	—	—	—	0.8	1	1.2	1.6	2	2.5	3	3	3	4	5	6	8
厚度 h max	GB 848—85	0.35	0.35	0.55	0.55	0.55	1.1	1.8	1.8	1.8	2.2	2.7	2.7	2.7	3.3	4.3	5.6
厚度 h max	GB 97.1—85	0.35	0.35	0.55	0.55	0.9	1.1	1.8	1.8	2.2	2.7	2.7	3.3	3.3	4.3	4.3	5.6
厚度 h max	GB 97.2—85	—	—	—	—	—	1.1	1.8	1.8	2.2	2.7	2.7	3.3	3.3	4.3	4.3	5.6
厚度 h max	GB 96—85	—	—	—	0.9	1.1	1.4	1.8	2.2	2.7	3.3	3.3	3.3	4.6	6	7	9.2
厚度 h min	GB 848—85	0.25	0.25	0.45	0.45	0.45	0.9	1.4	1.4	1.4	1.8	2.3	2.3	2.3	2.7	3.7	4.4
厚度 h min	GB 97.1—85	0.25	0.25	0.45	0.45	0.7	0.9	1.4	1.4	1.8	2.3	2.3	2.7	2.7	3.7	3.7	4.4
厚度 h min	GB 97.2—85	—	—	—	—	—	0.9	1.4	1.4	1.8	2.3	2.3	2.7	2.7	3.7	3.7	4.4
厚度 h min	GB 96—85	—	—	—	0.7	0.9	1.0	1.4	1.8	2.3	2.7	2.7	2.7	3.4	4	5	6.8

附表 B-7　标准型弹簧垫圈(GB/T 93—1987)、轻型弹簧垫圈(GB/T 859—1987)摘编

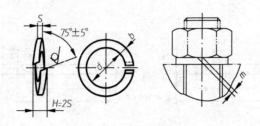

标 记 示 例

规格 16mm、材料为 65Mn、表面氧化的标准型弹簧垫圈：

垫圈　GB 97—87　16

规格 16mm、材料为 65Mn、表面氧化的轻型弹簧垫圈：

垫圈　GB 859—87　16

mm

规格(螺纹大径)		2	2.5	3	4	5	6	8	10	12	16	20	24	30	36	42	48
d	min	2.1	2.6	3.1	4.1	5.1	6.1	8.1	10.2	12.2	16.2	20.2	24.5	30.5	36.5	42.5	48.5
	max	2.35	2.85	3.4	4.4	5.4	6.68	8.68	10.9	12.9	16.9	21.04	25.5	31.5	37.7	43.7	49.7
$s(b)$ 公称	GB 93—87	0.5	0.65	0.8	1.1	1.3	1.6	2.1	2.6	3.1	4.1	5	6	7.5	9	10.5	12
s 公称	GB 859—87	—	—	0.6	0.8	1.1	1.3	1.6	2	2.5	3.2	4	5	6	—	—	—
b 公称	GB 859—87	—	—	1	1.2	1.5	2	2.5	3	3.5	4.5	5.5	7	9	—	—	—
H	GB 93—87 min	1	1.3	1.6	2.2	2.6	3.2	4.2	5.2	6.2	8.2	10	12	15	18	21	24
	GB 93—87 max	1.25	1.63	2	2.75	3.25	4	5.25	6.5	7.75	10.25	12.5	15	18.75	22.5	26.25	30
	GB 859—87 min	—	—	1.2	1.6	2.2	2.6	3.2	4	5	6.4	8	10	12	—	—	—
	GB 859—87 max	—	—	1.5	2	2.75	3.25	4	5	6.25	8	10	10.2	15	—	—	—
$m\leqslant$	GB 93—87	0.25	0.33	0.4	0.55	0.65	0.8	1.05	1.3	1.55	2.05	2.5	3	3.75	4.5	5.25	6
	GB 859—87	—	—	0.3	0.4	0.55	0.65	0.8	1	1.25	1.6	2	2.5	3	—	—	—

注：m 应大于零。

附表 B-8　圆螺母用止动垫圈（GB/T 858—1988）

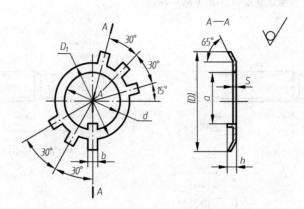

标 记 示 例

规格 16mm、材料为 Q215、经退火、表面氧化的圆螺母用止动垫圈：

垫圈　GB/T 858　16

mm

规格(螺纹大径)	d	(D)(参考)	D_1	S	b	a	h	轴端	
								b_1	t
14	14.5	32	20	1	3.8	11	3	4	10
16	16.5	34	22			13			12
18	18.5	35	24			15			14
20	20.5	38	27			17			16
22	22.5	42	30		4.8	19	4	5	18
24	24.5	45	34			21			20
25*	25.5	45	34			22			—
27	27.5	48	37			24			23
30	30.5	52	40			27			26
33	33.5	56	43	1.5	5.7	30	5	6	29
35*	35.5	56	43			32			—
36	36.5	60	46			33			32
39	39.5	62	49			36			35
40*	40.5	62	49			37			—
42	42.5	66	53			39			38
45	45.5	72	59			42			41
48	48.5	76	61			45			44
50*	50.5	76	61		7.7	47	6	8	—
52	52.5	82	67			49			48
55*	56	82	67	1.5	7.7	52	6	8	—
56	57	90	74			53			52
60	61	94	79			57			56
64	65	100	84			61			60
65*	66	100	84			62			—
68	69	105	88		9.6	65		10	64
72	73	110	93			69			68
75*	76	110	93			71			—
80	81	120	103			76			74
85	86	125	108			81			79
90	91	130	112	2	11.6	86	7	12	84
95	96	135	117			91			89
100	101	140	122			96			94
105	106	145	127			101			99
110	111	156	135			106			104
115	116	160	140		13.5	111		14	109
120	121	166	145			116			114
125	126	170	150			121			119

注：标有 * 仅用于滚动轴承锁紧装置。

附表 B-9 开槽圆柱头螺钉（GB/T 65—2000）、开槽盘头螺钉（GB/T 67—2000）、

开槽沉头螺钉（GB/T 68—2000）

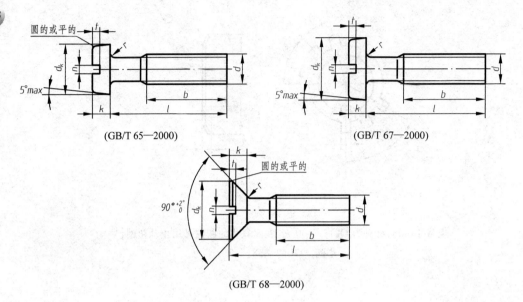

(GB/T 65—2000)　　　　　(GB/T 67—2000)

(GB/T 68—2000)

标 记 示 例

螺纹规格 d＝M5、公称长度 l＝20mm、性能等级为 4.8 级，不经表面处理的 A 级开槽圆柱头螺钉：

螺钉　GB/T 65　M5×20

mm

	螺纹规格 d	M1.6	M2	M2.5	M3	M4	M5	M6	M8	M10
GB/T 65 —2000	d_k 公称＝max	3	3.8	4.5	5.5	7	8.5	10	13	16
	k 公称＝max	1.1	1.4	1.8	2	2.6	3.3	3.9	5	6
	t min	0.45	0.6	0.7	0.85	1.1	1.3	1.6	2	2.4
	l	2～16	3～20	3～25	4～35	5～40	6～50	8～60	10～80	12～80
	全螺纹时最大长度	全螺纹					40	40	40	40
GB/T 67 —2000	d_k 公称＝max	3.2	4	5	5.6	8	9.5	12	16	20
	k 公称＝max	1	1.3	1.5	1.8	2.4	3	3.6	4.8	6
	t min	0.35	0.5	0.6	0.7	1	1.2	1.4	1.9	2.4
	l	2～16	2.5～20	3～25	4～30	5～40	6～50	8～60	10～80	12～80
	全螺纹时最大长度	全螺纹					40	40	40	40
GB/T 68 —2000	d_k 公称＝max	3	3.8	4.7	5.5	8.4	9.3	11.3	15.8	18.3
	k 公称＝max	1	1.2	1.5	1.65	2.7	2.7	3.3	4.65	5
	t min	0.32	0.4	0.5	0.6	1	1.1	1.2	1.8	2
	l	2.5～16	3～20	4～25	5～30	6～40	8～50	8～60	10～80	12～80
	全螺纹时最大长度	全螺纹					45	45	45	45
	n	0.4	0.5	0.6	0.8	1.2	1.2	1.6	2	2.5
	b	25					38			
	l（系列）	2,2.5,3,4,5,6,8,10,12,(14),16,20,25,30,35,40,45,50,(55),60, (65),70,(75),80								

附表 B-10　内六角圆柱头螺钉(GB/T 70.1—2000)摘编

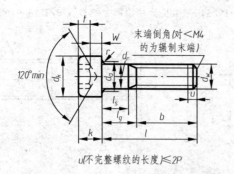

u(不完整螺纹的长度)≤2P

允许倒圆
或制出沉孔

标 记 示 例

螺纹规格 d＝M5、公称长度 l＝20mm、性能等级为 8.8 级、表面氧化的内六角圆柱头螺钉：

螺钉　GB 70—85　M5×20

mm

螺纹规格 d		M3	M4	M5	M6	M8	M10	M12	M16	M20	M24
螺距 P		0.5	0.7	0.8	1	1.25	1.5	1.75	2	2.5	3
b	参考	18	20	22	24	28	32	36	44	52	60
d_k	max	5.5	7	8.5	10	13	16	18	24	30	36
	min	5.32	6.78	8.28	9.78	12.73	15.73	17.73	23.67	29.67	35.61
d_a	max	3.6	4.7	5.7	6.8	9.2	11.2	13.7	17.7	22.4	26.4
d_n	max	3	4	5	6	8	10	12	16	20	24
	min	2.86	3.82	4.82	5.82	7.78	9.78	11.73	15.73	19.67	23.67
e	min	2.87	3.44	4.58	5.72	6.86	9.15	11.43	16.00	19.44	21.73
f	max	0.51	0.60	0.60	0.68	1.02	1.02	1.87	1.87	2.04	2.04
k	max	3	4	5	6	8	10	12	16	20	24
	min	2.86	3.82	4.82	5.70	7.64	9.64	11.57	15.57	19.48	23.48
r	min	0.1	0.2	0.2	0.25	0.4	0.4	0.6	0.6	0.8	0.8
s	公称	2.5	3	4	5	6	8	10	14	17	19
	min	2.52	3.02	4.02	5.02	6.02	8.025	10.025	14.032	17.05	19.065
	max	2.56	3.08	4.095	5.095	6.095	8.115	10.115	14.142	17.23	19.275
t	min	1.3	2	2.5	3	4	5	6	8	10	12
u	max	0.3	0.4	0.5	0.6	0.8	1	1.2	1.6	2	2.4
d_w	min	5.07	6.53	8.03	9.38	12.33	15.33	17.23	23.17	28.87	34.81
W	min	1.15	1.4	1.9	2.3	3.3	4	4.8	6.8	8.6	10.4
l(商品规格范围公称长度)		5～30	6～40	8～50	10～60	12～80	16～100	20～120	25～160	30～200	40～200
l≤表中数值时,制出全螺纹		20	25	25	30	35	40	45	55	65	80
l(系列)		5,6,8,10,12,(14),(16),20,25,30,35,40,45,50,(55),60,(65),70,80,90,100, 110,120,130,140,150,160,180,200									

注：(1) l_{gmax}(夹紧长度)＝$l_{公称}$－$b_{参考}$；l_{gmin}(无螺纹杆部长)＝l_{gmax}－5P。

(2) 尽可能不采用括号内的规格。

附表 B-11 开槽锥端紧定螺钉（GB/T 71—1985）、开槽平端紧定螺钉（GB/T 73—1985）、

开槽凹端紧定螺钉（GB/T 74—1985）、开槽长圆柱端紧定螺钉（GB/T 75—1985）

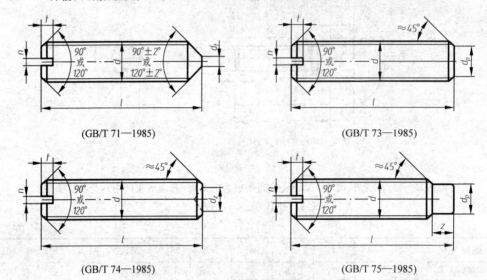

(GB/T 71—1985)   (GB/T 73—1985)

(GB/T 74—1985)   (GB/T 75—1985)

标 记 示 例

螺纹规格 $d=$ M5、公称长度 $l=$ 12mm、性能等级为 14H 级、表面氧化的开槽锥端紧定螺钉：

螺钉 GB/T 71 M5×12

mm

螺纹规格 d		M1.2	M1.6	M2	M2.5	M3	M4	M5	M6	M8	M10	M12
n	公称	0.2	0.25	0.25	0.4	0.4	0.6	0.8	1	1.2	1.6	2
t	min	0.4	0.56	0.64	0.72	0.8	1.12	1.28	1.6	2	2.4	2.8
d_t	max	0.12	0.16	0.2	0.25	0.3	0.4	0.5	1.5	2	2.5	3
d_p	max	0.6	0.8	1	1.5	2	2.5	3.5	4	5.5	7	8.5
d_z	max		0.8	1	1.2	1.4	2	2.5	3	5	6	8
z	max		1.05	1.25	1.5	1.75	2.25	2.75	3.25	4.3	5.3	6.3
公称长度 l	GB/T 71	2～6	2～8	3～10	3～12	4～16	6～20	8～25	8～30	10～40	12～50	14～60
	GB/T 73	2～6	2～8	2～10	2.5～12	3～16	4～20	5～25	6～30	8～40	10～50	12～60
	GB/T 74		2～8	2.5～10	3～12	3～16	4～20	5～25	6～30	8～40	10～50	12～60
	GB/T 75		2.5～8	3～10	4～12	5～16	6～20	8～25	8～30	10～40	12～50	14～60
公称长度 l≤右表内值时的短螺钉，应按上图中所注 120°角制成；而 90°用于其余长度	GB/T 71	2	2.5			3						
	GB/T 73		2	2.5		3	3	4	5	6		
	GB/T 74		2	2.5		3	4	5	5	6	8	10	12
	GB/T 75		2.5		3	4	5	6	8	10	14	16	20
l（系列）		2,2.5,3,4,5,6,8,10,12,(14),16,20,25,30,35,40,45,50,(55),60										

注：尽可能不采用括号内的规格。

附表 B-12　内六角平端紧定螺钉(GB/T 77—2000)、内六角锥端紧定螺钉(GB/T 78—2000)

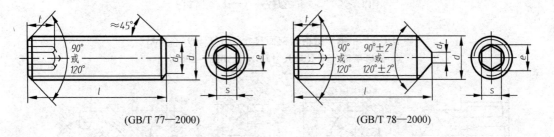

(GB/T 77—2000)　　　　　　　　(GB/T 78—2000)

标 记 示 例

螺纹规格 d＝M6、公称长度 l＝12mm、性能等级为 45H 级、表面氧化的 A 级内六角平端紧定螺钉：

螺钉　GB/T 77　M6×12

mm

螺纹规格 d		M1.6	M2	M2.5	M3	M4	M5	M6	M8	M10	M12	M16	M20	M24
d_p	max	0.8	1	1.5	2	2.5	3.5	4	5.5	7	8.5	12	15	18
d_t	max	0.4	0.5	0.65	0.75	1	1.25	1.5	2	2.5	3	4	5	6
e	min	0.8	1	1.43	1.73	2.3	2.87	3.44	4.58	5.72	6.86	9.15	11.43	13.72
s	公称	0.7	0.9	1.3	1.5	2	2.5	3	4	5	6	8	10	12
t	min	1.5 (0.7)	1.7 (0.8)	2 (1.2)	2 (1.2)	2.5 (1.5)	3 (2)	3.5 (2)	5 (3)	6 (4)	8 (4.8)	10 (6.4)	12 (8)	15 (10)
公称长度 l	GB/T 77	2~8	2~10	2~12	2~16	2.5~20	3~25	4~30	5~40	6~50	8~60	10~60	12~60	16~60
	GB/T 78	2~8	2~10	2.5~12	2.5~16	3~20	4~25	5~30	8~45	8~50	10~60	12~60	16~60	20~60
公称长度 l≤右表内值时的短螺钉，应按上图中所注 120°角制成，而 90°用于其余长度	GB/T 77	2	2.5	3	3	4	5	6	6	8	12	16	16	20
	GB/T 78	2.5	2.5	3	3	4	5	6	8	10	12	16	20	25
l 系列		2,2.5,3,4,5,6,8,10,12,16,20,25,30,35,40,45,50,55,60												

注：t_{min} 在括号内的值，用于 l≤上表内值时的短螺钉。

附录C 键 与 销

附表 C-1 平键和键槽的剖面尺寸（GB/T 1095—2003）

普通平键的型式和尺寸（GB/T 1096—2003）

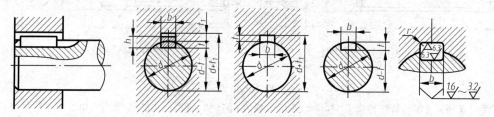

注：在工作图中，轴槽深用 t 或 $(d-t)$ 标注，轮毂槽深用 $(d+t_1)$ 标注。

A型　　　　　　　　　　　B型　　　　　　　　　　C型　　其余 12.5√

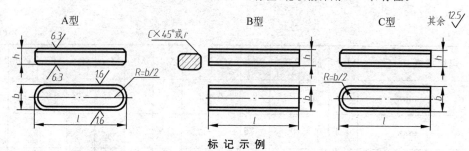

标 记 示 例

圆头普通平键（A型）、$b=18$mm、$h=11$mm、$L=100$mm：键 18×100　GB 1096—79

方头普通平键（B型）、$b=18$mm、$h=11$mm、$L=100$mm：键 B 18×100　GB 1096—79

单圆头普通平键（C型）、$b=18$mm、$h=11$mm、$L=100$mm：键 C 18×100　GB 1096—79

mm

轴	键		键 槽										
			公称尺寸 b	宽度 b					深度				半径 r
				极限偏差					轴 t		毂 t_1		
公称直径 d	公称尺寸 $b×h$	长度 L		较松键连接		一般键连接		较紧键连接					
				轴 H9	毂 D10	轴 N9	毂 Js9	轴和毂 P9	公称尺寸	极限偏差	公称尺寸	极限偏差	最小	最大
自6～8	2×2	6～20	2	+0.025 0	+0.060 +0.020	−0.004 +0.029	± 0.0125	−0.006 −0.031	1.2	+0.1 0	1	+0.1 0	0.08	0.16
>8～10	3×3	6～36	3						1.8		1.4			
>10～12	4×4	8～45	4	+0.030 0	+0.078 +0.030	0 −0.030	± 0.015	−0.012 −0.042	2.5		1.8		0.16	0.25
>12～17	5×5	10～56	5						3.0		2.3			
>17～22	6×6	14～70	6						3.5		2.8			
>22～30	8×7	18～90	8	+0.036 0	+0.098 +0.040	0 −0.036	± 0.018	−0.015 −0.051	4.0		3.3			
>30～38	10×8	22～110	10						5.0		3.3			
>38～44	12×8	28～140	12						5.0		3.3			
>44～50	14×9	36～160	14	+0.043 0	+0.120 +0.050	0 −0.043	± 0.0215	+0.018 −0.061	5.5	+0.2 0	3.8	+0.2 0	0.25	0.40
>50～58	16×10	45～180	16						6.0		4.3			
>58～65	18×11	50～200	18						7.0		4.4			
>65～75	20×2	56～220	20						7.5		4.9			
>75～85	22×14	63～250	22	+0.052 0	+0.149 +0.065	0 −0.052	± 0.026	+0.022 −0.074	9.0		5.4		0.40	0.60
>85～95	25×14	70～280	25						9.0		5.4			
>95～110	28×16	80～320	28						10.0		6.4			
>110～130	32×18	90～360	32						11.0		7.4			
>130～150	36×20	100～400	36	+0.062 0	+0.180 +0.080	0 −0.062	± 0.031	+0.026 −0.088	12.0	+0.3 0	8.4	+0.3 0	0.70	1.0
>150～170	40×22	100～400	40						13.0		9.4			
>170～200	45×25	110～450	45						15.0		10.4			

注：（1）$(d-t)$ 和 $(d+t_1)$ 两组组合尺寸的极限偏差按相应的 t 和 t_1 的极限偏差选取，但 $(d-t)$ 极限偏差应取负号（－）。

　　（2）L 系列：6,8,10,12,14,16,18,20,22,25,28,32,36,40,45,50,56,63,70,80,90,100,110,125,140,160, 180,200,220,250,280,320,360,400,450。

　　（3）平键轴槽的长度以公差用 H14。

附表 C-2　半圆键 键和键槽的剖面尺寸（GB/T 1098—2003）

半圆键 型式尺寸（GB/T 1099—2003）摘编

GB/T 1098—2003　　　　　　　　　　　　　　　　GB/T 1099—2003

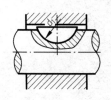

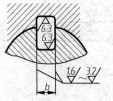
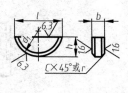

注：在工作图中，轴槽深用 t 或 $(d-t)$ 标注，轮毂槽深用 $(d+t_1)$ 标注。

标 记 示 例

半圆键 $b=6\mathrm{mm}$、$h=10\mathrm{mm}$、$d_1=25\mathrm{mm}$

键　6×25　GB 1099—79

mm

轴径 d		键		键 槽									
				宽度 b				深度				半径 r	
					极限偏差								
键传递扭矩	键定位用	公称尺寸 $b×h×d_1$	长度 $L≈$	公称尺寸	一般键连接		较紧键连接	轴 t		毂 t_1			
					轴 N9	毂 Js9	轴和毂 P9	公称尺寸	极限偏差	公称尺寸	极限偏差	最小	最大
自 3~4	自 3~4	1.0×1.4×4	3.9	1.0				1.0		0.6			
>4~5	>4~6	1.5×2.6×7	6.8	1.5				2.0		0.8			
>5~6	>6~8	2.0×2.6×7	6.8	2.0				1.8	+0.1 0	1.0		0.08	0.16
>6~7	>8~10	2.0×3.7×10	9.7	2.0	−0.004 −0.029	±0.012	−0.006 −0.031	2.9		1.0			
>7~8	>10~12	2.5×3.7×10	9.7	2.5				2.7		1.2			
>8~10	>12~15	3.0×5.0×13	12.7	3.0				3.8		1.4	+0.1 0		
>10~12	>15~18	3.0×6.5×16	15.7	3.0				5.3		1.4			
>12~14	>18~20	4.0×6.5×16	15.7	4.0				5.0	+0.2 0	1.8			
>14~16	>20~22	4.0×7.5×19	18.6	4.0				6.0		1.8			
>16~18	>22~25	5.0×6.5×16	15.7	5.0				4.5		2.3		0.16	0.25
>18~20	>25~28	5.0×7.5×19	18.6	5.0	0 −0.030	±0.015	−0.012 −0.042	5.5		2.3			
>20~22	>28~32	5.0×9.0×22	21.6	5.0				7.0		2.3			
>22~25	>32~36	6.0×9.0×22	21.6	6.0				6.5		2.8			
>25~28	>36~40	6.0×10.0×25	24.5	6.0				7.5	+0.3 0	2.8	+0.2 0		
>28~32	40	8.0×11.0×28	27.4	8.0	0 −0.036	±0.018	−0.015 −0.051	8.0		3.3		0.25	0.40
>32~38	—	10.0×13.0×32	31.4	10.0				10.0		3.3			

注：$(d-t)$ 和 $(d+t_1)$ 两个组合尺寸的极限偏差按相应的 t 和 t_1 的极限偏差选取，但 $(d-t)$ 极限偏差值应取负号（−）。

附表 C-3　圆柱销（GB/T 119.1—2000）摘编

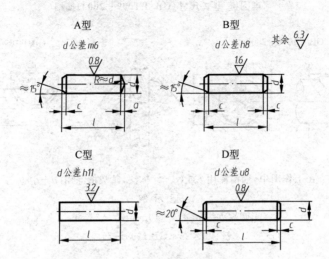

标 记 示 例

公称直径 $d=8$mm、长度 $l=30$mm、材料为 35 钢、热处理硬度（28～38）HRC、表面氧化处理的 A 型圆柱销：

销　GB 119—86　A8×30

mm

d（公称）	0.6	0.8	1	1.2	1.5	2	2.5	3	4	5
$a\approx$	0.08	0.10	0.12	0.16	0.20	0.25	0.30	0.40	0.50	0.63
$c\approx$	0.12	0.16	0.20	0.25	0.30	0.35	0.40	0.50	0.63	0.80
l（商品规格范围公称长度）	2～6	2～8	4～10	4～12	4～16	6～20	6～24	8～30	8～40	10～50
d（公称）	6	8	10	12	16	20	25	30	40	50
$a\approx$	0.80	1.0	1.2	1.6	2.0	2.5	3.0	4.0	5.0	6.3
$c\approx$	1.2	1.6	2.0	2.5	3.0	3.5	4.0	5.0	6.3	8.0
l（商品规格范围公称长度）	12～60	14～80	18～95	22～140	26～180	35～200	50～200	60～200	80～200	95～200
l（系列）	2,3,4,5,6,8,10,12,14,16,18,20,22,24,26,28,30,32,35,40,45,50,55,60,65,70,75,80,85,90,95,100,120,140,160,180,200									

附表 C-4　圆锥销（GB/T 117—2000）摘编

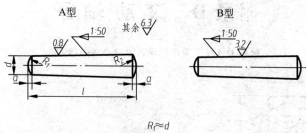

$$R_1 \approx d$$
$$R_2 \approx d + \frac{l-2a}{50}$$

标 记 示 例

公称直径 $d=10\text{mm}$、长度 $l=60\text{mm}$、

材料为 35 钢、热处理硬度为 $(28\sim38)$ HRC、表面氧化处理的 A 型圆锥销：

销　GB 117—86　A10×60

mm

d（公称）	0.6	0.8	1	1.2	1.5	2	2.5	3	4	5
$a\approx$	0.08	0.1	0.12	0.16	0.2	0.25	0.3	0.4	0.5	0.63
l（商品规格范围公称长度）	4~8	5~12	6~16	6~20	8~24	10~35	10~35	12~45	14~55	18~60
d（公称）	6	8	10	12	16	20	25	30	40	50
$a\approx$	0.8	1	1.2	1.6	2	2.5	3	4	5	6.3
l（商品规格范围公称长度）	22~90	22~120	26~160	32~180	40~200	45~200	50~200	55~200	60~200	65~200
l（系列）	2,3,4,5,6,8,10,12,14,16,18,20,22,24,26,28,30,32,35,40,45,50,55,60,65, 70,75,80,85,90,95,100,120,140,160,180,200									

附表 C-5　开口销（GB/T 91—2000）摘编

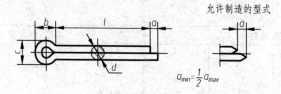

允许制造的型式

$a_{min} - \frac{1}{2} a_{max}$

标 记 示 例

公称直径 $d=5\text{mm}$，长度 $l=50\text{mm}$，材料为低碳钢，不经表面处理的开口销：

销　GB 91—86　5×50

mm

		0.6	0.8	1	1.2	1.6	2	2.5	3.2	4	5	6.3	8	10	12
d	公称	0.6	0.8	1	1.2	1.6	2	2.5	3.2	4	5	6.3	8	10	12
	min	0.4	0.6	0.8	0.9	1.3	1.7	2.1	2.7	3.5	4.4	5.7	7.3	9.3	11.1
	max	0.5	0.7	0.9	1	1.4	1.8	2.3	2.9	3.7	4.6	5.9	7.5	9.5	11.4
c	max	1	1.4	1.8	2	2.8	3.6	4.6	5.8	7.4	9.2	11.8	15	19	24.8
	min	0.9	1.2	1.6	1.7	2.4	3.2	4	5.1	6.5	8	10.3	13.1	16.6	21.7
b	$\approx$	2	2.4	3	3	3.2	4	5	6.4	8	10	12.6	16	20	26
a	max	1.6				2.5			3.2		4			6.3	
l 系列		4,5,6,8,10,12,14,16,18,20,22,24,26,28,30,32,36,40,45,50,55,60,65,70,75,80,85,90, 95,100,120,140,160,180,200													

注：销孔的公称直径等于 $d_{公称}$。

附录 D 滚 动 轴 承

附表 D-1 深沟球轴承（GB/T 276—1994）

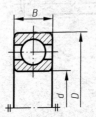

60000 型

标 记 示 例

滚动轴承 6208 GB/T 276—94

轴承型号	尺寸/mm			轴承型号	尺寸/mm		
	d	D	B		d	D	B
(0) 系列				(3) 窄系列			
606	6	17	6	634	4	16	5
607	7	19	6	635	5	19	6
608	8	22	7	6300	10	35	11
609	9	24	7	6301	12	37	12
6000	10	26	8	6302	15	42	13
6001	12	28	8	6303	17	47	14
6002	15	32	9	6304	20	52	15
6003	17	35	10	6305	25	62	17
6004	20	42	12	6306	30	70	19
6005	25	47	12	6307	35	80	21
6006	30	55	13	6308	40	90	23
6007	35	62	14	6309	45	100	25
6008	40	68	15	6310	50	110	27
6009	45	75	16	6311	55	120	29
6010	50	80	16	6312	60	130	31
6011	55	90	18				
6012	60	95	18				
(2) 窄系列				(4) 窄系列			
623	3	10	4	6403	17	62	17
624	4	13	5	6404	20	72	19
625	5	16	5	6405	25	80	21
626	6	19	6	6406	30	90	23
627	7	22	7	6407	35	100	25
628	8	24	7	6408	40	110	27
629	9	26	8	6409	45	120	29
6200	10	30	9	6410	50	130	31
6201	12	32	10	6411	55	140	33
6202	15	35	11	6412	60	150	35
6203	17	40	12	6413	65	160	37
6204	20	47	14	6414	70	180	42
6205	25	52	15	6415	75	190	45
6206	30	62	16	1646	80	200	48
6207	35	72	17	6417	85	210	52
6208	40	80	18	6418	90	225	54
6209	45	85	19	6419	95	240	55
6210	50	90	20				
6211	55	100	21				
6212	60	110	22				

附表 D-2 圆锥滚子轴承（GB/T 297—1994）

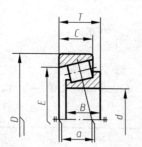

30000 型

标 记 示 例

滚动轴承 30308 GB/T 297—94

轴承型号	尺寸/mm						轴承型号	尺寸/mm					
	d	D	T	B	C	$E\approx$	$a\approx$	d	D	T	B	C	$E\approx$	$a\approx$
02 尺寸系列							22 尺寸系列						
30204	20	47	15.25	14	12	37.3	11.2	32206	30	62	21.5	20	17	48.9	15.4
30205	25	52	16.25	15	13	41.1	12.6	32207	35	72	24.25	23	19	57	17.6
30206	30	62	17.25	16	14	49.9	13.8	32208	40	80	24.75	23	19	64.7	19
30207	35	72	18.25	17	15	58.8	15.3	32209	45	85	24.75	23	19	69.6	20
30208	40	80	19.75	18	16	65.7	16.9	32210	50	90	24.75	23	19	74.2	21
30209	45	85	20.75	19	16	70.4	18.6	32211	55	100	26.75	25	21	82.8	22.5
30210	50	90	21.75	20	17	75	20	32212	60	110	29.75	28	24	90.2	24.9
30211	55	100	22.75	21	18	84.1	21	32213	65	120	32.75	31	27	99.4	27.2
30212	60	110	23.75	22	19	91.8	22.4	32214	70	125	33.25	31	27	103.7	28.6
30213	65	120	24.75	23	20	101.9	24	32215	75	130	33.25	31	27	108.9	30.2
30214	70	122	26.25	24	21	105.7	25.9	32216	80	140	35.25	33	28	117.4	31.3
30215	75	130	27.25	25	22	110.4	27.4	32217	85	150	38.5	36	30	124.9	34
30216	80	140	28.25	26	22	119.1	28	32218	90	160	42.5	40	34	132.6	36.7
30217	85	150	30.5	28	24	126.6	79.9	32219	95	170	45.5	43	37	140.2	39
30218	90	160	32.5	30	26	134.9	32.4	32220	100	180	49	46	39	148.1	41.8
30219	95	170	34.5	32	27	143.3	35.1							
30220	100	180	37	34	29	151.3	36.5							
03 尺寸系列							23 尺寸系列						
30304	20	52	16.25	15	13	41.3	11	32304	20	52	22.25	21	18	39.5	13.4
30305	25	62	18.25	17	15	50.6	13	32305	25	62	25.25	24	20	48.6	15.5
30306	30	72	20.75	19	16	58.2	15	32306	30	72	28.75	27	23	55.7	18.8
30307	35	80	22.75	21	18	65.7	17	32307	35	80	32.75	31	25	62.8	20.5
30308	40	90	25.25	23	20	72.7	19.5	32308	40	90	25.25	33	27	99.2	23.4
30309	45	100	27.75	25	22	81.7	21.5	32309	45	100	38.25	36	30	78.3	25.6
30310	50	110	29.25	27	23	90.6	23	32310	50	110	42.25	40	33	86.2	28
30311	55	120	31.5	29	25	99.1	25	32311	55	120	45.5	43	35	94.3	30.6
30312	60	130	33.5	31	26	107.7	26.5	32312	60	130	48.5	46	37	102.9	32
30313	65	140	36	33	28	116.8	29	32313	65	140	51	48	39	111.7	34
30314	70	150	38	35	30	125.2	30.6	32314	70	150	54	51	42	119.7	36.5
30315	75	160	40	37	31	134	32	32315	75	160	58	55	45	127.8	39
30316	80	170	42.5	39	33	143.1	34	32316	80	170	61.5	58	48	136.5	42
30317	85	180	44.5	41	34	150.4	36	32317	85	180	63.5	60	49	144.2	43.6
30318	90	190	46.5	43	36	159	37.5	32318	90	190	67.5	64	53	151.7	46
30319	95	200	49.5	45	38	165.8	40	32319	95	200	71.5	67	55	160.3	49
30320	100	215	51.5	47	39	178.5	42	30320	100	215	77.5	73	60	171.6	53

附表 D-3　推力球轴承（GB/T 301—1995）

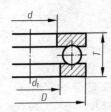

50000 型

标 记 示 例

滚动轴承　51208　GB/T 301—1995

轴承型号	尺寸/mm				轴承型号	尺寸/mm			
	d	d_{1min}	D	T		d	d_{1min}	D	T
11(51000 型)尺寸系列					12(51000 型)尺寸系列				
51100	10	11	24	9	51214	70	72	105	27
51101	12	13	26	9	51215	75	77	110	27
51102	15	16	28	9	51216	80	82	115	28
51103	17	18	30	9	51217	85	88	125	31
51104	20	21	35	10	51218	90	93	135	35
51105	25	26	42	11	51220	100	103	150	38
51106	30	32	47	11	13(51000 型)尺寸系列				
51107	35	37	52	12	51304	20	22	47	18
51108	40	42	60	13	51305	25	27	52	18
51109	45	47	65	14	51306	30	32	60	21
51110	50	52	70	14	51307	35	37	68	24
51111	55	57	78	16	51308	40	42	78	26
51112	60	62	85	17	51309	45	47	85	28
51113	65	67	90	18	51310	50	52	95	31
51114	70	72	95	18	51311	55	57	105	35
51115	75	77	100	19	51312	60	62	110	35
51116	80	82	105	19	51313	65	67	115	36
51117	85	87	110	19	51314	70	72	125	40
51118	90	92	120	22	51315	75	77	135	44
51120	100	102	135	25	51316	80	82	140	44
12(51000 型)尺寸系列					51317	85	88	150	49
51200	10	12	26	11	14(51000 型)尺寸系列				
51201	12	14	28	11	51405	25	27	60	24
51202	15	17	32	12	51406	30	32	70	28
51203	17	19	35	12	51407	35	37	80	32
51204	20	22	40	14	51408	40	42	90	36
51205	25	27	47	15	51409	45	47	100	39
51206	30	32	52	16	51410	50	52	110	43
51207	35	37	62	18	51411	55	57	120	48
51208	40	42	68	19	51412	60	62	130	51
51209	45	47	73	20	51413	65	68	140	56
51210	50	52	78	22	51414	70	73	150	60
51211	55	57	90	25	51415	75	78	160	65
51212	60	62	95	26	51416	80	83	170	68
51213	65	67	100	27	51417	85	88	180	72

附录 E 极限与配合

附表 E-1 标准公差数值（GB/T 1800.3—1998）

基本尺寸 mm		标准公差等级																	
大于	至	IT1	IT2	IT3	IT4	IT5	IT6	IT7	IT8	IT9	IT10	IT11	IT12	IT13	IT14	IT15	IT16	IT17	IT18
		μm											mm						
—	3	0.8	1.2	2	3	4	6	10	14	25	40	60	0.1	0.14	0.25	0.4	0.6	1	1.4
3	6	1	1.5	2.5	4	5	8	12	18	30	48	75	0.12	0.18	0.3	0.48	0.75	1.2	1.8
6	10	1	1.5	2.5	4	6	9	15	22	36	58	90	0.15	0.22	0.36	0.58	0.9	1.5	2.2
10	18	1.2	2	3	5	8	11	18	27	43	70	110	0.18	0.27	0.43	0.7	1.1	1.8	2.7
18	30	1.5	2.5	4	6	9	13	21	33	52	84	130	0.21	0.33	0.52	0.84	1.3	2.1	3.3
30	50	1.5	2.5	4	7	11	16	25	39	62	100	160	0.25	0.39	0.62	1	1.6	2.5	3.9
50	80	2	3	5	8	13	19	30	46	74	120	190	0.3	0.46	0.74	1.2	1.9	3	4.6
80	120	2.5	4	6	10	15	22	35	54	87	140	220	0.35	0.54	0.87	1.4	2.2	3.5	5.4
120	180	3.5	5	8	12	18	25	40	63	100	160	250	0.4	0.63	1	1.6	2.5	4	6.3
180	250	4.5	7	10	14	20	29	46	72	115	185	290	0.46	0.72	1.15	1.85	2.9	4.6	7.2
250	315	6	8	12	16	23	32	52	81	130	210	320	0.52	0.81	1.3	2.1	3.2	5.2	8.1
315	400	7	9	13	18	25	36	57	89	140	230	360	0.57	0.89	1.4	2.3	3.6	5.7	8.9
400	500	8	10	15	20	27	40	63	97	155	250	400	0.63	0.97	1.55	2.5	4	6.3	9.7
500	630	9	11	16	22	32	44	70	110	175	280	440	0.7	1.1	1.75	2.8	4	7	11
630	800	10	13	18	25	36	50	80	125	200	320	500	0.8	1.25	2	3.2	5	8	12.5
800	1000	11	15	21	28	40	56	90	140	230	360	560	0.9	1.4	2.3	3.6	5.6	9	14
1000	1250	13	18	24	33	47	66	105	165	260	420	660	1.05	1.65	2.6	4.2	6.6	10.5	16.5
1250	4600	15	21	29	39	55	78	125	195	310	500	780	1.25	1.95	3.1	5	7.8	12.5	19.5
1600	2000	18	25	35	46	65	92	150	230	370	600	920	1.5	2.3	3.7	6	9.2	1.5	23
2000	2500	22	30	41	55	78	110	175	280	440	700	1100	1.75	2.8	4.4	7	11	17.5	28
2500	3150	26	36	50	68	96	135	210	330	540	860	1350	2.1	3.3	5.4	8.6	13.5	21	33

注：（1）基本尺寸大于 500mm 的 IT1～IT5 的标准公差数值为试行的。

（2）基本尺寸小于或等于 1mm 时，无 IT14～IT18。

注：表中"上偏差 es"（所有标准公差等级）覆盖 a～h 各列；右侧"基本偏差"栏 j 列对应 IT5和IT6 / IT7 / IT7 / IT4至IT7。

基本尺寸 mm 大于	至	a	b	c	cd	d	e	ef	f	fg	g	h	js	j (IT5和IT6)	j (IT7)	j (IT7)	j (IT4至IT7)
—	3	−270	−140	−60	−34	−20	−14	−10	−6	−4	−2	0		−2	−4	−6	0
3	6	−270	−140	−70	−46	−30	−20	−14	−10	−6	−4	0		−2	−4		+1
6	10	−280	−150	−80	−56	−40	−25	−18	−13	−8	−5	0		−2	−5		+1
10	14	−290	−150	−95		−50	−32		−16		−6	0		−3	−6		+1
14	18																
18	24	−300	−160	−110		−65	−40		−20		−7	0		−4	−8		+2
24	30																
30	40	−310	−170	−120		−80	−50		−25		−9	0		−5	−10		+2
40	50	−320	−180	−130													
50	65	−340	−190	−140		−100	−60		−30		−10	0		−7	−12		+2
65	80	−360	−200	−150													
80	100	−380	−220	−170		−120	−72		−36		−12	0		−9	−15		+3
100	120	−410	−240	−180													
120	140	−460	−260	−200		−145	−85		−43		−14	0		−11	−18		+3
140	160	−520	−280	−210									偏差等于 $\pm\dfrac{ITn}{2}$，式中 ITn 是 IT 值数				
160	180	−580	−310	−230													
180	200	−660	−340	−240		−170	−100		−50		−15	0		−13	−21		+4
200	225	−740	−380	−260													
225	250	−820	−420	−280													
250	280	−920	−480	−300		−190	−110		−56		−17	0		−16	−26		+4
280	315	−1050	−540	−330													
315	355	−1200	−600	−360		−210	−125		−62		−18	0		−18	−28		+4
355	400	−1350	−680	−400													
400	450	−1500	−760	−400		−230	−135		−68		−20	0		−20	−32		+5
450	500	−1650	−840	−480													
500	560					−260	−145		−76		−22	0					0
560	630																
630	710					−290	−160		−80		−24	0					0
710	800																
800	900					−320	−170		−86		−26	0					0
900	1000																
1000	1120					−350	−195		−98		−28	0					0
1120	1250																
1250	1400					−390	−220		−110		−30	0					0
1400	1600																
1600	1800					−430	−240		−120		−32	0					0
1800	2000																
2000	2240					−480	−260		−130		−34	0					0
2240	2500																
2500	2800					−530	−290		−145		−38	0					0
2800	3150																

注：（1）基本尺寸小于或等于 1mm 时，基本偏差 a 和 b 均不采用。

（2）公差带 js7 至 js11，若 ITn 值数是奇数，则取偏差 $=\pm\dfrac{ITn-1}{2}$。

差数值（GB/T 1800.3—1998）　　　　　　　　　　　　　　　　　　　　　　μm

偏差数值

下偏差 ei

≤IT3 >IT7				所有标准公差等级										
k	m	n	p	r	s	t	u	v	x	y	z	za	zb	zc
0	+2	+4	+6	+10	+14		+18		+20		+26	+32	+40	+60
0	+4	+8	+12	+15	+19		+23		+28		+35	+42	+50	+80
0	+6	+10	+15	+19	+23		+28		+34		+42	+52	+67	+97
0	+7	+12	+18	+23	+28		+33		+40		+50	+64	+90	+130
								+39	+45		+60	+77	+108	+150
0	+8	+15	+22	+28	+35		+41	+47	+54	+63	+73	+98	+136	+188
						+41	+48	+55	+64	+75	+88	+118	+160	+218
0	+9	+17	+26	+34	+43	+48	+60	+68	+80	+94	+112	+148	+200	+274
						+54	+70	+81	+97	+114	+136	+180	+242	+325
0	+11	+20	+32	+41	+53	+66	+87	+102	+122	+144	+172	+226	+300	+405
				+43	+59	+75	+102	+120	+146	+174	+210	+274	+360	+480
0	+13	+23	+37	+51	+71	+91	+124	+146	+178	+214	+258	+335	+445	+585
				+54	+79	+104	+144	+172	+210	+254	+310	+400	+525	+690
0	+15	+27	+43	+63	+92	+122	+170	+202	+248	+300	+365	+470	+620	+800
				+65	+100	+134	+190	+228	+280	+340	+415	+535	+700	+900
				+68	+108	+146	+210	+252	+310	+380	+465	+600	+780	+1000
0	+17	+31	+50	+77	+122	+166	+236	+284	+350	+425	+520	+670	+880	+1150
				+80	+130	+180	+258	+310	+385	+470	+575	+740	+960	+1250
				+84	+140	+196	+284	+340	+425	+520	+640	+820	+1050	+1350
0	+20	+34	+56	+94	+158	+218	+315	+385	+475	+580	+710	+920	+1200	+1550
				+98	+170	+240	+350	+425	+525	+650	+790	+1000	+1300	+1700
0	+21	+37	+62	+108	+190	+268	+390	+475	+590	+730	+900	+1150	+1500	+1900
				+114	+208	+294	+435	+530	+660	+820	+1000	+1300	+1650	+2100
0	+23	+40	+68	+126	+232	+330	+490	+595	+740	+920	+1100	+1450	+1850	+2400
				+132	+252	+360	+540	+660	+820	+1000	+1250	+1600	+2100	+2600
0	+26	+44	+78	+150	+280	+400	+600							
				+155	+310	+450	+660							
0	+30	+50	+88	+175	+340	+500	+740							
				+185	+380	+560	+840							
0	+34	+56	+100	+210	+430	+620	+940							
				+220	+470	+680	+1050							
0	+40	+66	+120	+250	+520	+780	+1150							
				+260	+580	+840	+1300							
0	+48	+78	+140	+300	+640	+960	+1450							
				+330	+720	+1050	+1600							
0	+58	+92	+170	+370	+820	+1200	+1850							
				+400	+920	+1350	+2000							
0	+68	+110	+195	+440	+1000	+1500	+2300							
				+460	+1100	+1650	+2500							
0	+76	+135	+240	+550	+1250	+1900	+2900							
				+580	+1400	+2100	+3200							

基本偏差

下偏差 EI（所有标准公差等级）　　　　基本偏差 J、K、M、N

大于	至	A	B	C	CD	D	E	EF	F	FG	G	H	JS	J IT6	J IT7	J IT8	K ≤IT8	K >IT8	M ≤IT8	M >IT8	N ≤IT8	N >IT8
—	3	+270	+140	+60	+34	+20	+14	+10	+6	+4	+2	0	偏差等于 $\pm\dfrac{ITn}{2}$，式中 ITn 是 IT 值数	+2	+4	+6	0	0	-2	-2	-4	-4
3	6	+270	+140	+70	+46	+30	+20	+14	+10	+6	+4	0		+5	+6	10	-1+Δ		-4+Δ	-4	-8+Δ	0
6	10	+280	+150	+80	+56	+40	+25	+18	+13	+8	+5	0		+5	+8	+12	-1+Δ		-6+Δ	-6	-10+Δ	0
10	14	+290	+150	+95		+50	+32		+16		+6	0		+6	+10	+15	-1+Δ		-7+Δ	-7	-12+Δ	0
14	18											0										
18	24	+300	+160	+110		+65	+40		+20		+7	0		+8	+12	+20	-2+Δ		-8+Δ	-8	-15+Δ	0
24	30											0										
30	40	+310	+170	+120		+80	+50		+25		+9	0		+10	+14	+24	-2+Δ		-9+Δ	-9	-17+Δ	0
40	50	+320	+180	+130								0										
50	65	+340	+190	+140		+100	+60		+30		+10	0		+13	+18	+28	-2+Δ		-11+Δ	-11	-20+Δ	0
65	80	+360	+200	+150								0										
80	100	+380	+220	+170		+120	+72		+36		+12	0		+16	+22	+34	-3+Δ		-13+Δ	-13	-23+Δ	0
100	120	+410	+240	+180								0										
120	140	+460	+260	+200		+145	+85		+43		+14	0		+18	+26	+41	-3+Δ		-15+Δ	-15	-27+Δ	0
140	160	+520	+280	+210								0										
160	180	+580	+310	+230								0										
180	200	+600	+380	+240		+170	+100		+50		+15	0		+22	+30	+47	-4+Δ		-17+Δ	-17	-31+Δ	0
200	225	+740	+380	+260								0										
225	250	+820	+420	+280								0										
250	280	+920	+480	+300		+190	+110		+56		+17	0		+25	+36	+55	-4+Δ		-20+Δ	-20	-34+Δ	0
280	315	+1050	+540	+330								0										
315	355	+1200	+600	+360		+210	+125		+62		+18	0		+29	+39	+60	-4+Δ		-21+Δ	-21	-37+Δ	0
355	400	+1350	+680	+400								0										
400	450	+1500	+760	+440		+230	+135		+68		+20	0		+33	+43	+66	-5+Δ		-23+Δ	-23	-40+Δ	0
450	500	+1650	+840	+480								0										
500	560					+260	+145		+76		+22	0					0		-26		-44	
560	630											0										
630	710					+290	+160		+80		+24	0					0		-30		-50	
710	800											0										
800	900					+320	+170		+86		+26	0					0		-34		-56	
900	1000											0										
1000	1120					+350	+195		+98		+28	0					0		-40		-66	
1120	1250											0										
1250	1400					+390	+220		+110		+30	0					0		-48		-78	
1400	1600											0										
1600	1800					+430	+240		+120		+32	0					0		-58		-92	
1800	2000											0										
2000	2240					+480	+260		+130		+34	0					0		-68		-110	
2240	2500											0										
2500	2800					+520	+290		+145		+38	0					0		-76		-135	
2800	3150											0										

注：(1) 基本尺寸小于或等于 1mm 时，基本偏差 A 和 B 及大于 IT8 的 N 均不采用。

(2) 公差带 JS7 至 JS11，若 ITn 值数是奇数，则取偏差 $=\pm\dfrac{ITn-1}{2}$。

(3) 对小于或等于 IT8 的 K、M、N 和小于或等于 IT7 的 P 至 ZC，所需 Δ 值从表内右侧选取，例如，18 至 30mm 段的 K7：Δ=8μm，所以 ES=-2+28=+6μm，18 至 30mm 段的 S6：Δ=4μm，所以 ES=-35+4=-31μm。

(4) 特殊情况：250mm 至 315mm 段的 M6，ES=-9μm（代替 -11μm）。

偏差数值（GB/T 1800.3—1998） μm

数值													Δ值					
	上偏差 ES												标准公差等级					
	≤IT7	标准公差等级大于 IT7																
P至ZC	P	R	S	T	U	V	X	Y	Z	ZA	ZB	ZC	IT3	IT4	IT5	IT6	IT7	IT8
	−6	−10	−14		−18		−20		−26	−32	40	60	0	0	0	0	0	0
	−12	−15	−19		−23		−28		−35	−42	−50	−80	1	1.5	1	3	4	6
	−15	−19	−23		−28		−34		−42	−52	−67	−97	1	1.5	2	3	6	7
	−18	−23	−28		−33		−40		−50	−64	−90	−130	1	2	3	3	7	9
						−39	−45		−60	−77	−108	−150						
	−22	−28	−35		−41	−47	−54	−63	−73	−98	−136	−188	1.5	2	3	4	8	12
				−41	−48	−55	−64	−75	−88	−118	−160	−218						
	−26	−34	−43	−48	−60	−68	−80	−94	−112	−148	−200	−274	1.5	3	4	5	9	14
				−54	−70	−81	−97	−114	−136	−180	−242	−325						
	−32	−41	−53	−66	−87	−102	−122	−144	−172	−226	−300	−405	2	3	5	6	11	16
		−43	−59	−75	−102	−120	−146	−174	−210	−274	−360	−480						
	−37	−51	−71	−91	−124	−146	−178	−214	−258	−335	−445	−585	2	4	5	7	13	19
		−54	−79	−104	−144	−172	−210	−254	−310	−400	−525	−690						
在大于IT7的相应数值上增加一个Δ值	−43	−63	−92	−122	−170	−202	−248	−300	−365	−470	−620	−800	3	4	6	7	15	23
		−65	−100	−134	−190	−228	−280	−340	−415	−535	−700	−900						
		−68	−108	−146	−210	−252	−310	−380	−465	−600	−780	−1000						
	−50	−77	−122	−166	−236	−284	−350	−425	−520	−670	−880	−1150	3	4	6	9	17	26
		−80	−130	−180	−258	−310	−385	−470	−575	−740	−960	−1250						
		−84	−140	−196	−284	−340	−425	−520	−640	−820	−1050	−1350						
	−56	−94	−158	−218	−315	−385	−475	−580	−710	−920	−1200	−1550	4	4	7	9	20	29
		−98	−170	−240	−350	−425	−525	−650	−790	−1000	−1300	−1700						
	−62	−108	−190	−268	−390	−475	−590	−730	−900	−1150	−1500	−1900	4	5	7	11	21	32
		−114	−208	−294	−435	−530	−660	−820	−1000	−1300	−1650	−2100						
	−68	−126	−232	−330	−490	−595	−740	−920	−1100	−1450	−1850	−2400	5	5	7	13	23	34
		−132	−252	−360	−540	−660	−820	−1000	−1250	−1600	−2100	−2600						
	−78	−150	−280	−400	−600													
		−155	−310	−450	−660													
	−88	−175	−340	−500	−740													
		−185	−380	−560	−840													
	−100	−210	−430	−620	−940													
		−220	−470	−680	−1050													
	−120	−250	−520	−780	−1150													
		−260	−580	−810	−1300													
	−140	−300	−640	−960	−1450													
		−330	−720	−1050	−1600													
	−170	−370	−820	−1200	−1850													
		−400	−920	−1350	−2000													
	−195	−440	−1000	−1500	−2300													
		−460	−1100	−1650	−2500													
	−240	−550	−1250	−1900	−2900													
		−580	−1400	−2100	−3200													

附表 E-4　轴的极限偏差（摘自 GB/T 1800.3—1998）　　　　μm

基本尺寸/mm	a* 11	b* 11	b* 12	c 9	c 10	c 11	d 8	d 9	d 10	d 11	e 7	e 8	e 9
≤3	−270 / −330	−140 / −200	−140 / 240	−60 / −85	−60 / −100	−60 / −120	−20 / −34	−20 / −45	−20 / −60	−20 / −80	−14 / −24	−14 / −28	−14 / −39
>3~6	−270 / −345	−140 / −215	−140 / −260	−70 / −100	−70 / −118	−70 / −145	−30 / −48	−30 / −60	−30 / −78	−30 / −105	−20 / −32	−20 / −38	−20 / −50
>6~10	−280 / −370	−150 / −240	−150 / −300	−80 / −116	−80 / −138	−80 / −170	−40 / −62	−40 / −76	−40 / −98	−40 / −130	−25 / −40	−25 / −47	−25 / −61
>10~14	−290 / −400	−150 / −260	−150 / −330	−95 / −138	−95 / −165	−95 / −205	−50 / −77	−50 / −93	−50 / −120	−50 / −160	−32 / −50	−32 / −59	−32 / −75
>14~18	−290 / −400	−150 / −260	−150 / −330	−95 / −138	−95 / −165	−95 / −205	−50 / −77	−50 / −93	−50 / −120	−50 / −160	−32 / −50	−32 / −59	−32 / −75
>18~24	−300 / −430	−160 / −290	−160 / −370	−110 / −162	−110 / −194	−110 / −240	−65 / −98	−65 / −117	−65 / −149	−65 / −195	−40 / −61	−40 / −73	−40 / −92
>24~30	−300 / −430	−160 / −290	−160 / −370	−110 / −162	−110 / −194	−110 / −240	−65 / −98	−65 / −117	−65 / −149	−65 / −195	−40 / −61	−40 / −73	−40 / −92
>30~40	−310 / −470	−170 / −330	−170 / −420	−120 / −182	−120 / −220	−120 / −280	−80 / −119	−80 / −142	−80 / −180	−80 / −240	−50 / −75	−50 / −89	−50 / −112
>40~50	−320 / −480	−180 / −340	−180 / −430	−130 / −192	−130 / −230	−130 / −290	−80 / −119	−80 / −142	−80 / −180	−80 / −240	−50 / −75	−50 / −89	−50 / −112
>50~65	−340 / −530	−190 / −380	−190 / −490	−140 / −214	−140 / −260	−140 / −330	−100 / −146	−100 / −174	−100 / −220	−100 / −290	−60 / −90	−60 / −106	−60 / −134
>65~80	−360 / −550	−200 / −390	−200 / −500	−150 / −224	−150 / −270	−150 / −340	−100 / −146	−100 / −174	−100 / −220	−100 / −290	−60 / −90	−60 / −106	−60 / −134
>80~100	−380 / −600	−220 / −440	−220 / −570	−170 / −257	−170 / −310	−170 / −390	−120 / −174	−120 / −207	−120 / −260	−120 / −340	−72 / −107	−72 / −126	−72 / −159
>100~120	−410 / −630	−240 / −460	−240 / −590	−180 / −267	−180 / −320	−180 / −400	−120 / −174	−120 / −207	−120 / −260	−120 / −340	−72 / −107	−72 / −126	−72 / −159
>120~140	−460 / −710	−260 / −510	−260 / −660	−200 / −300	−200 / −360	−200 / −450	−145 / −208	−145 / −245	−145 / −305	−145 / −395	−85 / −125	−85 / −148	−85 / −185
>140~160	−520 / −770	−280 / −530	−280 / −680	−210 / −310	−210 / −370	−210 / −460	−145 / −208	−145 / −245	−145 / −305	−145 / −395	−85 / −125	−85 / −148	−85 / −185
>160~180	−580 / −830	−310 / −560	−310 / −710	−230 / −330	−230 / −390	−230 / −480	−145 / −208	−145 / −245	−145 / −305	−145 / −395	−85 / −125	−85 / −148	−85 / −185
>180~200	−660 / −950	−340 / −630	−340 / −800	−240 / −355	−240 / −425	−240 / −530	−170 / −242	−170 / −285	−170 / −355	−170 / −460	−100 / −146	−100 / −172	−100 / −215
>200~225	−740 / −1030	−380 / −670	−380 / −840	−260 / −375	−260 / −445	−260 / −550	−170 / −242	−170 / −285	−170 / −355	−170 / −460	−100 / −146	−100 / −172	−100 / −215
>225~250	−820 / −1110	−420 / −710	−420 / −880	−280 / −395	−280 / −465	−280 / −750	−170 / −242	−170 / −285	−170 / −355	−170 / −460	−100 / −146	−100 / −172	−100 / −215
>250~280	−920 / −1240	−480 / −800	−480 / −1000	−300 / −430	−300 / −100	−300 / −620	−190 / −271	−190 / −320	−190 / −400	−190 / −510	−110 / −162	−110 / −191	−110 / −240
>280~315	−1050 / −1370	−540 / −860	−540 / −1060	−330 / −460	−330 / −540	−330 / −650	−190 / −271	−190 / −320	−190 / −400	−190 / −510	−110 / −162	−110 / −191	−110 / −240
>315~355	−1200 / −1560	−600 / −960	−600 / −1170	−360 / −500	−360 / −590	−360 / −720	−210 / −299	−210 / −350	−210 / −440	−210 / −570	−125 / −182	−125 / −214	−125 / −265
>355~400	−1350 / −1710	−680 / −1040	−680 / −1250	−400 / −540	−400 / −630	−400 / −760	−210 / −299	−210 / −350	−210 / −440	−210 / −570	−125 / −182	−125 / −214	−125 / −265
>400~450	−1500 / −1900	−760 / −1160	−760 / −1390	−440 / −595	−440 / −690	−440 / −840	−230 / −327	−230 / −385	−230 / −480	−230 / −630	−135 / −198	−135 / −232	−135 / −290
>450~500	−1650 / −2050	−840 / −1240	−840 / −1470	−480 / −635	−480 / −730	−480 / −880	−230 / −327	−230 / −385	−230 / −480	−230 / −630	−135 / −198	−135 / −232	−135 / −290

续表

代号	f					g			h							
等级 基本尺寸/mm	5	6	7	8	9	5	6	7	5	6	7	8	9	10	11	12
≤3	−6	−6	−6	−6	−6	−2	−2	−2	0	0	0	0	0	0	0	0
	−10	−12	−16	−20	−31	−6	−8	−12	−4	−6	−10	−14	−25	−40	−60	−100
>3~6	−10	−10	−10	−10	−10	−4	−4	−4	0	0	0	0	0	0	0	0
	−15	−18	−22	−28	−40	−9	−12	−16	−5	−8	−12	−18	−30	−48	−75	−120
>6~10	−13	−13	−13	−13	−13	−5	−5	−5	0	0	0	0	0	0	0	0
	−19	−22	−28	−35	−49	−11	−14	−20	−6	−9	−15	−22	−36	−58	−90	−150
>10~14	−16	−16	−16	−16	−16	−6	−6	−6	0	0	0	0	0	0	0	0
>14~18	−24	−27	−34	−43	−59	−14	−17	−24	−8	−11	−18	−27	−43	−70	−110	−180
>18~24	−20	−20	−20	−20	−20	−7	−7	−7	0	0	0	0	0	0	0	0
>24~30	−29	−33	−41	−53	−72	−16	−20	−28	−9	−13	−21	−33	−52	−84	−130	−210
>30~40	−25	−25	−25	−25	−25	−9	−9	−9	0	0	0	0	0	0	0	0
>40~50	−36	−41	−50	−64	−87	−20	−25	−34	−11	−16	−25	−39	−62	−100	−160	−250
>50~65	−30	−30	−30	−30	−30	−10	−10	−10	0	0	0	10	0	0	0	0
>65~80	−43	−49	−60	−76	−104	−23	−29	−40	−13	−19	−30	−46	−74	−120	−190	−300
>80~100	−36	−36	−36	−36	−36	−12	−12	−12	0	0	0	0	0	0	0	0
>100~120	−51	−58	−71	−90	−123	−27	−34	−47	−15	−22	−35	−54	−87	−140	−220	−350
>120~140	−43	−43	−43	−43	−43	−14	−14	−14	0	0	0	0	0	0	0	0
>140~160																
>160~180	−61	−68	−83	−106	−143	−32	−39	−54	−18	−25	−40	−63	−100	−160	−250	−400
>180~200	−50	−50	−50	−50	−50	−15	−15	−15	0	0	0	0	0	0	0	0
>200~225																
>225~250	−70	−79	−96	−122	−165	−35	−44	−61	−20	−29	−46	−72	−115	−185	−290	−460
>250~280	−56	−56	−56	−56	−56	−17	−17	−17	0	0	0	0	0	0	0	0
>280~315	−79	−88	−108	−137	−186	−40	−49	−69	−23	−32	−52	−81	−130	−210	−320	−520
>315~355	−62	−62	−62	−62	−62	−18	−18	−13	0	0	0	0	0	0	0	0
>355~400	−87	−98	−119	−151	−202	−43	−54	−75	−25	−36	−57	−89	−140	−230	−360	−570
>400~450	−68	−68	−68	−68	−68	−20	−20	−20	0	0	0	0	0	0	0	0
>450~500	−95	−108	−131	−165	−223	−47	−60	−83	−27	−40	−63	−97	−155	−250	−400	−630

续表

基本尺寸/mm	js 5	js 6	js 7	k 5	k 6	k 7	m 5	m 6	m 7	n 5	n 6	n 7	p 5	p 6	p 7
≤3	±2	±3	±5	+4/0	+6/0	+10/0	+6/+2	+8/+2	+12/+2	+8/+4	+10/+4	+14/+4	+10/+6	+12/+6	+16/+6
>3~6	±2.5	±4	±6	+6/+1	+9/+1	+13/+1	+9/+4	+12/+4	+16/+4	+13/+8	+16/+8	+20/+8	+17/+12	+20/+12	+24/+12
>6~10	±3	±4.5	±7	+7/+1	+10/+1	+16/+1	+12/+6	+15/+6	+21/+6	+16/+10	+19/+10	+25/+10	+21/+15	+24/+15	+30/+15
>10~14	±4	±5.5	±9	+9/+1	+12/+1	+19/+1	+15/+7	+18/+7	+25/+7	+20/+12	+23/+12	+30/+12	+26/+18	+29/+18	+36/+18
>14~18	±4	±5.5	±9	+9/+1	+12/+1	+19/+1	+15/+7	+18/+7	+25/+7	+20/+12	+23/+12	+30/+12	+26/+18	+29/+18	+36/+18
>18~24	±4.5	±6.5	±10	+11/+2	+15/+2	+23/+2	+17/+8	+21/+8	+29/+8	+24/+15	+28/+15	+36/+15	+31/+22	+35/+22	+43/+22
>24~30	±4.5	±6.5	±10	+11/+2	+15/+2	+23/+2	+17/+8	+21/+8	+29/+8	+24/+15	+28/+15	+36/+15	+31/+22	+35/+22	+43/+22
>30~40	±5.5	±8	±12	+13/+2	+18/+2	+27/+2	+20/+9	+25/+9	+34/+9	+28/+17	+33/+17	+42/+17	+37/+26	+42/+26	+51/+26
>40~50	±5.5	±8	±12	+13/+2	+18/+2	+27/+2	+20/+9	+25/+9	+34/+9	+28/+17	+33/+17	+42/+17	+37/+26	+42/+26	+51/+26
>50~65	±6.5	±9.5	±15	+15/+2	+21/+2	+32/+2	+24/+11	+30/+11	+41/+11	+33/+20	+39/+20	+50/+20	+45/+32	+51/+32	+62/+32
>65~80	±6.5	±9.5	±15	+15/+2	+21/+2	+32/+2	+24/+11	+30/+11	+41/+11	+33/+20	+39/+20	+50/+20	+45/+32	+51/+32	+62/+32
>80~100	±7.5	±11	±17	+18/+3	+25/+3	+38/+3	+28/+13	+35/+13	+48/+13	+38/+23	+45/+23	+58/+23	+52/+37	+59/+37	+72/+37
>100~120	±7.5	±11	±17	+18/+3	+25/+3	+38/+3	+28/+13	+35/+13	+48/+13	+38/+23	+45/+23	+58/+23	+52/+37	+59/+37	+72/+37
>120~140	±9	±12.5	±20	+21/+3	+28/+3	+43/+3	+33/+15	+40/+15	+55/+15	+45/+27	+52/+27	+67/+27	+61/+43	+68/+43	+83/+43
>140~160	±9	±12.5	±20	+21/+3	+28/+3	+43/+3	+33/+15	+40/+15	+55/+15	+45/+27	+52/+27	+67/+27	+61/+43	+68/+43	+83/+43
>160~180	±9	±12.5	±20	+21/+3	+28/+3	+43/+3	+33/+15	+40/+15	+55/+15	+45/+27	+52/+27	+67/+27	+61/+43	+68/+43	+83/+43
>180~200	±10	±14.5	±23	+24/+4	+33/+4	+50/+4	+37/+17	+46/+17	+63/+17	+51/+31	+60/+31	+77/+31	+70/+50	+79/+50	+96/+50
>200~225	±10	±14.5	±23	+24/+4	+33/+4	+50/+4	+37/+17	+46/+17	+63/+17	+51/+31	+60/+31	+77/+31	+70/+50	+79/+50	+96/+50
>225~250	±10	±14.5	±23	+24/+4	+33/+4	+50/+4	+37/+17	+46/+17	+63/+17	+51/+31	+60/+31	+77/+31	+70/+50	+79/+50	+96/+50
>250~280	±11.5	±16	±26	+27/+4	+36/+4	+56/+4	+43/+20	+52/+20	+72/+20	+57/+34	+66/+34	+86/+34	+79/+56	+88/+56	+108/+56
>280~315	±11.5	±16	±26	+27/+4	+36/+4	+56/+4	+43/+20	+52/+20	+72/+20	+57/+34	+66/+34	+86/+34	+79/+56	+88/+56	+108/+56
>315~355	±12.5	±18	±28	+29/+4	+40/+4	+61/+4	+46/+21	+57/+21	+78/+21	+62/+37	+73/+37	+94/+37	+87/+62	+98/+62	+119/+62
>355~400	±12.5	±18	±28	+29/+4	+40/+4	+61/+4	+46/+21	+57/+21	+78/+21	+62/+37	+73/+37	+94/+37	+87/+62	+98/+62	+119/+62
>400~450	±13.5	±20	±31	+32/+5	+45/+5	+68/+5	+50/+23	+63/+23	+86/+23	+67/+40	+80/+40	+103/+40	+95/+68	+108/+68	+131/+68
>450~500	±13.5	±20	±31	+32/+5	+45/+5	+68/+5	+50/+23	+63/+23	+86/+23	+67/+40	+80/+40	+103/+40	+95/+68	+108/+68	+131/+68

代号	r			s			t			u		v	x	y	z
等级 基本尺寸/mm	5	6	7	5	6	7	5	6	7	**6**	7	6	6	6	6
≤3	+14 +10	+16 +10	+20 +10	+18 +14	**+20 +14**	+24 +14	—	—	—	**+24 +18**	+28 +18	—	+26 +20	—	+32 +26
>3~6	+20 +15	+23 +15	+27 +15	+24 +19	**+27 +19**	+31 +19	—	—	—	**+31 +23**	+35 +23	—	+36 +28	—	+43 +35
>6~10	+25 +19	+28 +19	+34 +19	+29 +23	**+32 +23**	+38 +23	—	—	—	**+37 +28**	+43 +28	—	+43 +28	—	+51 +42
>10~14	+31 +23	+34 +23	+41 +23	+36 +28	**+39 +28**	+46 +28	—	—	—	**+44 +33**	+51 +33	—	+51 +40	—	+61 +50
>14~18	+31 +23	+34 +23	+41 +23	+36 +28	**+39 +28**	+46 +28	—	—	—	**+44 +33**	+51 +33	+50 +39	+56 +45	—	+71 +60
>18~24	+37 +28	+41 +28	+49 +28	+44 +35	**+48 +35**	+56 +35	—	—	—	**+54 +41**	+62 +41	+60 +47	+67 +54	+76 +63	+86 +73
>24~30	+37 +28	+41 +28	+49 +28	+44 +35	**+48 +35**	+56 +35	+50 +41	+54 +41	+62 +41	**+61 +48**	+69 +48	+68 +55	+77 +64	+88 +75	+101 +88
>30~40	+45 +34	+50 +34	+59 +34	+54 +43	**+59 +43**	+68 +43	+59 +48	+64 +48	+73 +48	**+76 +60**	+85 +60	+84 +68	+96 +80	+110 +94	+128 +112
>40~50	+45 +34	+50 +34	+59 +34	+54 +43	**+59 +43**	+68 +43	+65 +54	+70 +54	+79 +54	**+86 +70**	+95 +70	+97 +81	+113 +97	+130 +114	+152 +136
>50~65	+54 +41	+60 +41	+71 +41	+66 +53	**+72 +53**	+83 +53	+79 +66	+85 +66	+96 +66	**+106 +87**	+117 +87	+121 +102	+141 +122	+163 +144	+191 +172
>65~80	+56 +43	+62 +43	+73 +43	+72 +59	**+78 +59**	+89 +59	+88 +75	+94 +75	+105 +75	**+121 +102**	+132 +102	+139 +120	+165 +146	+193 +174	+229 +210
>80~100	+66 +51	+73 +51	+86 +51	+86 +71	**+93 +71**	+106 +71	+106 +91	+113 +91	+126 +91	**+146 +124**	+159 +124	+168 +146	+200 +178	+236 +214	+280 +258
>100~120	+69 +54	+76 +54	+89 +54	+94 +79	**+101 +79**	+114 +79	+119 +104	+126 +104	+139 +104	**+166 +144**	+179 +144	+194 +172	+232 +210	+276 +254	+332 +310
>120~140	+81 +63	+88 +63	+103 +63	+110 +92	**+117 +92**	+132 +92	+140 +122	+147 +122	+162 +122	**+195 +170**	+210 +170	+227 +202	+273 +248	+325 +300	+390 +365
>140~160	+83 +65	+90 +65	+105 +65	+118 +100	**+125 +100**	+140 +100	+152 +134	+159 +134	+174 +134	**+215 +190**	+230 +190	+253 +228	+305 +280	+365 +340	+440 +415
>160~180	+86 +68	+93 +68	+108 +68	+126 +108	**+133 +108**	+148 +108	+164 +146	+171 +146	+186 +146	**+235 +210**	+250 +210	+277 +252	+335 +310	+405 +380	+490 +465
>180~200	+97 +77	+106 +77	+123 +77	+142 +122	**+151 +122**	+168 +122	+186 +166	+195 +166	+212 +166	**+265 +236**	+282 +236	+313 +284	+379 +350	+454 +425	+549 +520
>200~225	+100 +80	+109 +80	+126 +80	+150 +130	**+159 +130**	+176 +130	+200 +180	+209 +180	+226 +180	**+287 +258**	+304 +258	+339 +310	+414 +385	+499 +470	+604 +575
>225~250	+104 +84	+113 +84	+130 +84	+160 +140	**+169 +140**	+186 +140	+216 +196	+225 +196	+242 +196	**+313 +284**	+330 +284	+369 +340	+454 +425	+549 +520	+669 +640
>250~280	+117 +94	+126 +94	+146 +94	+181 +158	**+190 +158**	+210 +158	+241 +218	+250 +218	+270 +218	**+347 +315**	+367 +315	+417 +385	+507 +475	+612 +580	+742 +710
>280~315	+121 +98	+130 +98	+150 +98	+198 +170	**+202 +170**	+222 +170	+263 +240	+272 +240	+293 +240	**+382 +350**	+402 +350	+457 +425	+557 +525	+682 +650	+822 +790
>315~355	+133 +108	+144 +108	+165 +108	+215 +190	**+226 +190**	+247 +190	+293 +268	+304 +268	+325 +268	**+426 +390**	+447 +390	+511 +475	+626 +590	+766 +730	+936 +900
>355~400	+139 +114	+150 +114	+171 +114	+233 +208	**+244 +208**	+265 +208	+319 +294	+330 +294	+351 +294	**+471 +435**	+492 +435	+566 +530	+696 +660	+856 +820	+1036 +1000
>400~450	+153 +126	+166 +126	+189 +126	+259 +232	**+272 +232**	+295 +232	+357 +330	+370 +330	+393 +330	**+530 +490**	+553 +490	+635 +595	+780 +740	+980 +920	+1140 +1100
>450~500	+159 +132	+172 +132	+195 +132	+279 +252	**+292 +252**	+315 +252	+387 +360	+400 +360	+423 +360	**+580 +540**	+603 +540	+700 +660	+860 +820	+1040 +1000	+1290 +1250

注：* 基本尺寸小于1mm时,各级的 a 和 b 均不采用。
黑体字为优先公差带。

附表 E-5　孔的极限偏差（摘自 GB/T 1800.3—1998） μm

代号	A*	B*		C		D				E		F			
等级 基本尺寸/mm	11	11	12	**11**	12	8	**9**	10	11	8	9	6	7	**8**	9
≤3	+330 +270	+200 +140	+240 +140	**+120** **+60**	+160 +60	+34 +20	**+45** **+20**	+60 +20	+80 +20	+28 +14	+39 +14	+12 +6	+16 +6	**+20** **+6**	+31 +6
>3~6	+345 +270	+215 +140	+260 +140	**+145** **+70**	+190 +70	+48 +30	**+60** **+30**	+78 +30	+105 +30	+38 +20	+50 +20	+18 +10	+22 +10	**+28** **+10**	+40 +10
>6~10	+370 +280	+240 +150	+300 +150	**+170** **+80**	+230 +80	+62 +40	**+76** **+40**	+98 +40	+130 +40	+47 +25	+61 +25	+22 +13	+28 +13	**+35** **+13**	+49 +13
>10~14	+400 +290	+260 +150	+330 +150	**+205** **+95**	+275 +95	+77 +50	**+93** **+50**	+120 +50	+160 +50	+59 +32	+75 +32	+27 +16	+34 +16	**+43** **+16**	+59 +16
>14~18															
>18~24	+430 +300	+290 +160	+370 +160	**+240** **+110**	+320 +110	+98 +65	**+117** **+65**	+149 +65	+195 +65	+73 +40	+92 +40	+33 +20	+41 +20	**+53** **+20**	+72 +20
>24~30															
>30~40	+470 +310	+330 +170	+420 +170	**+280** **+120**	+370 +120	+119 +80	**+142** **+80**	+180 +80	+240 +80	+89 +50	+112 +50	+41 +25	+50 +25	**+64** **+25**	+87 +25
>40~50	+480 +320	+340 +180	+430 +180	**+290** **+130**	+380 +130										
>50~65	+530 +340	+380 +190	+490 +190	**+330** **+140**	+440 +140	+146 +100	**+174** **+100**	+220 +100	+290 +100	+106 +60	+134 +60	+49 +30	+60 +30	**+76** **+30**	+104 +30
>65~80	+550 +360	+390 +200	+500 +200	**+340** **+150**	+450 +150										
>80~100	+600 +380	+440 +240	+570 +240	**+390** **+170**	+520 +170	+174 +120	**+207** **+120**	+260 +120	+340 +120	+126 +72	+159 +72	+58 +36	+71 +36	**+90** **+35**	+123 +36
>100~120	+630 +410	+460 +240	+590 +240	**+400** **+180**	+530 +180										
>120~140	+710 +460	+510 +260	+660 +260	**+450** **+200**	+600 +200	+208 +145	**+245** **+145**	+305 +145	+395 +145	+148 +85	+185 +85	+68 +43	+83 +43	**+106** **+43**	+143 +43
>140~160	+770 +520	+530 +280	+680 +280	**+460** **+210**	+610 +210										
>160~180	+830 +580	+560 +310	+710 +310	**+480** **+230**	+630 +230										
>180~200	+950 +660	+630 +340	+800 +340	**+530** **+240**	+700 +240	+242 +170	**+285** **+170**	+355 +170	+460 +170	+172 +100	+215 +100	+79 +50	+96 +50	**+122** **+50**	+165 +50
>200~225	+1030 +740	+670 +380	+840 +380	**+550** **+260**	+720 +260										
>225~250	+1110 +820	+710 +420	+880 +420	**+570** **+280**	+740 +280										
>250~280	+1240 +920	+800 +480	+1000 +480	**+620** **+300**	+820 +300	+271 +190	**+320** **+190**	+400 +190	+510 +190	+191 +110	+240 +110	+88 +56	+108 +56	**+137** **+56**	+186 +56
>280~315	+1370 +1050	+860 +540	+1060 +540	**+650** **+330**	+850 +330										
>315~355	+1560 +1200	+960 +600	+1170 +600	**+720** **+360**	+930 +360	+299 +210	**+350** **+210**	+440 +210	+570 +210	+214 +125	+265 +125	+98 +62	+119 +62	**+151** **+62**	+202 +62
>355~400	+1710 +1350	+1040 +680	+1250 +680	**+760** **+400**	+970 +400										
>400~450	+1900 +1500	+1160 +760	+1390 +760	**+840** **+440**	+1070 +440	+327 +230	**+385** **+230**	+480 +230	+630 +230	+232 +135	+290 +135	+108 +68	+131 +68	**+165** **+68**	+223 +68
>450~500	+2050 +1650	+1240 +840	+1470 +840	**+880** **+480**	+1110 +488										

续表

代号	G		H							Js			K		
等级 基本尺寸/mm	6	7	6	7	8	9	10	11	12	6	7	8	6	7	8
≤3	+8 +2	+12 +2	+6 0	+10 0	+14 0	+25 0	+40 0	+60 0	+100 0	±3	±5	±7	0 −6	0 −10	0 −14
>3～6	+12 +4	+16 +4	+8 0	+12 0	+18 0	+30 0	+48 0	+75 0	+120 0	±4	±6	±9	+2 −6	+3 −9	+5 −13
>6～10	+14 +5	+20 +5	+9 0	+15 0	+22 0	+36 0	+58 0	+90 0	+150 0	±4.5	±7	±11	+2 −7	+5 −10	+6 −16
>10～14 >14～18	+17 +6	+24 +6	+11 0	+18 0	+27 0	+43 0	+70 0	+110 0	+180 0	±5.5	±9	±13	+2 −9	+6 −12	+8 −19
>18～24 >24～30	+20 +7	+28 +7	+13 0	+21 0	+33 0	+52 9	+84 0	+130 0	+210 0	±6.5	±10	±16	+2 −11	+6 −15	+10 −23
>30～40 >40～50	+25 +9	+34 +9	+16 0	+25 0	+39 0	+62 0	+100 0	+160 0	+250 0	±8	±12	±19	+3 −13	+7 −18	+12 −27
>50～65 >65～80	+29 +10	+40 +10	+19 0	+30 0	+46 0	+74 0	+120 0	+190 0	+300 0	±9.5	±15	±23	+4 −15	+9 −21	+14 −32
>80～100 >100～120	+34 +12	+47 +12	+22 0	+35 0	+54 0	+87 0	+140 0	+220 0	+350 0	±11	±17	±27	+4 −18	+10 −25	+16 −38
>120～140 >140～160 >160～180	+39 +14	+54 +14	+25 0	+40 0	+63 0	+100 0	+160 0	+250 0	+400 0	± 12.5	±20	±31	+4 −21	+12 −28	+20 −43
>180～200 >200～225 >225～250	+44 +15	+61 +15	+29 0	+46 0	+72 0	+115 0	+185 0	+290 0	+460 0	± 14.5	±23	±36	+5 −24	+13 −33	+22 −50
>250～280 >280～315	+49 +17	+69 +17	+32 0	+52 0	+81 0	+130 0	+210 0	+320 0	+520 0	±16	±26	±40	+5 −27	+16 −36	+25 −56
>315～355 >355～400	+54 +18	+75 +18	+36 0	+57 0	+89 0	+140 0	+230 0	+360 0	+570 0	±18	±28	±44	+7 −29	+17 −40	+28 −61
>400～450 >450～500	+60 +20	+83 +20	+40 0	+63 0	+97 0	+155 0	+250 0	+400 0	+630 0	±20	±31	±48	+8 −32	+18 −45	+29 −68

续表

410

基本尺寸/mm	M6	M7	M8	N6	N7	N8	P6	P7	R6	R7	S6	S7	T6	T7	U7
≤3	-2/-8	-2/-12	-2/-16	-4/-10	-4/-14	-4/-18	-6/-12	-6/-16	-10/-16	-10/-20	-14/-20	-14/-20	—	—	-18/-28
>3~6	-1/-9	0/-12	+2/-16	-5/-13	-4/-16	-2/-20	-9/-17	-8/-20	-12/-20	-11/-23	-16/-24	-15/-27	—	—	-19/-31
>6~10	-3/-12	0/-15	+1/-21	-7/-16	-4/-19	-3/-25	-12/-21	-9/-24	-16/-25	-13/-28	-20/-29	-17/-32	—	—	-22/-37
>10~14	-4/-15	0/-18	+2/-25	-9/-20	-5/-23	-3/-30	-15/-26	-11/-29	-20/-31	-16/-34	-25/-36	-21/-39	—	—	-26/-44
>14~18													—	—	
>18~24	-4/-17	0/-21	+4/-29	-11/-24	-7/-28	-3/-36	-18/-31	-14/-35	-24/-37	-20/-41	-31/-44	-27/-48	—	—	-33/-54
>24~30													-37/-50	-33/-54	-40/-61
>30~40	-4/-20	0/-25	+5/-34	-12/-28	-8/-33	-3/-42	-21/-37	-17/-42	-29/-45	-25/-50	-38/-54	-34/-59	-43/-59	-39/-64	-51/-76
>40~50													-49/-65	-45/-70	-61/-86
>50~65	-5/-24	0/-30	+5/-41	-14/-33	-9/-39	-4/-50	-26/-45	-21/-51	-35/-54	-30/-60	-47/-66	-47/-72	-60/-79	-55/-85	-76/-106
>65~80									-37/-56	-32/-62	-53/-72	-48/-78	-69/-88	-64/-94	-91/-121
>80~100	-6/-28	0/-35	+6/-48	-16/-38	-10/-45	-4/-58	-30/-52	-24/-59	-44/-66	-38/-73	-64/-86	-58/-93	-84/-106	-78/-113	-111/-146
>100~120									-47/-69	-41/-76	-72/-94	-66/-101	-97/-119	-91/-126	-131/-166
>120~140	-8/-33	0/-40	+8/-55	-20/-45	-12/-52	-4/-67	-36/-61	-28/-68	-56/-81	-48/-88	-85/-110	-77/-117	-115/-140	-107/-147	-155/-195
>140~160									-58/-83	-50/-90	-93/-118	-85/-125	-127/-152	-119/-159	-175/-215
>160~180									-61/-86	-53/-93	-101/-126	-93/-133	-139/-164	-131/-171	-195/-235
>180~200	-8/-37	0/-46	+9/-63	-22/-51	-14/-60	-5/-77	-41/-70	-33/-79	-68/-97	-60/-106	-113/-142	-105/-151	-157/-186	-149/-195	-219/-265
>200~225									-71/-100	-63/-109	-121/-150	-113/-159	-171/-200	-163/-209	-241/-287
>225~250									-75/-104	-67/-113	-131/-160	-123/-169	-187/-216	-179/-225	-267/-313
>250~280	-9/-41	0/-52	+9/-72	-25/-57	-14/-66	-5/-86	-47/-79	-36/-88	-85/-117	-74/-126	-149/-181	-138/-190	-209/-241	-198/-250	-295/-347
>280~315									-89/-121	-78/-130	-161/-193	-150/-202	-231/-263	-220/-272	-330/-380
>315~355	-10/-46	0/-57	+11/-78	-26/-62	-16/-73	-5/-94	-51/-87	-41/-98	-97/-133	-87/-144	-179/-215	-169/-226	-257/-293	-247/-304	-369/-426
>355~400									-103/-139	-93/-150	-197/-233	-187/-244	-283/-319	-273/-330	-414/-471
>400~450	-10/-50	0/-63	+11/-86	-27/-67	-17/-80	-6/-103	-55/-95	-45/-108	-113/-153	-103/-166	-219/-259	-209/-272	-317/-357	-307/-370	-467/-530
>450~500									-119/-159	-109/-172	-239/-279	-229/-292	-347/-387	-337/-400	-517/-580

注: *基本尺寸小于 1mm 时,各级的 A 和 B 均不采用。

黑体字为优先公差带。

附录 F 紧固件通孔及沉孔尺寸

附表 F-1 紧固件通孔（GB/T 5277—1985）及沉孔（GB/T 152.2～152.4—1988）尺寸 mm

螺纹直径 d			M3	M4	M5	M6	M8	M10	M12	M16	M20	M24	M30
螺栓和螺钉 通孔直径 d_h （GB/T 5277）	精装配		3.2	4.3	5.3	6.4	8.4	10.5	13	17	21	25	31
	中等装配		3.4	4.5	5.5	6.6	9	11	13.5	17.5	22	26	33
	粗装配		3.6	4.8	5.8	7	10	12	14.5	18.5	24	28	35
六角头螺栓 和六角螺母 用沉孔 （GB/T 152.4）		d_2	9	10	11	13	18	22	26	33	40	48	61
		t		t 值很小，主要是在不经机加工的铸造或锻造表面或不平整的表面加工一环形平面，使支承面垂直于螺栓轴线，保证连接质量和可靠性									
沉头螺钉用沉孔 （GB/T 152.5）		d_2	6.4	9.6	10.6	12.8	17.6	20.3	24.4	32.4	40.4	—	—
开槽圆柱头 螺钉用沉孔 （GB/T 152.3）		d_2	—	8	10	11	15	18	20	20	33	—	—
		t	—	3.2	4	4.7	6	7	8	10.5	12.5	—	—
内六角圆柱头 螺钉用沉孔 （GB/T 152.3）		d_2	6	8	10	11	15	18	20	26	33	40	48
		t	3.4	4.6	5.7	6.8	9	11	13	17.5	21.5	25.5	32

附录 G 常用材料及热处理名词解释

表 G-1 常用铸铁牌号

名称	牌号	牌号表示方法说明	硬度(HB)	特性及用途举例
灰铸铁	HT100	"HT"是灰铸铁的代号，它后面的数字表示抗拉强度。("HT"是"灰、铁"两字汉语拼音的第一个字母)	143～229	属低强度铸铁。用于盖、手把、手轮等不重要零件
	HT150		143～241	属中等强度铸铁。用于一般铸件如机床座、端盖、皮带轮、工作台等
	HT200 HT250		163～255	属高强度铸铁。用于较重要铸件如汽缸、齿轮、凸轮、机座、床身、飞轮、皮带轮、齿轮箱、阀壳、联轴器、衬筒、轴承座等
	HT300 HT350 HT400		170～255 170～269 197～269	属高强度、高耐磨铸铁。用于重要铸件如齿轮、凸轮、床身、高压液压筒、液压泵和滑阀的壳体、车床卡盘等
球墨铸铁	QT450-10 QT500-7 QT600-3	"QT"是球墨铸铁的代号，它后面的数字分别表示强度和延伸率的大小。("QT"是"球、铁"两字汉语拼音的第一个字母)	170～207 187～255 197～269	具有较高的强度和塑性。广泛用于机械造业中受磨损和受冲击的零件，如曲轴、凸轮轴、齿轮、汽缸套、活塞环、摩擦片、中低压阀门、千斤顶底座、轴承座等
可锻铸铁	KTH300-06 KTH330-08 KTZ450-05	"KTH"、"KTZ"分别是黑心和珠光体可锻铸铁的代号，它们后面的数字分别表示强度和延伸率的大小。("KT"是"可、铁"两字汉语拼音的第一个字母)	120～163 120～163 152～219	用于承受冲击、振动等零件，如汽车零件、机床附件(如扳手等)、各种管接头、低压阀门、农机具等。珠光体可锻铸铁在某些场合可代替低碳钢、中碳钢及低合金钢，如用于制造齿轮、曲轴、连杆等

表 G-2 常用钢材牌号

名称	牌号	牌号表示方法说明	特性及用途举例
碳素结构钢	Q215-A Q215-A·F	牌号由屈服点字母(Q)、屈服点数值、质量等级符号(A、B、C、D)和脱氧方法(F—沸腾钢，b—半镇静钢，Z—镇静钢，TZ—特殊镇静钢)等四部分按顺序组成。在牌号组成表示方法中"Z"与"TZ"符号可以省略	塑性大，抗拉强度低，易焊接。用于炉撑、铆钉、垫圈、开口销等
	Q235-A Q235-A·F		有较高的强度和硬度，延伸率也相当大，可以焊接，用途很广，是一般机械上的主要材料，用于低速轻载齿轮、键、拉杆、钩子、螺栓、套圈等
	Q255-A Q255-A·F		延伸率低，抗拉强度高，耐磨性好，焊接性不够好。用于制造不重要的轴、键、弹簧等

续表

名称		牌号	牌号表示方法说明	特性及用途举例
优质碳素结构钢	普通含锰钢	15	牌号数字表示钢中平均含碳量。如"45"表示平均含碳量为0.45%	塑性、韧性、焊接性能和冷冲性能均极好,但强度低。用于螺钉、螺母、法兰盘、渗碳零件等
		20		用于不经受很大应力而要求很大韧性的各种零件,如杠杆、轴套、拉杆等。还可用于表面硬度高而心部强度要求不大的渗碳与氰化零件
		35		不经热处理可用于中等载荷的零件,如拉杆、轴、套筒、钩子等;经调质处理后适用于强度及韧性要求较高的零件如传动轴等
		45		用于强度要求较高的零件。通常在调质或正火后使用,用于制造齿轮、机床主轴、花键轴、联轴器等。由于它的淬透性差,因此截面大的零件很少采用
		60		这是一种强度和弹性相当高的钢。用于制造连杆、轧辊、弹簧、轴等
		75		用于板弹簧、螺旋弹簧以及受磨损的零件
	较高含锰钢	15Mn	化学元素符号Mn,表示钢的含锰量较高	它的性能与15号钢相似,但淬透性及强度和塑性比15号都高些。用于制造中心部分的机械性能要求较高,且须渗碳的零件。焊接性好
		45Mn		用于受磨损的零件,如转轴、心轴、齿轮、叉等。焊接性差。还可做受较大载荷的离合器盘、花键轴、凸轮轴、曲轴等
		65Mn		钢的强度高。淬透性较大,脱碳倾向小,但有过热敏感性,易生淬火裂纹,并有回火脆性。适用于较大尺寸的各种扁、圆弹簧,以及其他经受摩擦的农机具零件

续表

名称		牌号	牌号表示方法说明	特性及用途举例
合金钢	锰钢	15Mn2		用于钢板、钢管,一般只经正火
		20Mn2		对于截面较小的零件,相当于20Cr钢,可作渗碳小齿轮、小轴、活塞销、柴油机套筒、气门推杆、钢套等
		30Mn2		用于调质钢,如冷镦的螺栓及截面较大的调质零件
		45Mn2	① 合金钢牌号用化学元素符号表示;	用于截面较小的零件,相当于40Cr钢,直径在50mm以下时,可代替40Cr作重要螺栓及零件
		27SiMn	② 含碳量写在牌号之前,但高合金钢如高速工具钢、不锈钢等的含碳量不标出;	用于调质钢
	硅锰钢	35SiMn	③ 合金工具钢含碳量≥1%时不标出;<1%时,以千分之几来标出;	除要求低温(-20℃),冲击韧性很高时,可全面代替40Cr钢作调质零件,亦可部分代替40CrNi钢,此钢耐磨、耐疲劳性均佳,适用于作轴、齿轮及在430℃以下的重要紧固件
	铬钢	15Cr	④ 化学元素的含量<1.5%时不标出;含量>1.5%时才标出,如Cr17,17是铬的含量,约为17%	用于船舶主机上的螺栓、活塞销、凸轮、凸轮轴、汽轮机套环,机车上用的小零件,以及用于心部韧性高的渗碳零件
		20Cr		用于柴油机活塞销、凸轮、轴、小拖拉机传动齿轮,以及较重要的渗碳件。20MnVB、20Mn2B可代替它使用
	铬锰钛钢	18CrMnTi		工艺性能特优,用于汽车、拖拉机等上的重要齿轮,和一般强度、韧性均高的减速器齿轮,供渗碳处理
		35CrMnTi		用于尺寸较大的调质钢件
	铬钼铝钢	38CrMoAlA		用于渗氮零件,如主轴、高压阀杆、阀门、橡胶及塑料挤压机等
	铬轴承钢	GCr6	铬轴承钢,牌号前有汉语拼音字母"G",并且不标出含碳量。含铬量以千分之几表示	一般用来制造滚动轴承中的直径小10mm的钢球或滚子
		GCr15		一般用来制造滚动轴承中尺寸较大的钢球、滚子、内圈和外圈
铸钢		ZG200-400	铸钢件,前面一律加汉语拼音字母"ZG"	用于各种形状的零件,如机座、变速箱壳等
		ZG270-500		用于各种形状的零件,如飞轮、机架、水压机工作缸、横梁等。焊接性尚可
		ZG310-570		用于各种形状的零件,如联轴器汽缸齿轮,及重负荷的机架等

表 G-3 常用有色金属牌号

名称		牌号	说 明	用途举例
青铜	压力加工用青铜	QSn4-3	Q表示青铜,后面加第一个主添加元素符号,及除基元素铜以外的成分数字组来表示	扁弹簧、圆弹簧、管配件和化工器械
		QSn6.5-0.1		耐磨零件、弹簧及其他零件
	铸造锡青铜	ZQSn5-5-5	Z表示铸造,其他同上	用于承受摩擦的零件,如轴套、轴承填料和承受10个大气压以下蒸汽和水的配件
		ZQSn10-1		用于承受剧烈摩擦的零件,如丝杠、轻型轧钢机轴承、蜗轮等
		ZQSn8-12		用于制造轴承的轴瓦及轴套,以及在特别重载荷条件下工作的零件
	铸造无锡青铜	ZQAl9-4		强度高,减磨性、耐蚀性、受压、铸造性均良好。用于在蒸汽和海水条件下工作的零件,及受摩擦和腐蚀的零件,如蜗轮衬套、轧钢机压下螺母等
		ZQAl10-5-1.5		制造耐磨、硬度高、强度好的零件,如蜗轮、螺母、轴套及防锈零件
		ZQSn5-21		用在中等工作条件下轴承的轴套和轴瓦等
黄铜	压力加工用黄铜	H59	H表示黄铜,后面数字表示基元素铜的含量。黄铜系铜锌合金	热压及热轧零件
		H62		散热器、垫圈、弹簧、各种网、螺钉及其他零件
	铸造黄铜	ZHMn58-2-2	Z表示铸造,后面符号表示主添加元素,后一组数字表示除锌以外的其他元素含量	用于制造轴瓦、轴套及其他耐磨零件
		ZHAl66-6-3-2		用于制造丝杠螺母、受重载荷的螺旋杆、压下螺钉的螺母及在重载荷下工作的大型蜗轮轮缘等
铝	硬铝合金	LY1	LY表示硬铝,后面是顺序号	时效状态下塑性良好。切削加工性在时效状态下良好;在退火状态下降低。耐蚀性中等。系铆接铝合金结构用的主要铆钉材料
		LY8		退火和新淬火状态下塑性中等。焊接性好。切削加工性在时效状态下良好;退火状态下降低。耐蚀性中等。用于各种中等强度的零件和构件、冲压的连接部件、空气螺旋桨叶及铆钉等
	锻铝合金	LD2	LD表示锻铝,后面是顺序号	热态和退火状态下塑性高;时效状态下中等。焊接性良好。切削加工性能在软态下不良;在时效状态下良好。耐蚀性高。用于要求在冷状态和热状态时具有高可塑性,且承受中等载荷的零件和构件
	铸造铝合金	ZL301	Z表示铸造,L表示铝,后面系顺序号	用于受重大冲击负荷、高耐蚀的零件
		ZL102		用于汽缸活塞以及高温工作的复杂形状零件
		ZL401		适用于压力铸造用的高强度铝合金

名称		牌号	说　明	用　途　举　例
轴承合金	锡基轴承合金	ZChSnSb9-7	Z 表示铸造，Ch 表示轴承合金，后面系主元素，再后面是第一添加元素。一组数字表示除第一个基元素外的添加元素含量	韧性强，适用于内燃机、汽车等轴承及轴衬
		ZChSnSb 13-5-12		适用于一般中速、中压的各种机器轴承及轴衬
	铅基轴承合金	ZChPbSn 16-16-2		用于浇铸汽轮机、机车、压缩机的轴承
		ChPbSb15-5		用于浇铸汽油发动机、压缩机、球磨机等的轴承

表 G-4　热处理名词解释

名词	标注举例	说　明	目　的	适用范围
退火	Th	加热到临界温度以上，保温一定时间，然后缓慢冷却（例如在炉中冷却）	1. 消除在前一工序（锻造、冷拉等）中所产生的内应力。 2. 降低硬度，改善加工性能。 3. 增加塑性和韧性。 4. 使材料的成分或组织均匀，为以后的热处理准备条件	完全退火适用于含碳量 0.8% 以下的铸锻焊件；为消除内应力的退火主要用于铸件和焊件
正火	Z	加热到临界温度以上，保温一定时间，再在空气中冷却	1. 细化晶粒。 2. 与退火后相比，强度略有增高，并能改善低碳钢的切削加工性能	用于低、中碳钢。对低碳钢常用以代替退火
淬火	C62（淬火后回火至 60～65HRC） Y35（油冷淬火后回火至 30～40HRC）	加热到临界温度以上，保温一定时间，再在冷却剂（水、油或盐水）中急速地冷却	1. 提高硬度及强度。 2. 提高耐磨性	用于中、高碳钢。淬火后钢件必须回火
回火	回火	经淬火后再加热到临界温度以下的某一温度，在该温度停留一定时间，然后在水、油或空气中冷却	1. 消除淬火时产生的内应力。 2. 增加韧性，降低硬度	高碳钢制的工具、量具、刃具用低温（150～250℃）回火。弹簧用中温（270～450℃）回火
调质	T235（调质至 220～250HB）	在 450～650℃进行高温回火称"调质"	可以完全消除内应力，并获得较高的综合机械性能	用于重要的轴、齿轮，以及丝杠等零件

续表

名词	标注举例	说 明	目 的	适用范围
表面淬火	H54(火焰加热淬火后,回火至52~58HRC) G52(高频淬火后,回火至50~55HRC)	用火焰或高频电流将零件表面迅速加热至临界温度以上,急速冷却	使零件表面获得高硬度,而心部保持一定的韧性,使零件既耐磨又能承受冲击	用于重要的齿轮以及曲轴、活塞销等
渗碳淬火	S0.5-C59(渗碳层深0.5,淬火硬度56~62HRC)	在渗碳剂中加热到900~950℃,停留一定时间,将碳渗入钢表面,深度约0.5~2毫米,再淬火后回火	增加零件表面硬度和耐磨性,提高材料的疲劳强度	适用于含碳量为0.08%~0.25%的低碳钢及低碳合金钢
氮化	D0.3-900(氮化深度0.3,硬度大于850HV)	使工作表面渗入氮元素	增加表面硬度、耐磨性、疲劳强度和耐蚀性	适用于含铝、铬、钼、锰等的合金钢,例如要求耐磨的主轴、量规、样板等
碳氮共渗	Q59(氧化淬火后,回火至56~62HRC)	使工作表面同时饱和碳和氮元素	增加表面硬度、耐磨性、疲劳强度和耐蚀性	适用于碳素钢及合金结构钢,也适用于高速钢的切削工具
时效处理	时效处理	1. 天然时效:在空气中长期存放半年到一以上。 2. 人工时效:加热到500~600℃,在这个温度保持10~20小时或更长时间	使铸件消除其内应力而稳定其形状和尺寸	用于机床床身等大型铸件
冰冷处理	冰冷处理	将淬火钢继续冷却至室温以下的处理方法	进一步提高硬度、耐磨性,并使其尺寸趋于稳定	用于滚动轴承的钢球、量规等
发蓝、发黑	发蓝或发黑	氧化处理。用加热办法使工件表面形成一层氧化铁所组成的保护性薄膜	防腐蚀、美观	用于一般常见的紧固件
硬度	HB(布氏硬度)	材料抵抗硬的物体压入零件表面的能力称"硬度"。根据测定方法的不同,可分布氏硬度、洛氏硬度、维氏硬度等	硬度测定是为了检验材料经热处理后的机械性能——硬度	用于经退火、正火、调质的零件及铸件的硬度检查
	HRC(洛氏硬度)			用于经淬火、回火及表面化学热处理的零件的硬度检查
	HV(维氏硬度)			特别适用于薄层硬化零件的硬度检查

参 考 文 献

[1]　朱辉.画法几何及工程制图[M].6 版.上海：上海科学技术出版社,2007.

[2]　蒋寿伟.现代机械工程图学[M].2 版.北京：高等教育出版社,2006.

[3]　大连理工大学工程画教研室.画法几何学[M].6 版.北京：高等教育出版社,2003.

[4]　何铭新,钱可强.机械制图[M].5 版.北京：高等教育出版社,2004.

[5]　谢步瀛.工程图学[M].上海：上海科学技术出版社,2000.

[6]　王晓红,金怡,于海燕.工程制图[M].上海：东华大学出版社,2005.

[7]　陈锦昌,等.构型设计制图[M].北京：高等教育出版社,2012.

[8]　王亦敏,等.手绘表现技法教程[M].天津：天津大学出版社,2006.

[9]　梁德本,叶玉驹.机械制图手册[M].3 版.北京：机械工业出版社,2003.

[10]　王槐德.机械制图新旧标准代换教程(修订版)[M].北京：中国标准出版社,2005.

[11]　蒋知民,张洪德.怎样识读《机械制图》新标准[M].4 版.北京：机械工业出版社,2005.

[12]　孙宁娜,等.仿生设计[M].长沙：湖南大学出版社,2010.

[13]　马澜,等.产品设计规划[M].长沙：湖南大学出版社,2010.